普通高等教育电气信息类系列教材

可编程序控制器技术与应用

第3版

主　编　刘守操
副主编　朱新峰　刘彦鹏
参　编　李金文　张雷刚

机械工业出版社

本书以三菱 FX 系列的 FX1N、FX2N、FX3U 等可编程序控制器为例，系统介绍 PLC 的组成、工作原理、内部软元件、基本逻辑指令、步进阶梯指令、应用指令，PLC 网络的基本概念和 CC-Link开放式现场网络，三菱 PLC 编程软件 FXGP WIN-C 和 GX Developer 的用法。本书注重实际应用，以大量例题、习题阐明应用 PLC 技术的编程方法和技巧。书中程序使用三菱 PLC 编程软件 FXGP WIN-C 和 GX Developer 编写，并在 FX2NPLC 上模拟运行通过，而且根据各类 PLC 的功能和指令稍加修改就能应用于其他类型的 PLC。

本书配有电子课件，欢迎选用本书作教材的教师索取。

本书可作为高等院校 PLC 技术课程的教材，也可作为高职高专、中等职业技术学校 PLC 技术课程的教材和 PLC 技术培训教材，还可供广大电气从业人员参考。

图书在版编目（CIP）数据

可编程序控制器技术与应用/刘守操主编．—3 版．—北京：机械工业出版社，2016.12（2023.2 重印）

普通高等教育电气信息类教材

ISBN 978-7-111-58605-0

Ⅰ.①可…　Ⅱ.①刘…　Ⅲ.①可编程序控制器-高等学校-教材
Ⅳ.①TM571.61

中国版本图书馆 CIP 数据核字（2017）第 295462 号

机械工业出版社（北京市百万庄大街 22 号　邮政编码 100037）
策划编辑：徐　凡　　　　　　责任编辑：王雅新
责任校对：佟瑞鑫　郑　婕　封面设计：张　静
责任印制：李　昂
北京捷迅佳彩印刷有限公司印刷
2023 年 2 月第 3 版第 6 次印刷
184mm×260mm · 19 印张 · 465 千字
标准书号：ISBN 978-7-111-58605-0
定价：45.00 元

电话服务	网络服务
客服电话：010-88361066	机　工　官　网：www.cmpbook.com
010-88379833	机　工　官　博：weibo.com/cmp1952
010-68326294	金　　书　　网：www.golden-book.com
封底无防伪标均为盗版	机工教育服务网：www.cmpedu.com

前　言

从本书第1版出版至今，已经过了整整10年。这10年间，随着现代电子技术、计算机技术、工业控制技术和网络技术的快速发展，PLC技术也得到长足的进步，各PLC生产厂家都在更新换代，使PLC的控制速度更快，控制容量更大，功能更齐全，不仅完善了开关量的控制，还增强了模拟量的控制、定位的控制和过程控制，具有强大的网络功能。

以日本三菱电机公司的PLC产品为例，它也经历了上述的发展过程。三菱公司的PLC主要有Q系列和FX系列。Q系列PLC是大型PLC，经过几年的发展，它的CPU类型有基本型、高性能型、过程控制型、运动控制型、冗余型等，可以满足各种复杂的控制需求。FX系列PLC是小型PLC，多用于小规模工业控制和学校教学。10多年来，它停产了F1、FX1、FX2、FX2C、FX0S、FX0N等机型，完善了FX1S、FX1N、FX2N、FX2NC等机型，开发了FX3U、FX3UC、FX3G等机型。FX3U可称为第三代小型机，它具有CPU处理速度快、内存容量大、软元件数量多、浮点运算完善、高速计数和网络功能强大等特点。

用于小规模的工业控制和学校教学，FX2N系列PLC是一种可选的机型。它的指令逻辑清晰，程序编写简易，软件操作界面友好，功能强大。为此，本书系统介绍了FX2N PLC内部软元件的意义和地址编号方式，并介绍了基本逻辑指令和步进顺控（SFC）的编程方法。本书特别注意介绍应用指令，对FX2N大多数的应用指令，都能给出恰当的解释，说明它的意义，写出应用实例。对于一些应用较多、又较为模糊的应用指令，例如调用子程序、中断程序、数据比较、数据传送、逻辑字运算、循环及移位、数据处理、高速处理、浮点运算、时钟运算、触点比较等，都做了详细的介绍，并给出了应用实例。特别是为了讲清模拟量的输入/输出控制，本书还特意介绍了FX2N-4AD、FX2N-4DA等特殊功能模块，介绍BFM的读出/写入指令（FROM/TO）的意义和用法，结合实例说明如何将此指令应用于PID回路运算。

FX系列PLC可以使用FXGP WIN-C软件或GX Developer软件（在GX Developer路径上再安装GX Simulator，可以进行模拟调试）进行编程。前者只适用于FX1S、FX1N、FX2N、FX2NC等PLC，后者适用于三菱全系列PLC，但是在GX Developer8.24A以上的版本才能运行FX3U、FX3UC、FX3G系列PLC。三菱

PLC 还有一种 MELSOFT 系列 GX Work2 软件可以运行 Q 系列、L 系列和 FX 系列 PLC，能以简单工程、结构化工程形式对三菱全系列 PLC 进行编程、修改、监控和模拟调试。

在本次修订中，我们主要做了如下几项工作：

1. 全书使用 GX Developer 编程。与第 2 版相比，第 4 章步进顺序控制的程序编写改变较大。为了适应对 GX Developer 编程不大了解的读者的需求，保留了第 7 章对 SWOPC-FXGP/WIN-C 软件使用的描述。

2. 下载并在同一路径安装 GX Developer 和 Simulator 软件，可以对本书程序以及读者自己编写的程序进行模拟调试。有条件的读者可以使用 GX Work2 软件。GX Work2 软件可以对三菱全系列 PLC 进行编程、监控和模拟调试，调试不必安装 Simulator 软件。使用 GX Work2 软件的编程方法与 GX Developer 软件的编程方法相同或相似。

3. 本书的主要机型是三菱的 FX2N、FX3U 和 FX3G。为此，基本逻辑指令讲了 29 个，应用指令涵盖 FX2N 和 FX3U 大部分应用指令，增加了不少关于浮点数运算和数据处理的内容。但对于定位控制和变频器通信等问题，需要一些特定的附件，本书没有涉及，留待读者对具体问题再去进行具体研究。

4. 学习 PLC，要注意掌握 PLC 的软元件的意义、寻址方式和寻址范围；掌握基本指令的意义和使用；掌握应用指令的内涵、编程格式和控制方式。本书在指令的描述、编程例题的讲解和习题的设计上，尽量由浅入深，使读者能掌握基本概念，融会贯通。有些习题的难度较大，相信通过思考，读者一定可以完成并有所收获。

本书的编写和再版修订过程得到了广东工业大学有关老师的帮助和广州旺达自动化工程有限公司高级工程师丘嵩峰的技术支持，在此一并表示衷心感谢。

本书第 1 ~4 章由刘彦鹂编写，第 5 章的 5.1 ~5.9 节由朱新峰编写，第 5 章的 5.10 ~5.15 节由李金文编写，第 7、8 章由张雷刚编写，第 6 章由刘守操编写，全书由刘守操统稿。

由于时间仓促，书中难免有疏漏错误之处，敬请读者指正。

编　者

目　录

绪　论

1. 可编程序控制器的发展情况

可编程序控制器（Programmable Controller，PC）是一种专为工业应用而设计的数字式电子控制装置。早期它主要应用于开关逻辑控制，因此也称为可编程序逻辑控制器（Programmable Logic Controller，PLC）。由于PC与个人计算机有相混肴之处，故现通常简称可编程序控制器为PLC。

PLC的研制始于1968年。1969年美国数字设备公司（DEC公司）研制成功世界上第一台PLC，并在汽车生产线上获得应用。之后，1971年日本从美国引进PLC技术，研制出日本的第一台PLC。1973年欧洲也独立研制出他们的第一台PLC。我国从1974年开始研制PLC，1977年开始工业应用。目前，PLC的产品、产量、用量在所有的工业控制装置中居首位。PLC及其网络被公认为现代工业自动化的三大支柱（PLC、机器人、CAD/CAM）之一。全世界有200多家PLC生产厂，400多个PLC品种。这些品种大致可分为三大流派：美国流派、欧洲流派和日本流派。欧美流派以大中型为主，如德国西门子公司和美国AB公司的产品，而日本的PLC产品主要是以中小型机为主，如三菱公司的FX系列产品，OMRON的CPM1等型号的产品以及松下电工公司的产品。

PLC通常是以输入/输出（I/O）总点数及内存容量作为分类的：

1）超小型PLC，其I/O总点数一般少于64点，内存容量少于2KB。

2）小型PLC，其I/O总点数一般为64～128点，内存容量为1～4KB。

3）中型PLC，其I/O总点数为128～512点，内存容量为4～13KB。

4）大型PLC，其I/O总点数为512点以上，内存容量为13KB以上。

中小型PLC通常把电源、中央处理器（CPU）和I/O接口集成在一个机壳内，而大型PLC通常把电源、CPU、I/O接口（I/O模拟量开关接口）、扩展单元等都做成模块，在结构上相互独立，根据需要选择合适的模块，安装在固定的机架上。

2. PLC的特点

1987年2月国际电工委员会(IEC)曾对可编程序控制器作了一个恰当的定义："可编程序控制器是一种进行数字运算的电子系统，是专为工业环境下的应用而设计的工业控制器。它采用了可编程序的存储器，用来在其内部存储执行逻辑运算、顺序控制、定时、计数和算术运算等操作的指令，并通过数字式或模拟式的输入和输出，控制各种类型的生产过程。可编程序控制器及其有关外围设备，都按易于与工业系统联成一个整体，易于扩充其功能的原则设计。"

按照这个定义，PLC实质上是在工业环境下使用的计算机。随着计算机技术的发展，PLC已发展为集计算机技术、自动控制技术、通信技术、过程控制于一体的电子装置。它可使用基本逻辑指令编程，也可使用梯形图编程，有些还可使用高级计算机语言编程，具有可操作性强、可靠性高等特点。

目前，传统的继电接触器控制系统已逐步为PLC所取代。这是一种发展趋势。继电接触器控制系统根据一定的生产机械、生产工艺，采用硬接线方式，完成一定的逻辑控制（包括空间控制、时间控制、计数等）功能，而一旦生产机械不同或生产工艺变更，则系统必须重新设计改造。而 PLC 由于采用了微电子技术和计算机技术，其逻辑控制功能可通过软件编程来实现。编程工作可在计算机上完成。因此，当生产机械或生产工艺变更时，只需改变程序或变更一下线端子及外围器件即可。

相比于早期发展的工业控制计算机（单板机），因其硬件结构、通用性差，软件通用性也差，PLC 更具有无可比拟的优势。

随着计算机技术的发展，PLC 的优点也是显而易见的，主要优点是：

(1) 可靠性高　在设计 PLC 的过程中厂家对其硬件和软件都采用了一系列的隔离和抗干扰技术，一些公司还应用了自诊断技术、冗余技术和纠错技术，使其在恶劣环境下，仍能稳定工作。

(2) 功能性强　PLC 除具有操作方便、编程易懂、维修方便、有很强的在线修改能力等特点外，其功能性强也是一个重要特点。它不仅能进行开关量控制，也能进行模拟量控制，而且通过定位单元和模块，还可进行定位控制和 PID 回路控制。它还具有很强的数据传输和通信能力，通过使用适当的适配器和功能扩充板，建立 PLC 网络，对整个生产线甚至整个工厂进行控制监视。

(3) 编程简单，人机对话界面好　大多数 PLC 的编程简单，都具有梯形图编程、指令表编程和 SFC 编程方式，而且在此基础上不断丰富，开发出了利用计算机编程的高性能软件。计算机编程软件可以运行在 DOS 方式和 Windows 方式。PLC 的设计者在计算机屏幕上就可进行程序的编制、修改，监视 PLC 的运行及检查故障。PLC 都可以与人机界面连接，因此可以通过设备测试窗口对 PLC 进行监控或更改控制参数。人机界面具有很强的检查、故障判断和程序修改功能。

正是由于以上特点，PLC 的应用越来越普及。目前，许多工业控制都使用 PLC 或 PLC 网络。

3. 如何学习 PLC 技术

在 PLC 的发展过程中形成了几个流派，几百个品种。各种系列的 PLC 尽管在整体结构、原理上相差不是太大，但其编程的方式、方法，指令的意义、用法都有很大的不同。虽然所有的 PLC 都可以用梯形图、指令表编程，但有些用梯形图编程方便，而有些用指令表编程方便。因此，认为了解了某系列的 PLC 就可以去应用另一种系列的 PLC，是不大现实的。例如，我们不能说熟悉了欧姆龙的 C200H 系列 PLC，就可以去应用西门子的 S7 系列 PLC。但是有些同一流派的 PLC 却是十分接近的。例如，日本三菱公司的 FX 系列与 OMRON 系列尽管存在着某些指令形式和内部软元件的表示方式不同，但其编程方法都比较接近，而且 FX 系列和 S7-200 系列的很多指令其意义也是相通的。

因此，学习 PLC 首先要了解 PLC 的结构、工作原理，在这个基础上取一种逻辑概念清晰的作为学习的主要机型，弄清楚其指令意义、编程方法。之后，有机会再旁及其他系列的 PLC。为此，本书选择日本三菱公司的 FX 系列 PLC，作为介绍 PLC 技术的主要机型。FX 系列 PLC 按容量和输入输出点数、指令的多少可分为 FX1S、FX1N、FX2N 等系列，这些都是最近几年推出市场的。本书将着重讲述其内部软元件功能、基本逻辑指令、应用指令、编程和应用。在此基础上介绍 PLC 网络的基本概念和 CC-Link 开放式现场网络的组成和创建。最后还介绍 FX 系列 PLC 的编程软件 FXGP WIN-C 和三菱全系列 PLC 编程软件 GPPW-LLT 的用法。希望通过这样的介绍使读者理解 PLC 的原理，熟悉 PLC 的功能，了解 PLC 的应用，以便再去改造、开发并发扬光大。

第1章
可编程序控制器的基本组成与内部软元件

1.1 PLC的基本概念与组成

PLC是一种将计算机技术与继电器控制概念结合起来、装有程序、以中央微处理器(CPU)为核心并与输入/输出(I/O)设备相连接而作为工业控制特殊用途的计算机。因此，它的基本组成部分与通用的微型计算机类似，主要由中央微处理器(CPU)、存储器、输入/输出接口电路、电源等组成，如图1-1所示。

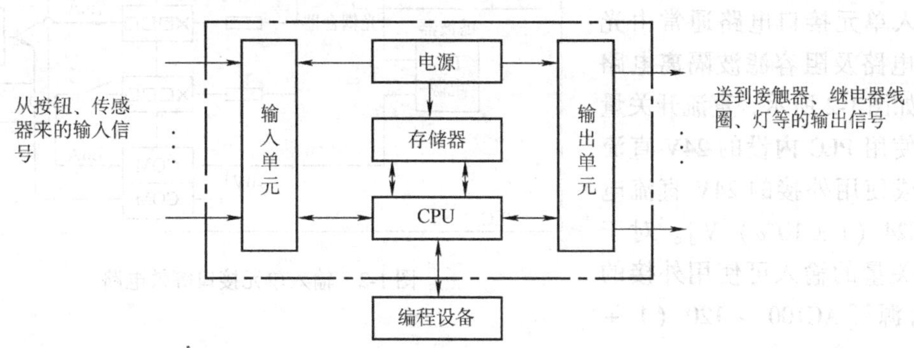

图1-1 PLC组成的示意图

1.1.1 中央微处理器

中央微处理器，又称中央处理器(Central Processing Unit，CPU)，是PLC的核心部分。它从输入设备读入输入信号，并按用户程序进行逻辑运算、数学运算，并把运算处理的结果通过输出接口电路送到输出设备，控制其运行。

一般PLC用的CPU多为16位或32位微处理器。它可以是单微处理器系统或双微处理器系统。

1.1.2 存储器

存储器(Memory)是存放系统程序、用户程序和数据的器件，包括只读存储器(Read Only Memery，ROM)和随机读写存储器(Random Access Memory，RAM)两类。

只读存储器可分为ROM、EPROM、E^2PROM等几种。ROM中的内容是制造商编写的系统程序，具有开机自检、工作方法选择、信息传递和对用户程序解释功能。它是永远留驻的，不能更改。EPROM是可编程只读存储器，存放用户的固定程序，可以在紫外线灯照射下擦去，可多次擦写。E^2PROM是电擦的可编程只读存储器，可存放用户程序、注释和参数，当重新写入时，原存储器内容自动清除，可反复写入。除内置的E^2PROM外，

还可以使用 E^2PROM 存储器卡盒。

RAM 中一般存放用户程序和数据。用户程序和数据在程序设计和调试中会不断变更，读出时 RAM 的存储器内容不变；写入时，新写入的信息覆盖原信息，“以新换旧”。通用的 RAM 存放的内容，若 PLC 失电，内容会丢失。如果有些内容失电后不允许丢失，则要把它放在断电保持型的 RAM 存储单元中去。当断电时这些存储单元会自动接上备用的锂电池供电，具有断电信息保持的能力。

1.1.3 输入单元

输入单元（Input Unit）是 PLC 与外部输入设备之间的连接部件。通过输入单元，将从输入设备来的输入信号送到 PLC。输入信号进入 PLC 的地点称为输入点。输入点通过接线端子接收输入信号。PLC 的 CPU 处理的是标准电平，因此输入单元为了把不同电压电流的输入信号转换为 CPU 所能接收的电平，需要有各类接口模块。例如，对模拟量的输入，需要有模拟量输入模块等。

输入单元接口电路通常由光电耦合电路及阻容滤波隔离电路组成，如图 1-2 所示。直流开关量输入常使用 PLC 内设的 24V 直流电源，或使用外接的 24V 直流电源［DC24（1 ± 10%）V］。对于交流开关量的输入可使用外接的交流电源［AC100 ~ 120（1 + 10%）V］。

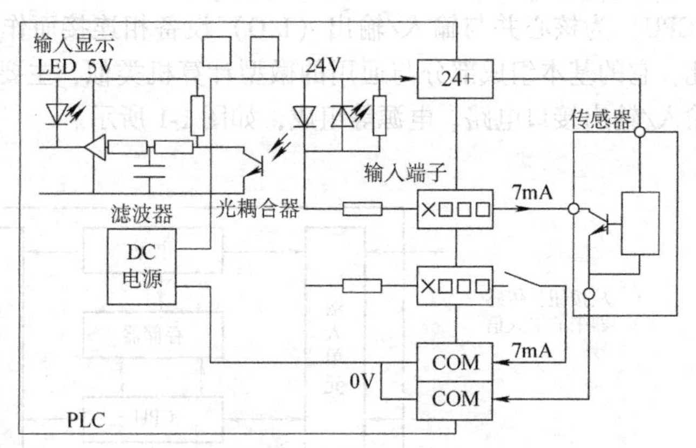

图 1-2 输入单元接口等效电路

图中，开关接于输入端与公共端 COM 之间。当按下开关时，则与内部 +24V 电源接通。当输入信号 ON（有输入信号）时，此输入信号通过光电耦合电路和阻容耦合电路耦合到 PLC 内部电路去，并使发光二极管（LED）亮，指示有输入信号。因此，输入回路等效于输入点与等效输入线圈、电源、开关等组成。当开关接通时，等效输入线圈得电，对应的输入触点动作。但是，此等效的输入线圈在编程时并不出现。

FX 系列 PLC 的输入端输入电流为 DC24V、7mA（X10 以后为 DC24V、5mA），但通常使其为 ON 时需要 4.5mA 以上的电流，使其为 OFF 时需要 1.5mA 以下的电流。

1.1.4 输出单元

输出单元（Output Unit）是 PLC 与驱动控制对象（如接触器线圈、电磁阀线圈、指示灯等）的连接部分。它把 PLC 的输出电平变换为控制对象所需的电流、电压信号，通过输出接线端子送到驱动器件中去。由于控制对象不同，输出单元可分为继电器输出、晶体管输出和晶闸管输出三种形式，其示意图如图 1-3 所示。

继电器输出可接交流负载和直流负载。当接交流负载时，用外接交流电源（AC250V 以下）；当接直流负载时，外接直流电源（DC30V 以下）。晶体管输出可接直流负载，使用外接直流电源（DC5 ~30V）。晶闸管输出时，其等效输出开关器件为固态继电器（双向晶闸管 AC SSR)，因此可接交流负载，使用外接交流电源（AC85 ~240V）。

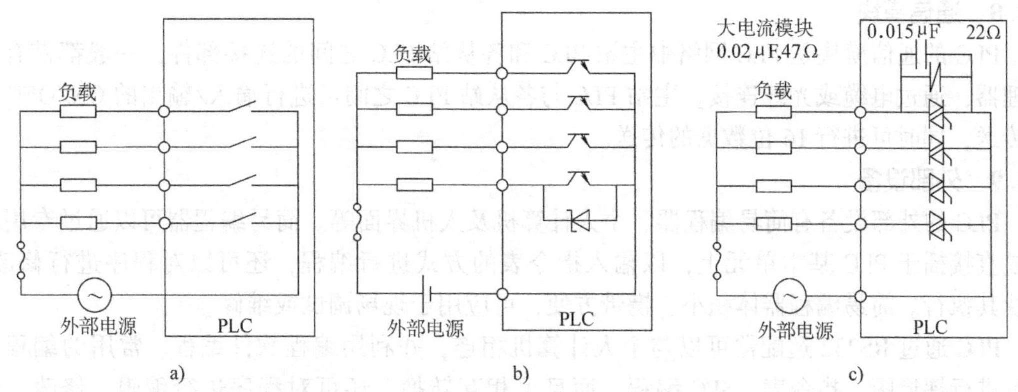

图 1-3　输出单元等效电路

a）继电器输出　b）晶体管输出　c）晶闸管输出

继电器输出方式中，继电器是开关器件。晶体管或晶闸管输出方式中，晶体管或双向晶闸管是开关器件。当 PLC 输出一信号时，内部电路使开关器件接通，负载回路闭合，同时驱使输出 LED 导通点亮，显示有输出信号。

1.1.5　电源单元

PLC 的电源是一将交流电压（AC220V）变换成 CPU、存储器、输入、输出接口电路所需电压的电源部件。有些 PLC 还提供一内置 DC24V 电源，供开关量输入的无源开关使用；或向外提供电源，如作为传感器及输入扩展模块电源。

PLC 的电源部件对供电电源采用了较多的滤波环节，对电网的电压波动具有过压和欠压保护并采用屏蔽措施，以防止及消除工业环境中的空间电磁干扰。

1.1.6　模拟量输入、输出模块

模拟量输入、输出一般要通过模拟量输入、输出模块与 PLC 基本单元连接。模拟量输入、输出模块分为通用型（电流、电压量输入）及温度传感器（通过铂热电阻电耦器检测温度信号）等。电压输入输出量为 DC－10～＋10V，电流输入量为 DC－20～＋20mA，输出量为 DC＋4～＋20mA。温度传感器输入模块的输入输出温度范围为 100～600℃等。

模拟量输入是把连续变化的模拟量通过信号变换变为标准的电流或电压信号，然后经过模/数（A/D）转换模块，再经光电耦合电路传到 PLC 内部电路中。它可以提供 12～16 位二进制数字供 PLC 处理。

模拟量的输出模块一般也由光电耦合、数/模（D/A）转换器组成，通过 D/A 转换，将 12～16 位的二进制数字量变成直流电压或直流电流或温度量的输出。

1.1.7　输入输出扩展单元和扩展模块

当用户所需的输入输出点数超过基本单元的输入输出点数时，就要使用扩展单元或扩展模块。将它们通过连接电缆与基本单元相连接，以扩充其输入输出点数。

通常，扩展单元要外接电源（AC100～240V），并同时扩充输入输出点数，而扩展模块不用外接电源，通过连接电缆与基本单元连接，使用基本单元提供的电源。扩展模块分为输入扩展模块和输出扩展模块。输入扩展模块只扩充输入点数，而输出扩展模块只扩充输出点数，当两者共同使用时，同时扩展输入输出点数。

1.1.8 通信模块

PLC 的通信模块是 PLC 网络中主站 PLC 和各从站 PLC 之间的连接部件，一般都带有微处理器，通过电缆或光纤连接。主站 PLC 与各从站 PLC 之间可进行输入/输出的 ON/OFF 信号传送，同时可进行 16 位数据的传送。

1.1.9 外部设备

PLC 的外部设备有简易编程器、个人计算机及人机界面等。简易编程器可以通过专用的电缆直接插于 PLC 基本单元上，以输入指令表的方式进行编程，还可以对程序进行修改，监视其执行。简易编程器体积小、携带方便，可应用于现场调试或维修。

PLC 通过 RS232 适配器可以与个人计算机相连，并利用编程软件编程。常用的编程软件可进行梯形图、指令表、SFC 编程，而且可相互转换，还可对程序进行编辑、修改、注释，并可对程序进行验查，监察其运行并在运行中修改其数据。很多编程软件都已汉化，并可进行中英文输入和注释。

通过适当的连接电缆和连接插件，PLC 还可以与人机界面连接。人机界面已发展为具有很强的网络监控功能、系统监控功能、回路监控功能，以及特殊单元监控功能。可通过设备测试窗口检测程序、接点和线圈，以确定设备或程序的故障。其画面可进行多窗口监视。各窗口可对不同的设备或不同的部分单独进行显示、监控、测试、修改，并可以连接打印机，把数据资料打印出来。

1.1.10 FX 系列基本单元面板

FX 系列 PLC 属小型 PLC，它把 CPU、存储器和 I/O 接口都集成在一个机壳内。机壳表面有外接工作电源，输入端子（X），输出端子（Y），外部设备接口及输入、输出、运行状态指示等，使用方便。FX 系列 PLC 有 FX1S、FX1N、FX2N、FX2NC、FX3U、FX3UC、FX3G 等型号，其中型号为 FX2N-48MR 的 PLC 的外形如图 1-4 所示。

FX 系列 PLC 的型号规格如下所示：

FX ○○-○○ □ □ □
① ② ③ ④ ⑤

① 为系列名称：如 FX1S、FX1N、FX2N、FX3U、FX3G 等。

② 为输入总点数：8~256 点。

③ 为单元区别：M——基本单元；E——输入输出混合扩展单元及扩展模块；EX——输入专用扩展模块；EY——输出专用扩展模块。

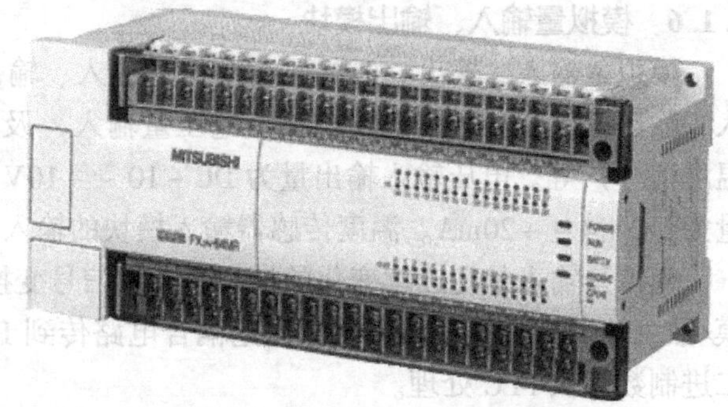

图 1-4 FX2N-48MR 型 PLC 的外形图

④ 为输出形式：R——继电器输出；T——晶体管输出；S——晶闸管输出。

⑤ 为特殊品种区别：D——DC 电源，DC 输入；A1——AC 电源，AC 输入；H——大电流输出扩展模块；V——立式端子排的扩展模块；无记号——AC 电源，DC 输入，横式端子排。

FX 系列 PLC 基本单元面板视机型和 I/O 点数不同而不同。图 1-5 所示为 FX2N-48MR 型 PLC 的基本单元面板图。

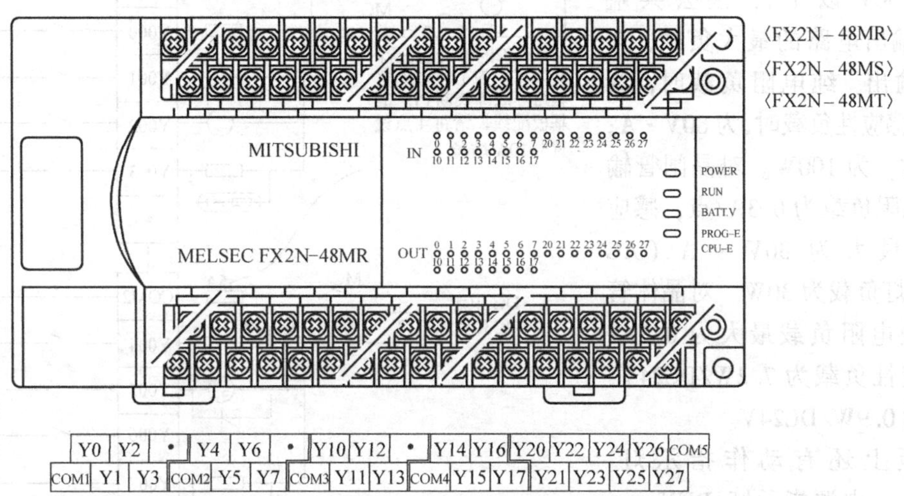

图 1-5　FX2N-48MR 型 PLC 的基本单元面板图

图 1-5 中有输入端子（X）和输出端子（Y）接线柱。在输入端子方，L 和 N 是外接 AC 220V 电源的接线柱，L 为相线，N 为中性线，作为 PLC 的工作电源。+24V 端子一般用于连接传感器。严禁在 +24V 端子供电。无源开关量接在 X0、X1、…等接线柱与公共端 COM 之间。图中 · 为空接线端子，千万不要在空接线端子接线。在输出端子方，分成若干个区，每个区有一公共端。例如：Y0、Y1、Y2、Y3 组成一接线区，COM1 为它们的公共端。当不同区的接线端子使用同一外接负载电源时，其公共端 COM 应连接在一起。

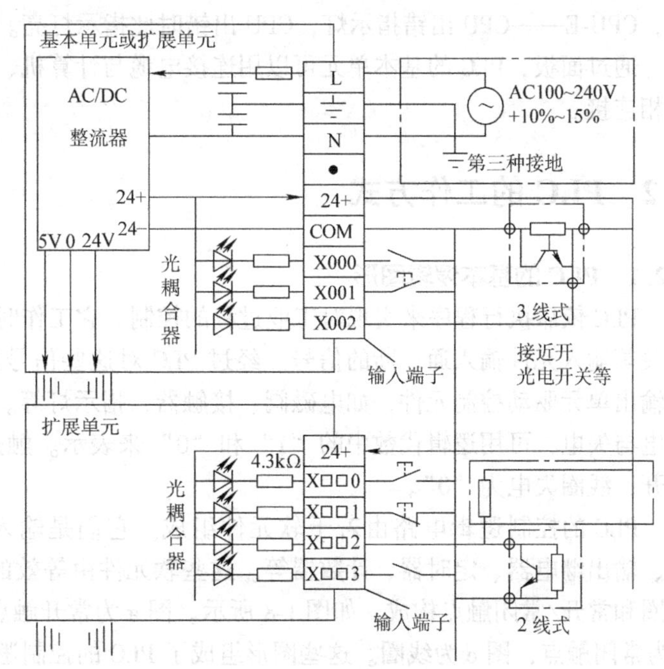

图 1-6　输入端接线例子

输入端的接线例子如图 1-6 所示。图中开关接于 X0（或 X1）及 COM 端，三线式的接近开关由 +24V 供电，接于 +24V、COM 及 X2 端。当输入端开关为 ON 时，对应的 LED 灯亮。

继电器输出的输出端接线例子如图 1-7 所示。图中 Y0、Y1、Y2、Y3 使用交流电源（AC250V以下），接公共端 COM1。Y4、Y5、Y6、Y7 使用公共直流电源（DC 30V 以下），接公共端 COM2。输出电路的最大负载，对继电器输出，纯电阻负载时，为 2A/点；感应性负载时，为 80V · A；灯负载时，为 100W。对晶闸管输出，纯电阻负载为 0.3A/点；感应性负载最大为 30V · A（AC 200V）；灯负载为 30W。对晶体管输出，纯电阻负载最大为 0.5A/点；感应性负载为 7.2W/DC24V；灯负载为 0.9W/DC24V。

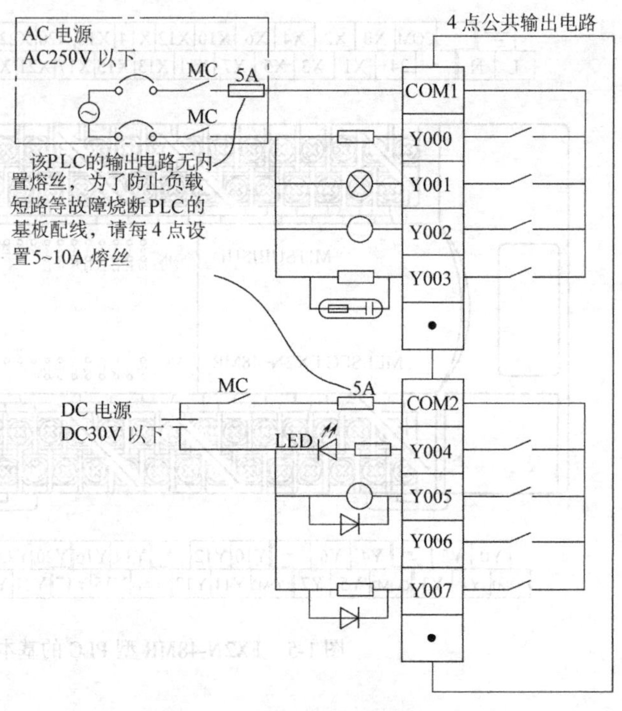

图 1-7　继电器输出接线例子

面板上还有动作指示灯：POWER——电源指示灯；RUN——运行指示灯；BATT. V——电池电压下降指示灯；PROG-E——程序出错指示灯，程序出错时此指示灯闪烁；CPU-E——CPU 出错指示灯，CPU 出错时此指示灯亮。

通过面板，PLC 的基本单元可以用连接电缆与计算机、扩展模块、扩展单元以及特殊模块相连接。

1.2　PLC 的工作方式

1.2.1　PLC 的基本逻辑图形

PLC 依靠执行程序来实现对工业过程的控制。它工作时由连接于输入单元的按钮、限位开关等输入元件输入通、断的信号。经过 PLC 对这些信号按程序顺序进行逻辑运算。再通过输出单元驱动控制元件，如电磁阀、接触器、指示灯等。这些触点的通、断，线圈或灯的得电与失电，可用逻辑代数中的“1”和“0”来表示。触点接通，线圈得电为“1”；触点断开，线圈失电为“0”。

PLC 的控制逻辑电路由若干软元件组成。它们是输入继电器、输出继电器、定时器、计数器等。这些软元件由等效的逻辑线圈和常开/常闭触点构成，如图 1-8 所示。图 a 为常开触点，图 b 为常闭触点，图 c 为线圈。这些图形组成了 PLC 的控制逻辑。

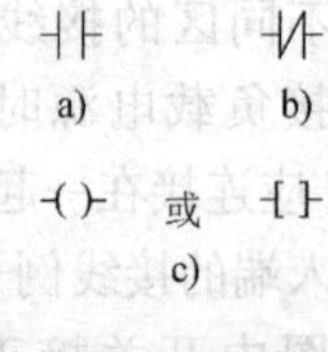

a)　b)

或

c)

图 1-8　PLC 的基本逻辑图形

a）常开触点　b）常闭触点　c）线圈

图 1-9 表示了其中的一个简单的图形，其中间部分称为梯形图，左右两侧为等效的输入输出电路。梯形图中 X1、X2 是输入继电器 X1、X2 的常开触点。Y1、Y2 为输出继电器，它由线圈、常开触点和常闭触点组成。PLC 是按梯形图或指令表进行逻辑运

算的。例如，图 1-9 中线圈 Y1、Y2 的电路逻辑为：

$$Y1 = (X1 + Y1) \cdot \overline{X2} \cdot \overline{Y2}$$

$$Y2 = (X2 + Y2) \cdot \overline{X1} \cdot \overline{Y1}$$

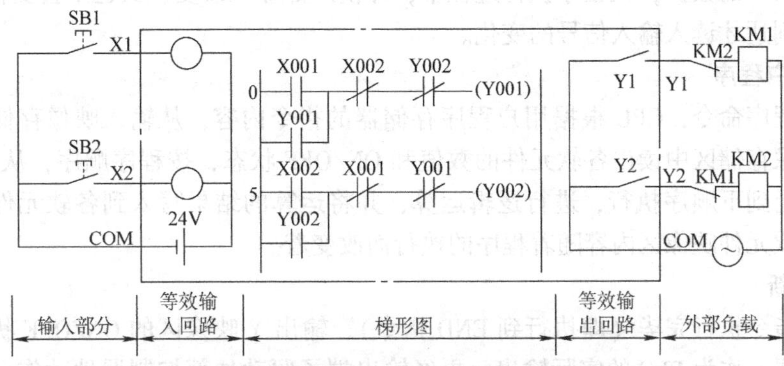

图 1-9　梯形图及其等效的输入输出电路

当外接按钮 SB1 闭合时，等效的输入继电器线圈得电，常开触点 X1 为“1”，则此时线圈 Y1 和线圈 Y2 的逻辑为：

$$Y1 = (1 + 0) \cdot \overline{0} \cdot \overline{0} = 1$$

$$Y2 = (0 + 0) \cdot \overline{1} \cdot \overline{1} = 0$$

因此，Y1 线圈得电，Y2 线圈不得电，输出单元的等效常开触点 Y1 闭合，使外接控制电路的 KM1 线圈得电，而 KM2 线圈不得电。之后，当外接按钮 SB2 闭合时，线圈 Y1、Y2 的逻辑为：

$$Y1 = (0 + 1) \cdot \overline{1} \cdot \overline{0} = 0$$

$$Y2 = (1 + 0) \cdot \overline{0} \cdot \overline{0} = 1$$

则此时 KM2 线圈得电，而 KM1 线圈不得电。

以上为 PLC 运行时执行逻辑运算的一个例子。值得注意的是，像图 1-9 这样的电动机正反转控制电路，除了在 PLC 内部程序联锁之外，在外部负载电路也要实施联锁。

1.2.2　PLC 的工作方式

PLC 的工作方式并不如上述那么直接。它与计算机系统一样，是以执行一种分时操作、循环扫描的工作方式工作的。每一扫描过程分为输入采样、执行程序、输出刷新三个阶段，如图 1-10 所示。

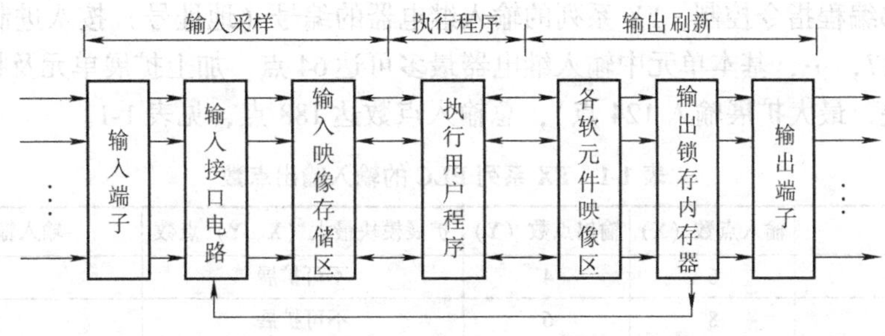

图 1-10　PLC 的工作方式

1. 输入采样阶段

输入端子是PLC从外部接收信号的窗口。PLC接通电源之后，首先进行自检，然后访问输入接口电路，将从输入端子来的ON/OFF信号读入到输入映像存储区中。这些存放到输入映像存储区中的数据，在程序执行过程中，即使外部输入改变，其也不会变化，一直到下一扫描周期到达才读入输入信号的变化。

2. 执行用户程序

接到执行程序命令，CPU根据用户程序存储器的指令内容，从输入映像存储区与其他的软元件的映像存储区中读出各软元件的数值和ON/OFF状态，按程序顺序，从0步开始，由左到右，由上到下顺序执行，进行逻辑运算，并将运算的结果写入到各软元件的映像区中。因此，各软元件映像区内容随着程序的执行而改变着。

3. 输出刷新

当所有的指令执行完毕（即执行到END指令），输出Y映像区的ON/OFF状态会传到输出锁存内存器，作为PLC的实际输出，再经输出端子驱动外部控制器件动作，然后返回输入接口电路，再根据从输入端子传来的ON/OFF状态，刷新输入映像区的内容，再执行程序，再输出，再刷新。

PLC就是以这种循环扫描的方式工作的。扫描动作一周所需的时间称为一个扫描周期。扫描周期的长短视每执行一个指令所需的时间以及用户程序所含指令步数而定。

但是，PLC在执行信号逻辑关系响应时，存在着滞后现象。例如，当输入端子状态从ON变到OFF，或从OFF变到ON时，由于输入接口电路的阻容滤波器的原因，造成响应滞后。由于对输入信号响应的滞后，会影响其他软元件的响应滞后。一般来说，PLC的总响应滞后时间只有几十毫秒。这对于一般系统来说影响不大。但为了减少这种响应滞后，可设计更优化的程序系统以及采用扫描速度较快的PLC。

1.3 PLC的内部软元件

PLC的内部软元件包括输入继电器、输出继电器、辅助继电器、状态继电器、定时器、计数器和数据存储器等。本节以日本三菱公司FX系列PLC为例，介绍PLC内部软元件的作用与功能。这些软元件是PLC内部的逻辑器件，不是物理硬元件。

1.3.1 输入继电器（X）和输出继电器（Y）

外部开关或传感器送来的输入信号经输入端子与输入继电器（X）连接。各点输入继电器都有任意对常开触点和常闭触点供PLC内部编程用。这些触点只能由外部输入信号驱动而不能由内部编程指令控制。FX系列的输入继电器的编号（地址号）按八进制编号：X0～X7，X10～X17，…，基本单元中输入继电器最多可达64点，加上扩展单元及扩展模块（小于或等于3块，最大扩展输入124点），总输入点数达188点，见表1-1。

表1-1 FX系列PLC的输入输出点数

型号	输入点数（X）	输出点数（Y）	扩展模块最大（X、Y）点数	输入输出总点数
FX1S-10MR（T）	6	4	不可扩展	10
FX1S-14MR（T）	8	6	不可扩展	14

（续）

型号	输入点数（X）	输出点数（Y）	扩展模块最大（X、Y）点数	输入输出总点数
FX1S-20MR（T）	12	8	不可扩展	20
FX1S-30MR（T）	16	14	不可扩展	30
FXIN-24MR（T、S）	14	10	64	88
FXIN-40MR（T、S）	24	16	64	104
FXIN-60MR（T、S）	36	24	64	124
FX2N-16MR（T、S）	8	8	128	144
FX2N-32MR（T、S）	16	16	128	160
FX2N-48MR（T、S）	24	24	128	176
FX2N-64MR（T、S）	32	32	128	192
FX2N-80MR（T、S）	40	40	128	208
FX2N-128MR（T、S）	64	64	128	256
FX3U-16M	8	8	248	264
FX3U-32M	16	16	248	280
FX3U-48M	24	24	248	296
FX3U-64M	32	32	248	312
FX3U-80M	40	40	248	328
FX3U-128M	64	64	248	376
FX3UC-16M	8	8	248	264
FX3UC-32M	16	16	248	280
FX3UC-64M	32	32	248	312
FX3UC-96M	48	48	248	344
FX3G-14M	8	6	128	142
FX3G-24M	14	10	128	152
FX3G-40M	24	16	128	168
FX3G-60M	36	24	128	188

输出继电器（Y）有一等效线圈和任意对常开常闭触点。当输出继电器线圈处于 ON 状态，其触点动作。若接到输出指令，输出信号则通过输出单元的等效常开触点传送到输出接线端子，驱动外部负载。FX 系列的输出继电器的编号（地址号）也按八进制编号：Y0 ~ Y7，Y10 ~ Y17，…，最多可达 188 点，见表 1-1 所示。

扩展输入输出单元/模块的输入/输出编号，要接着前面的输入/输出编号分别分配，但末位数必须从 0 开始。例如，前面的基本单元以 X042 结束，则下一个输入扩展单元要从 X050 开始，余类推。

图 1-11 为输入继电器 X 和输出继电器 Y 的用法。图中当外接于输入端子 X0 的按钮 SB0

X000
X001
0
Y000
Y000
Y000
4
Y001

图 1-11　输入输出继电器的用法

闭合时，输入继电器X0的映像为1，X0的常开触点闭合，输出继电器Y0的等效线圈得电，Y0的映像为1，Y0的两个常开触点闭合，其中一个用作自锁，另一个驱动Y1得电。

1.3.2 辅助继电器（M）

PLC内有很多辅助继电器（M）。辅助继电器与输出继电器一样都有线圈和常开、常闭触点。辅助继电器线圈可由PLC内各种软元件触点驱动，其触点使用次数不受限制。但是，辅助继电器的触点不能直接驱动外部负载。外部负载必须由输出继电器驱动。

辅助继电器分为一般用（型），断电保持用（型）和特殊辅助继电器三种。

一般用的辅助继电器特点是：线圈得电，触点动作，线圈失电触点复位。断电保持用的辅助继电器，当停电时，线圈由后备锂电池维持，当再恢复接通供电时，它就能记忆停电前的状态（注意，使用断电保持的辅助继电器时要用RST指令来清除它的记忆内容）。

一般用和断电保持用的辅助继电器的用法如图1-12所示。图中M10为一般用辅助继电器，M600为断电保持用辅助继电器。当接通电源，X0为ON时，M10线圈得电，驱动Y0。当X2为ON时，M600得电，驱动Y10。当电源断开，M10失电，Y0失电，但M600仍维持得电状态，对断开前的动作进行自保持，Y10仍得电。当再次接通电源，M600能继续之前的动作。但是如果再次接通电源前，X3常闭触点开路，M600就不会动作。

```
     X000    X001
 0 --| |-----|/|------------------------------(M10 )
  |  M10  |
  ---| |---
     M10
 4 --| |--------------------------------------(Y000 )
     M10
 6 --|/|--------------------------------------(M100 )
     X002    X003
 8 --| |-----|/|------------------------------(M600 )
  |  M600 |
  ---| |---
     M600
12 --| |--------------------------------------(Y010 )
     X004
14 --| |-------------------------------[RST    M600 ]
```

图1-12 辅助继电器的用法

PLC的特殊辅助继电器很多（见附录B），各个特殊辅助继电器都具有不同的功能。其中有些特殊辅助继电器当运行PLC时，自动驱动其线圈，用户仅可利用其触点功能，例如：

M8000：常ON，作运行监视用（在运行中接通）；

M8002：初始脉冲（仅在运行开始瞬间接通一脉冲周期）；

M8011：产生10ms连续时钟脉冲；

M8012：产生100ms连续时钟脉冲；

M8013：产生1s连续时钟脉冲。

另外一些特殊辅助继电器仅使用其线圈。当用户将其线圈驱动时，则完成一定的功能。例如：

M8028：FX1S、FX0N 系列 PLC 的 100ms/10ms 定时器的切换；

M8033：当 PLC 由 RUN→STOP（停止时）存储器内容保持不变；

M8034：禁止所有输出，PLC 外部输出触点全为 OFF，但 PLC 内部仍可运行；

M8039：PLC 以恒定扫描方式运行；

M8040：禁止转移。

FX 系列 PLC 的辅助继电器以十进制编号，FX 系列各类型 PLC 的辅助继电器的编号见表 1-2。

表 1-2　FX 系列辅助继电器的编号

型号	FX1S	FX1N	FX2N	FX3U、FX3UC	FX3G
一般用	M0 ~ M383 （384 点）	M0 ~ M383 （384 点）	M0 ~ M499 （500 点）	M0 ~ M499 （500 点）	M0 ~ M383 （384 点）
断电保持用	M384 ~ M551 （128 点）	M384 ~ M1535 （1152 点）	M500 ~ M3071 （2572 点）	M500 ~ M7679 （7180 点）	M384 ~ M1535 （1152 点）
特殊用	M8000 ~ M8255 （256 点）	M8000 ~ M8255 （256 点）	M8000 ~ M8255 （256 点）	M8000 ~ M8511 （512 点）	M8000 ~ M8511 （512 点）

1.3.3　状态继电器（S）

状态继电器（S）是步进顺序控制中的重要软元件，它与步进顺控指令 STL 组合使用。S 继电器的状态只有“1”与“0”两种，当状态为“1”时，可驱动输出继电器或其他软元件。S 继电器的状态可以转移，当满足一定条件时，状态可以由源态转移到目标态。当发生转移时，源态复位为“0”，目标态变为“1”。各状态继电器的常开常闭触点使用次数不限。当不用作步进顺控时，状态继电器可以被当作辅助继电器使用。注意：对断电保持型的状态继电器在重复使用时，要用 RST 指令复位。

状态继电器 S 以十进制编号，FX 系列各类型的 PLC 的辅助继电器的编号见表 1-3。

表 1-3　FX 系列状态继电器的编号

型号	FX1S	FX1N	FX2N	FX3U、FX3UC	FX3G
初始化用	S0 ~ S9 （10 点）	S0 ~ S9 （10 点）	S0 ~ S9 （10 点）	S0 ~ S9 （10 点）	S0 ~ S9 （10 点）
一般用	S10 ~ S127 （118 点）	S10 ~ S127 （118 点）	S10 ~ S499 （400 点）	S10 ~ S499 （490 点）	S1000 ~ S4095 （3096 点）
断电保持用	以上均为保持型	S128 ~ S999 （872 点）	S500 ~ S899 （400 点）	S500 ~ S899 S1000 ~ S4095 （400 点，3096 点）	S10 ~ S899 （890 点）
报警用	—	—	S900 ~ S999 （100 点）	S900 ~ S999 （100 点）	S900 ~ S999 （100 点）

表 1-3 中初始化用的状态继电器是当 PLC 一接通电源时，初始脉冲就给初始化状态继电器（S0 ~ S9）置“1”。报警用的状态继电器专用于信号报警，也可用作对外部故障诊断的输出。

1.3.4 定时器（T）

PLC 的定时器（T）与接触继电控制的通电延时时间继电器很相似。PLC 的定时器是根据时钟脉冲累积计时的。时钟脉冲一般有 1ms、10ms、100ms 等，当累积的时间与设定值相同时，定时器的触点动作。定时器的定时设定值可以使用用户程序存储器内的常数 K（十进制），也可以使用后述的数据寄存器（D）的当前值。当使用数据寄存器时，一般使用断电保持型的数据寄存器。

PLC 存储器内存储的数据是用二进制数表示的。当用十进制常数 K 表示定时器的设定值时，十进制数 K 自动变换成二进制数存放在存储器中。对 16 位的存储器，对应的十进制数最大值为 32767。故此，对 100ms 的定时器，其延时时间为 0.1 ~ 3276.7s；对 10ms 的定时器，其延时时间为 0.01 ~ 327.67s。

FX 系列 PLC 的定时器有两类：通用定时器和积算定时器。FX 系列 PLC 的定时器编号见表 1-4，其中 T192 ~ T199 定时器常用于子程序中。

表 1-4　FX 系列定时器的编号

型号	FX1S	FX1N	FX2N	FX3U、FX3UC	FX3G
100ms	T0 ~ T62 （63 点）	T0 ~ T199 （200 点）	T0 ~ T199 （200 点）	T0 ~ T199 （200 点）	T0 ~ T199 （200 点）
10ms	T32 ~ T55 （M8028 = ON）	T200 ~ T245 （46 点）	T200 ~ T245 （46 点）	T200 ~ T245 （46 点）	T200 ~ T245 （46 点）
1ms	T63 （1 点）	—	—	T256 ~ T511 （256 点）	T256 ~ T319 （64 点）
1ms 积算	—	T246 ~ T249 （4 点）	T246 ~ T249 （4 点）	T246 ~ T249 （4 点）	T246 ~ T249 （4 点）
100ms 积算	—	T250 ~ T255 （6 点）	T250 ~ T255 （6 点）	T250 ~ T255 （6 点）	T250 ~ T255 （6 点）

1. 通用定时器

通用定时器的工作原理如图 1-13 所示。

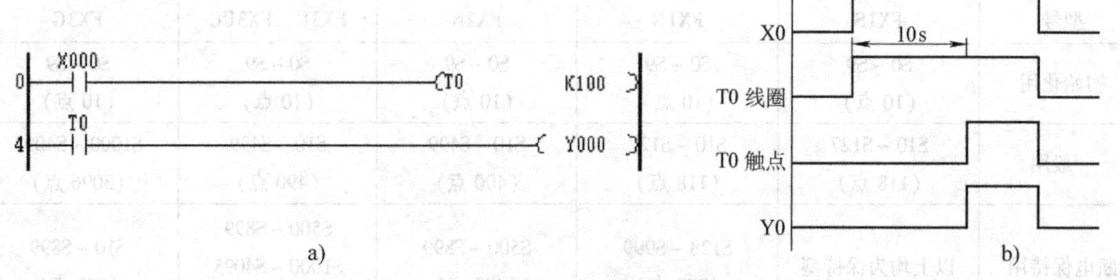

图 1-13　通用定时器的工作原理

a）梯形图　b）动作时序图

图 1-13 中，当 X0 接通，T0 线圈得电，开始延时。当延时时间等于设定值（$t = 0.1\text{s} \times 100 = 10\text{s}$）时，T0 常开触点闭合，驱动输出继电器 Y0。从图 b 可见到，定时器线圈在计时

过程中一直是得电的，当线圈延时达到设定值，其触点动作。之后计时线圈仍通电，但定时器并不计时，Y0 保持得电状态，一直到 X0 断开，定时器线圈失电，定时器的触点复位，Y0 才失电。

图 1-14 为断电延时定时器，当 X10 接通，Y2 得电；松手，当 X10 断开，X10 常闭触点闭合，定时器 T2 线圈得电，延时 20s，T2 常闭断开，Y2 失电。

用数据寄存器 D 可作为定时器的设定值，如图 1-15 所示。图中 MOV 为数据传送功能指令。当 X10 闭合，将十进制数 K100 送到数据寄存器 D3 中，D3 的当前值为 K100，作为定时器的设定值。

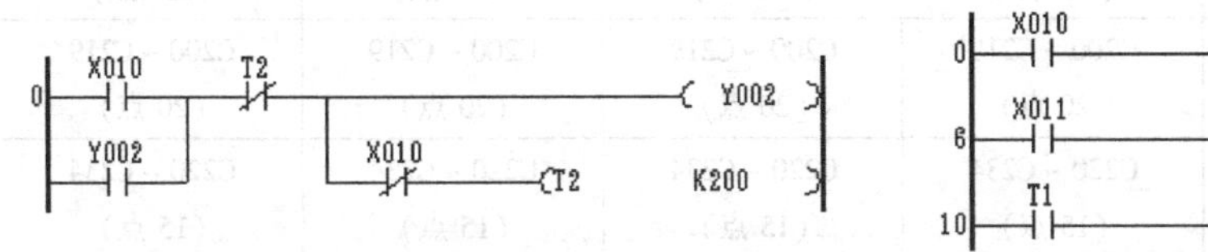

图 1-14　断电延时定时器

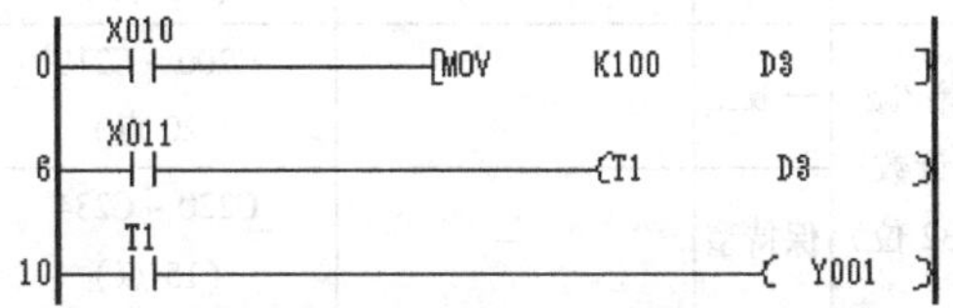

图 1-15　用寄存器 D 作定时器设定值

2. 积算定时器

这类定时器具有断电保持功能。FX1N、FX2N、FX3U、FX3G 都具有这类定时器。当驱动定时器线圈的输入触点断开或停电时，积算定时器的当前值能保留。当输入触点再次接通或恢复供电时，计时继续。当两次或多次时间累积之和等于设定值时，定时器的触点动作。这类定时器当动作完成之后，一般都要用 RST 复位。积算定时器有 1ms 和 100ms 两种时钟脉冲。积算定时器的工作原理如图 1-16 所示。当 X0 两次接通的时间累计等于设定时间时，T250 触点动作。此时如果 X0 继续接通或断开，都不会改变定时器的当前值，一直到 X1 接通，T250 复位，Y2 才失电。

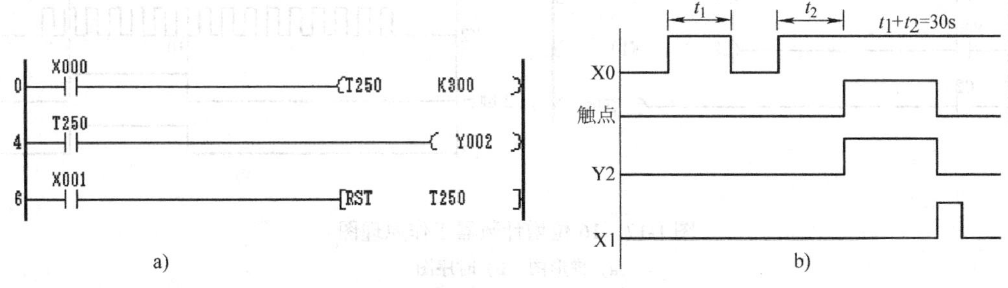

图 1-16　积算定时器的工作原理

a）梯形图　b）时序图

1.3.5　计数器（C）

PLC 的计数器（C）具有计数功能。它由等效的计数线圈、复位线圈以及对应的常开常闭触点组成。当复位线圈接通，计数器复位。计数器线圈每接通一次，即每次从 OFF→ON，计数器计数一次。当计数器的当前值与设定值相同，计数器触点动作。PLC 计数器分为一般型和断电保持型两种。两者最重要的区别是，当 PLC 切断电源时，一般型的计数器当前值复位为零，而断电保持型的计数器还将保留切断电源前的计数值。

FX 系列 PLC 的计数器分为 16 位增计数器、32 位增/减计数器以及高速计数器三种。表 1-5 为 FX 系列 PLC 的计数器编号。

表 1-5　FX 系列 PLC 的计数器编号

计数类别		FX1S	FX1N	FX2N	FX3U、FX3UC	FX3G
增计数（16 位）	一般型	C0 ~ C15（16 点）	C0 ~ C15（16 点）	C0 ~ C99（100 点）	C0 ~ C99（100 点）	C0 ~ C15（16 点）
	保持型	C16 ~ C31（32 点）	C16 ~ C199（184 点）	C100 ~ C199（100 点）	C99 ~ C199（100 点）	C16 ~ C199（184 点）
增/减计数（32 位）	一般型	—	C200 ~ C219（20 点）	C200 ~ C219（20 点）	C200 ~ C219（20 点）	C200 ~ C219（20 点）
	保持型	—	C220 ~ C234（15 点）	C220 ~ C234（15 点）	C220 ~ C234（15 点）	C220 ~ C234（15 点）
高速计数		C235 ~ C255 单相 7kHz 4 点 双相 2kHz 1 点	C235 ~ C255 单相 60kHz 4 点 双相 30kHz 1 点 5kHz 1 点	C235 ~ C255 单相 60kHz 2 点 双相 30kHz 1 点	C235 ~ C255 单相 100kHz 6 点 10kHz，2 点 双相 50kHz 2 点	C235 ~ C255 单相 60kHz 4 点 10kHz，2 点 双相 30kHz 2 点 5kHz 5 点

1. 16 位增计数器

16 位增计数器是一种 16 位二进制加法计数器，其设定值由 1 ~ 32 767，可由十进制常数 K 设定，也可由数据寄存器 D 的当前值设定。

16 位增计数器的工作原理，如图 1-17 所示。

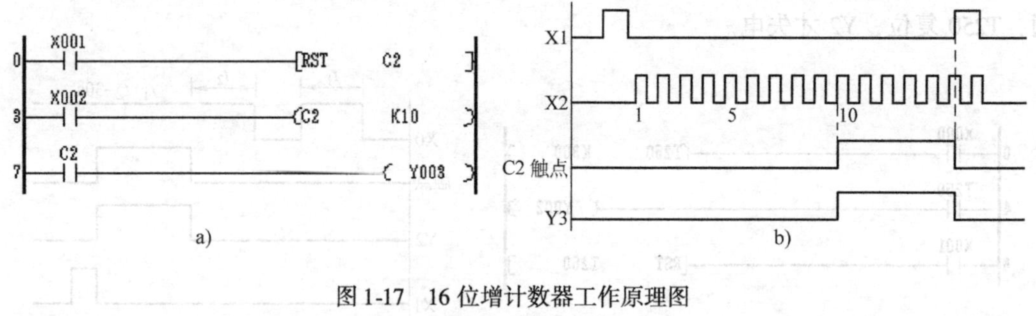

图 1-17　16 位增计数器工作原理图

a）梯形图　b）时序图

图中，接通 X1，使计数器 C2 复位。当 X2 每接通一次，即从 OFF→ON，计数器计数一次，计数器当前值加 1。当计数器当前值等于设定值时，计数器触点动作，驱动输出继电器 Y3。此后，当计数器计数线圈输入端 X2 接通或断开时，C2 的当前值均不变。Y3 线圈仍得电。一直到复位输入 X1 再闭合，计数器常开触点 C2 才复位，Y3 失电。

必须注意，由于 PLC 是周期性扫描工作的，因此计数输入端 X2 的 ON 或 OFF 的时间宽度必须比 PLC 的扫描周期长，才不致于误动作。

2. 32 位增/减计数器

32 位增/减计数器是 32 位二进制加法器。在 FX 系列的 PLC 中，FX1N、FX2N、FX3U、

FX3G 机型都具有这种功能，其计数设定值为 -2 147 483 648 ~ +2 147 483 647（十进制常数 K）。32 位增/减计数器的编号为 C200 ~ C234，它的增/减计数的方向由特殊辅助继电器 M8200 ~ M8234 的 ON/OFF 而定。计数器 C△△△与特殊辅助继电器 M8△△△一一对应。当 M8△△△的线圈为 OFF 时，C△△△作增计数工作；当 M8△△△线圈为 ON 时，C△△△作减计数工作。

32 位增/减计数器的工作原理如图 1-18 所示。

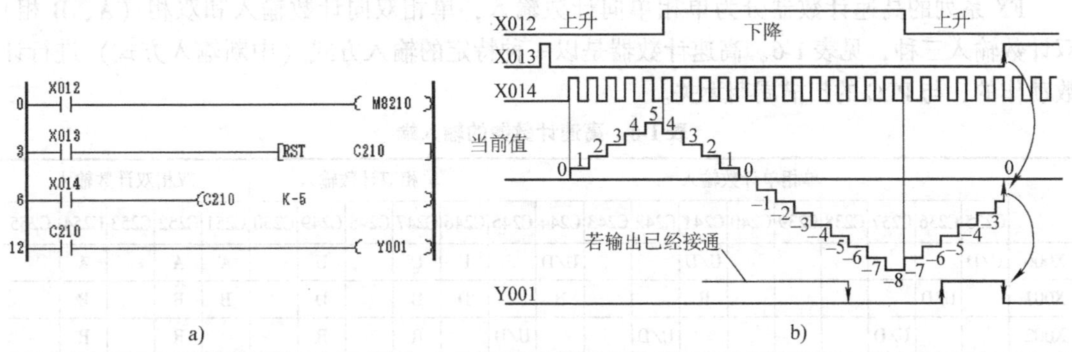

图 1-18　32 位增/减计数器工作原理
a) 梯形图　b) 时序图

图中 C210 的计数方向由 M8210 的 OFF 或 ON 控制。当 X12 为 OFF，M8210 为 OFF，C210 为增计数，C210 的当前值由 -6 到 -5，增计数达到设定值（-5）时，计数器 C210 的常开触点置位为“1”，驱动 Y1；当 X12 接通，M8210 为 ON，C210 为减计数，即 C210 当前值由 -5 到 -6 减少时，计数器 C210 的常开触点复位为“0”，Y1 失电。当 X13 接通，执行 RST 指令，计数器 C210 当前值为 0，其触点复位。

如同定时器一样，计数器的设定值可以用十进制常数 K 设定，也可由数据寄存器 D 的当前值设定，如图 1-19 所示。但对 32 位计数器，所指定的数据寄存器 D 按 2 位连号成对处理。例如，指定 D10，则 D11、D10 均用作存放计数器的设定值（32 位），但程序中应避免再使用 D11。

图 1-19　用 D 作计数器设定

32 位计数器是以一种称为“环形计数”的方式计数的。例如，如果由 2 147 483 647 增计数加 1 时，即成为 - 2 147 483 648。同理，如果由 - 2 147 483 648 减 1 时，即成为2 147 483 647。

3. 高速计数器

当计数频率较高（如几 kHz）时，通用计数器不适用，这时可采用高速计数器。FX 系列 PLC 的高速计数器编号为 C235 ~ C255，共 21 点。

FX 系列的高速计数器分为单相单向计数输入，单相双向计数输入和双相（A、B 相）双计数输入三种，见表 1-6。高速计数器是以一种特定的输入方式（中断输入方式）进行计数动作的，与 PLC 的扫描周期无关。

表 1-6　高速计数器的输入端

	单相单计数输入											单相双计数输入					双相双计数输入				
	C235	C236	C237	C238	C239	C240	C241	C242	C243	C244	C245	C246	C247	C248	C249	C250	C251	C252	C253	C254	C255
X000	U/D						U/D			U/D		U	U		U		A	A		A	
X001		U/D					R			R		D	D		D		B	B		B	
X002			U/D					U/D			U/D		R		R			R		R	
X003				U/D				R			R			U		U			A		A
X004					U/D				U/D					D		D			B		B
X005						U/D			R					R		R			R		R
X006										S					S					S	
X007											S					S					S

表 1-6 中，U 为增计数输入，D 为减计数输入，A 为 A 相输入，B 为 B 相输入，R 为外部复位输入，S 为外部启动输入。高速计数器中的中断输入端子是特指的。例如，X0 适用于 C235、C241、C244 等，若使用了 C235 计数器，意味着选用 X0 作为它的中断输入端子，则 C241、C244、C246、C247、C249、C251、C252、C254 等以及中断 I00□就不能使用了。

（1）单相单计数输入（C235 ~ C245）　这类高速计数器的计数方向由与之相应的特殊辅助继电器 M8235 ~ M8245 切换。当 M8△△△为 OFF 时，C△△△为增计数；当 M8△△△为 ON 时，C△△△为减计数。但其中 C235 ~ C240 的复位要使用程序；而 C241 ~ C245 的复位，要用表 1-6 中所示的复位接线端。这类计数器的工作原理如图 1-20 所示。

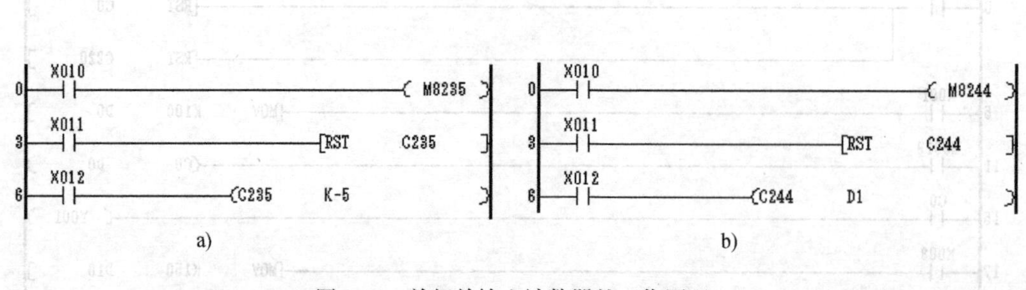

图 1-20　单相单输入计数器的工作原理

图 1-20a 是使用程序复位的情况。图中的复位使用 RST 指令，其中断输入端用 X0。当 X12 闭合，C235 按 X0 的输入 OFF→ON 计数，其原理如图 1-21 所示。从图可见，当计数器

为减计数而通过其设定值时，计数器输出触点复位；当计数器为增计数而通过其设定值时，计数器输出触点置位；当 X11 接通，执行 RST 指令，C235 复位。图 1-20b 为有外部启动、复位端的情况。图中当 X012 接通且外部启动输入端 X6 也接通时，则 C244 可由 X0 读入计数值。C244 的复位端为 X001，当 X001 闭合时，C244 复位清零。C244 的复位也可通过程序中的 X11 执行。

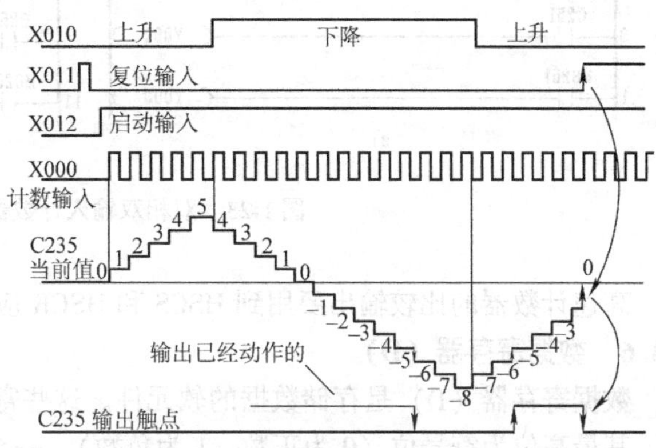

图 1-21　图 1-20a 的工作原理

（2）单相双计数输入（C246 ~ C250）　这类高速计数器的计数方向分别由各自的中断输入端子决定。有些计数器还有外部复位端子（R）和外部启动端子（S）。图 1-22 表示了这类计数器的工作原理。图 a 所示的计数器 C246，没有外部复位输入端子，故要使用 RST 命令复位。当 X12 接通后，C246 从 X0 输入计数信号，对 OFF→ON 进行增计数，或从 X1 输入对 OFF→ON 进行减计数。图 b 所示的计数器 C249 有外部复位输入端 X2，有外部启动输入端 X6。当 X12 接通，X6 又接通，C249 立即可进行计数，它的增计数输入端为 X0，减计数输入端为 X1。这类计数器可以在程序上不设复位（RST）。而且高速计数器的中断输入端都不出现在程序上。单相双计数输入的增计数或减计数也可由相应的特殊辅助继电器 M8246 ~ M8250 进行设置，ON——减计数；OFF——增计数。

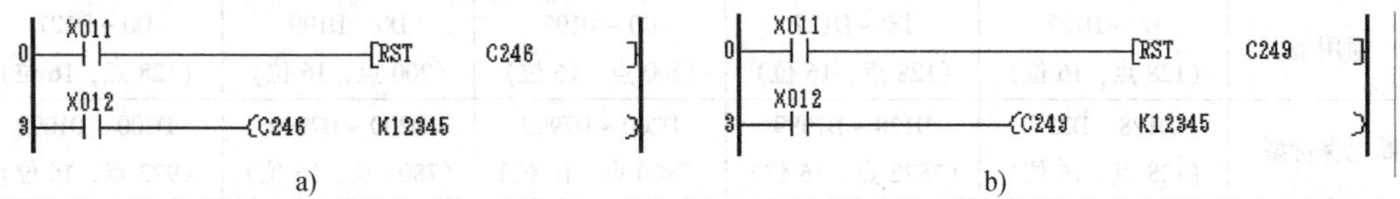

图 1-22　单相双输入计数器的工作原理

（3）双相（A、B 相）双计数输入（C251 ~ C255）　双相双计数输入通常应用于有 90°相位差的双相式编码器输出的情况。当 A 相输入接通时，B 相输入由 OFF→ON 时为增计数；从 ON→OFF 时为减计数。而且 C△△△的增/减计数状态，还可以通过特殊辅助继电器 M8△△△的 ON/OFF 进行监控。其工作原理如图 1-23 所示。图 a 中，当 X11 接通，C251 复位；当 X12 接通时，C251 通过中断进行输入 X0（A 相）、X1（B 相）的动作进行计数。若计数的当前值等于高于设定值，则 Y2 得电，若当前值小于设定值，则 Y2 不得电。当减计数方向时，M8251 触点接通，Y3 得电；当增计数方向时，M8251 触点断开，Y3 不得电。图 b 中的计数器 C254 有复位中断输入端 X2，还有起始中断输入端 X6，它的 A 相输入端 X0、B 相输入端 X1、复位端 X2 和启动端 X6 都不出现在程序上。当 X12 为 ON，X6 也为 ON，C254 立即开始计数。当 C254 的当前值等于高于设定值（D1，D0）时，Y4 动作；当低于设定值时，则 Y4 复位。

高速计数器的每一个输入端对输入的频率都有一最高响应频率。FX2N PLC 最高响应频率是 60kHz，FX3U PLC 最高响应频率是 100kHz。

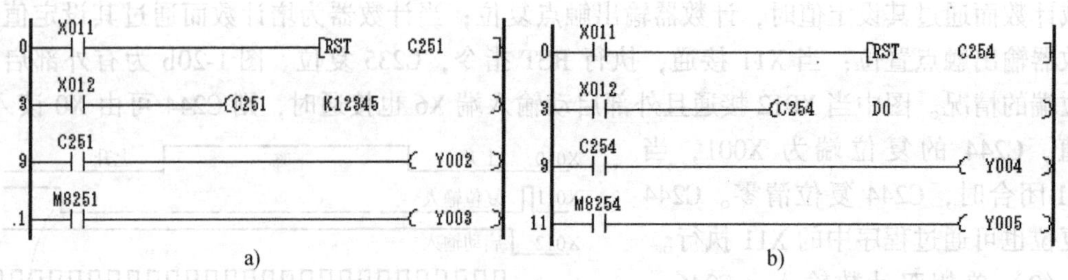

图 1-23　双相双输入计数器的工作原理

高速计数器的比较输出要用到 HSCS 和 HSCR 应用指令，见本书第 5 章。

1.3.6　数据寄存器（D）

数据寄存器（D）是存储数据的软元件。这些寄存器都是 16 位的，可存储 16 位二进制数，其最高位为符号位（0 为正数，1 为负数）。一个存储器能处理的数值为 -32 768 ~ +32 767。将两个相邻的寄存器组合可存储 32 位二进制数。如果指定低位（如 D0），则紧继低位地址号的高位（D1）便被自动占用。低位指定一般用偶数软元件号（地址号）。32 位寄存器可处理的数值为 -2 147 483 648 ~ +2 147 483 647。

FX 系列 PLC 的数据寄存器可分为普通用、断电保持用和特殊用三类，其数据寄存器的编号见表 1-7。

表 1-7　数据寄存器的编号

	FX1S	FX1N	FX2N	FX3U、FX3UC	FX3G
通用型	D0 ~ D127 （128 点，16 位）	D0 ~ D127 （128 点，16 位）	D0 ~ D199 （200 点，16 位）	D0 ~ D199 （200 点，16 位）	D0 ~ D127 （128 点，16 位）
断电保持型	D128 ~ D255 （128 点，16 位）	D128 ~ D7999 （7872 点，16 位）	D200 ~ D7999 （7800 点，16 位）	D200 ~ D7999 （7800 点，16 位）	D200 ~ D1099 （972 点，16 位）
特殊型	D8000 ~ D8255 （256 点，16 位）	D8000 ~ D8255 （256 点，16 位）	D8000 ~ D8255 （256 点，16 位）	D8000 ~ D8511 （512 点，16 位）	D8000 ~ D8511 （512 点，16 位）
变址用	V0 ~ V7，Z0 ~ Z7 （16 点，16 位）	V0 ~ V7，Z0 ~ Z7 （16 点，16 位）	V0 ~ V7，Z0 ~ Z7 （16 点，16 位）	V0 ~ V7，Z0 ~ Z7 （16 点，16 位）	V0 ~ V7，Z0 ~ Z7 （16 点，16 位）

普通用及断电保持用数据寄存器的数据写入或读出，要使用应用指令。在数据寄存器中的数据，只有在再写入时，才会改变。但是，普通用数据寄存器在运行→断开（RUN→STOP）或停电时，其存储的数据会被清零，而断电保持用数据寄存器在 RUN→STOP 或停电时，可保持其存储数据。数据寄存器的数据写入或转移要使用应用指令 MOV，如图 1-24 所示。图中：第 6 步，当 X1 闭合时，将 K200 写入到 D10 中，作为 T1 的设定值；第 12 步，当 X2 闭合时，将 D100 的值写入到 D5 中。

特殊用数据寄存器是一些写入特定目的的数据或已经写入特定数据的数据寄存器。当电源接通时，特殊用数据寄存器的内容由系统 ROM 写入初始化值。例如，D8000 存放警戒时钟（WDT）时间，接通电源时，由系统 ROM 写入（200ms），但如果要改变这个值时，要用数据传送指令 MOV 将目标时间送入 D8000 中，如图 1-24 第 0 步所示，其含义是将警戒时钟时间改为 250ms，送入 D8000。

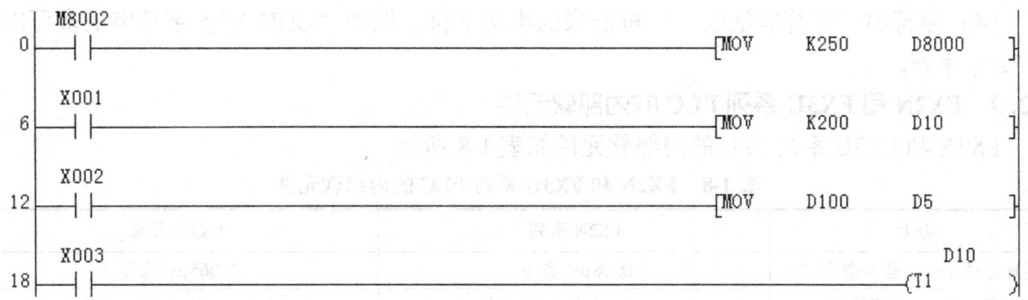

图 1-24　数据寄存器的用法

如同特殊辅助继电器（M）一样，如果对特殊用数据寄存器的意义不清楚，或没有定义，千万不要使用。

1.3.7　变址寄存器（V、Z）

变址寄存器（V、Z）与普通用数据寄存器一样，是进行数据读入、写出的 16 位数据寄存器。将 V 和 Z 组合，可进行 32 位运算，此时 V 作为高位数据存储，分别组成为（V0，Z0），（V1、Z2），（V2，Z2），…，（V7，Z7），指定 Z 为变址寄存器首址。

变址寄存器主要用于改变软元件地址号。例如：当 V = 8，Z = 4 时，则

X2V = X10	T3V = T11	X0Z = X4	T3Z = T7
Y3V = Y11	C4V = C12	Y3Z = Y7	C4Z = C8
M10V = M18	D5V = D13	M10Z = M14	D5Z = D9
S20V = S28		S20Z = S24	

1.3.8　FX PLC 使用的常量

FX PLC 程序在进行运算时使用二进制数字，但在编程时指定元件的设定值或操作数时，常使用常数 K（10 进制数）、常数 H（16 进制数）、实数 E（浮点数）或字符串。

（1）10 进制数常数 K　K 是表示 10 进制整数的符号，主要用于指定定时器和计数器的设定值，或是应用指令的操作数中的数值。例如 K300，K－128 等。10 进制常数的取值范围如下：

使用字数据（16 位二进制数）时，K－32768～K32767；

使用双字数据（32 位二进制数）时，K－2，147，483，648～K2，147，483，647。

（2）16 进制数常数 H　H 是表示 16 进制数的符号，主要用于指定应用指令的操作数的数值，例如：H1234，H3D6B 等。16 进制常数的取值范围如下：使用字数据（16 位二进制数）时，H0～HFFFF（BCD 数据为 H0～H9999）；使用双字数据（32 位二进制数）时，H0～HFFFFFFFF（BCD 数据为 H0～H99999999）。

（3）实数 E　E 是表示实数的符号，主要用于指定应用指令的操作数的数值。例如：E1.234 或 E3.45－3。程序运算时采用二进制浮点数，使用范围是 -1.0×2^{128} ～ -1.0×2^{-126}、0、1.0×2^{-126} ～ 1.0×2^{128}。

在指定操作数的数值时常用十进制浮点数。可以用小数形式，例如，12.56 就以 E12.56 指定，也可以用指数形式，例如，-1.386×10^{3} 就以 E－1.386＋3 指定，2.68×10^{-2} 就以 E2.68－2 指定。

（4）字符串　字符串是以“”框起来的半角字符。例如“CHINA”。字符串最多可以指定 32 个字符。

1.3.9　FX2N 和 FX3U 系列 PLC 的内部软元件

FX2N 和 FX3U 系列 PLC 的内部软元件如表 1-8 所示。

表 1-8　FX2N 和 FX3U 系列 PLC 的内部软元件

项目			FX2N 系列	FX3U 系列
运算处理速度	基本指令		0.08μs/命令	0.065μs/命令
	应用指令		1.52μs～几个 100μs/命令	0.642μs～几个 100μs/命令
程序容量　存储器形式			内附 8000 步	内附 8000 步
指令数	基本、步进指令		基本（顺控）指令 27 个、步进指令 2 个	基本（顺控）指令 27 个、步进指令 2 个
	应用指令		128 种 298 个	209 种
输入继电器			184 点 X0～X267	240 点 X0～X357
输出继电器			184 点 Y0～Y267	240 点 Y0～Y357
辅助继电器	一般用		※　500 点 M0～M499	500 点 M0～M499
	锁定用		◎※　2572 点 M500～M3071（注）	7180 点 M500～M7679
	特殊用		256 点 M8000～M8255	512 点 M8000～M8511
状态	初始化用		10 点 S0～S9	10 点 S0～S9
	一般用		※　490 点 S10～S499	490 点 S10～S499
	锁存用		◎※　400 点 S500～S899	400 点 S500～S899
	报警用		◎　100 点 S900～S999	100 点 S900～S999
定时器	100ms		200 点 T0～T199	200 点 T0～T199
	10ms		46 点 T200～T245	46 点 T200～T245
	1ms（积算）		◎　4 点 T246～T249	4 点 T246～T249
	100ms（积算）		◎　6 点 T250～T255	6 点 T250～T255
	模拟		◎　1 点	1ms，266 点 T256～T511
计数器	增计数	一般用	100 点（16 位）C0～C99	100 点（16 位）C0～C99
		锁存用	◎　100 点（16 位）C100～C199	100 点（16 位）C100～C199
	增/减计数	一般用	20 点（32 位）C200～C219	20 点（32 位）C200～C219
		锁存用	◎　15 点（32 位）C220～C234	15 点（32 位）C220～C234
	高速用		单相 60kHz 2 点，10kHz 4 点 双相 30kHz 1 点，5kHz 1 点	单相 100kHz 6 点，10kHz 2 点 双相 50kHz 1 点，（4 倍）2 点
数据寄存器	通用数据寄存器	一般用	※　200 点（16 位）D0～D199	200 点（16 位）D0～D199
		锁存用	◎※　7800 点（16 位）D200～D7999（注）	7800 点（16 位）D200～D7999
	特殊用		256 点（16 位）D8000～D8255	512 点 D8000～D8511
	变址用		16 点（16 位）V0～V7，Z0～Z7	16 点（16 位）V0～V7，Z0～Z7
指针跳步	转移用		128 点 P0～P127	4086 点 P0～P4085
	中断用		15 点 I0□□～I8□□（用外部输入时钟，计数器切入）	15 点 I0□□～I8□□
频率			8 点 N0～N7	8 点 N0～N7
常数	十进制 K		16 位：−32，768～+32，767	32 位：−2，147，483，648～+2，147，483，647
	十六进制 H		16 位：0～FFFF（H）	32 位：0～FFFFFFFF（H）

注：1. M1024～M3071，D512～D7999 由后备锂电池固定。

2. ◎由后备锂电池保持；※用后备锂电池保持，但参数可变。

习 题 1

1-1 PLC由哪些基本部分组成？试述它的工作原理。

1-2 熟悉各类内部继电器的编号特点、作用、参数和梯形图的表示。

1-3 熟悉定时器和计数器的工作特点和梯形图表示。为何通用定时器的控制触点在定时器工作过程中要一直闭合，而计数器的控制触点在计数器工作过程中不能一直闭合？

1-4 为什么辅助继电器M不能驱动外部负载？试述辅助继电器M的分类及其编号特点。

1-5 数据寄存器D的常用功能是什么？如何用D作为定时器和计数器的设定值？

第2章
基本逻辑指令

PLC 的基本逻辑指令是 PLC 对程序进行逻辑运算并以规定的助记符表示的一种指令。它的组成格式是：

程序步序　　指令助记符　　操作数（作用软元件，编号，参数）

有些指令不带操作数，有些带一个，有些带两个或两个以上。FX 系列的 FX1N、FX2N 等机型有 27 个基本指令，FX3U、FX3G 等机型有 29 个基本指令。本章主要介绍这些基本指令的助记符、名称、功能及其用法。

2.1　运算开始和线圈驱动指令（LD、LDI、OUT）

运算开始和线圈驱动指令的助记符与功能见表 2-1。

表 2-1　运算开始和线圈驱动指令

指令助记符，名称	功　能	可作用的软元件	程序步
LD（取）	常开触点逻辑运算开始	X、Y、M，S，T，C	1
LDI（取反）	常闭触点逻辑运算开始	X、Y、M，S，T，C	1
OUT（输出）	驱动线圈	M，S，T，C	Y，M　1步；S，特M　2步；T　3步；C　3~5步

说明：

1）LD 指令是将常开触点接到左母线上；LDI 是将常闭触点接到左母线上。在分支电路起点处，LD、LDI 可与 ANB、ORB 指令组合使用。

2）OUT 指令是对输出继电器、辅助继电器、状态继电器、定时器、计数器线圈的驱动指令。这些线圈接于右母线。OUT 指令可对并联线圈进行多次驱动。

指令 LD、LDI、OUT 的编程例子如图 2-1 所示。

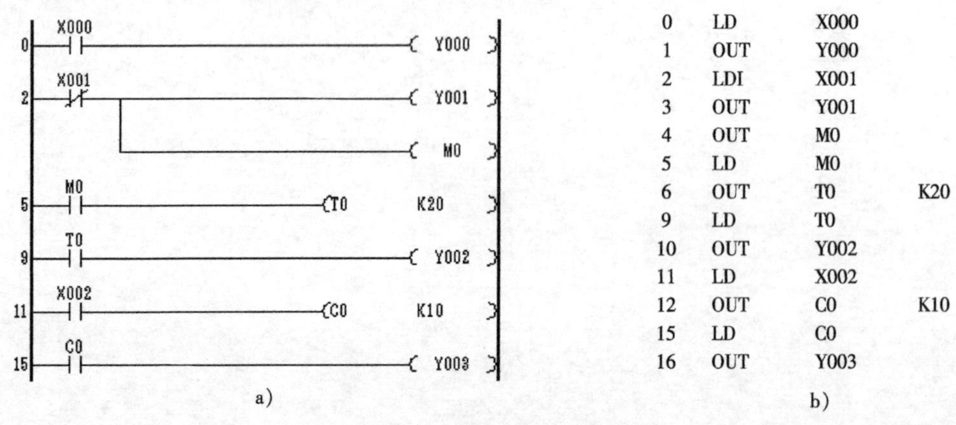

图 2-1　LD、LDI、OUT 的用法

a）梯形图　b）指令表

由图 2-1 可见：

1）对应于梯形图的一逻辑行，指令表以 LD（或 LDI）开始，以 OUT 结束。

2）OUT 指令之后，可连续使用 OUT 指令，驱动其他线圈的输出。

3）对于驱动定时器或计数器，使用 OUT 指令必须有设定值。例如，程序中定时器 T0 为 100ms 定时器，常数 K20 即为设定值，延时 $0.1s \times 20 = 2s$ 时间到，T0 常开触点闭合，驱动 Y2。对计数器 C0，常数 K10 即为设定值，当 X2 闭合 10 次时，则 C0 的当前值等于设定值，C0 常开触点闭合，驱动 Y3。

2.2 触点串联和并联指令（AND、ANI、OR、ORI）

触点串联和并联指令的助记符与功能见表 2-2。

表 2-2 触点串联和并联指令

指令助记符，名称	功 能	可作用的软元件	程序步
AND（与）	串联一常开触点	X，Y，M，S，T，C	1 步
ANI（与非）	串联一常闭触点	X，Y，M，S，T，C	1 步
OR（或）	并联一常开触点	X，Y，M，S，T，C	1 步
ORI（或非）	并联一常闭触点	X，Y，M，S，T，C	1 步

说明：

1）AND、ANI 指令可进行一个触点的串联连接。串联触点的数量不受限制，可多次使用。

2）OR、ORI 指令是从当前步开始，将一个触点与前面的 LD、LDI 指令步进行并联连接。也就是说，从当前步开始，将一个常开触点或常闭触点连到左母线。对于两个或两个以上触点的并联连接，将用到后面介绍的 ORB 指令。

3）一般来说，串联或并联触点数目不受限制，但使用软件编程或打印机时将受到限制。串联时，最好一行不超过 10 个触点和一个线圈，并联或纵接输出不超过 24 行。

触点串联、并联指令的编程例子如图 2-2 所示。

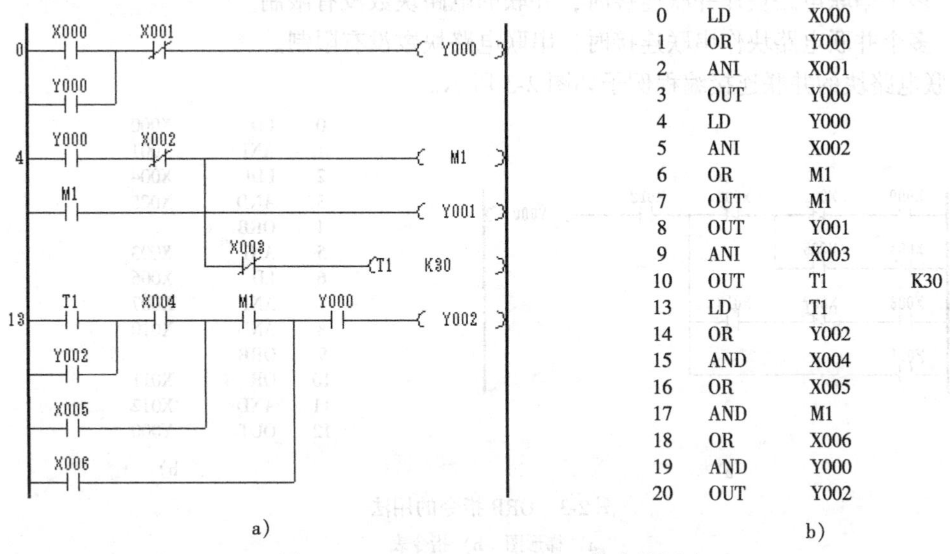

图 2-2 AND、ANI、OR、ORI 指令的用法

a）梯形图 b）指令表

由图 2-2 可见：

1）PLC 执行程序的顺序是从上到下，从左到右，因此指令表的顺序也按这一原则排列。

2）OUT 指令之后，通过串联触点再对其他线圈使用 OUT 指令，称为纵接输出。纵接输出的特点是第一行驱动线圈（如 OUT　M1），第二行或以后各行从这点再驱动线圈或最后一行串联触点再驱动线圈。

3）应用基本指令编程时，某软件的线圈只能用一次。如果某线圈要由多个触点组合驱动，那么这些触点就要组成“与”“或”逻辑电路，如线圈 Y2。

2.3　电路块并联和串联指令（ORB、ANB）

电路块并联和串联指令的助记符与功能见表 2-3。

表 2-3　电路块并联和串联指令

指令助记符，名称	功　　能	可作用的软元件	程序步
ORB（电路块或）	串联电路的并联连接	无	1
ANB（电路块与）	并联电路的串联连接	无	1

说明：

1）两个或两个以上触点串联连接的电路块称为串联电路块。将串联电路块作并联连接时，分支开始用 LD、LDI 指令，分支结束用 ORB 指令。ORB 无操作元件，是一个不带操作数的独立指令。

2）由含有一个或多个触点的串联电路形成的并联分支电路称为并联电路块。并联电路块在串联连接时，要使用 ANB 指令。电路块的起始要用 LD、LDI 指令，电路块结束用 ANB 指令。ANB 与 ORB 指令一样，也是一个不带操作数的独立指令。

3）多个串联电路块作并联连接时，并联的电路块数没有限制。

4）多个并联电路块作串联连接时，串联电路块数没有限制。

串联电路块的并联连接编程例子如图 2-3 所示。

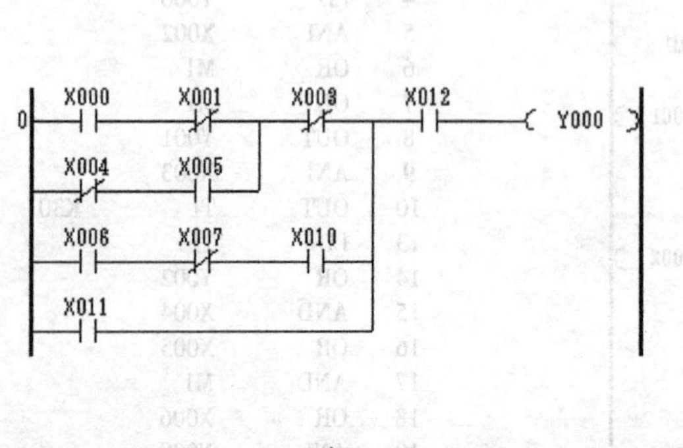

a）

0	LD	X000
1	ANI	X001
2	LDI	X004
3	AND	X005
4	ORB	
5	ANI	X003
6	LD	X006
7	ANI	X007
8	AND	X010
9	ORB	
10	OR	X011
11	AND	X012
12	OUT	Y000

b）

图 2-3　ORB 指令的用法

a）梯形图　b）指令表

并联电路块的串联连接编程例子如图2-4所示。

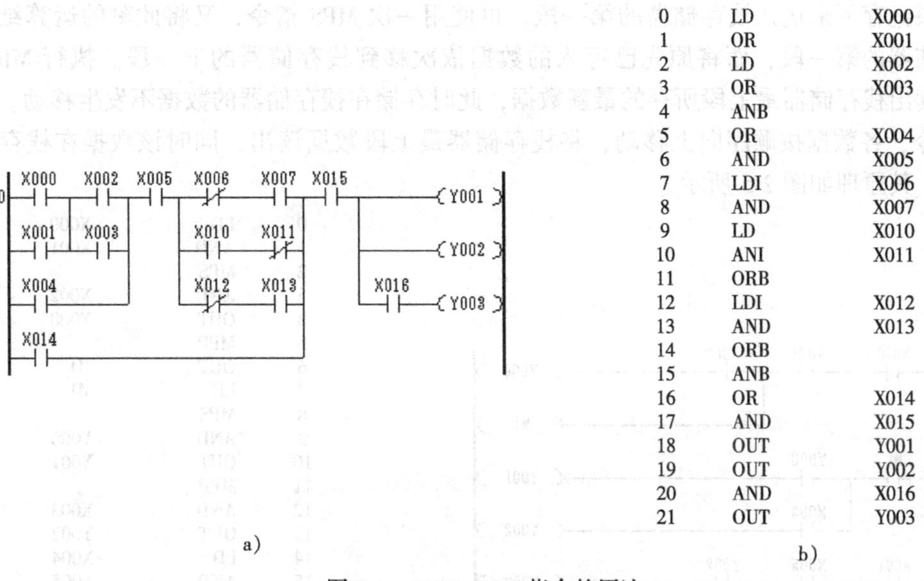

图2-4　ANB、ORB指令的用法

a）梯形图　b）指令表

由图2-3和图2-4可见：

1）当串联电路块作并联连接时，起始用LD、LDI，指令结束用ORB指令；当并联电路块作串联连接时，起始用LD、LDI，结束用ANB。

2）无论是在电路块中并联一触点，或在当前位置并联一触点到左母线，均用OR或ORI指令。

3）如果串联电路块中含有并联电路块，则对串联电路块，开始时用LD、LDI指令，结束时用ANB指令；而对其中的每一个并联电路块，开始时都要用LD、LDI指令，结束时都要用ORB指令。

2.4　多重输出指令（MPS、MRD、MPP）

多重输出是指从某一点经串联触点驱动线圈之后，再由这一点驱动另一线圈，或再经串联触点驱动另一线圈的输出方式。它与纵接输出不同。

多重输出指令的助记符与功能见表2-4。

表2-4　多重输出指令

指令助记符，名称	功　能	可作用的软元件	程序步
MPS（进栈）	记忆到MPS指令为止的状态	无	1
MRD（读栈）	读出到MPS指令为止的状态，从这点输出	无	1
MPP（出栈）	读出到MPS指令为止的状态，从这点输出并清除此状态	无	1

说明：

1）MPS、MRD、MPP指令是对分支多重输出电路编程用的指令。在FX系列PLC中有一个称为“栈存储器”的存储器，当对分支电路使用一次 MPS 指令时，它将分支点之前的运算结果记存下来送入栈存储器的第一段。再使用一次 MPS 指令，又将此刻的运算结果送入栈存储器的第一段，而将原先已存入的数据依次移到栈存储器的下一段。执行 MRD 指令，是读出栈存储器最上段所存的最新数据，此时存储在栈存储器的数据不发生移动。执行 MPP 指令，各数据按顺序向上移动，将栈存储器最上段数据读出，同时该数据在栈存储器中消失，其原理如图 2-5 所示。

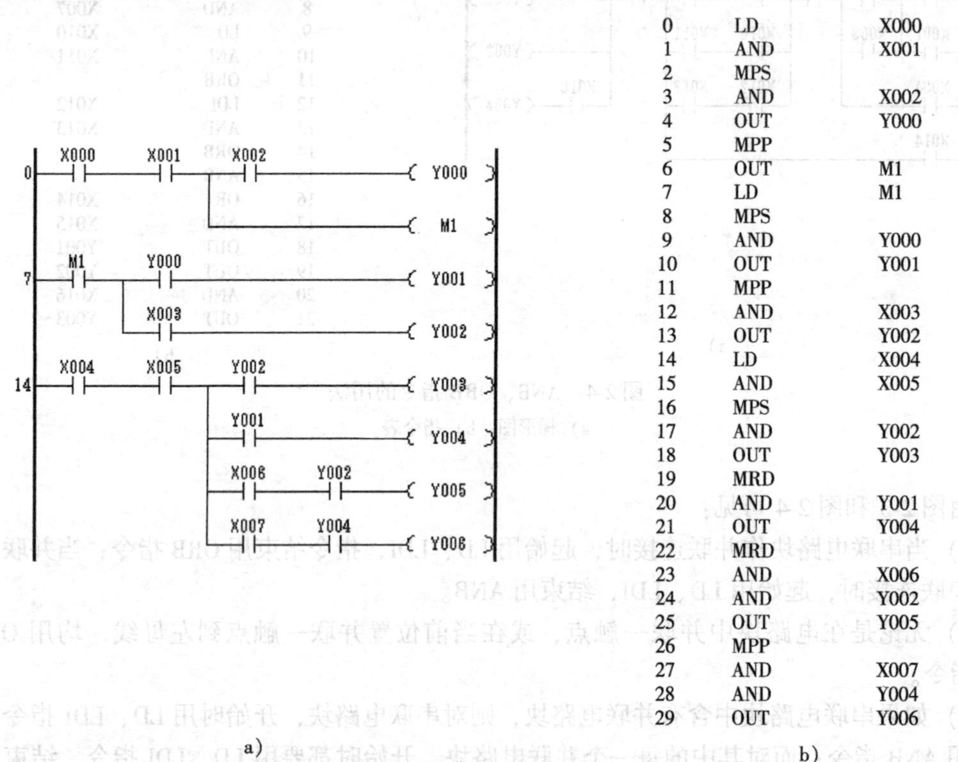

步	指令	元件
0	LD	X000
1	AND	X001
2	MPS	
3	AND	X002
4	OUT	Y000
5	MPP	
6	OUT	M1
7	LD	M1
8	MPS	
9	AND	Y000
10	OUT	Y001
11	MPP	
12	AND	X003
13	OUT	Y002
14	LD	X004
15	AND	X005
16	MPS	
17	AND	Y002
18	OUT	Y003
19	MRD	
20	AND	Y001
21	OUT	Y004
22	MRD	
23	AND	X006
24	AND	Y002
25	OUT	Y005
26	MPP	
27	AND	X007
28	AND	Y004
29	OUT	Y006

图 2-5　MPS、MRD、MPP 指令的用法

a) 梯形图　b) 指令表

图 2-5a 中：第 2 步执行 MPS 指令，将（X0・X1）的逻辑运算数据存储起来。当 X2 接通，将该数据与 X2 进行运算，驱动 Y0 线圈；第 5 步执行 MPP 指令，将该数据读出，驱动线圈 M1，并消除这运算数据；第 8 步，执行 MPS，将 M1 数据存储起来，当 Y0 接通，将 M1 数据与 Y0 运算后驱动线圈 Y1；第 11 步执行 MPP 指令，读出该存储的 M1 数据，当 X3 接通，运算之后驱动 Y2；第 15 步，执行 MPS 指令，将（X4・X5）的逻辑运算结果数据存储起来，当 Y2 接通，运算后驱动 Y3。每次执行 MRD 指令读出该点数据，再与该行的触点进行逻辑运算，驱动线圈。执行 MPP 指令，将该存储数据与 X7、Y4 进行与运算，驱动 Y6，并清除该存储数据。

2）MPS、MRD、MPP 指令可以与 ANB、ORB 等指令结合，执行较复杂的电路逻辑，如图 2-6 所示。

注意：图 2-6 中执行 X11 与所存储的数据运算之后，驱动 Y2，接着便执行（X12 + X13），并与 X14 进行与运算，运算之后驱动 Y3。这是纵接输出，不必使用 MPS、MPP 指令。

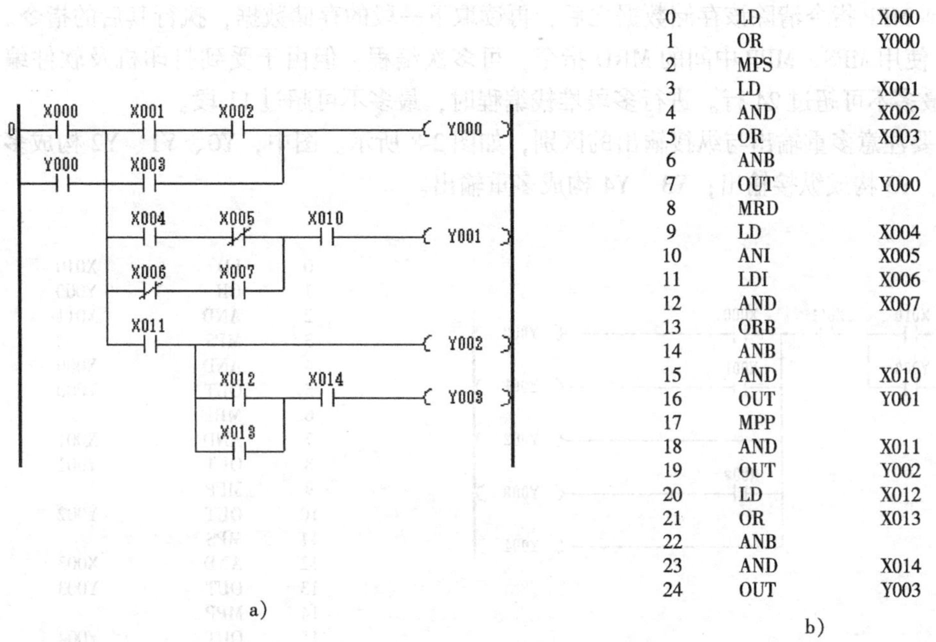

步	指令	元件
0	LD	X000
1	OR	Y000
2	MPS	
3	LD	X001
4	AND	X002
5	OR	X003
6	ANB	
7	OUT	Y000
8	MRD	
9	LD	X004
10	ANI	X005
11	LDI	X006
12	AND	X007
13	ORB	
14	ANB	
15	AND	X010
16	OUT	Y001
17	MPP	
18	AND	X011
19	OUT	Y002
20	LD	X012
21	OR	X013
22	ANB	
23	AND	X014
24	OUT	Y003

图 2-6　MPS、MRD、MPP 与 ANB、ORB 的组合例子

a）梯形图　b）指令表

3）对于 2 段以上的堆栈分支电路，注意在分支点用 MPS、MRD、MPP 指令，如图 2-7 所示。

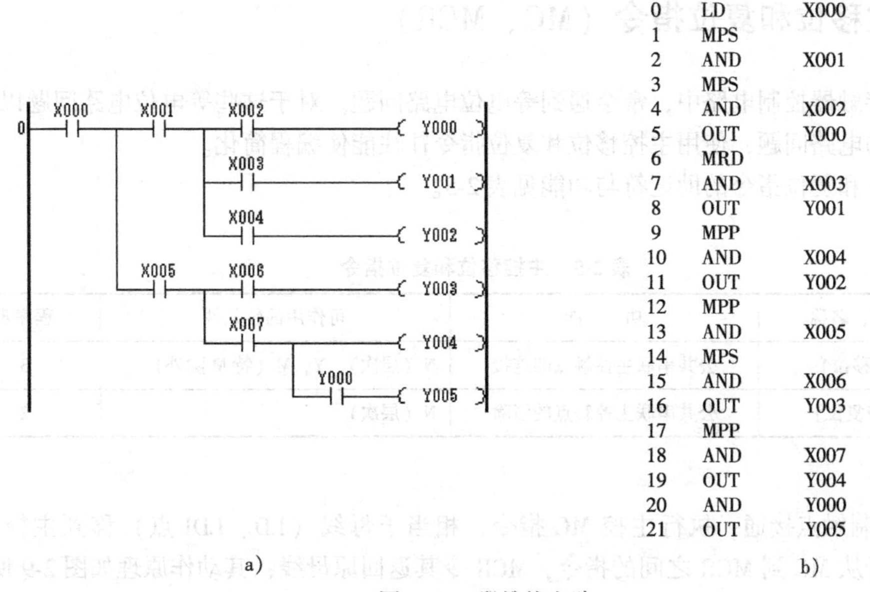

步	指令	元件
0	LD	X000
1	MPS	
2	AND	X001
3	MPS	
4	AND	X002
5	OUT	Y000
6	MRD	
7	AND	X003
8	OUT	Y001
9	MPP	
10	AND	X004
11	OUT	Y002
12	MPP	
13	AND	X005
14	MPS	
15	AND	X006
16	OUT	Y003
17	MPP	
18	AND	X007
19	OUT	Y004
20	AND	Y000
21	OUT	Y005

图 2-7　2 段堆栈电路

a）梯形图　b）指令表

图 2-7 中，执行 X0 之后，进入第 1 段堆栈；执行 X1 及 X5 之后，各自进入第 2 段堆栈。执行程序时，先读取处在栈存储器上段的存储数据（即先执行第 2 段堆栈），执行程序指

令，直到 MPP 指令清除该存储数据之后，再读取下一段的存储数据，执行其后的指令。

4）使用 MPS、MPP 中间的 MRD 指令，可多次编程，但由于受到打印机及软件编程的限制，最多不可超过 24 行。进行多段堆栈编程时，最多不可超过 11 段。

5）要注意多重输出与纵接输出的区别，如图 2-8 所示。图中，Y0、Y1、Y2 构成多重输出；Y2、Y3 构成纵接输出；Y3、Y4 构成多重输出。

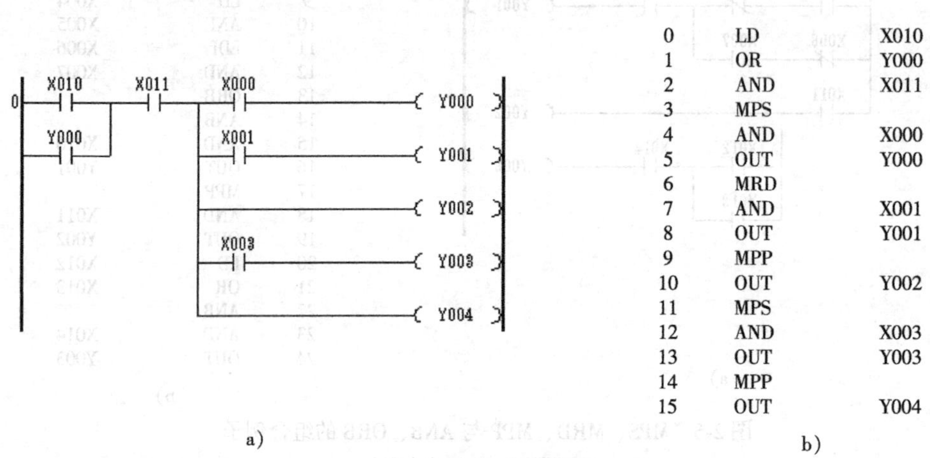

图 2-8　多重输出与纵接输出

a）梯形图　b）指令表

2.5　主控移位和复位指令（MC、MCR）

在继电接触器控制电路中，常会遇到等电位电路问题。对于这些等电位电路问题以及需要有主控点的电路问题，使用主控移位和复位指令往往能使编程简化。

主控移位和复位指令的助记符与功能见表 2-5。

表 2-5　主控移位和复位指令

指令助记符，名称	功　能	可作用的软元件	程序步
MC（主控移位）	公共串联主控触点的连接	N（层次），Y，M（特 M 除外）	3
MCR（主控复位）	公共串联主控触点的清除	N（层次）	2

说明：

1）当控制触点接通，执行主控 MC 指令，相当于母线（LD、LDI 点）移到主控触点后，直接执行从 MC 到 MCR 之间的指令，MCR 令其返回原母线，其动作原理如图 2-9 所示。图中 N0 为层次，M1 为指令 MC 所作用的元件，或称为主控线圈。当 X0 接通，执行 MC 指令，母线移动，主控线圈 M1 得电，其主控触点 M1 闭合，执行从 MC 到 MCR 之间的程序。当程序运行到 MCR 指令，母线返回，再执行以下程序。当 MC 指令的控制触点断开（例如图 2-9 中X1为断开状态），不能执行从 MC 到 MCR 之间指令。

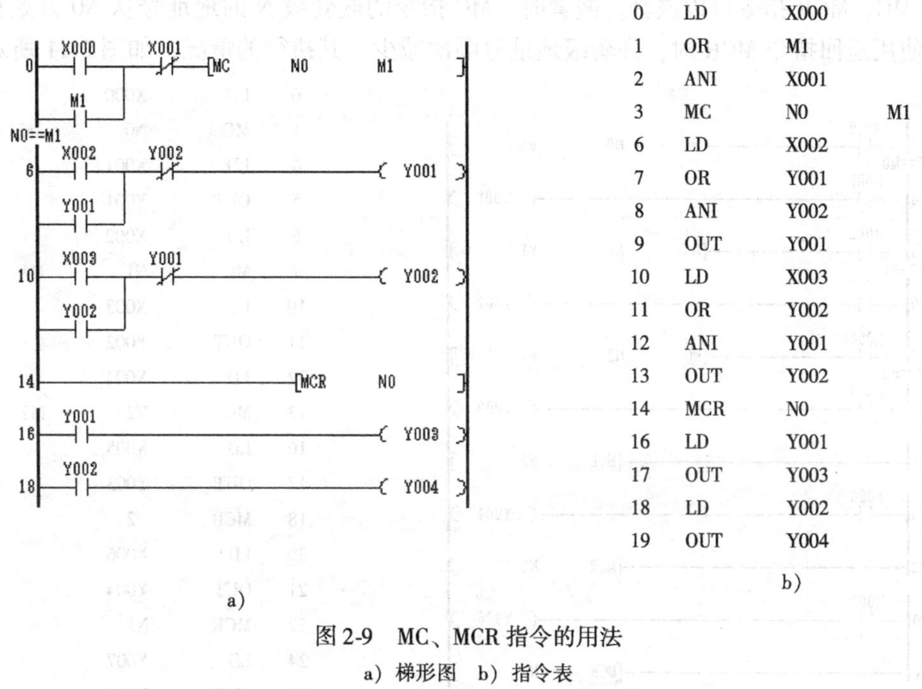

图 2-9　MC、MCR 指令的用法

a）梯形图　b）指令表

2）当需多次使用主控指令（但没有嵌套）时，可以通过改变 Y、M 地址号来实现，通常用 N0 进行编程。N0 的使用次数没有限制，如图 2-10 所示。

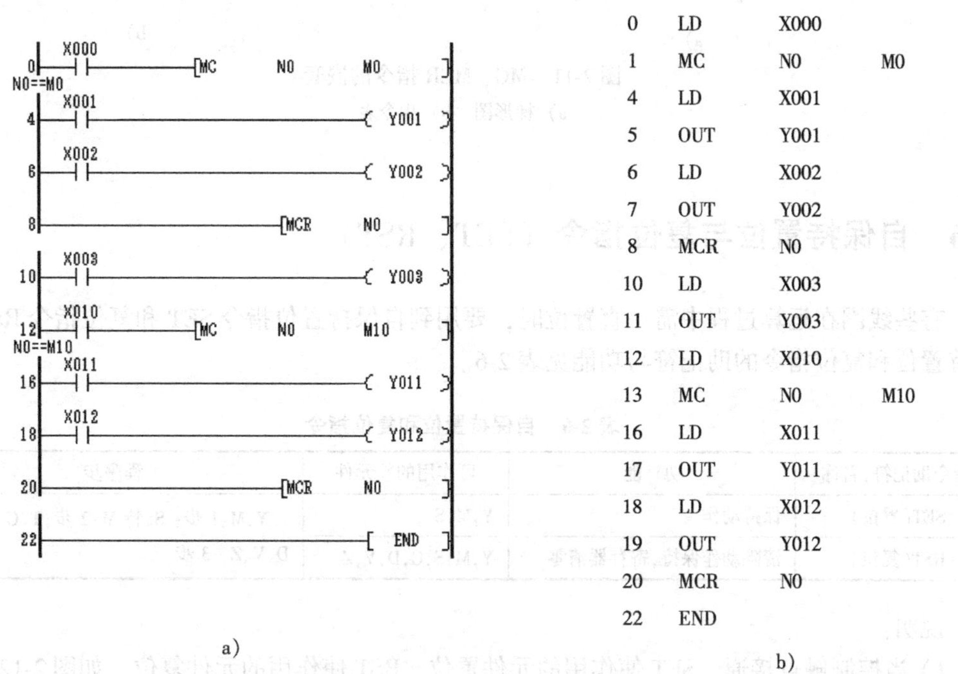

图 2-10　可多次使用主控指令

a）梯形图　b）指令表

3）MC、MCR 指令可以嵌套。嵌套时，MC 指令的嵌套级 N 的地址号从 N0 开始按顺序增大。使用返回指令 MCR 时，嵌套级地址号顺次减少。其执行的情况，如图 2-11 所示。

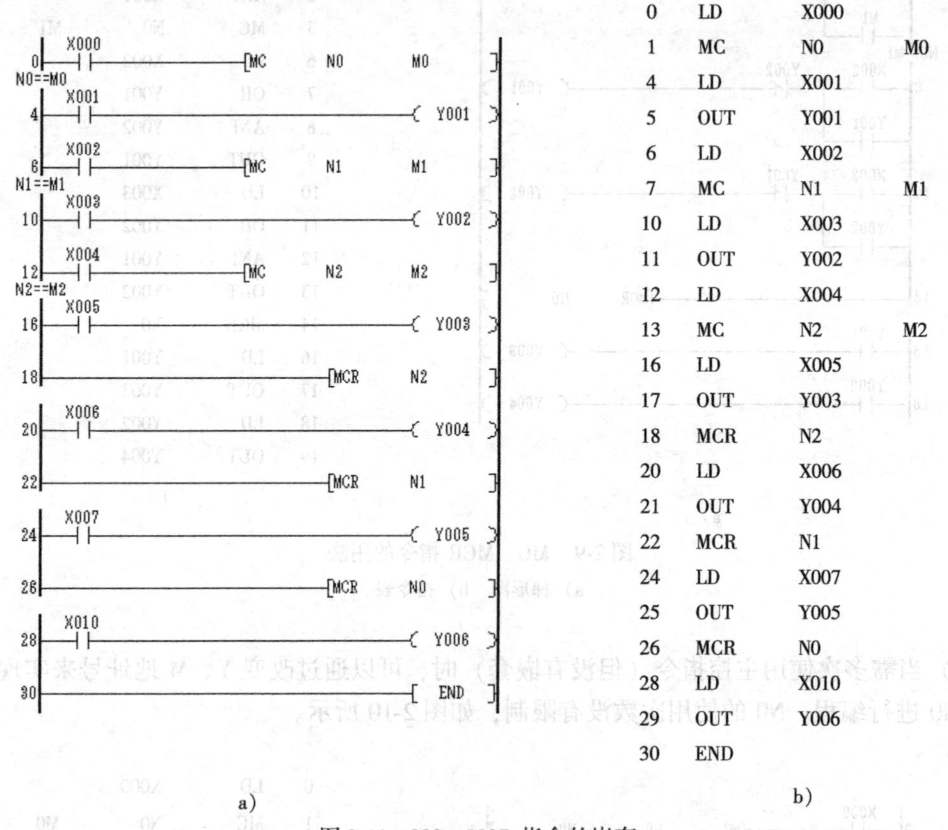

0	LD	X000	
1	MC	N0	M0
4	LD	X001	
5	OUT	Y001	
6	LD	X002	
7	MC	N1	M1
10	LD	X003	
11	OUT	Y002	
12	LD	X004	
13	MC	N2	M2
16	LD	X005	
17	OUT	Y003	
18	MCR	N2	
20	LD	X006	
21	OUT	Y004	
22	MCR	N1	
24	LD	X007	
25	OUT	Y005	
26	MCR	N0	
28	LD	X010	
29	OUT	Y006	
30	END		

图 2-11　MC、MCR 指令的嵌套

a）梯形图　b）指令表

2.6　自保持置位与复位指令（SET、RST）

有些线圈在运算过程中需一直置位时，要用到自保持置位指令 SET 和复位指令 RST。自保持置位和复位指令的助记符与功能见表 2-6。

表 2-6　自保持置位和复位指令

指令助记符，名称	功　能	可作用的软元件	程序步
SET（置位）	保持动作	Y，M，S	Y，M：1 步；S，特 M：2 步；T、C　2 步；D、V、Z　3 步
RST（复位）	清除动作保持，寄存器清零	Y，M，S，C，D，V，Z	

说明：

1）当控制触点接通，SET 使作用的元件置位，RST 使作用的元件复位，如图 2-12 所示。图中，执行第 0 步，X0 接通，Y0 置位得电，一直到执行第 9 步，X3 接通，Y0 才复位失电。

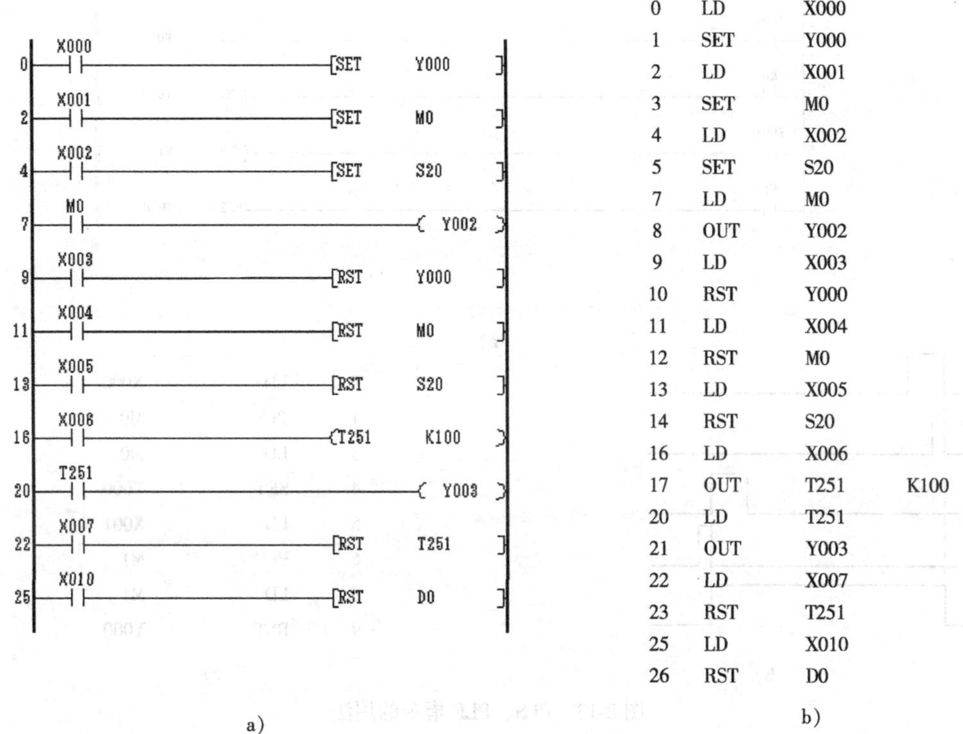

图 2-12　SET、RET 指令的用法

a）梯形图　b）指令表

2）对同一软元件，可以多次使用 SET、RET 指令，使用顺序也可随意，但最后执行的指令有效。

3）对数据寄存器 D，变址寄存器 V、Z 的寄存内容清零，要使用 RST 指令。对积算定时器的当前值或触点复位，也要使用 RST 指令，如图 2-12 所示。

2.7　脉冲输出指令（PLS、PLF）

编程时有些线圈需在输入 ON 或 OFF 后一个扫描周期内动作，则要使用脉冲输出指令。脉冲输出指令的助记符与功能见表 2-7。

表 2-7　脉冲输出指令

指令助记符，名称	功　　能	可作用的软元件	程序步
PLS（上升沿脉冲）	上升沿微分输出	Y，M（特 M 除外）	2
PLF（下降沿脉冲）	下降沿微分输出	Y，M（特 M 除外）	2

说明：

1）使用 PLS 指令时，仅在驱动输入 ON 后一个扫描周期内，软元件 Y、M 动作；使用 PLF 指令时，仅在驱动输入 OFF 后一个扫描周期内，软元件 Y、M 动作，如图 2-13 所示。图中，M0 又称为上升沿微分输出，M1 又称为下降沿微分输出。

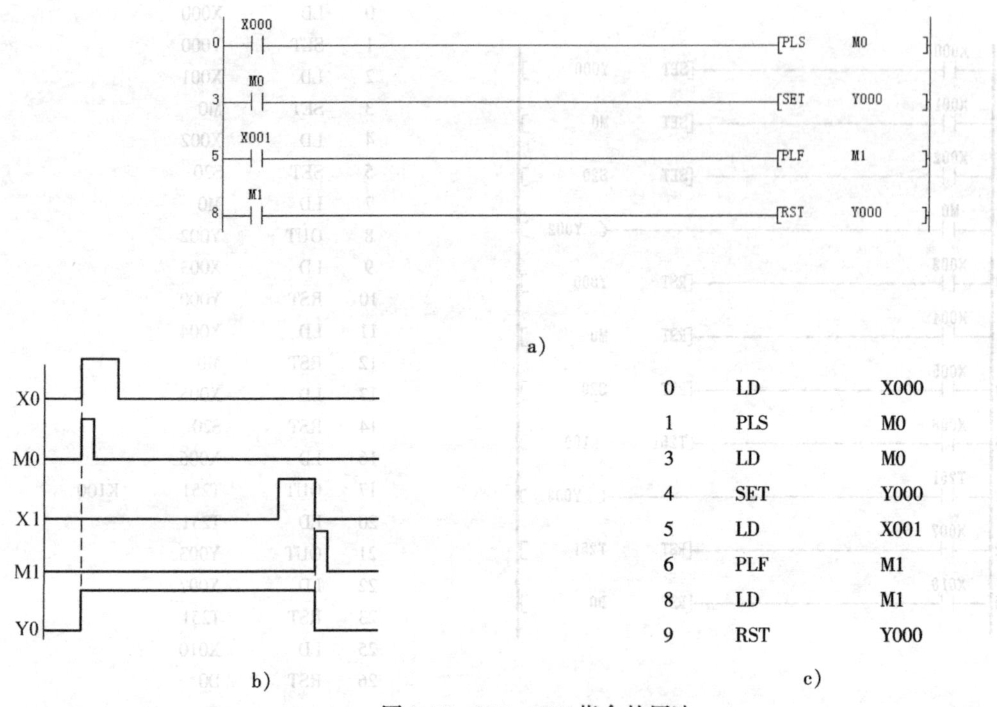

图 2-13　PLS、PLF 指令的用法

a）梯形图　b）时序图　c）指令表

2）使用计数器时，为了保证驱动输入 ON 后马上清零，要使用 PLS 指令，如图 2-14 所示。

图中，X0 闭合，PLS 指令使在驱动输入 ON 后一个扫描周期内 M0 动作，对 C0 清零。随后，C0 对输入 X1 从 OFF→ON 的次数进行计数。当次数达到设定值（K20）时，计数器输出触点 C0 动作，Y1 得电。如果要再次计数或在计数过程中间停止计数，可以使 X11 接通，再次使 C0 清零复位。

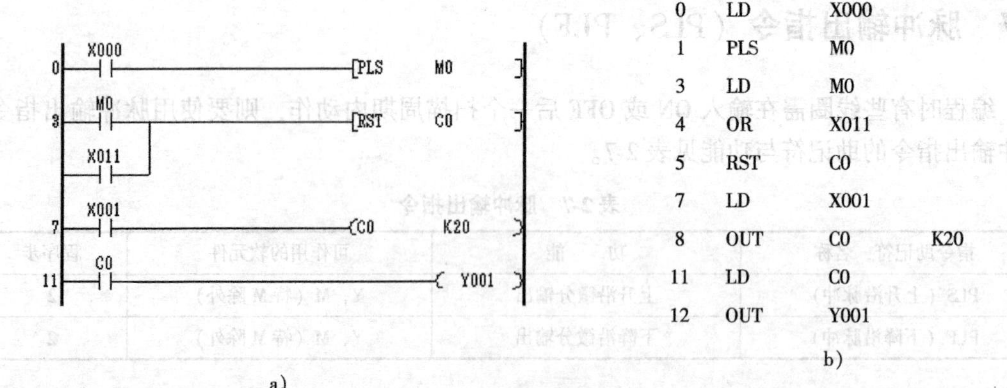

图 2-14　计数器的清零

a）梯形图　b）指令表

2.8 脉冲检测指令（LDP、LDF、ANDP、ANDF、ORP、ORF）

脉冲检测指令的助记符与功能见表2-8所示。

表2-8 脉冲检测指令

指令助记符，名称	功　能	可作用的软元件	程序步
LDP（取脉冲）	上升沿检测运算开始	X，Y，M，S，T，C	2
LDF（取脉冲）	下降沿检测运算开始	X，Y，M，S，T，C	2
ANDP（与脉冲）	上升沿检测串联连接	X，Y，M，S，T，C	2
ANDF（与脉冲）	下降沿检测串联连接	X，Y，M，S，T，C	2
ORP（或脉冲）	上升沿检测并联连接	X，Y，M，S，T，C	2
ORF（或脉冲）	下降沿检测并联连接	X，Y，M，S，T，C	2

以上脉冲检测指令适用于FX1S、FX1N、FX2N、FX3U、FX3G机型。LDP、ANDP、ORP使指定的位软元件上升沿时接通一个扫描周期，而LDF、ANDF、ORF使指定的位软元件下降沿接通一个周期。

说明：

1）上升沿和下降沿脉冲指令分别与PLS、PLF具有同样的动作，如图2-15所示。

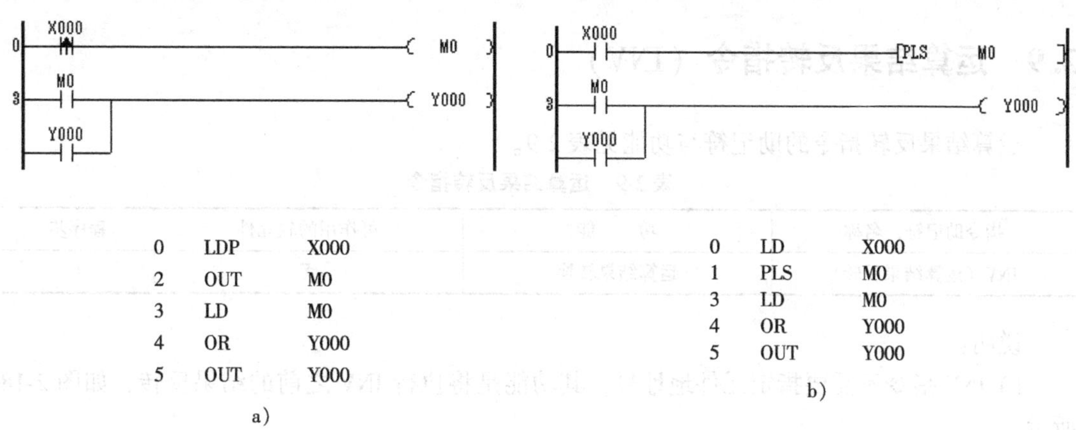

图2-15 脉冲检测指令用法（一）

图2-15a和b都表明当X0由OFF→ON时，M0接通一个扫描周期，从而使Y0得电。

2）在应用指令中使用上升沿检测指令时，相当于应用指令的脉冲执行形式，如图2-16所示。（MOVP的用法详见第5章）

X002 MOV K100 D1

a)

X002 MOVP K100 D1

b)

图2-16 脉冲检测指令用法（二）

3）脉冲检测指令指定为辅助继电器（M）时，辅助继电器的地址号不同，会产生不同效果，如图2-17所示。

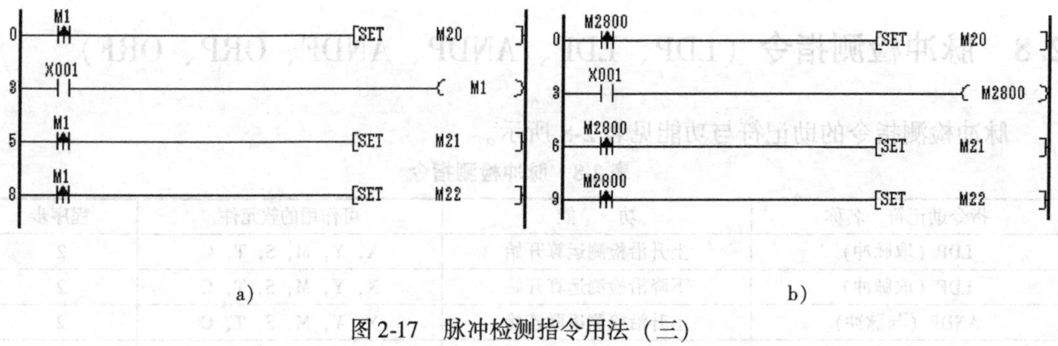

图 2-17　脉冲检测指令用法（三）

图 a 中指定的辅助继电器为 M0 ~ M2799。当 X1 接通时，M1 得电，执行第 0 步、第 5 步和第 8 步的 M1 的上升沿检测，M20、M21、M22 被置位。

图 b 中指定的辅助继电器为 M2800 ~ M3071。当 X1 第 1 次接通时，M2800 得电，则只有在离 M2800 线圈之后编程最近的上升沿（或下降沿）检测指令导通。因此，图 b 中只有第 6 步被执行，而第 0 步、第 9 步不被执行。当 X1 第 2 次接通时，第 9 步被执行，而第 0 步、第 6 步不被执行。这个特点，在步进阶梯中常常被用作同一条件信号进行状态的转移，详见第 4 章。

2.9　运算结果反转指令（INV）

运算结果反转指令的助记符与功能见表 2-9。

表 2-9　运算结果反转指令

指令助记符，名称	功　能	可作用的软元件	程序步
INV（运算结果反转）	运算结果转换	无	1

说明：

1）INV 指令不需要指定元件地址号，其功能是将执行 INV 之前的结果反转，如图 2-18 所示。

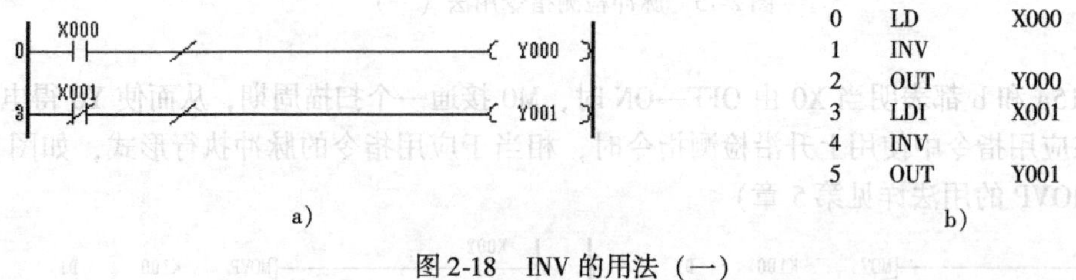

图 2-18　INV 的用法（一）

a）梯形图　b）指令表

图中，当 X0 断开时，Y0 为 ON；当 X0 接通时，Y0 为 OFF。同理，当$\overline{X1}$接通时，Y1 为 OFF；当$\overline{X1}$断开时，Y1 为 ON。

2）使用 INV 指令时，把它串接在电路上，如同 AND、ANI、ANDP、ANDF 等指令位置一样，但 INV 不能单独作并联用，也不能接于左母线。在包含 ANB、ORB 的复杂电路中，INV 的位置也如同 AND、ANI 等位置一样，如图 2-19 所示。

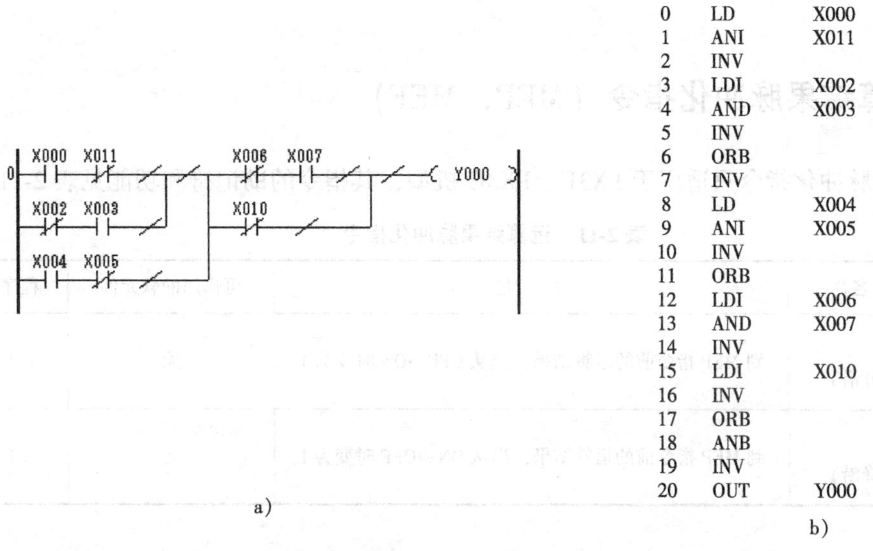

步	指令	软元件
0	LD	X000
1	ANI	X011
2	INV	
3	LDI	X002
4	AND	X003
5	INV	
6	ORB	
7	INV	
8	LD	X004
9	ANI	X005
10	INV	
11	ORB	
12	LDI	X006
13	AND	X007
14	INV	
15	LDI	X010
16	INV	
17	ORB	
18	ANB	
19	INV	
20	OUT	Y000

b)

图 2-19 INV 的用法（二）

a）梯形图 b）指令表

2.10 空操作和程序结束指令（NOP、END）

空操作和程序结束指令的助记符与功能见表 2-10。

表 2-10 空操作和程序结束指令

指令助记符，名称	功 能	可作用的软元件	程序步
NOP（空操作）	无动作	无	1
END（结束）	输出处理输入刷新返回第 0 步	无	1

说明：

1）NOP 为空操作，在电路中无图形显示，常用于以下情况：

①将程序全部清除时，则全部指令都变成 NOP。

②编程时，为了修改或追加程序，又不想改变程序步数，则可以在指令与指令之间加入 NOP 指令，以便在此插入其他指令。当在指令间插入 NOP 指令时，PLC 仍可照常工作。

2）如果将已写入的指令换成 NOP 指令，则会使电路产生变化。例如：若将 AND、ANI 换成 NOP，则会使该触点短接；若将 OR、ORI 换成 NOP，则会切断此并联触点；若将输出线圈 OUT 换成 NOP，则会使程序出错；若将 LD、LDI 换成 NOP，则会变成另一种执行电路。请读者务必注意。

3）END 为结束指令，写在程序之末。当程序执行到 END，则进行输出处理，并返回到第 0 步，进行输入刷新。

4）在实用上，END 可用于程序的分析调试。如果在一大型程序中间分别插入若干个 END，则可分段依次检测各段程序的动作。当测试确认各电路段正确无误后，可依次删去各 END。

2.11 运算结果脉冲化指令（MEP、MEF）

运算结果脉冲化指令只适用于 FX3U、FX3G 机型，其指令的助记符和功能见表 2-11。

表 2-11 运算结果脉冲化指令

指令助记符、名称	功 能	可作用的软元件	程序步
MEP（运算脉冲上升沿）	到 MEP 指令前的运算结果，当从 OFF→ON 时变为 1	无	1
MEF（运算脉冲下降沿）	到 MEP 指令前的运算结果，当从 ON→OFF 时变为 1	无	1

说明：

1）MEP、MEF 指令无操作数。

2）MEP、MEF 指令的电路符号为“↑”“↓”，其使用位置与 AND 指令的位置相同，不能用在 LD 或 OR 的位置上。

3）MEP、MEF 指令的梯形图如图 2-20 所示。

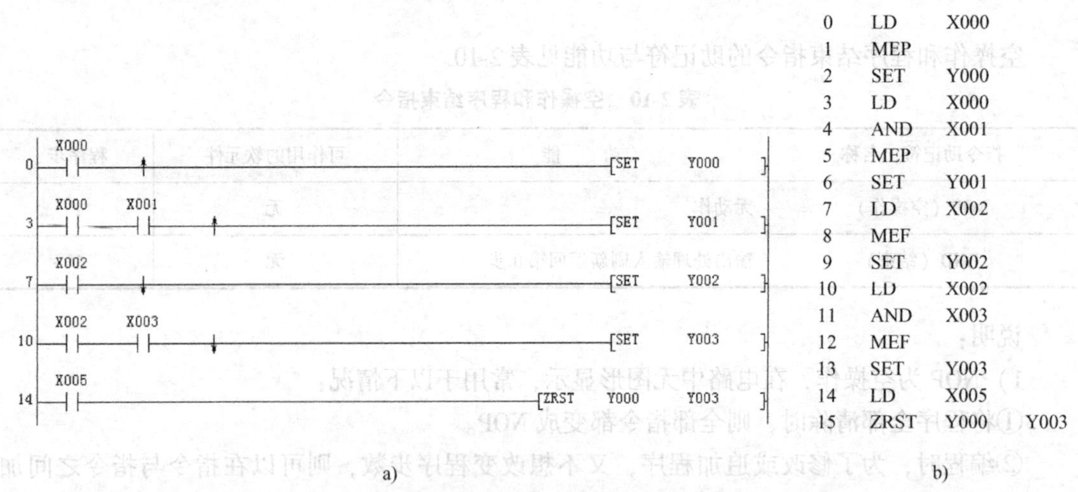

图 2-20 MEP、MEF 的用法

a）梯形图 b）指令表

图中，执行程序第 1 行，当 X0 由 OFF→ON，Y0 被置位。执行程序第 2 行，X0 为 ON，当 X1 由 OFF→ON，Y1 被置位。执行程序第 3 行，当 X2 由 ON→OFF，Y2 被置位。执行程序第 4 行，当 X2 为 ON，X3 由 ON→OFF，Y3 被置位。

习　题　2

2-1　写出图 2-21 所示梯形图的指令表。

图　2-21

2-2　写出图 2-22 所示梯形图的指令表。

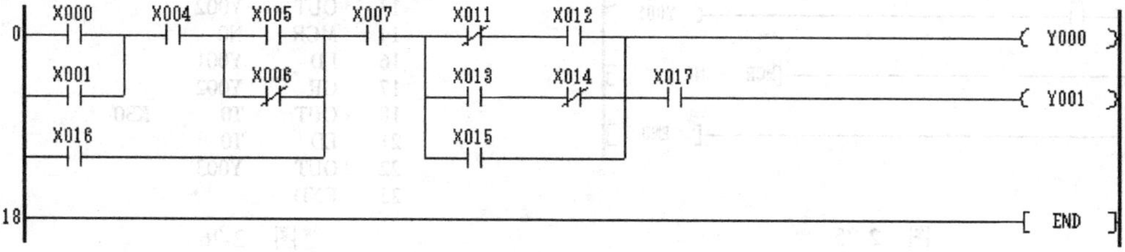

图　2-22

2-3　写出图 2-23 所示梯形图的指令表。

图　2-23

2-4　写出图 2-24 所示梯形图的指令表。

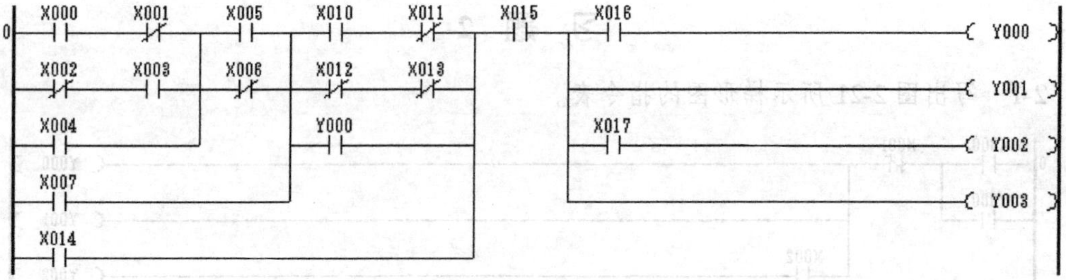

图 2-24

2-5 写出图 2-25 所示梯形图的指令表。

2-6 写出图 2-26 所示指令表的梯形图。

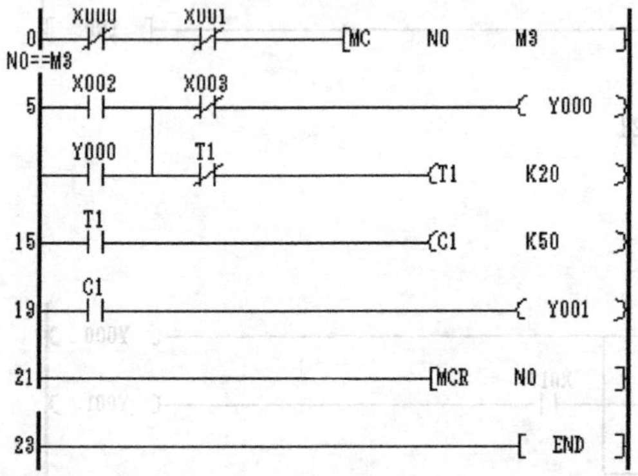

图 2-25

```
0   LDI   X000
1   ANI   Y003
2   ANI   X003
3   MC    N0    M0
6   LD    X001
7   OR    Y001
8   ANI   Y002
9   OUT   Y001
10  LD    X002
11  OR    Y002
12  ANI   Y001
13  OUT   Y002
14  MCR   N0
16  LD    Y001
17  OR    Y002
18  OUT   T0    K30
21  LD    T0
22  OUT   Y003
23  END
```

图 2-26

2-7 写出图 2-27 所示梯形图的指令表，并画出其时序图。

图 2-27

2-8　写出图 2-28 所示梯形图的指令表。

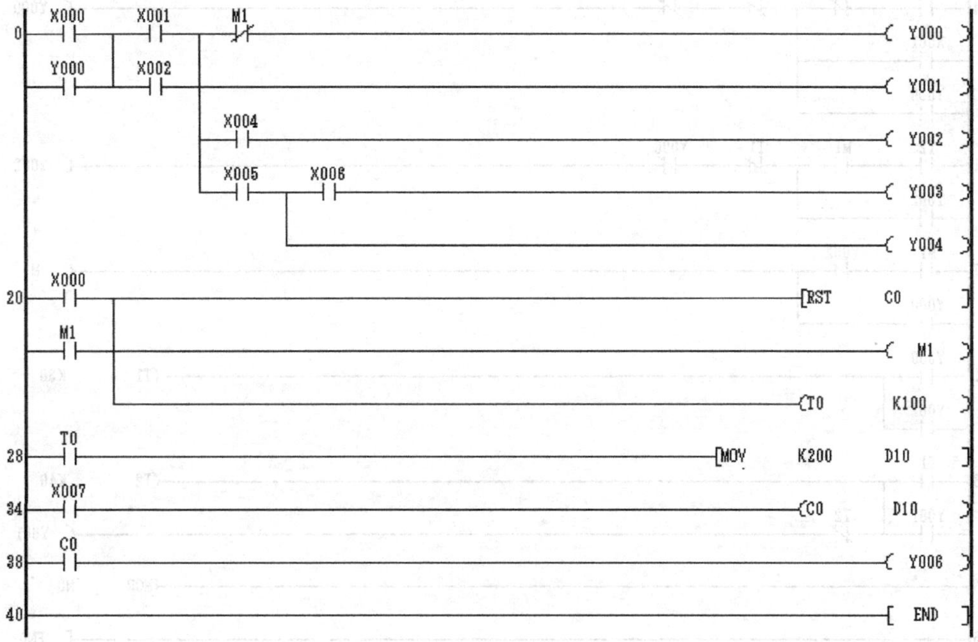

图　2-28

2-9　写出图 2-29 所示梯形图的指令表，并回答 X0 按下多少次 Y0 得电。

图　2-29

2-10　读图 2-30，X0 为停止按钮，X1 为起动按钮，Y0、Y1、Y2 为灯。若按 X1，则灯 Y0→Y1→Y2→Y1→Y0 循环地亮。试分析其动作原理。

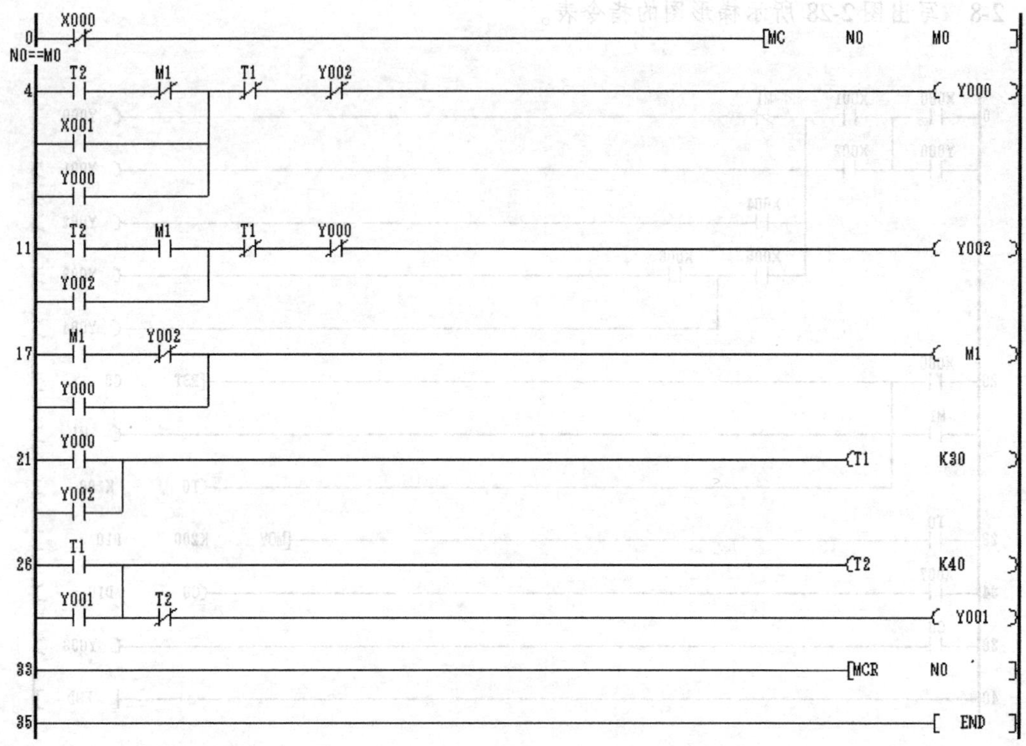

图 2-30

2-11 读图2-31，回答问题：

(1) 按起动按钮 X1 后，经过多长时间 Y2 得电？得电的时间多长？

(2) 描述程序的运行情况。

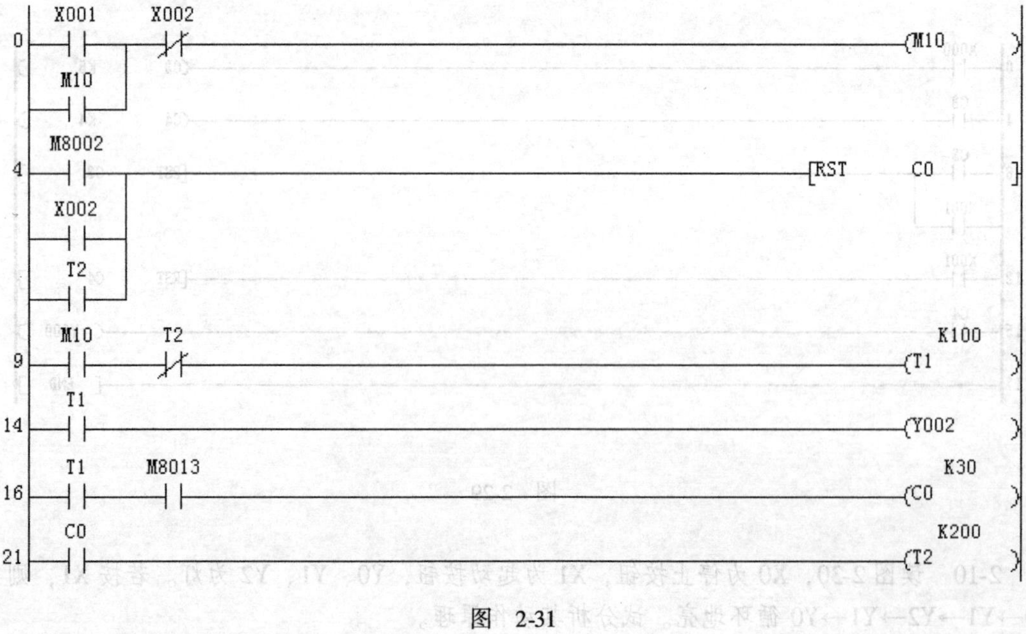

图 2-31

第3章
应用基本指令编程

应用基本指令编程是PLC应用的重要方面。本章主要从介绍编程的方法和技巧开始，再按空间原则和时间原则编程展开，最后介绍一些编程例子。

3.1 编写PLC程序的方法和技巧

应用基本逻辑指令编写PLC程序一般有梯形图和指令表两种方法。通常都是先根据题目（或生产实际）要求，选择输入/输出（I/O）端子，画出梯形图，然后按梯形图输入方式或指令表输入方式写到PLC中去，试运行。如果试运行中发现原程序有毛病，再修改程序，再试运行，直到符合题目要求的逻辑功能为止。

在编写梯形图时，要力图简单明了，符合题目（或生产实际）的控制逻辑，尽量少占内存。为了达到这个目的，应注意如下几个问题。

3.1.1 编制梯形图的一些基本要求

1）梯形图中每一逻辑行从左到右排列，以触点与左母线连接开始，以线圈与右母线连接结束（有些梯形图可省去右母线）。触点不可与右母线连接，线圈也不能直接接于左母线上。

2）逻辑电路并联时，宜将串联触点多的电路放在上方，如图3-1所示。图a要使用并联电路块指令ORB，而图b只要用OR即可。

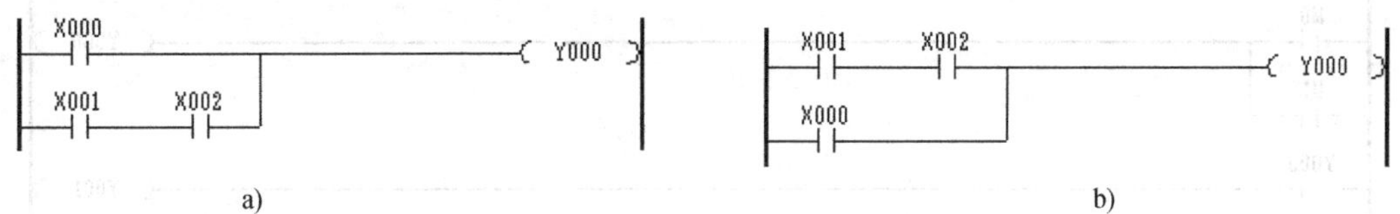

图3-1 元件布置“上重下轻”

3）逻辑电路串联时，宜将并联电路放在左边，如图3-2所示。图a中并联电路块放在中间，要用ANB指令，而改为图b，则能节省语句。

4）线圈输出时，能用纵接输出的，就不要用多重输出，如图3-3所示。图a为多重输出，在触点X1的前方，并联输出Y1线圈，要用到MPS、MRD、MPP指令，在不引起逻辑混乱的前提下，如果改成图b，则成为纵接输出，就不必使用多重输出指令。

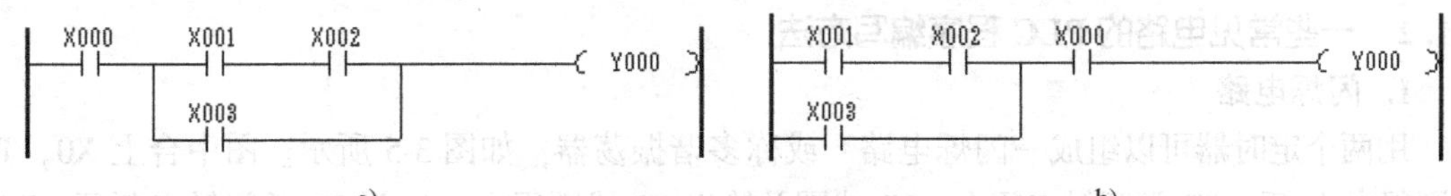

图3-2 元件布置“左重右轻”

5）用基本指令编程，不可以出现“双线圈”现象。所谓双线圈，是指在程序的多处使用同一编号线圈的现象。程序执行双线圈时，以后面线圈的动作优先，如图 3-4a 所示。图中若 X0 接通，X2 及 X4 断开，则输出为 Y0 OFF、Y1 ON。解决双线圈现象的方法可以用图 b 或图 c 的方法处理。图 b 中是将 Y0 的控制触点以“或”的方法处理，而图 c 中使用了辅助继电器 M0、M1，用 M0、M1 的触点控制 Y0。后一种方法在大型的程序中用得较多。

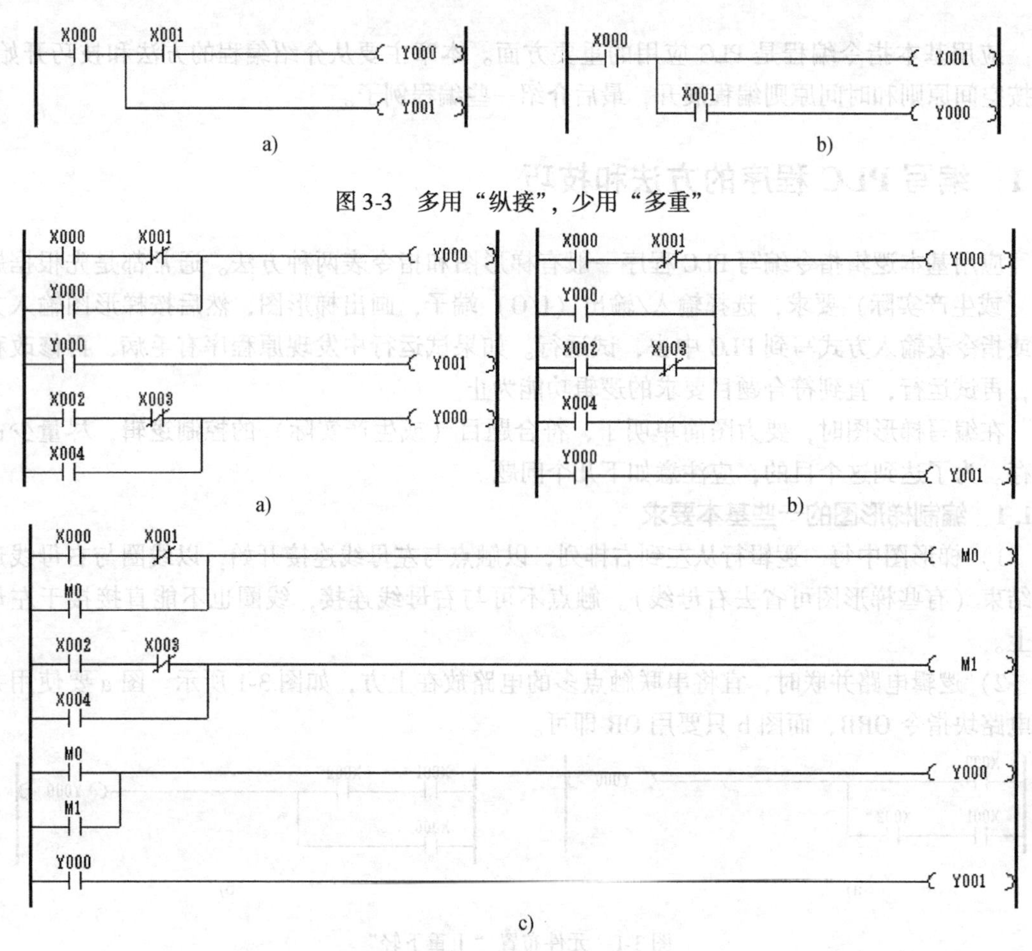

图 3-4　不可以出现“双线圈”

6）PLC 的运行是串行的。从梯形图第一行开始，从左到右，从上到下顺序执行。这一点与继电接触器电路不同。继电接触器电路的运行是并行的，当电源一接通，各并联支路都有相同的电压。因此，在 PLC 的编程中，应注意程序的编写顺序不同，其执行的结果会有很大的差别。

3.1.2　一些常见电路的 PLC 程序编写方法

1. 闪烁电路

用两个定时器可以组成一闪烁电路，或称多谐振荡器，如图 3-5 所示。图中合上 X0，T0 线圈得电 1s 后，T0 常开触点闭合，T1 线圈及输出 Y0 线圈得电。1s 后 T1 常闭触点断开，T0、Y0 失电，之后经一扫描周期 T0 线圈又得电。这样，Y0 线圈就以通 1s 断 1s 的方式闪烁工作。

```
0   X000  X001          ( M0 )
    M0
4   M0    T1            (T0    K10 )
9   T0                  (T1    K10 )
                        ( Y000 )
14                      [ END ]
```

图 3-5　闪烁电路

2. 延时断开电路

用一扳把开关 X0 及定时器 T0 可以组成延时断开电路，如图 3-6 所示。图中，合上 X0 时，Y1 得电；分开 X0 时，T0 得电，延时 5s 之后 Y1 断电。

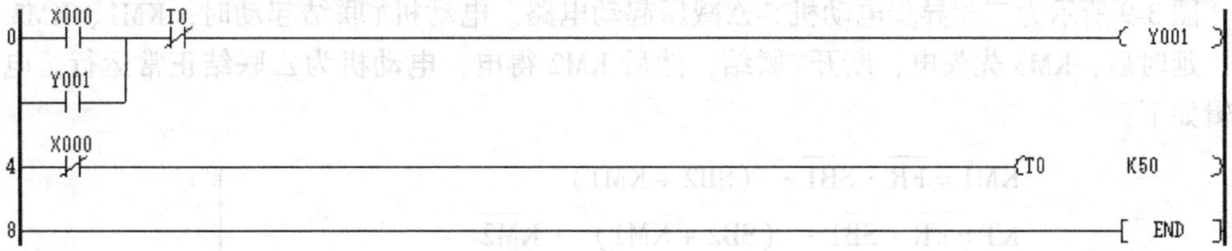

```
0   X000  T0            ( Y001 )
    Y001
4   X000                (T0    K50 )
8                       [ END ]
```

图 3-6　延时断开电路

3. 二分频电路

图 3-7 为由定时器和计数器构成的二分频电路。初始脉冲 M8002 使 C0 复位清零。接通 X0，则 T0、T1 构成脉宽为 1s 的脉冲发生器。C0 的设定值 K = 2，则 Y0 接通两次，Y1 才接通一次，构成二分频电路。如果将 C0 K2 改为 C0 K4，则构成四分频电路。

```
0   X000  T1            (T0    K10 )
5   T0                  (T1    K10 )
                        ( Y000 )
10  M8002               [RST   C0 ]
    T2
14  Y000                (C0    K2 )
18  C0                  ( Y001 )
20  Y001                (T2    K10 )
24                      [ END ]
```

图 3-7　二分频电路

4. 长时间延时电路

可以用定时器和计数器构成长时间延时电路，如图 3-8 所示。图中按下 X0 后，延时 4h，Y0 得电。

图 3-8　长时间延时电路

5. 三相异步电动机Y-△减压起动电路

图 3-9 所示为三相异步电动机Y-△减压起动电路。电动机Y联结起动时，KM1、KM3 得电；延时后，KM3 先失电，断开Y联结，然后 KM2 得电，电动机为△联结正常运行。电路逻辑如下：

$$\left.\begin{aligned}KM1&=\overline{FR}\cdot\overline{SB1}\cdot(SB2+KM1)\\KT&=\overline{FR}\cdot\overline{SB1}\cdot(SB2+KM1)\cdot\overline{KM2}\\KM3&=\overline{FR}\cdot\overline{SB1}\cdot(SB2+KM1)\cdot\overline{KM2}\cdot\overline{KT}\\KM2&=\overline{FR}\cdot\overline{SB1}\cdot(SB2+KM1)\cdot\overline{KM3}\cdot(KT+KM2)\end{aligned}\right\}\tag{3-1}$$

编写继电接触器控制电路的 PLC 程序时，一般要选择输入/输出（I/O），按电路逻辑进行简化，编写梯形图，写出指令表。图 3-9 中的 I/O 选择如图 3-10a 所示。由此，可将式（3-1）的电路逻辑简化如下：

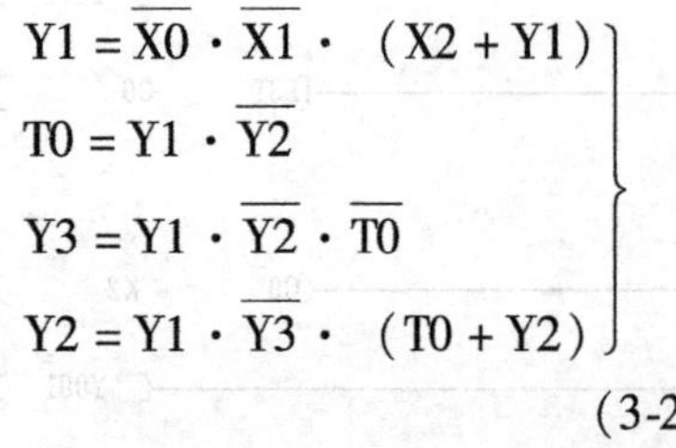

$$\left.\begin{aligned}Y1&=\overline{X0}\cdot\overline{X1}\cdot(X2+Y1)\\T0&=Y1\cdot\overline{Y2}\\Y3&=Y1\cdot\overline{Y2}\cdot\overline{T0}\\Y2&=Y1\cdot\overline{Y3}\cdot(T0+Y2)\end{aligned}\right\}\tag{3-2}$$

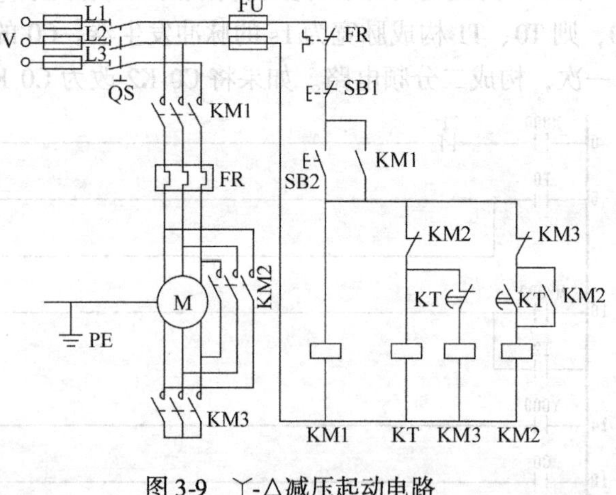

图 3-9　Y-△减压起动电路

按式（3-2），得梯形图如图 3-10b 所示。

将继电接触控制电路改换成 PLC 控制方式时，注意以下问题：

1）编制 PLC 程序，不一定是对继电接触器控制电路的"直译"，而是按其电路逻辑变换。因此，编写程序时，要先写出电路逻辑，再进行简化。

2）对继电接触器电路的主令常闭电器（如 FR、SB1），在 I/O 分配图中可以接成常开形式（如图 3-10a 所示），也可以接成常闭形式（如图 3-11a 所示）。如果接成常闭形式，其梯形图就应如图 3-11b 所示。

3）对电路中联锁的器件（如图3-10中的KM2、KM3），不仅要在梯形图中实现电气联锁，在I/O连接图中也要实现电气联锁。

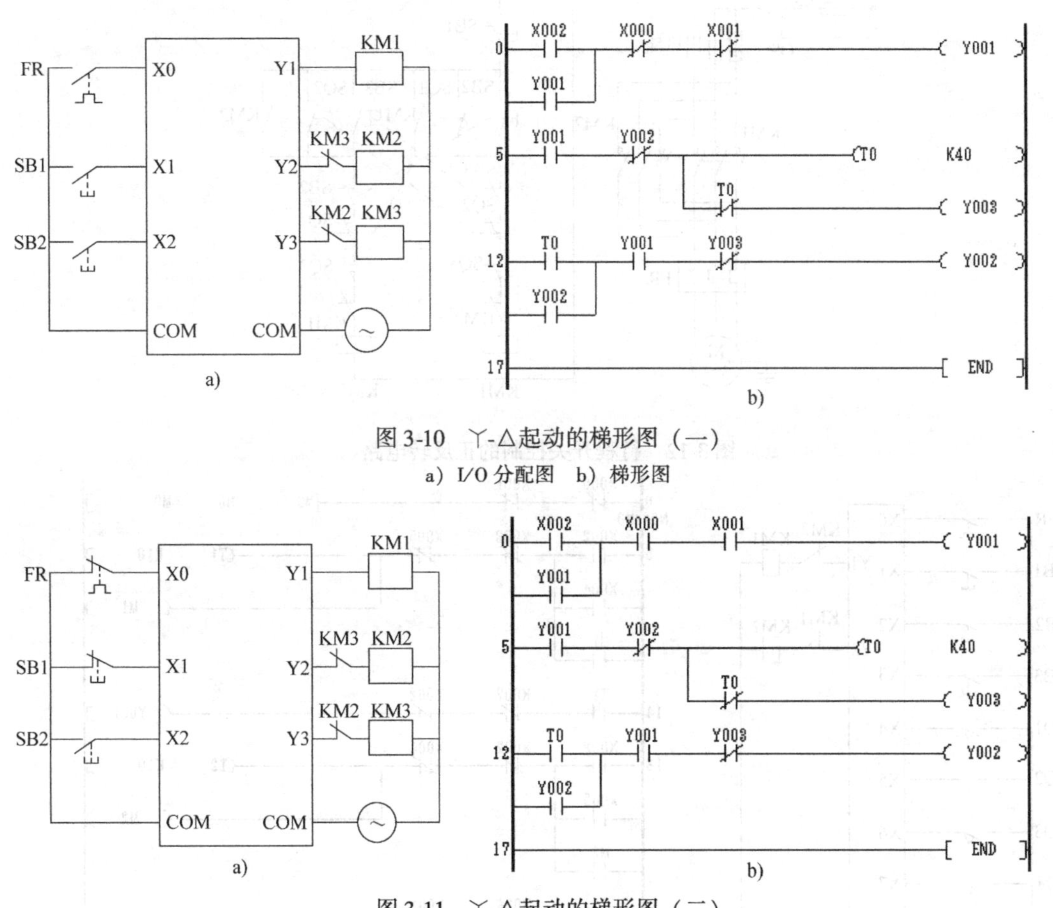

图3-10 Y-△起动的梯形图（一）
a）I/O分配图 b）梯形图

图3-11 Y-△起动的梯形图（二）
a）I/O分配图 b）梯形图

3.2 按空间原则编程

在很多工程中都会遇到按空间原则进行控制的问题。按空间原则编写PLC程序，一般要用到行程开关。行程开关受压（或受撞击），其常闭触点断开，而常开触点接通。之后，触点复位。编程时要注意这个特点。下面用几个例子说明按空间原则编程的特点。

例3-1 图3-12所示为行程开关控制的电动机正反转电路。图中行程开关SQ1、SQ2用作往复运动控制，而SQ3、SQ4用作极限位置保护。试编写PLC控制电路图。

图3-13a为编写PLC控制电路的I/O分配图，图b为梯形图。图中使用了母线移动MC、MCR指令，以此作为电路的主控点。同时，在梯形图中设置了定时器T1和T2，以便当电动机由正（反）转状态变为反（正）转状态时，有短暂的间隙时间。

例3-2 某组合机床的液压动力滑台的工作循环如图3-14所示。电磁阀动作顺序见表3-1。试编写PLC控制程序，要求能实现单周和连续工作状态及返回原位，延时10s后又能自动循环工作。

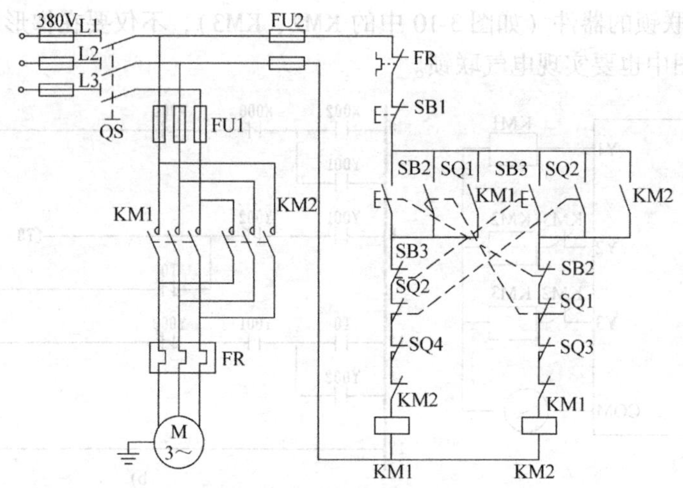

图 3-12　行程开关控制的正反转电路

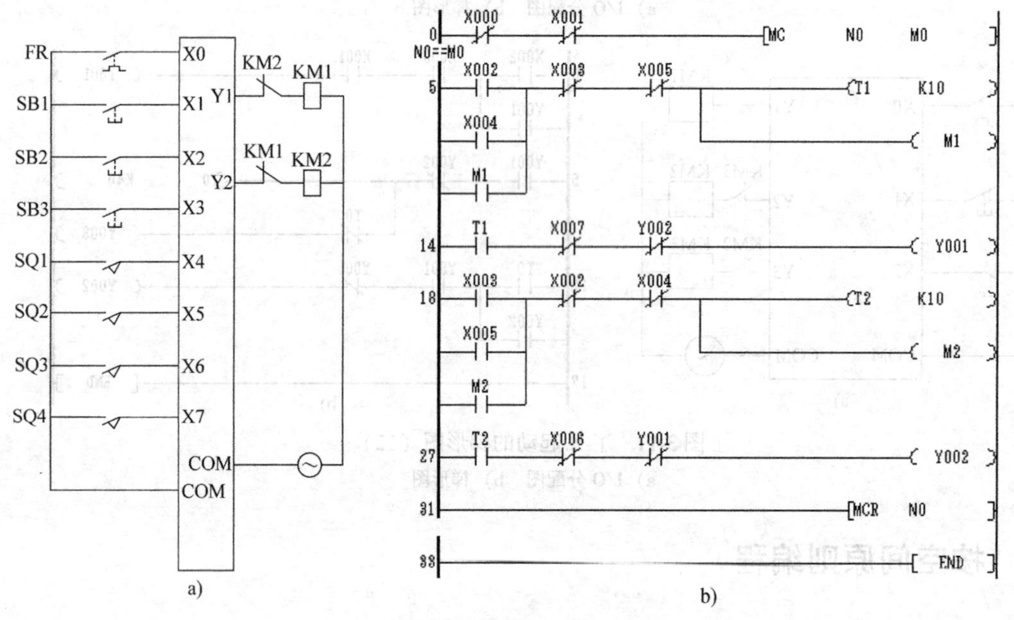

图 3-13　图 3-12 的梯形图

a) I/O 分配图　b) 梯形图

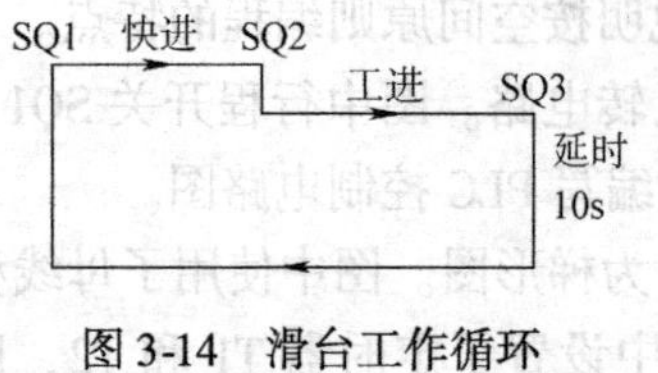

图 3-14　滑台工作循环

表 3-1　电磁阀动作顺序表

	YA1	YA2	YA3	YA4
原位	–	–	–	–
快进	+	–	+	+
工进	+	–	–	+
快退	–	+	–	+

图 3-15a 为 I/O 分配图，图中 X0 为起动按钮，X4 为停止按钮，X5 为单周/连续选择开关。当开关 QS 闭合时，为自动循环工作状态；当开关 QS 断开时，为单周工作状态。图 3-15b 为梯形图，图中 M0 为主控点。

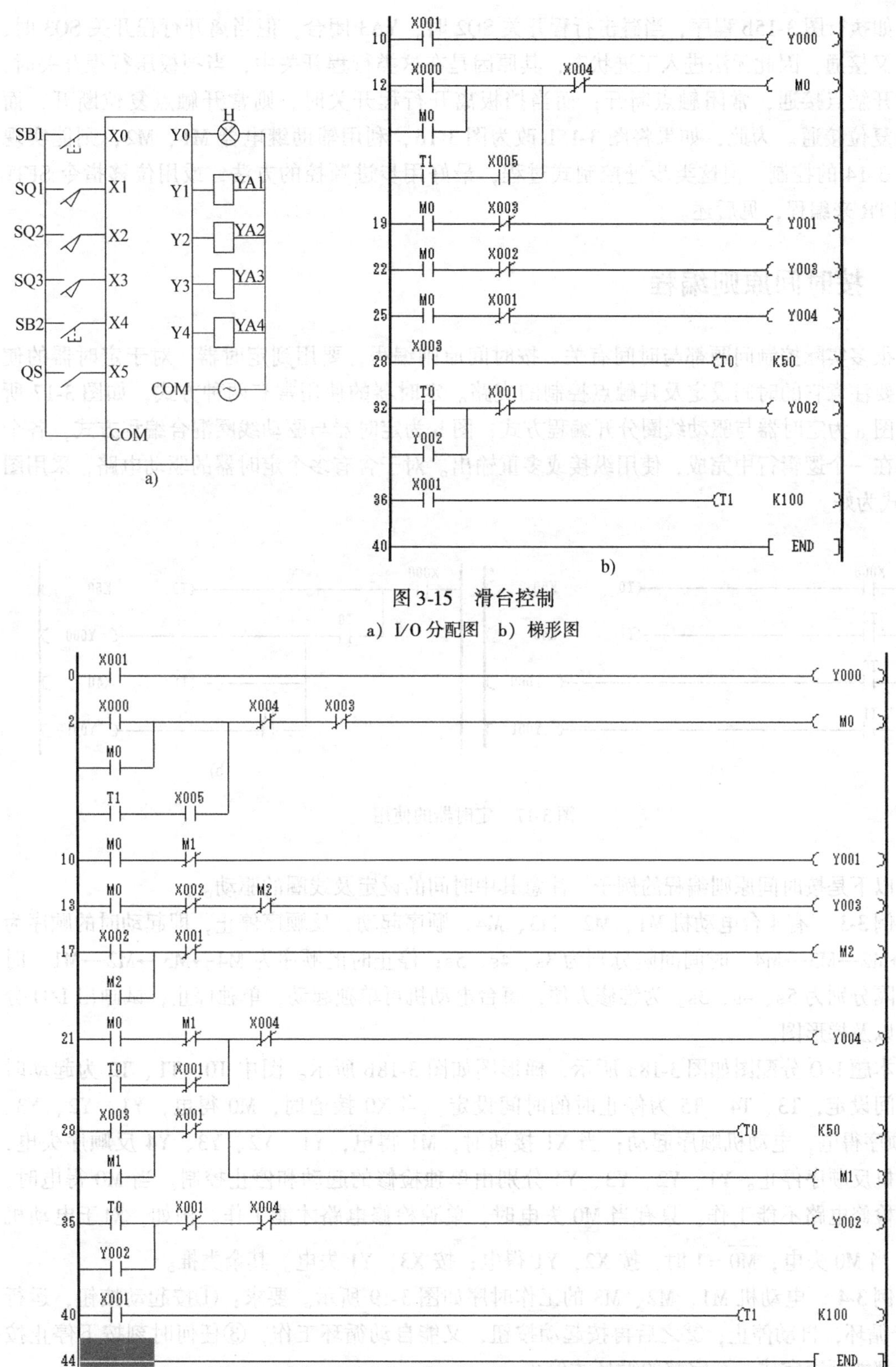

图 3-15 滑台控制

a）I/O 分配图 b）梯形图

图 3-16 滑台控制梯形图的改进

如执行图 3-15b 程序，当碰击行程开关 SQ2 时，YA3 闭合，但当离开行程开关 SQ3 时，YA3 又接通，因此无法进入工进状态，其原因是在这类行程开关中，当挡板压行程开关时，则常开触点接通，常闭触点断开；而当挡板离开行程开关时，则常开触点复位断开，而常闭复位接通。为此，如果将图 3-15b 改为图 3-16，利用辅助继电器 M1、M2，则能实现对图 3-14 的控制。但这类步进控制式过程，最好用步进顺控的方法，或用位移指令 SFTL 或 SFTR 来编程，见后述。

3.3 按时间原则编程

很多实际控制问题都与时间有关。按时间原则编程，要用到定时器。对于定时器的使用，要注意它的时间设定及其触点控制的支路。定时器的使用常有两种方式，如图 3-17 所示。图 a 为定时器与驱动线圈分开编程方式；图 b 为定时器与驱动线圈混合编程方式，各个动作在一个逻辑行中完成，使用纵接或多重输出。对于含有多个定时器的驱动电路，采用图 a 方式为好。

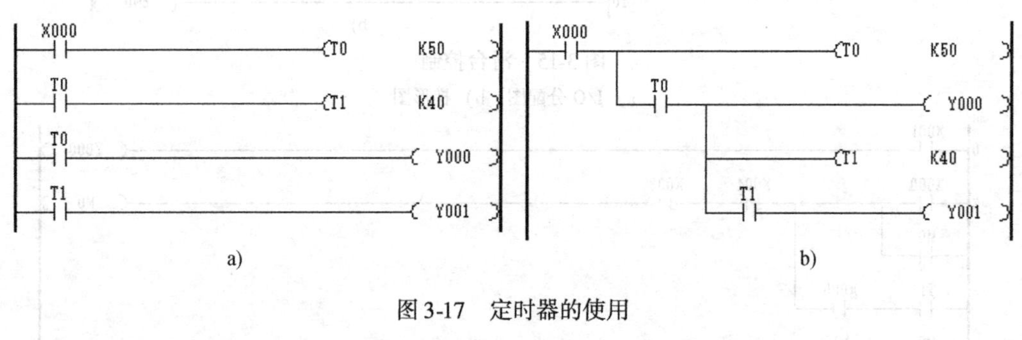

图 3-17　定时器的使用

以下是按时间原则编程的例子，注意其中时间的设定及线圈的驱动。

例 3-3　有 4 台电动机 M1、M2、M3、M4，顺序起动，反顺序停止，即起动时的顺序为 M1→M2→M3→M4，时间间隔分别为 3s、4s、5s；停止时的顺序为 M4→M3→M2→M1，时间间隔分别为 5s、4s、3s。为维修方便，每台电动机可单独起动，单独停止，试画出 I/O 分配图以及梯形图。

本题 I/O 分配图如图 3-18a 所示，梯形图如图 3-18b 所示。图中 T0、T1、T2 为起动时的时间设定，T3、T4、T5 为停止时的时间设定。当 X0 接通时，M0 得电，Y1、Y2、Y3、Y4 顺序得电，电动机顺序起动；当 X1 接通时，M1 得电，Y1、Y2、Y3、Y4 反顺序失电，电动机反顺序停止。Y1、Y2、Y3、Y4 分别由单独检修的起动和停止控制。当 M0 得电时，单独检修电路不能工作。只有当 M0 失电时，单独检修电路才能工作。例如，对于电动机 Y1，当 M0 失电，$\overline{\text{M0}}=1$ 时，按 X2，Y1 得电；按 X3，Y1 失电。其余类推。

例 3-4　电动机 M1、M2、M3 的工作时序如图 3-19 所示。要求：①按起动按钮，运行 30 个循环，自动停止；②之后再按起动按钮，又能自动循环工作；③任何时刻按下停止按钮，都能顺序完成一个完整的循环才停止。

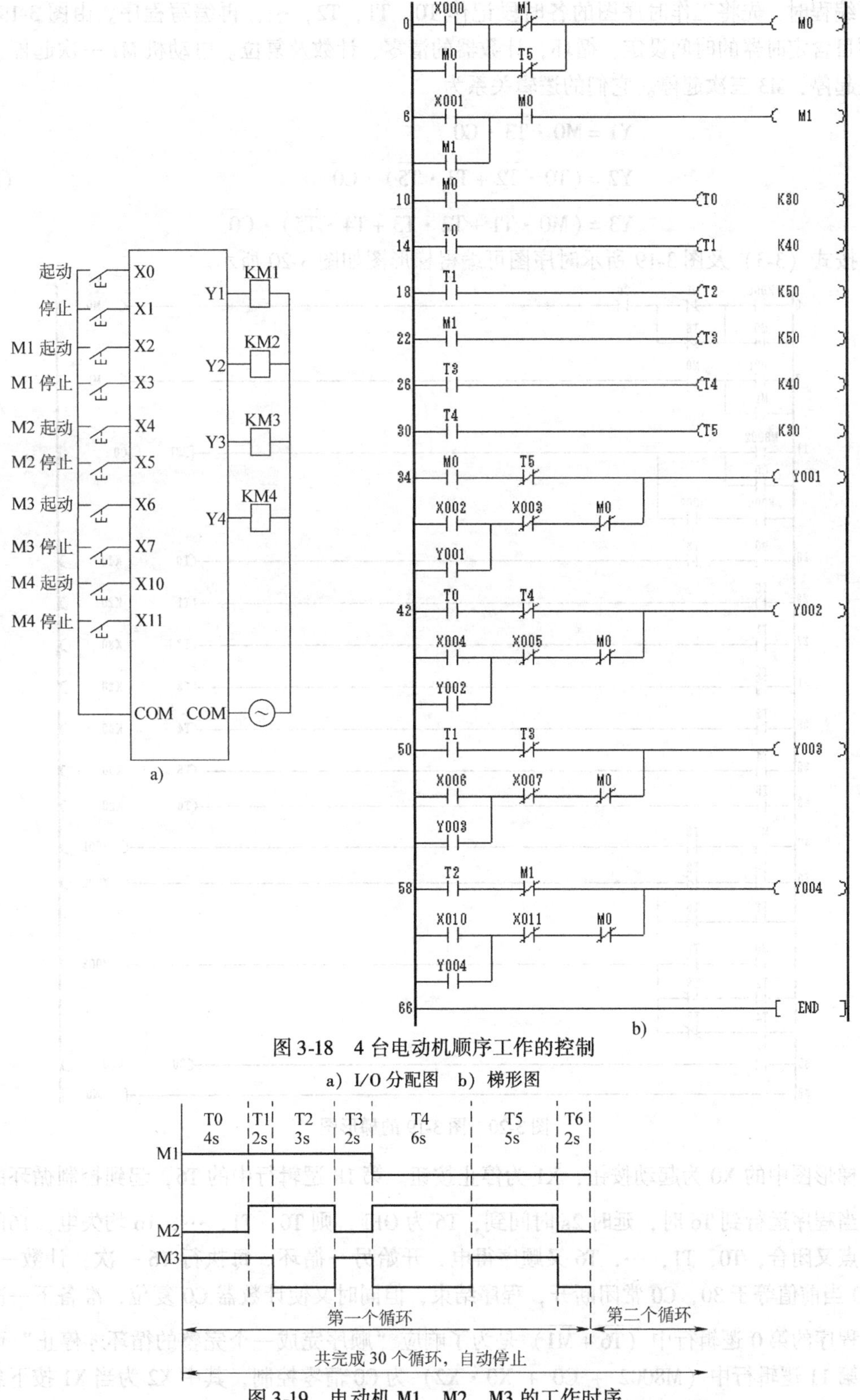

a)

b)

图 3-18　4 台电动机顺序工作的控制

a）I/O 分配图　b）梯形图

图 3-19　电动机 M1、M2、M3 的工作时序

编程时，先将工作时序图的各时段记作 T0，T1，T2，…，再编写程序。由图 3-19 知，本题目含定时器的时间设定，循环，计数器的清零、计数及复位。电动机 M1 一次起停，M2 二次起停，M3 三次起停。它们的逻辑关系为

$$
\begin{aligned}
Y1 &= M0 \cdot \overline{T3} \cdot \overline{C0} \\
Y2 &= (T0 \cdot \overline{T2} + T3 \cdot \overline{T5}) \cdot \overline{C0} \\
Y3 &= (M0 \cdot \overline{T1} + T2 \cdot \overline{T3} + T4 \cdot \overline{T5}) \cdot \overline{C0}
\end{aligned}
\tag{3-3}
$$

按式（3-3）及图 3-19 所示时序图可编得梯形图如图 3-20 所示。

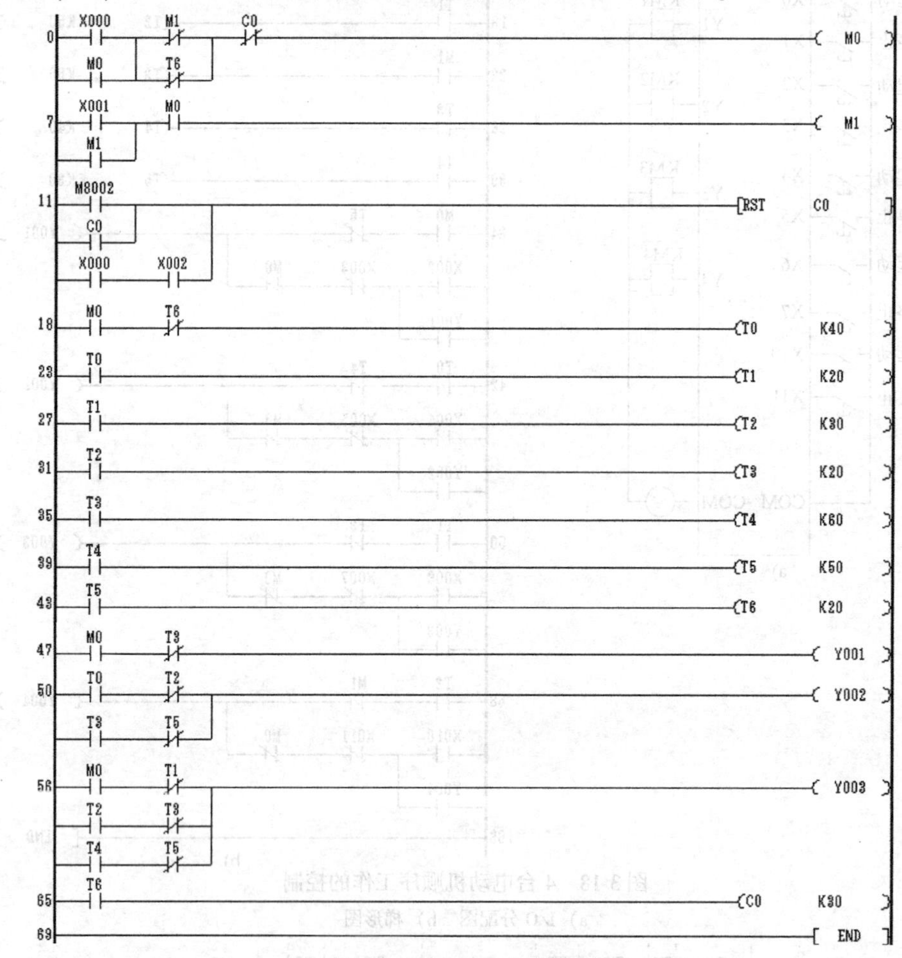

图 3-20　图 3-19 的梯形图

梯形图中的 X0 为起动按钮，X1 为停止按钮。第 18 逻辑行中的 T6，起到控制循环的作用。当程序运行到 T6 时，延时 2s 时间到，T6 为 OFF，则 T0，T1，…，T6 均失电，$\overline{T6}$的常闭触点又闭合，T0，T1，…，T6 又顺序得电，开始另一循环。每执行 T6 一次，计数一次。当 C0 当前值等于 30，C0 常闭断开，程序结束，但同时又使计数器 C0 复位，准备下一次循环。程序的第 0 逻辑行中（$\overline{T6}+\overline{M1}$）是为了响应“顺序完成一个完整的循环才停止”而设计。第 11 逻辑行中（M8002 ＋ C0 ＋ X0 · X2）为 C0 清零控制，其中 X2 为当 X1 按下急停后要重新计数或继续计数的切换。

例 3-5 三台电动机的工作时序如图 3-21 所示。要求：①有停止、起动按钮，完成 100 个循环之后，再按起动按钮，又能重新循环工作；②用计数器控制时间。

本题的关键是用计数器控制时间。用计数器完成时间的控制，一般先要设置一个一定时间的连续脉冲，然后再对此脉冲的个数进行计数，从而达到时间控制的目的。

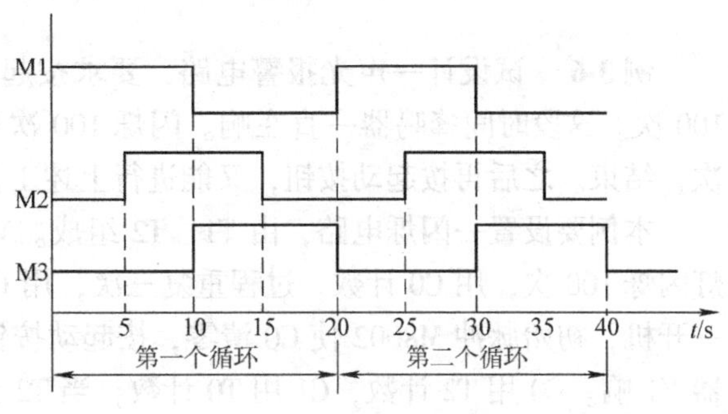

图 3-21 电动机 M1、M2、M3 的工作时序

图 3-22 为编制的梯形图。梯形图中 X1 为起动按钮，X2 为停止按钮。T0 产生一连续 5s 的脉冲，C1、C2、C3、C4 分别对脉冲个数计数，利用脉冲个数再依据工作时序图对 Y1、Y2、Y3 控制。C0 为对循环次数控制。当 C0 达到设定值，循环结束。

注意图中对计数器清零复位采用三种清零方式：起始清零、达到计数设定值复位清零及急停复位清零，即

$$RST \quad C0 = M8002 + C0 + X2$$

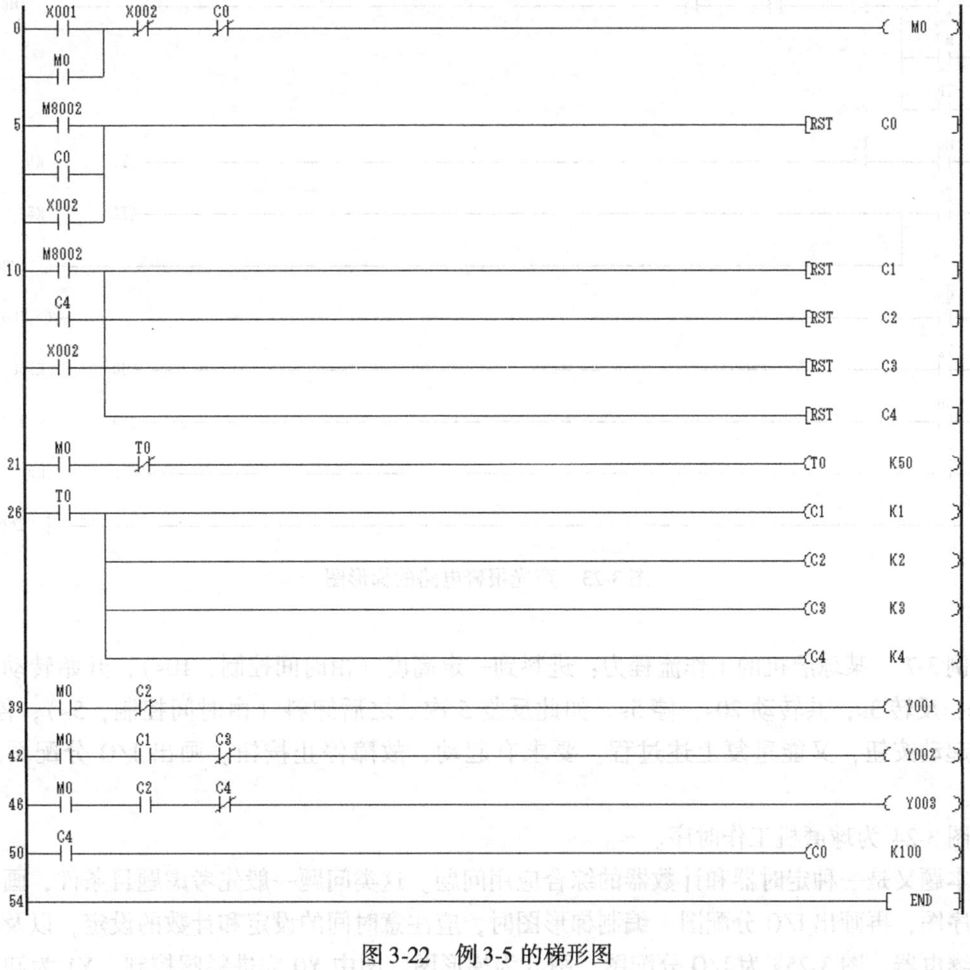

```
 0  X001 (M0 并联)  X002常闭  C0常闭          ( M0 )
 5  M8002 / C0 / X002 (并联)                 [RST C0]
10  M8002 / C4 / X002 (并联)                 [RST C1]
                                             [RST C2]
                                             [RST C3]
                                             [RST C4]
21  M0  T0常闭                               ( T0  K50 )
26  T0                                       ( C1  K1 )
                                             ( C2  K2 )
                                             ( C3  K3 )
                                             ( C4  K4 )
39  M0  C2常闭                               ( Y001 )
42  M0  C1  C3常闭                           ( Y002 )
46  M0  C2  C4常闭                           ( Y003 )
50  C4                                       ( C0  K100 )
54                                           [ END ]
```

图 3-22 例 3-5 的梯形图

3.4 编程实例

例 3-6 试设计一声光报警电路，要求按起动按钮后，报警灯亮 0.5s，灭 0.5s，闪烁 100 次。这段时间蜂鸣器一直在响。闪烁 100 次后，停 5s 后又重复上述过程，如此反复三次，结束。之后再按起动按钮，又能进行上述工作。

本例要设置一闪烁电路，由 T1、T2 组成。Y0 为报警灯，Y1 为蜂鸣器。按题意，报警灯闪烁 100 次，用 C0 计数，过程重复三次，用 C1 计数。设计的程序如图 3-23 所示。图中一开机，初始脉冲 M8002 使 C0 清零，按起动按钮 X0，对 C1 清零，并且灯 Y0 闪烁，蜂鸣器 Y1 响。C0 用 T2 计数，C1 用 T0 计数，当 T2 到达 100 次，C1 记录 1。当 C1 当前值达 3 时，程序结束。

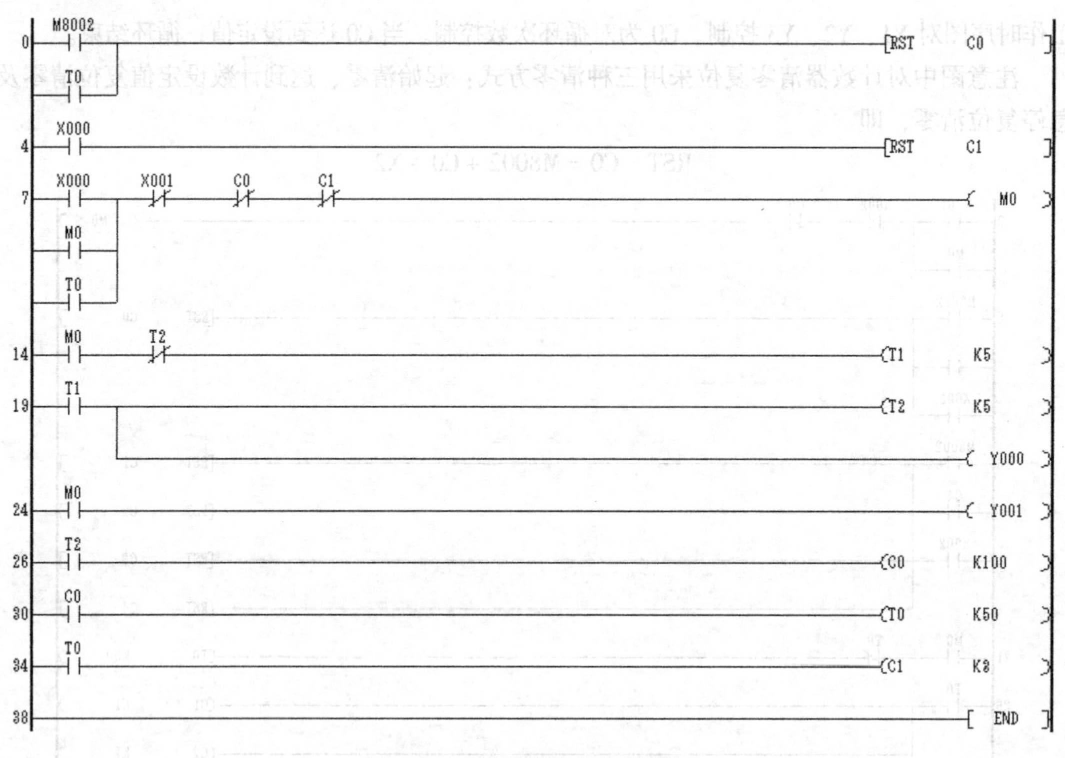

图 3-23 声光报警电路的梯形图

例 3-7 某球磨机的工作流程为：进料到一定高度（由时间控制，10s），开始转动，正转 2s，反转 3s，共转动 20s，停 5s。如此反复 5 次。之后卸料（由时间控制，5s），停止。再按起动按钮，又能重复上述过程。要求有起动、故障停止按钮。画出 I/O 分配图及梯形图。

图 3-24 为球磨机工作时序。

本题又是一种定时器和计数器的综合应用问题。这类问题一般先考虑题目条件，画出工作时序图，再画出 I/O 分配图。编制梯形图时，应注意时间的设定和计数的设定，以及驱动输出继电器。图 3-25a 为 I/O 分配图，图 b 为梯形图。图中 Y0 为进料阀控制，Y1 为卸料阀控制，用 T0 控制进料时间，用 T1、T2 控制正反转时间，用 T3 控制转动 20s 时间，而用 T4 控制每次正反转间歇时间 5s，用 C0 计算循环次数。

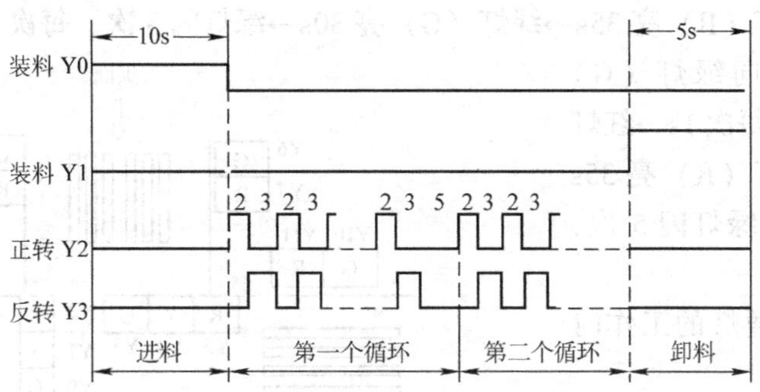

图 3-24　球磨机工作时序

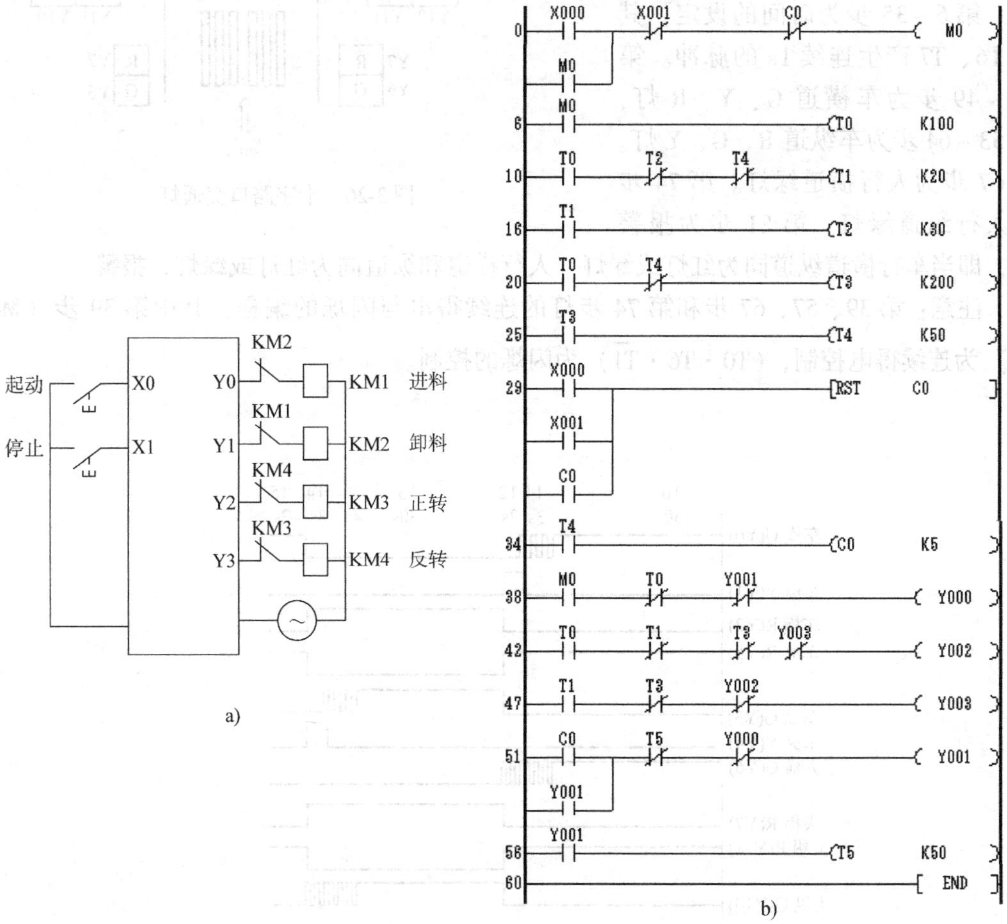

起动　X0　　Y0　KM2　KM1　进料
停止　X1　　Y1　KM1　KM2　卸料
Y2　KM4　KM3　正转
Y3　KM3　KM4　反转

a)

```
0   X000  X001/  C0/           ( M0 )
    M0
6   M0                         (T0    K100)
10  T0    T2/    T4/           (T1    K20)
16  T1                         (T2    K30)
20  T0    T4/                  (T3    K200)
25  T3                         (T4    K50)
29  X000                       [RST   C0]
    X001
    C0
34  T4                         (C0    K5)
38  M0    T0/    Y001/         ( Y000 )
42  T0    T1/    T3/    Y003/  ( Y002 )
47  T1    T3/    Y002/         ( Y003 )
51  C0    T5/    Y000/         ( Y001 )
    Y001
56  Y001                       (T5    K50)
60                             [ END ]
```

b)

图 3-25　图 3-24 的梯形图

a) I/O 分配　b) 梯形图

例 3-8　十字路口交通灯控制如图 3-26 所示。控制要求如下：

(1) 车行道：横向绿灯（G）亮 30s→绿灯闪 3 次，每次 1s→黄灯（Y）亮 2s→红灯（R）亮 35s；纵向红灯（R）亮 35s→绿灯（G）亮 30s→绿灯闪 3 次，每次 1s→黄灯亮 2s。

(2) 人行道：横向绿灯（G）亮 30s→绿灯闪 5 次，每次 1s→红灯（R）亮 35s；纵向红灯（R）亮 35s→绿灯（G）亮 30s→绿灯闪 5 次，每次 1s。

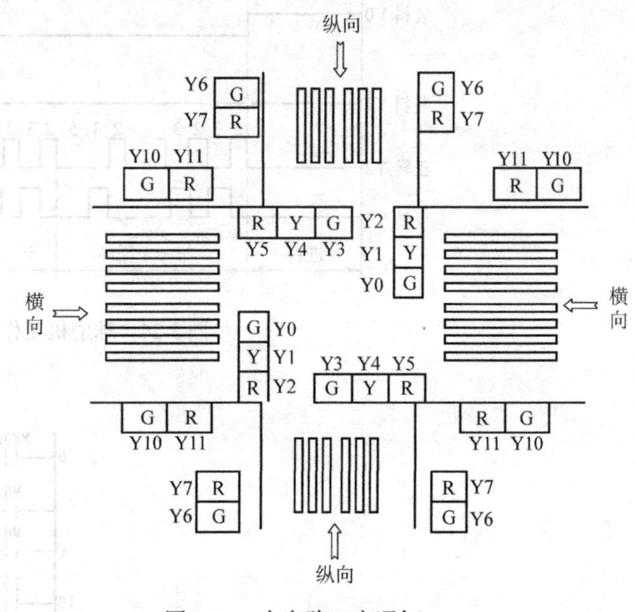

图 3-26　十字路口交通灯

按题目要求得交通灯的工作时序如图 3-27 所示。

由交通灯工作时序图，可编制梯形图如图 3-28 所示。梯形图中采用了 MC、MCR 语句，作为主控。第 6～35 步为时间的设定，其中 T6、T7 产生连续 1s 的脉冲。第 39～49 步为车横道 G、Y、R 灯，第 53～64 步为车纵道 R、G、Y 灯。第 67 步为人行横道绿灯。第 74 步为人行纵道绿灯。第 81 步为报警灯，即当车行横道纵道同为红灯或绿灯，人行横道和纵道同为红灯或绿灯，报警。

注意：第 39、57、67 步和第 74 步灯的连续得电与闪烁的编程，其中第 39 步（$M0 \cdot \overline{T0}$）为连续得电控制，（$T0 \cdot T6 \cdot \overline{T1}$）为闪烁的控制。

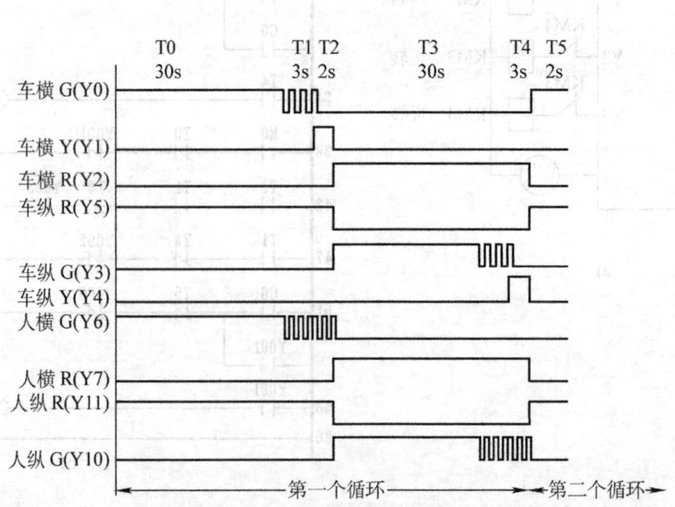

图 3-27　交通灯工作时序图

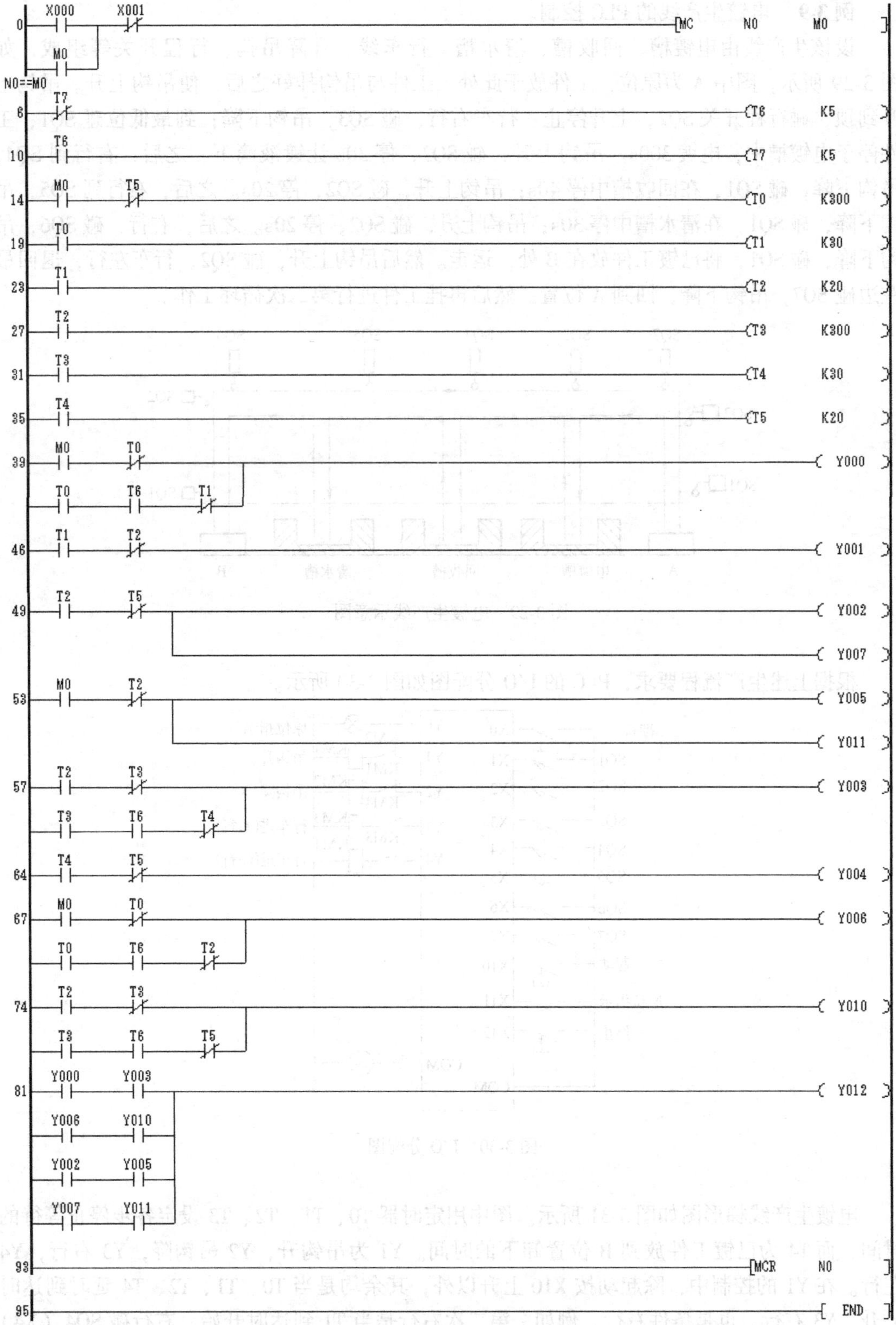

```
 0  X000 ─┤├─ X001 ─┤/├─ ┬──────────────── [MC  N0  M0]
    M0   ─┤├─ ───────────┘
N0==M0
 6  T7 ─┤/├──────────────────────────────── (T6  K5)
10  T6 ─┤├───────────────────────────────── (T7  K5)
14  M0 ─┤├─ T5 ─┤/├──────────────────────── (T0  K300)
19  T0 ─┤├───────────────────────────────── (T1  K30)
23  T1 ─┤├───────────────────────────────── (T2  K20)
27  T2 ─┤├───────────────────────────────── (T3  K300)
31  T3 ─┤├───────────────────────────────── (T4  K30)
35  T4 ─┤├───────────────────────────────── (T5  K20)
39  M0 ─┤├─ T0 ─┤/├─────────────┬────────── (Y000)
    T0 ─┤├─ T6 ─┤├─ T1 ─┤/├─────┘
46  T1 ─┤├─ T2 ─┤/├──────────────────────── (Y001)
49  T2 ─┤├─ T5 ─┤/├─┬────────────────────── (Y002)
                    └────────────────────── (Y007)
53  M0 ─┤├─ T2 ─┤/├─┬────────────────────── (Y005)
                    └────────────────────── (Y011)
57  T2 ─┤├─ T3 ─┤/├─────────────┬────────── (Y003)
    T3 ─┤├─ T6 ─┤├─ T4 ─┤/├─────┘
64  T4 ─┤├─ T5 ─┤/├──────────────────────── (Y004)
67  M0 ─┤├─ T0 ─┤/├─────────────┬────────── (Y006)
    T0 ─┤├─ T6 ─┤├─ T2 ─┤/├─────┘
74  T2 ─┤├─ T3 ─┤/├─────────────┬────────── (Y010)
    T3 ─┤├─ T6 ─┤├─ T5 ─┤/├─────┘
81  Y000 ─┤├─ Y003 ─┤├─ ┬────────────────── (Y012)
    Y006 ─┤├─ Y010 ─┤├─ ┤
    Y002 ─┤├─ Y005 ─┤├─ ┤
    Y007 ─┤├─ Y011 ─┤├─ ┘
93  ─────────────────────────────────────── [MCR  N0]
95  ─────────────────────────────────────── [END]
```

图 3-28　十字路口交通灯梯形图

例 3-9 电镀生产线的 PLC 控制。

设该生产线由电镀槽、回收槽、清水槽、行车线、升降吊钩、行程开关等组成，如图 3-29 所示。图中 A 为原位，工件放于此处。工件与吊钩挂好之后，使吊钩上升。吊钩上升到顶，碰行程开关 SQ2，上升停止；行车右行，碰 SQ3，吊钩下降；到最低位碰 SQ1，工件停于电镀槽中，电镀 300s。吊钩上升，碰 SQ2，停 30s 让镀液滴下。之后，右行到 SQ4，吊钩下降，碰 SQ1，在回收槽中停 40s；吊钩上升，碰 SQ2，停 20s。之后，右行到 SQ5，吊钩下降，碰 SQ1，在清水槽中停 30s；吊钩上升，碰 SQ2，停 20s。之后，右行，碰 SQ6，吊钩下降，碰 SQ1，将已镀工件放在 B 处，运走。然后吊钩上升，碰 SQ2，行车左行，退回最左边碰 SQ7，吊钩下降，回到 A 位置。然后再挂工件进行第二次循环工作。

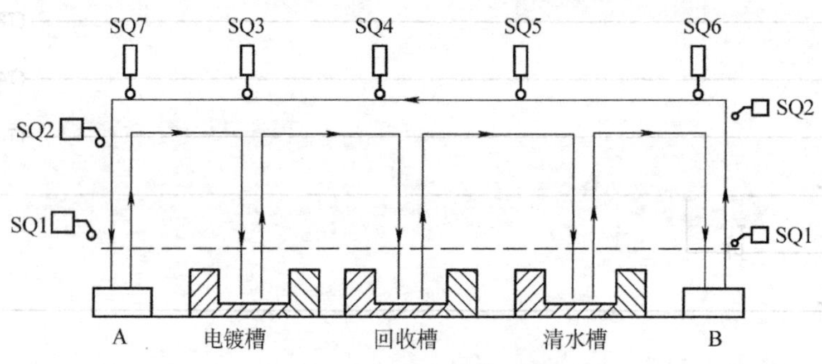

图 3-29 电镀生产线示意图

根据上述生产流程要求，PLC 的 I/O 分配图如图 3-30 所示。

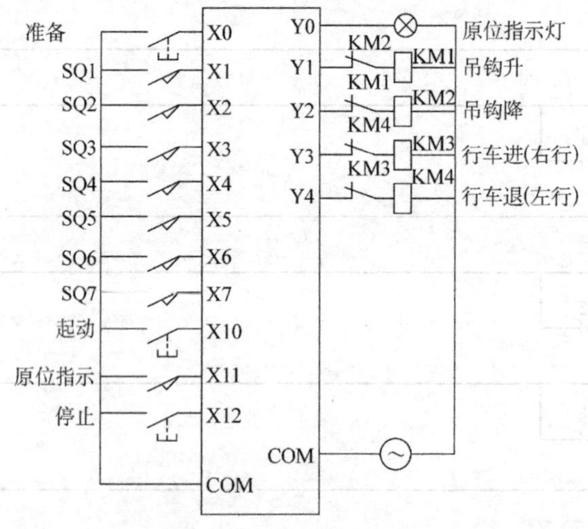

图 3-30 I/O 分配图

电镀生产线梯形图如图 3-31 所示。图中用定时器 T0、T1、T2、T3 设定各步停止等待的时间，而 T4 为已镀工件放到 B 位置卸下的时间。Y1 为吊钩升，Y2 吊钩降，Y3 右行，Y4 左行。在 Y1 的控制中，除起动按 X10 上升以外，其余均是当 T0、T1、T2、T4 延时到达时上升。Y3 右行，也是条件右行。例如，第二次右行是当 T1 到达时开始，右行碰 SQ4（X4）停止。SQ4 一旦被碰合，立即驱动吊钩下降（Y2 动作），到底端碰 SQ1（X1），下降停止。

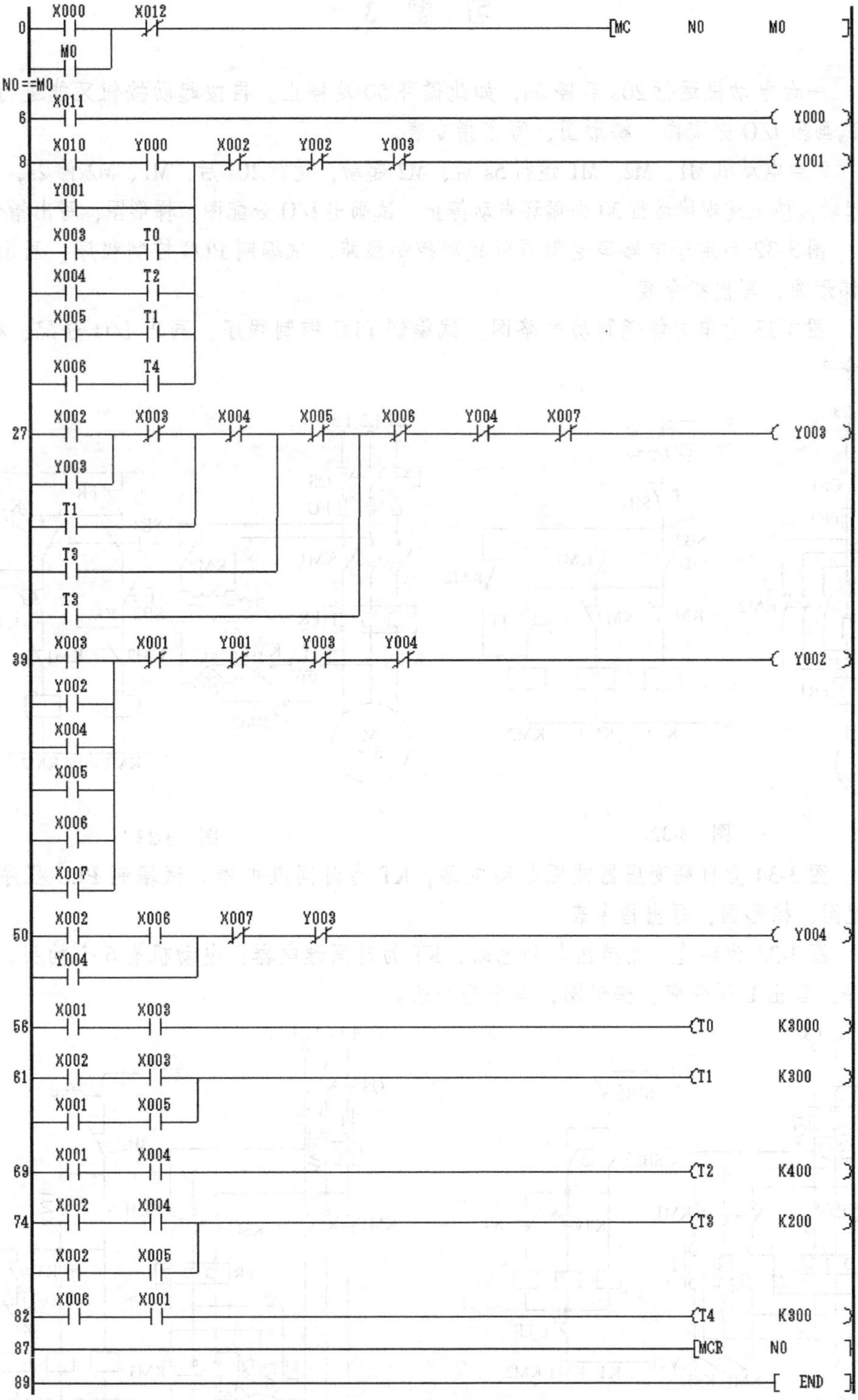

图 3-31 电镀生产线梯形图

习 题 3

3-1 一台电动机运行20s后停5s，如此循环50次停止。再按起动按钮又能进行另一次运行。试画出I/O分配图、梯形图，写出指令表。

3-2 两台电动机M1、M2。M1运行5s后，M2起动，运行10s后，M1、M2停2s，之后M1又自动起动，按上述规律运行30个循环自动停止。试画出I/O分配图、梯形图，写出指令表。

3-3 图3-32为定子电路串电阻减压起动控制线路。试编制PLC控制程序，画出I/O分配图、梯形图，写出指令表。

3-4 图3-33为单向能耗制动电路图。试编制PLC控制程序，画出I/O分配、梯形图，写出指令表。

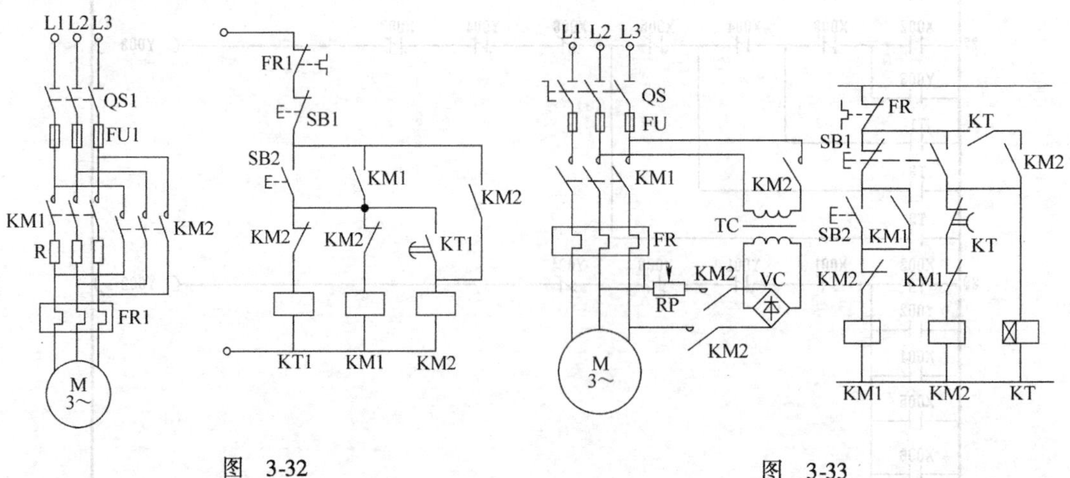

图 3-32 图 3-33

3-5 图3-34为自耦变压器减压起动电路，KT为时间继电器。试编制PLC程序，画出I/O分配图、梯形图，写出指令表。

3-6 图3-35为延边三角减压起动电路，KT为时间继电器，电动机有6个抽头。试编制PLC程序，画出I/O分配、梯形图，写出指令表。

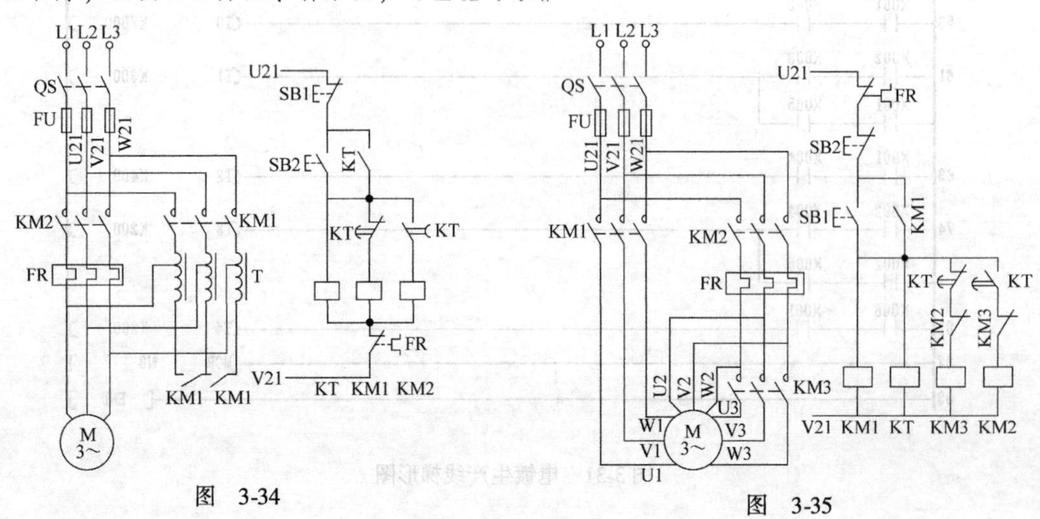

图 3-34 图 3-35

3-7 图3-36为时间继电器控制的绕线转子异步电动机起动电路，图中KT1、KT2、KT3为时间继电器。试编制PLC程序，画出I/O分配图、梯形图，写出指令表。

3-8 图3-37为双速电动机控制电路图。图中U1、V1、W1接电源，为低速。U1、V1、W1接在一起，而U2、V2、W2分别接电源，为高速。试编制PLC控制程序，画出I/O分配图、梯形图，写出指令表。

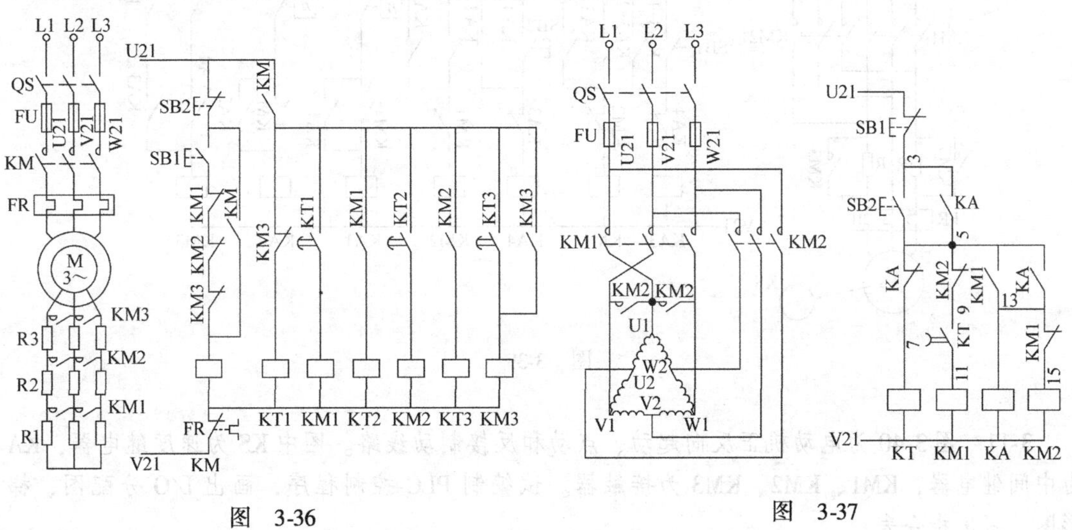

图 3-36　　　　图 3-37

3-9 图3-38为自耦变压器减压起动电路，图中KT为时间继电器，KA为中间继电器，HL1、HL2、HL3为指示灯。试说明各指示灯的作用，并编制PLC控制程序，画出I/O分配图、梯形图，写出指令表。

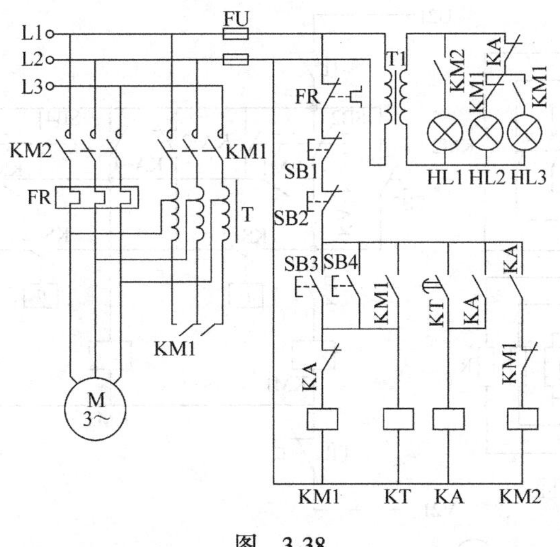

图 3-38

3-10 图3-39为正反转起动反接制动控制线路。图中KS为速度继电器，KA1、KA2、KA3、KA4为中间继电器，KM1、KM2、KM3为接触器。试编制PLC程序，画出I/O分配图、梯形图，写出指令表。

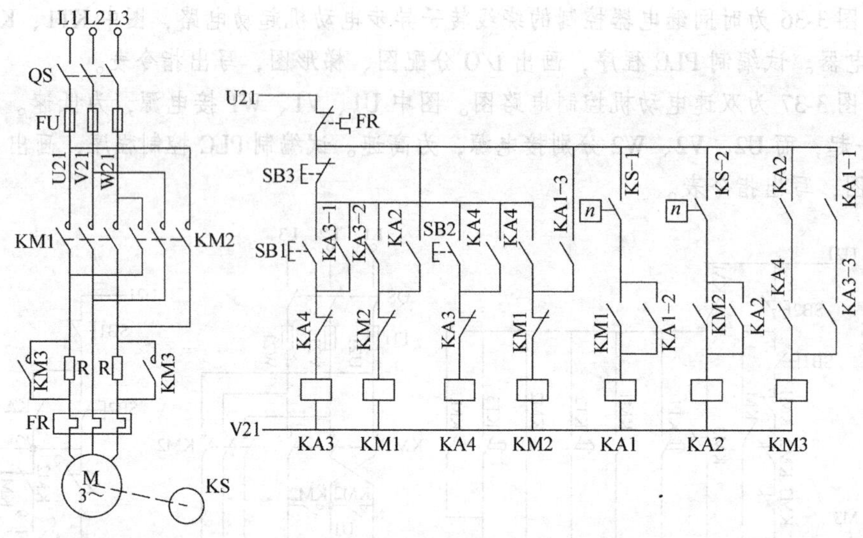

图 3-39

3-11 图3-40为电动机正反向起动、点动和反接制动线路。图中KS为速度继电器，KA为中间继电器，KM1、KM2、KM3为接触器。试编制PLC控制程序，画出I/O分配图、梯形图，写出指令表。

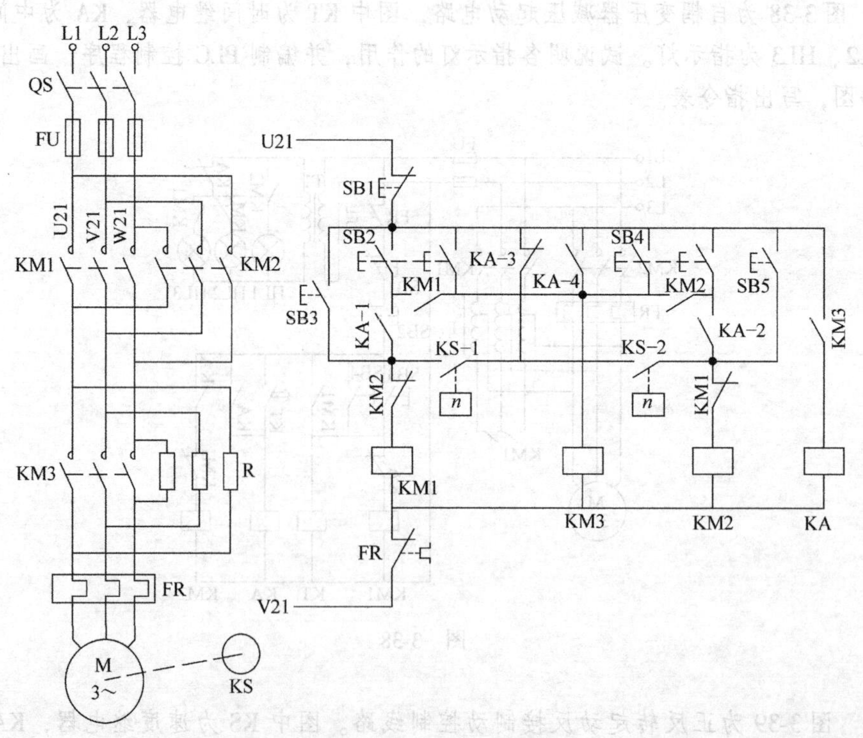

图 3-40

3-12　图3-41为C650车床电气原理图，M1为主轴电动机，M2为刀架快速移动电动机，M3为冷却泵电动机，KS为速度继电器。读电路图，弄清其动作原理，并编制PLC控制程序，画出I/O分配图、梯形图，写出指令表。

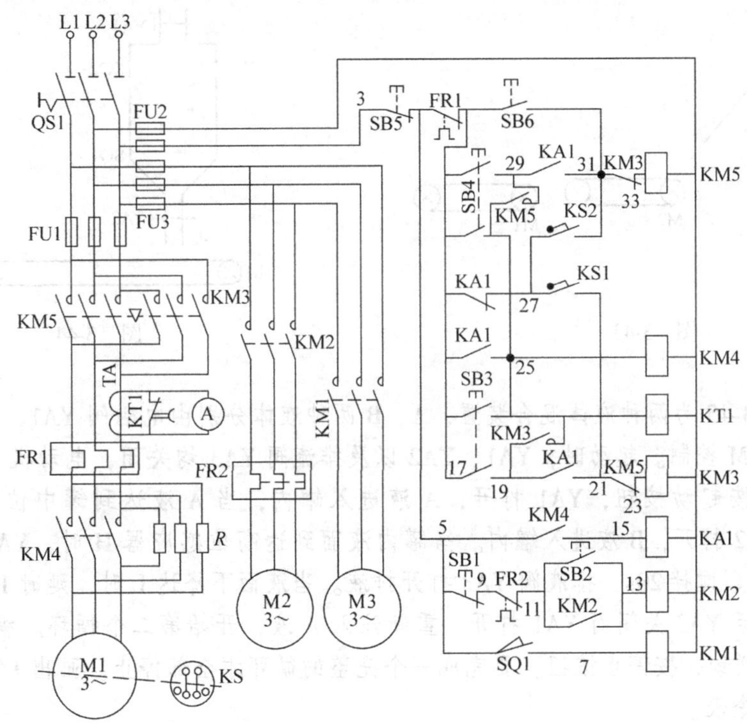

图　3-41

3-13　电动机M1、M2、M3、M4的工作时序图如图3-42所示。图中为第一个循环的时序。试编制PLC控制程序，要求：①要完成30个循环，自动结束；②结束后再按起动按钮，又能进行下一轮工作；③任何时候按停止按钮都能完成一个完整的循环才停止；④各台电动机均有过载保护和短路保护。

3-14　某生产运输线由三段组成，如图3-43所示。起动顺序为M1→M2→M3，间隔分别为3s、4s。起动时，M1、M2为Y-△减压起动；M3为自耦变压器减压起动。停止的顺序为M3→M2→M1，时间间隔为5s、3s，试编写PLC控制程序，画出I/O分配图、梯形图，写出指令表。

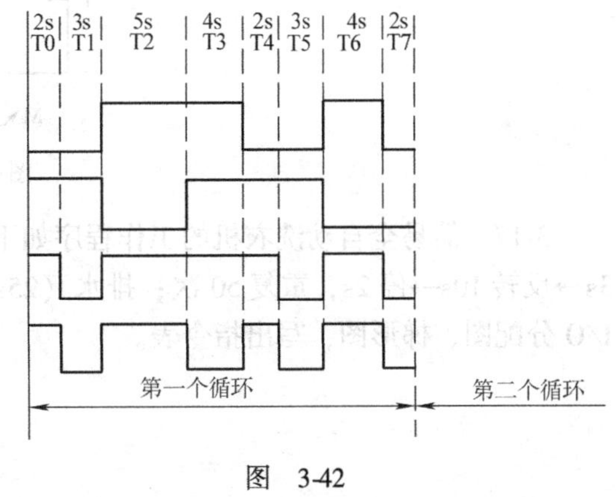

图　3-42

3-15　图3-44为某物料罐报警装置示意图，YA1为进料阀门，YA2为出料阀门。当进料高于高限感应开关SQ2时，YA1关闭；当低于SQ2时，YA1打开。当物料高于低限感应开关SQ1时，此时传输线起动，延时2s，YA2打开。当物料低于SQ1时，YA2关闭，同时报警电路开始作用。报警灯闪烁，亮 1s，通 1s，同时蜂鸣器在响。一直到物料高于 SQ1 位置或按下复位按钮，报警电路才停止作用。停止时，先停 YA1，再停 YA2。延时 3s 后停止传输线。试画出 I/O 分配图、梯形图，写出指令表。

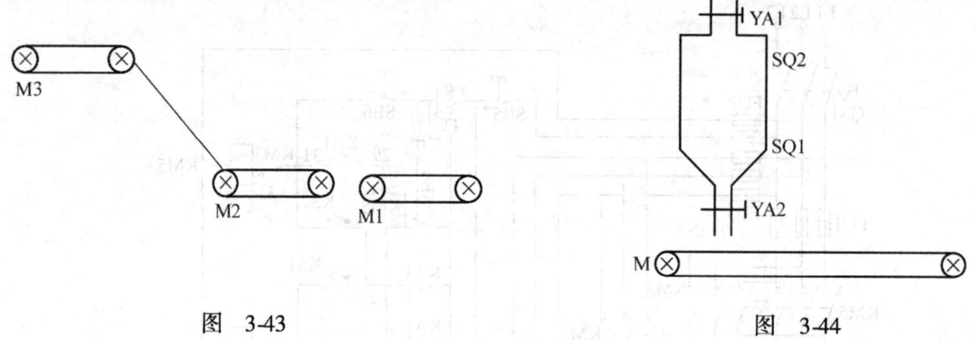

图 3-43　　图 3-44

3-16　图 3-45 为两种液体混合装置，A、B 两种液体分别由电磁阀 YA1、YA2 控制，搅拌器由电动机 M 控制。起动时，YA1、YA2 以及排流阀 YA3 均关闭，电动机 M 不转动。贮液罐是空的。按起动按钮，YA1 打开，A 液进入罐内，当 A 液达到罐中位 M 感应器时，YA1 关闭，YA2 打开，B 液进入罐内。当罐内液面到达高位感应器 H 时，YA2 关闭，搅拌电动机 M 工作。搅拌 20s，排液阀 YA3 打开排液。当液面下降达 L 时，延时 10s，待已搅拌液体排完。之后 YA3 关闭而 YA1 打开，重新注入 A 液，开始第二个循环。编程要求 YA1、YA2、YA3 有联锁，按停止按钮，要完成一个完整的循环才全部停止。画出 I/O 分配图、梯形图，写出指令表。

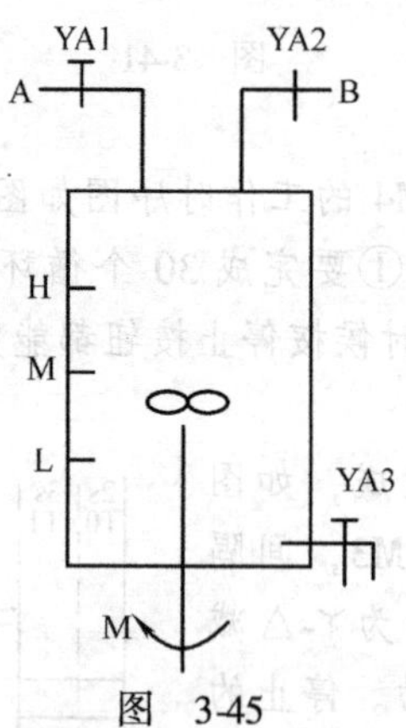

图 3-45

3-17　简易全自动洗衣机的工作程序如下：按下起动按钮→进水（20s）；正转 15s→停 3s→反转 10s→停 2s，重复 50 次；排水（25s），重复 3 次，停机。试编制 PLC 程序，画出 I/O 分配图、梯形图，写出指令表。

第4章
步进顺序控制

对于步进顺序控制（简称顺控）问题，如果采用基本逻辑指令编程（如例3-2），则可读性较差。本章介绍用步进阶梯指令（STL）和状态元件S编制步进顺控程序的方法，比较直观。如再配以状态转移图（SFC图），则更清晰。本章介绍单流程的步进顺控和分支流程的步进顺控，并给出编程例子。各编程例子，均用GX-Developer软件编写。

4.1 步进阶梯指令和步进顺控状态转移图

4.1.1 步进顺控指令

步进顺控指令有两个：步进阶梯指令STL和返回指令RET。它们的助记符及功能见表4-1。

表4-1 步进顺控指令

指令助记符，名称	功能	梯形图电路表示
STL（步进阶梯）	步进阶梯开始	—[STL S20]
RET（返回）	步进阶梯结束，返回	—[RET]

STL是利用状态软元件S对步进顺控问题进行工序步进式控制的指令。RET是步进顺控流程结束返回主程序的指令。STL触点通过置位命令（SET）激活。当STL触点激活接通，则与其相连的电路动作；如果STL触点断开，则与其相连的电路停止动作。STL触点与其他元件触点意义不尽相同。STL无常闭触点，而且与其他触点无AND、OR的关系。

4.1.2 状态转移图

状态转移图又称为状态流程图。它是一种表明步进顺控系统的控制过程和特性的一种图形。图4-1为一简单的状态转移图。

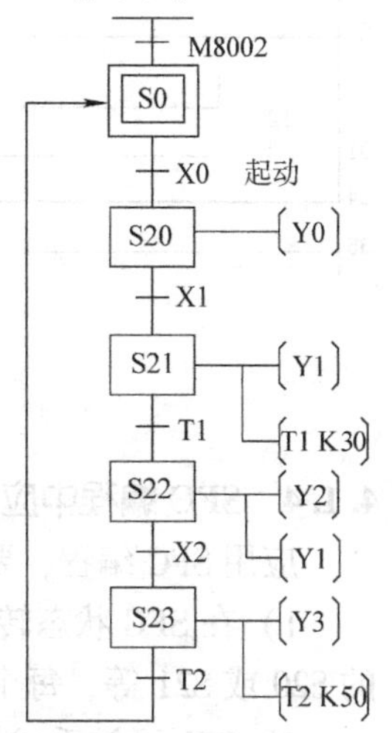

图4-1 状态转移图

图中S0为初始状态，用双线方框表示。它由M8002驱动。当PLC由STOP→RUN切换瞬间，初始化脉冲M8002使S0置1。其他状态元件用方框表示。方框间的线段表示状态转移的方向，习惯上由上至下或从左到右。线段间的短横线表示转移的条件，与状态框连接的横线和线圈等表示状态驱动负载。

图4-1的驱动和状态转移原理如下：

当PLC开始运行（RUN），初始脉冲M8002使初态S0置1。初态S0被激活。当按起动按钮X0时，状态从S0转移到S20，S20置1，而S0复位到零。S20状态被激活为1，驱动Y0。当转移条件X1接通时，状态转移到S21，S21置1，而S20复位为零，Y0线圈失电。S21状态被激活为 1，驱动 Y1 及定时器 T1，延时 3s 到，转移条件 T1 常开触点接通，状态转移到 S22，而 S21 复位为零，Y1、T1 失电。S22 状态被激活为 1，驱动 Y2、Y1。当转移条件 X2 接通时，状态转移到 S23，而 S22 复位为零，Y2、Y1 失电。S23 状态被激活为 1，驱动 Y3 及 T2。T2 延时 5s 到，T2 常开触点闭合，状态转移返回 S0，初状 S0 又置位。当 X0 再接通时，另一循环动作开始。

4.1.3 步进阶梯图与指令表

图 4-1 的步进阶梯图与指令表如图 4-2a、b 所示。图中，从 STL S0 到 RET 为步进顺序控制部分，称为 SFC，而第 0 步与最末一步 END 为基本逻辑指令梯形图部分。图中被置位的状态元件被激活后（如 SET S0，STL S0），可执行被激活元件后的驱动指令。它相当于 STL 指令提供一状态子母线，OUT 指令和 LD 指令等可直接接于此子母线上。

返回指令 RET 接于最末一状态元件子母线下，单独成一逻辑行。

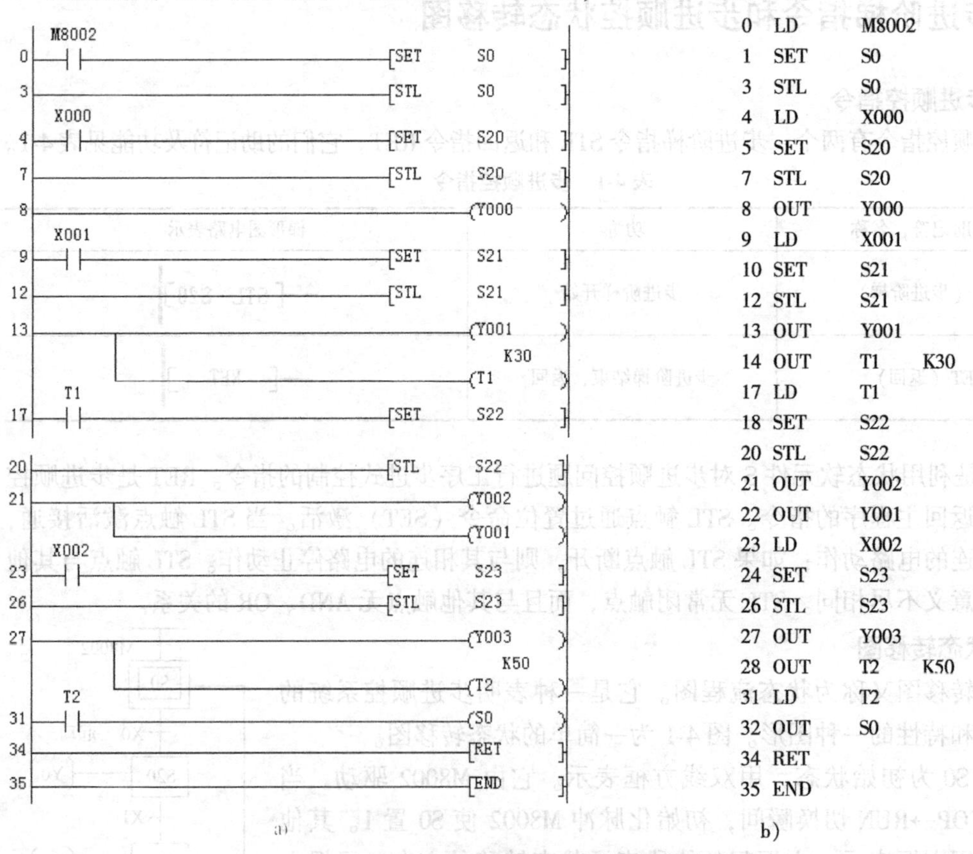

图 4-2 图 4-1 的步进阶梯图和指令表
a）步进阶梯图 b）指令表

4.1.4 SFC 编程中应注意的问题

应用 SFC 编程，要注意以下几个问题：

1）在 SFC 状态转移中，状态的地址号不能重复使用。例如，不能出现两个或两个以上的 S20 或 S21 等，每个状态要用状态元件号。

2）STL 可被看成提供一状态子母线。此子母线可直接完成驱动或置位功能，与子母线连接的触点用 LD、LDI 指令。

3）在不同的状态，可输出同一个软元件（如 Y、M 等），如图 4-3a 所示。线圈 Y1、Y2 可以在相邻的状态或不相邻的状态中输出，但同一编号的定时器却不能在相邻的状态中输出，如图 4-3b 所示。因为在相邻状态输出的同一编号的定时器相当于其定时线圈通电不断开，当前值不能复位，但同一编号的定时器在不相邻的状态中输出，则仍然是允许的。

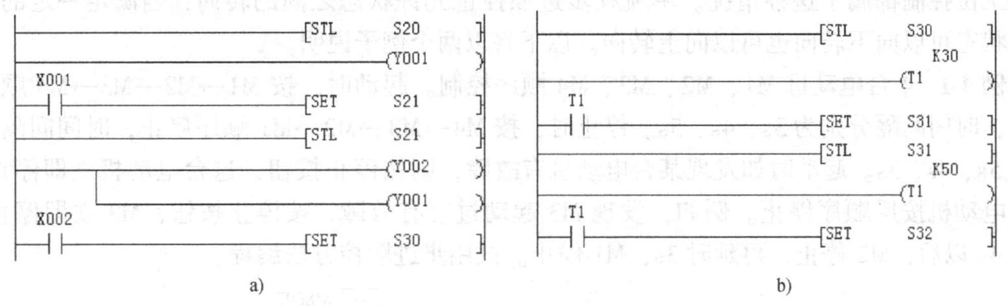

图 4-3　在相邻的状态中输出

a）线圈 Y、M 可以连续输出　b）定时器 T 不能连续输出

4）在 STL 状态子母线的输出要满足“先驱动，后转移”的原则，因此不能连成如图 4-4a 的形式，而要连成如图 4-4b 的形式。

STL S20
Y000
X001
Y002
Y001
a)
STL S20
Y000
Y001
X001
Y002
b)

图 4-4　STL 状态子母线的输出

a）错误梯形图　b）正确梯形图

5）在状态内使用基本逻辑指令，除了 MC/MCR 不能使用，MPS/MRD/MPP 的使用应注意外，其余均可使用。如图 4-5 所示，在 STL 状态子母线直接并联输出触点线圈，连续使用 LD 指令则可，但在触点 X0 后并联输出触点线圈，则要用到 MPS/MRD/MPP 指令。

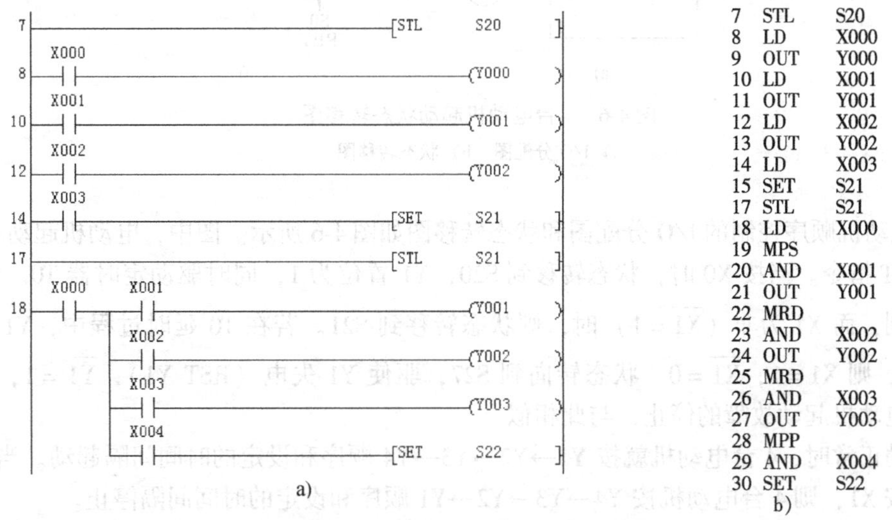

7	STL	S20
8	LD	X000
9	OUT	Y000
10	LD	X001
11	OUT	Y001
12	LD	X002
13	OUT	Y002
14	LD	X003
15	SET	S21
17	STL	S21
18	LD	X000
19	MPS	
20	AND	X001
21	OUT	Y001
22	MRD	
23	AND	X002
24	OUT	Y002
25	MRD	
26	AND	X003
27	OUT	Y003
28	MPP	
29	AND	X004
30	SET	S22

b)

图 4-5　状态内 MPS/MRD/MPP 的用法

a）步进阶梯图　b）指令表

4.2 单流程的步进顺控

单流程步进顺控是指其状态转移图从开始到结束是一步一步转移和执行的，工程上大多数的工位控制都属于这种情况。单流程步进顺控也允许状态之间的转向，当满足一定的条件，状态可以向下转向也可以向上转向。以下将以两个例子说明。

例 4-1 4 台电动机 M1、M2、M3、M4 顺序控制。起动时，按 M1→M2→M3→M4 顺序起动，时间间隔分别为 3s、4s、5s。停止时，按 M4→M3→M2→M1 顺序停止，时间间隔分别为 5s、4s、3s。起动时如发现某台电动机有故障，则按停止按钮，这台电动机立即停止，其他电动机按反顺序停止。例如，发现 M3 起动过程有故障，按停止按钮，M3 立即停止，延时 4s 以后，M2 停止，再延时 3s，M1 停止。试用步进顺控方法编程。

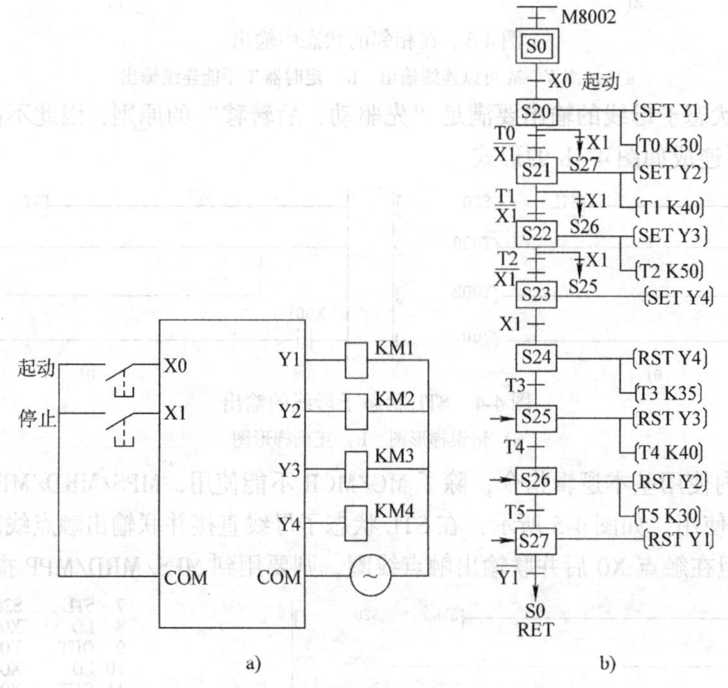

图 4-6 4 台电动机起动状态转移图

a）I/O 分配图 b）状态转移图

4 台电动机顺序控制的 I/O 分配图和状态转移图如图 4-6 所示。图中，电动机起动/停止用 SET/RST 指令。当按 X0 时，状态转移到 S20，Y1 置位为 1，同时驱动定时器 T0。当 T0 延时时间到，而 X1 为非（$\overline{X1}=1$）时，则状态转移到 S21。若在 T0 延时过程中，Y1 有故障，按 X1，则 X1 = 1，$\overline{X1}=0$，状态转向到 S27，驱使 Y1 失电（RST Y1），$\overline{Y1}=1$，返回 S0。其他电动机起动故障的停止，与此相似。

当起动正常时，4 台电动机就按 Y1→Y2→Y3→Y4 顺序和设定的时间间隔起动。当正常停止时，按 X1，则 4 台电动机按 Y4→Y3→Y2→Y1 顺序和设定的时间间隔停止。

图 4-7 为 4 台电动机顺序工作的步进阶梯图。从图可看出：

1）每个状态都是先驱动负载再转移。

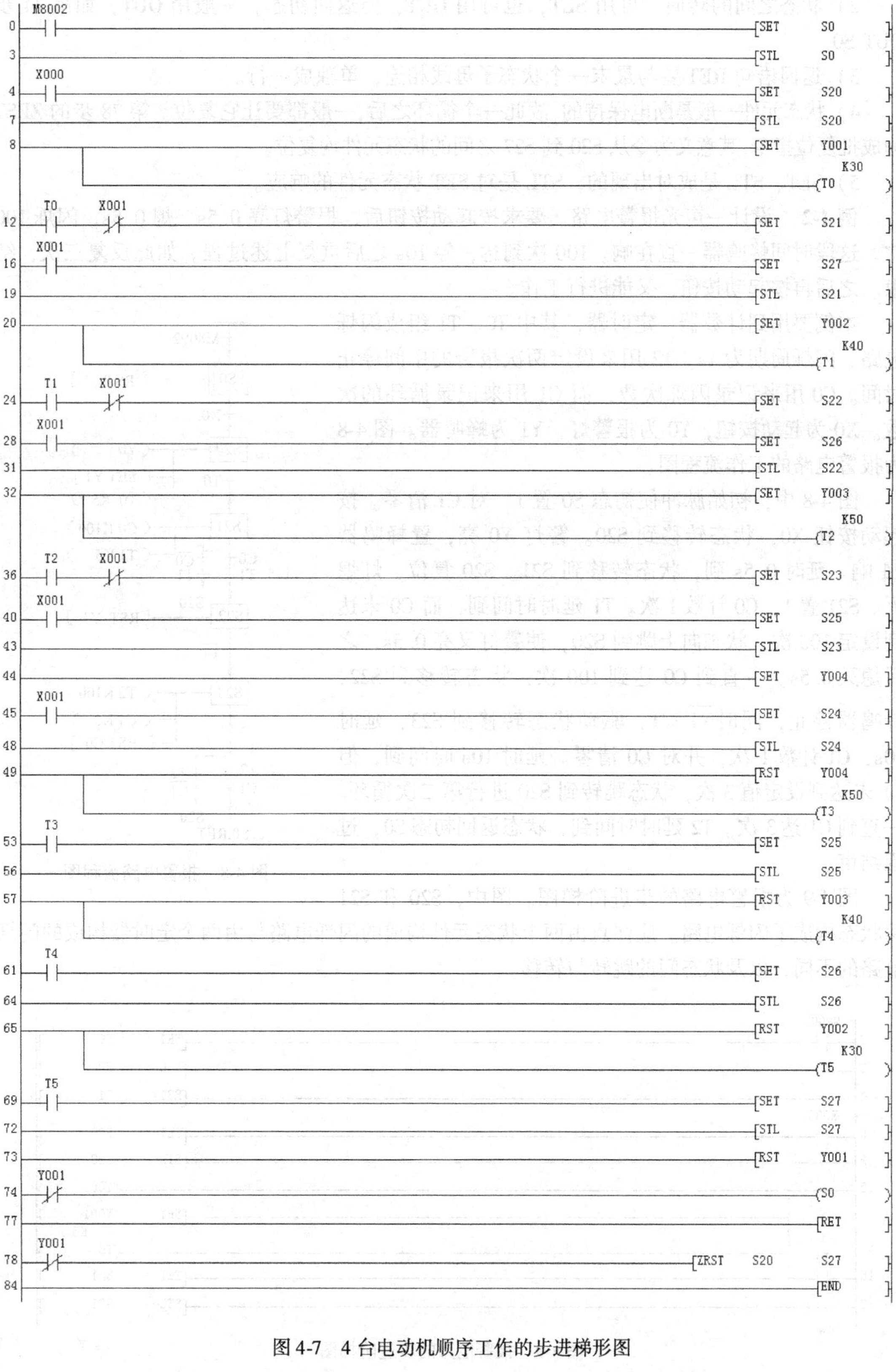

```
 0  ─┤├ M8002 ──────────────────────────────[SET   S0   ]
 3  ────────────────────────────────────────[STL   S0   ]
 4  ─┤├ X000 ───────────────────────────────[SET   S20  ]
 7  ────────────────────────────────────────[STL   S20  ]
 8  ──┬─────────────────────────────────────[SET   Y001 ]
      │                                             K30
      └─────────────────────────────────────(T0         )
12  ─┤├ T0 ──┤/├ X001 ──────────────────────[SET   S21  ]
16  ─┤├ X001 ───────────────────────────────[SET   S27  ]
19  ────────────────────────────────────────[STL   S21  ]
20  ──┬─────────────────────────────────────[SET   Y002 ]
      │                                             K40
      └─────────────────────────────────────(T1         )
24  ─┤├ T1 ──┤/├ X001 ──────────────────────[SET   S22  ]
28  ─┤├ X001 ───────────────────────────────[SET   S26  ]
31  ────────────────────────────────────────[STL   S22  ]
32  ──┬─────────────────────────────────────[SET   Y003 ]
      │                                             K50
      └─────────────────────────────────────(T2         )
36  ─┤├ T2 ──┤/├ X001 ──────────────────────[SET   S23  ]
40  ─┤├ X001 ───────────────────────────────[SET   S25  ]
43  ────────────────────────────────────────[STL   S23  ]
44  ────────────────────────────────────────[SET   Y004 ]
45  ─┤├ X001 ───────────────────────────────[SET   S24  ]
48  ────────────────────────────────────────[STL   S24  ]
49  ──┬─────────────────────────────────────[RST   Y004 ]
      │                                             K50
      └─────────────────────────────────────(T3         )
53  ─┤├ T3 ─────────────────────────────────[SET   S25  ]
56  ────────────────────────────────────────[STL   S25  ]
57  ──┬─────────────────────────────────────[RST   Y003 ]
      │                                             K40
      └─────────────────────────────────────(T4         )
61  ─┤├ T4 ─────────────────────────────────[SET   S26  ]
64  ────────────────────────────────────────[STL   S26  ]
65  ──┬─────────────────────────────────────[RST   Y002 ]
      │                                             K30
      └─────────────────────────────────────(T5         )
69  ─┤├ T5 ─────────────────────────────────[SET   S27  ]
72  ────────────────────────────────────────[STL   S27  ]
73  ────────────────────────────────────────[RST   Y001 ]
74  ─┤/├ Y001 ──────────────────────────────(S0         )
77  ────────────────────────────────────────[RET        ]
78  ─┤/├ Y001 ───────────────────[ZRST   S20      S27   ]
84  ────────────────────────────────────────[END        ]
```

图 4-7　4 台电动机顺序工作的步进梯形图

2）状态之间的转向，可用 SET，也可用 OUT，但返回初态，一般用 OUT，如第 74 步 OUT S0。

3）返回语句 RET 要与最末一个状态子母线相连，单独成一行。

4）状态元件一般是断电保持的,故此一个循环之后,一般都要让它复位。第 78 步的 ZRST 为成批复位指令,其意义为令从 S20 到 S27 之间的状态元件均复位。

5）SET、STL 是成对出现的，STL 是对 SET 状态元件的响应。

例 4-2　设计一声光报警电路。要求按起动按钮后，报警灯亮 0.5s，熄 0.5s，闪烁 100 次。这段时间蜂鸣器一直在响。100 次到达，停 10s 之后重复上述过程。如此反复三次，结束。之后再按起动按钮，又能进行工作。

本例要用到计数器、定时器，其中 T0、T1 组成闪烁电路，闪烁周期为 1s。T2 用来设定两次报警的中间停止时间。C0 用来记录闪烁次数，而 C1 用来记录循环的次数。X0 为起动按钮，Y0 为报警灯，Y1 为蜂鸣器。图 4-8 为报警电路的工作流程图。

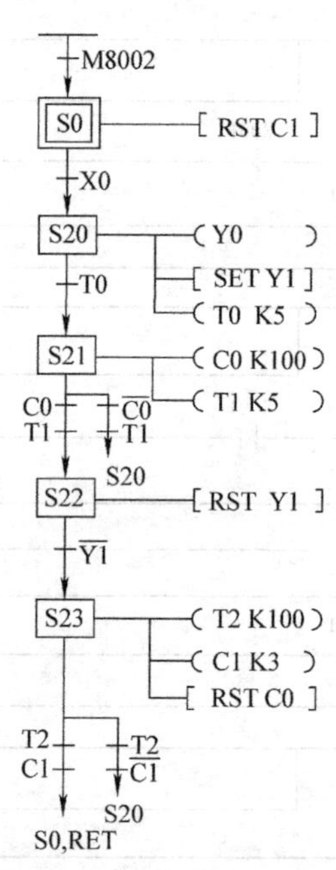

图 4-8　报警电路流程图

图 4-8 中，初始脉冲使初态 S0 置 1，对 C1 清零。按起动按钮 X0，状态转移到 S20。警灯 Y0 亮，置蜂鸣器 Y1 响。延时 0.5s 到，状态转移到 S21。S20 复位，灯熄灭。S21 置 1，C0 计数 1 次。T1 延时时间到，而 C0 未达到设定 100 次，状态向上跳到 S20，使警灯又亮 0.5s，之后熄灭 0.5s。一直到 C0 达到 100 次，状态转移到 S22，蜂鸣器停止，同时 $\overline{Y1}=1$，驱动状态转移到 S23，延时 10s，C1 计数 1 次，并对 C0 清零。延时 10s 时间到，但 C1 未达到设定值 3 次，状态跳转到 S20 进行第二次循环。一直到 C1 达 3 次。T2 延时时间到，状态返回初态 S0，过程结束。

图 4-9 为报警电路的步进阶梯图。图中，S20 和 S21 两状态构成了闪烁电路。应注意由两个状态元件构成的闪烁电路与由两个定时器构成的闪烁电路的不同，以及状态间的跳转与转移。

图 4-9　报警电路的步进阶梯图

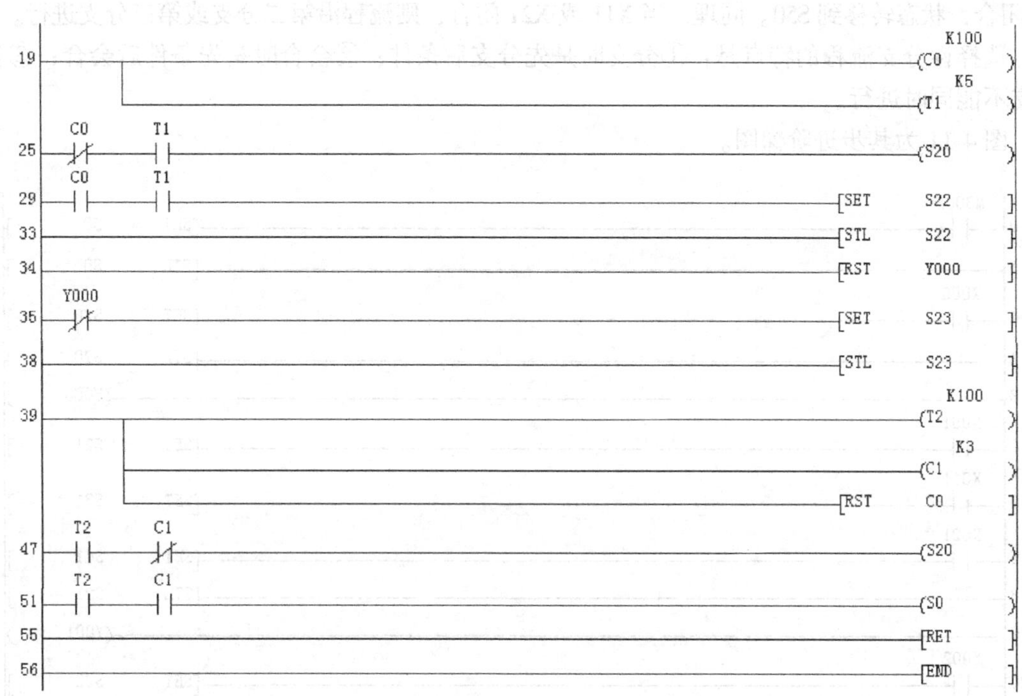

图 4-9　报警电路的步进阶梯图（续）

4.3　分支流程的步进顺控

在很多步进生产控制中，往往有两列或多列的步进顺控过程。在状态转移图中便有两个或两个以上的状态转移分支电路。FX 系列的分支电路，最多可允许 8 列，每列最多允许 250 个状态。按照驱动条件的不同，这种多分支流程的步进顺控，可分为选择性分支和并行性分支。

4.3.1　选择性分支

选择性分支流程的特点是各分支状态的转移由各自条件选择执行。不能进行两个或两个以上的分支状态同时转移。

图 4-10 为选择性分支流程图。

从图中可看到，一开机，初始脉冲 M8002 使初态置 1。接通起动按钮，状态转移到 S20，使 S20 置 1，驱动 Y0，同时等待状态转移。当 X1 闭合，状态转移到 S21；当 X11 闭合，状态转移到 S31；当 X21 闭合，状态转移到 S41；但 X1、X11、X21 不能同时闭合，它们可以是机械联锁或是电气联锁。当某一分支条件满足，某一分支工作。例如，当 X1 闭合，S21 置 1，驱动 Y1；当条件 X2 满足闭合，状态转移到 S22，Y2 得电；当

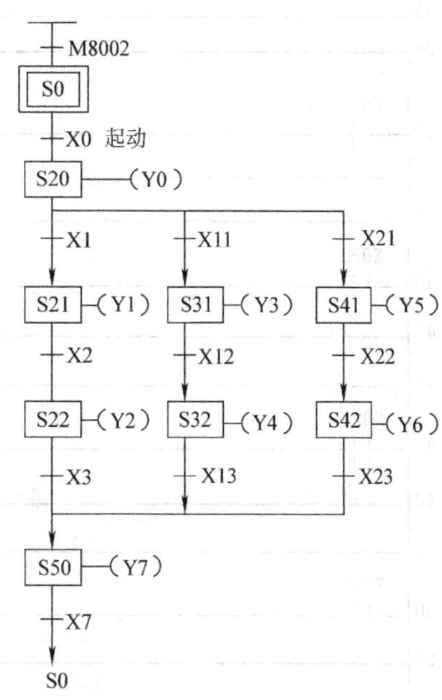

图 4-10　选择性分支流程图

X3 闭合，状态转移到 S50。同理，当 X11 或 X21 闭合，则流程沿第二分支或第三分支进行。

选择性分支流程的特点是：①分支时是先分支后条件；②会合时是先条件后会合；③各分支不能同时进行。

图 4-11 为其步进阶梯图。

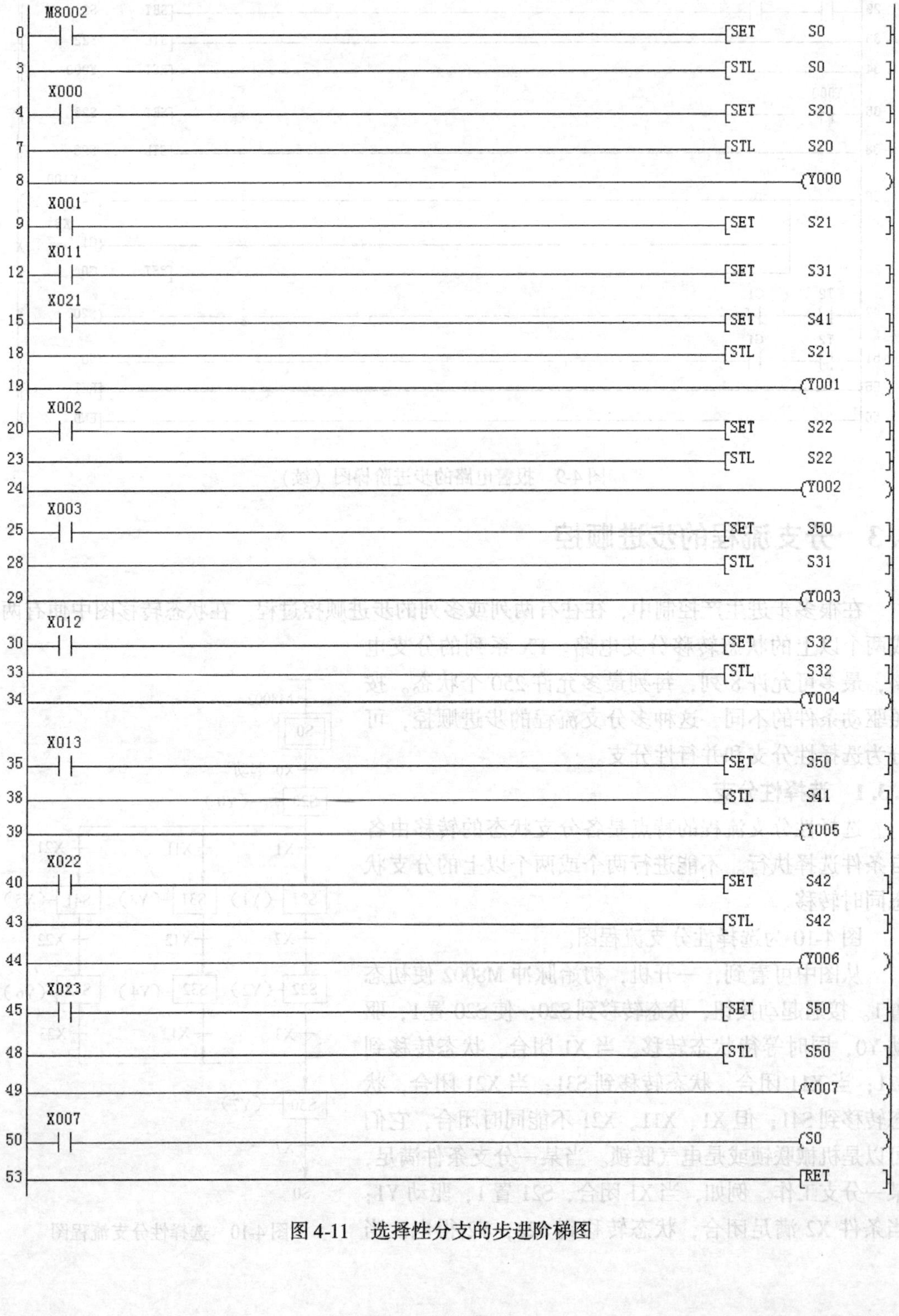

```
     M8002
0  ──┤├──────────────────────[SET   S0  ]
3  ──────────────────────────[STL   S0  ]
     X000
4  ──┤├──────────────────────[SET   S20 ]
7  ──────────────────────────[STL   S20 ]
8  ──────────────────────────(Y000      )
     X001
9  ──┤├──────────────────────[SET   S21 ]
     X011
12 ──┤├──────────────────────[SET   S31 ]
     X021
15 ──┤├──────────────────────[SET   S41 ]
18 ──────────────────────────[STL   S21 ]
19 ──────────────────────────(Y001      )
     X002
20 ──┤├──────────────────────[SET   S22 ]
23 ──────────────────────────[STL   S22 ]
24 ──────────────────────────(Y002      )
     X003
25 ──┤├──────────────────────[SET   S50 ]
28 ──────────────────────────[STL   S31 ]
29 ──────────────────────────(Y003      )
     X012
30 ──┤├──────────────────────[SET   S32 ]
33 ──────────────────────────[STL   S32 ]
34 ──────────────────────────(Y004      )
     X013
35 ──┤├──────────────────────[SET   S50 ]
38 ──────────────────────────[STL   S41 ]
39 ──────────────────────────(Y005      )
     X022
40 ──┤├──────────────────────[SET   S42 ]
43 ──────────────────────────[STL   S42 ]
44 ──────────────────────────(Y006      )
     X023
45 ──┤├──────────────────────[SET   S50 ]
48 ──────────────────────────[STL   S50 ]
49 ──────────────────────────(Y007      )
     X007
50 ──┤├──────────────────────(S0        )
53 ──────────────────────────[RET       ]
```

图 4-11　选择性分支的步进阶梯图

4.3.2 并行性分支

并行性分支的特点是：当条件满足时，源的状态同时向各并行支路转移，各分支完成各自的状态转移，才会合向下一状态转移。

图 4-12 为并行性分支的流程图，图 4-13 为其步进阶梯图。

从图 4-12 可以看到，当初始脉冲 M8002 使 S0 置 1 后，接通 X0，则状态平行地同时转移到 S20、S30、S40。程序先对 S20 响应（STL S20），再对 S30 响应，再对 S40 响应。当这三个并行性分支同时达到各支路的最后一个状态，即当 STL S21、STL S31、STL S41 同时为 1 时，接通按钮 X31，状态才会转移到 S50。并行性分支的特点是分支时先条件后分，汇合时先合后条件。

M8002
S0
Y0
X0
S20
Y1
S30
Y3
S40
Y5
X1
X11
X21
S21
Y2
S31
Y4
S41
Y6
X31
S50
Y7
X32
S0,RET

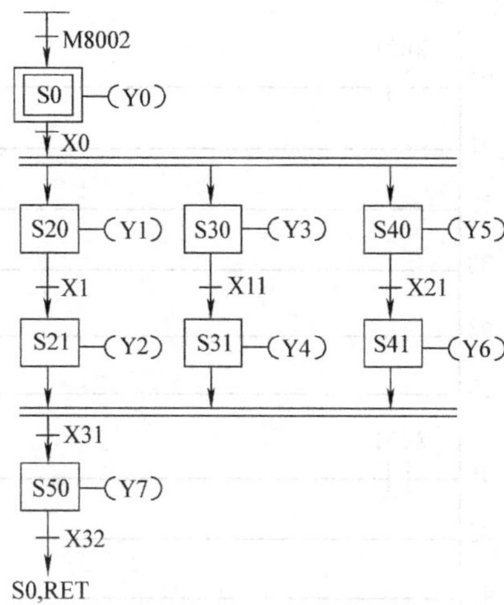

图 4-12　并行性分支的流程图

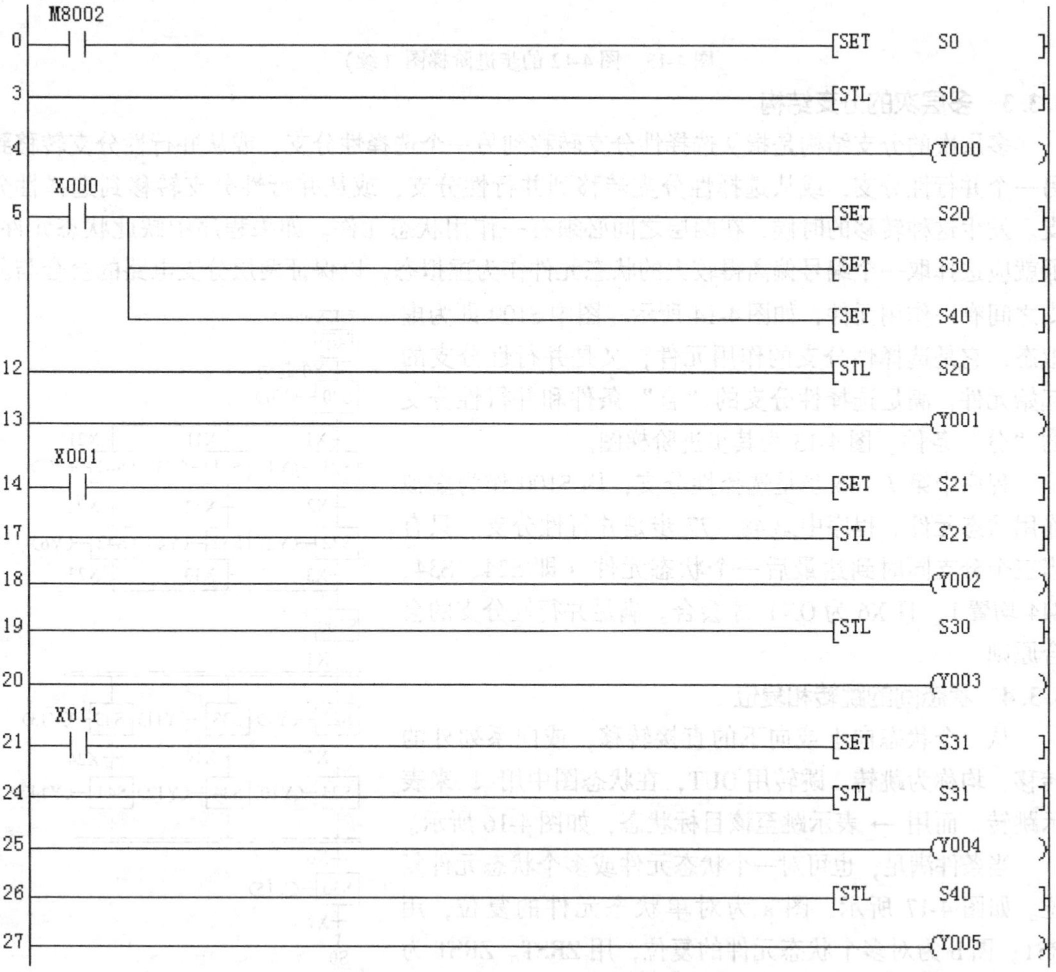

0 M8002 SET S0
3 STL S0
4 Y000
5 X000 SET S20
SET S30
SET S40
12 STL S20
13 Y001
14 X001 SET S21
17 STL S21
18 Y002
19 STL S30
20 Y003
21 X011 SET S31
24 STL S31
25 Y004
26 STL S40
27 Y005

图 4-13　图 4-12 的步进阶梯图

图 4-13 图 4-12 的步进阶梯图（续）

4.3.3 多层次的分支结构

多层次的分支结构是指从选择性分支转移到另一个选择性分支，或从并行性分支转移到另一个并行性分支，或从选择性分支转移到并行性分支，或从并行性分支转移到选择性分支。发生这种转移的时候，在两层之间必须有一作用状态元件。如果程序中缺此状态元件，那就应选择取一个编号偏离得较大的状态元件作为虚拟态，以保证两层分支电路的会合与分支之间有一作用元件，如图 4-14 所示。图中 S100 即为虚拟态，它是选择性分支的作用元件，又是并行性分支的起始元件，满足选择性分支的“合”条件和并行性分支的“分”条件。图 4-15 为其步进阶梯图。

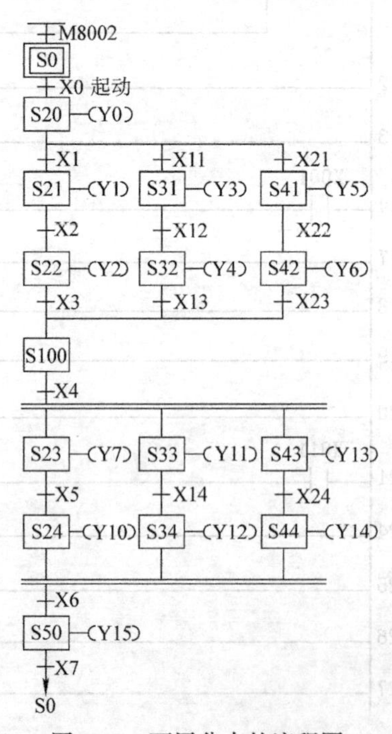

图 4-14 两层分支的流程图

程序中第 7 ~ 45 步是选择性分支，用 S100 作为虚拟作用状态元件。程序中第 48 ~ 77 步是并行性分支。只有当三个分支同时到达最后一个状态元件（即 S24、S34、S44 均置 1，且 X6 为 ON）才会合。满足并行性分支的会合原则。

4.3.4 状态间的跳转和复位

从一个状态向上或向下的直接转移，或向系列外的转移，均称为跳转。跳转用 OUT，在状态图中用 ↓ 来表示跳转，而用 → 表示跳至该目标状态，如图 4-16 所示。

当条件满足，也可对一个状态元件或多个状态元件复位。如图 4-17 所示，图 a 为对单状态元件的复位，用 RST；图 b 为对多个状态元件的复位，用 ZRST。ZRST 为成批复位指令。

```
0   M8002  -| |-                      [SET  S0  ]
3                                      [STL  S0  ]
4   X000   -| |-                      [SET  S20 ]
7                                      [STL  S20 ]
8                                      (Y000     )
9   X001   -| |-                      [SET  S21 ]
12  X011   -| |-                      [SET  S31 ]
15  X021   -| |-                      [SET  S41 ]
18                                     [STL  S21 ]
19                                     (Y001     )
20  X002   -| |-                      [SET  S22 ]
23                                     [STL  S22 ]
24                                     (Y002     )
25  X003   -| |-                      [SET  S100]
28                                     [STL  S31 ]
29                                     (Y003     )
30  X012   -| |-                      [SET  S32 ]
33                                     [STL  S32 ]
34                                     (Y004     )
35  X013   -| |-                      [SET  S100]
38                                     [STL  S41 ]
39                                     (Y005     )
40  X022   -| |-                      [SET  S42 ]
43                                     [STL  S42 ]
44                                     (Y006     )
45  X023   -| |-                      [SET  S100]
48                                     [STL  S100]
49  X004   -| |-                      [SET  S23 ]
                                       [SET  S33 ]
                                       [SET  S43 ]
56                                     [STL  S23 ]
57                                     (Y007     )
58  X005   -| |-                      [SET  S24 ]
61                                     [STL  S24 ]
62                                     (Y010     )
```

图 4-15　两层分支状态的步进阶梯图

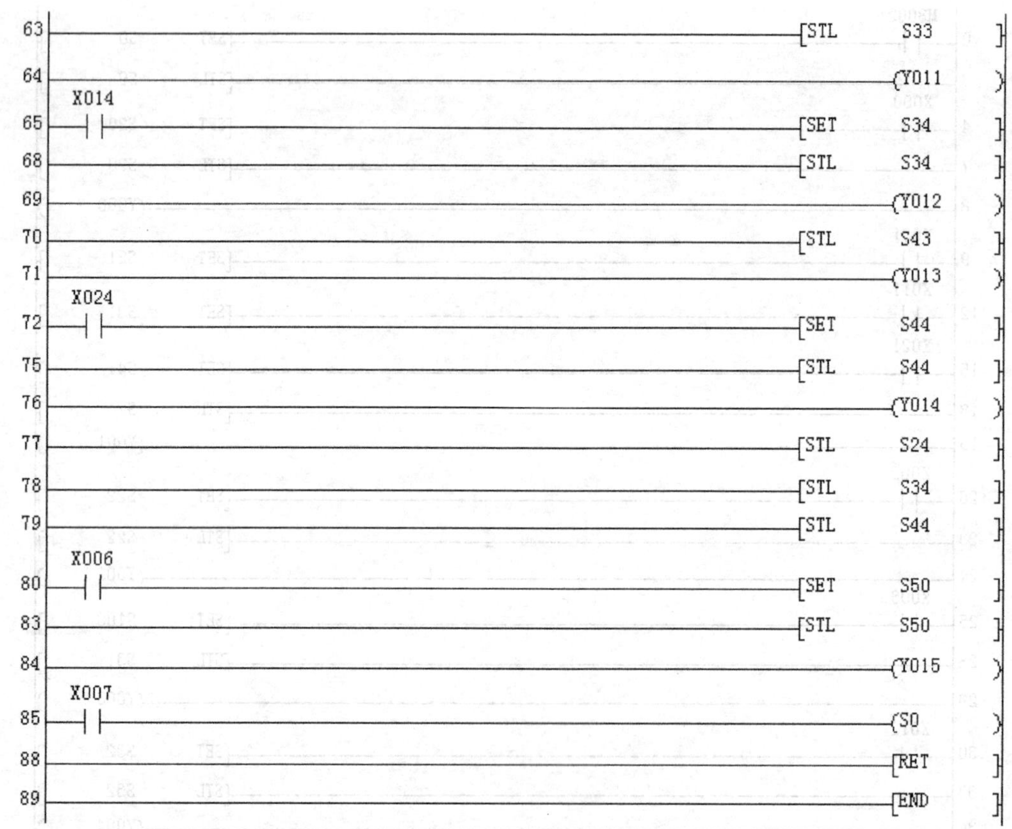

图 4-15　两层分支状态的步进阶梯图（续）

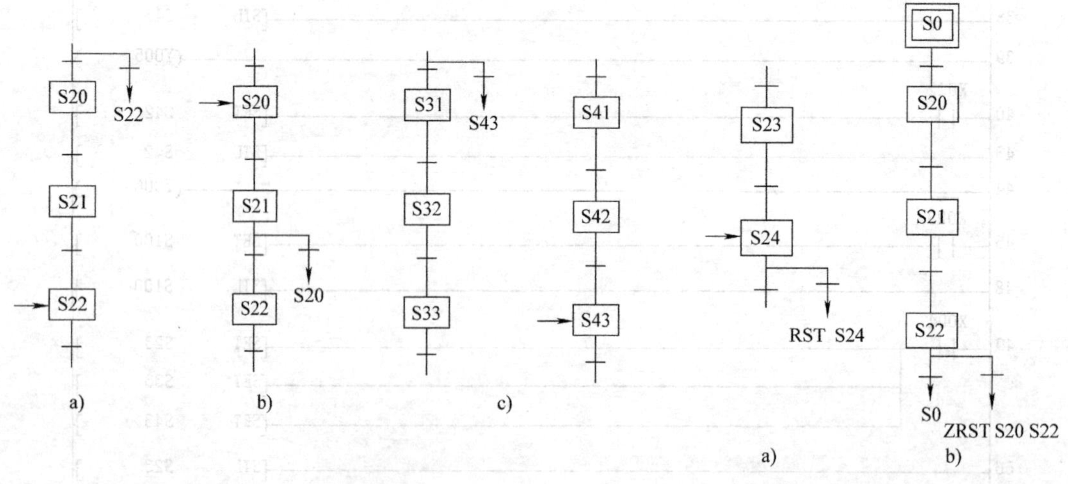

图 4-16　状态间的跳转

a）向下跳转　b）向上跳转　c）向系列外跳转

图 4-17　状态元件的条件复位

4.3.5　利用同一信号进行状态转移

将上升沿检测指令作用于特殊辅助继电器 M2800，则可以利用同一信号高效率地进行状态转移。M2800 的特性是：当 M2800 线圈得电后，能使具备通电条件且离线圈最近的一个触点接通，如图 4-18 所示。

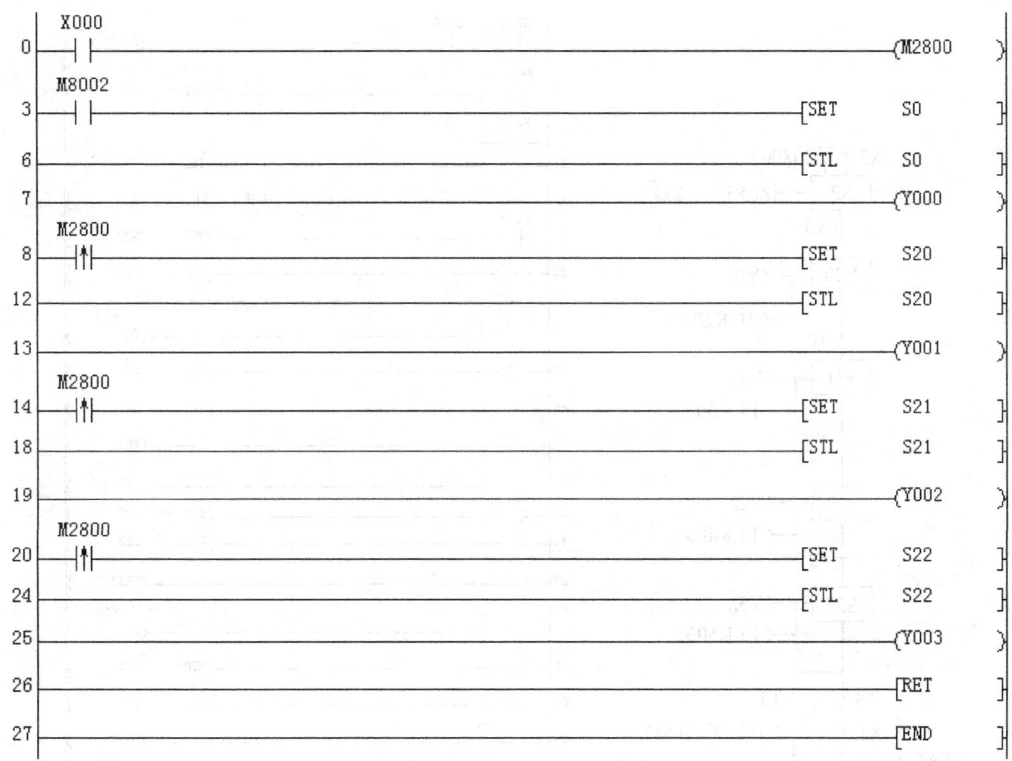

图 4-18　利用同一信号进行状态转移

图 4-18 中，初始脉冲 M8002 使 S0 置 1，Y0 得电。当 X0 第 1 次接通，M2800 线圈得电，第 8 步 M2800 上升沿脉冲使 S20 置 1，Y1 得电。当 X0 第 2 次接通，第 14 步 M2800 上升沿脉冲使 S21 置 1，Y2 得电而 S20 复位，Y1 失电。按此规律，S20，S21，S22，…将顺次置 1，而 Y0，Y1，Y2，…将顺次被驱动。

4.3.6　步进顺控中连续、单周和单步的运行控制

步进顺控中的连续控制是指程序周而复始地循环工作，单周控制是指每执行完一次循环动作后便停止，单步是指每按一次单步执行按钮，程序便执行一步。要完成这种控制，常要用到下列特殊辅助继电器：M8000（RUN 监视），M8040（禁止转移），M8046（STL 有效），M8047（STL 动作）。

图 4-19 为步进顺控中连续、单周和单步的运行控制例子。图中 Y0 、Y1、Y2、Y3 为喷水头的控制线圈。图 a 为流程图；图 b 为步进阶梯图。图中 X0 为起动按钮，X1、X2 为扳把开关。按 X0，当 X1 = OFF，X2 = OFF 时，为连续；当 X1 = ON，X2 = OFF 时，为单周，每周要按 X0；当 X2 = ON 时，为单步，每执行一步，按一次 X0。

如要实现急停，可用急停按钮 X3 与 M8002 并联控制初始给定 S2 的能流，令 S2 驱动 [ZRST S20 S23]，式中 ZRST 是区间复位指令（应用指令，见第 5 章）。当运行到某一时刻，按 X3，S2 置 1，驱动 ZSRT 指令，则使 S20 ~ S23，Y0 ~ Y3 失电，程序停止。

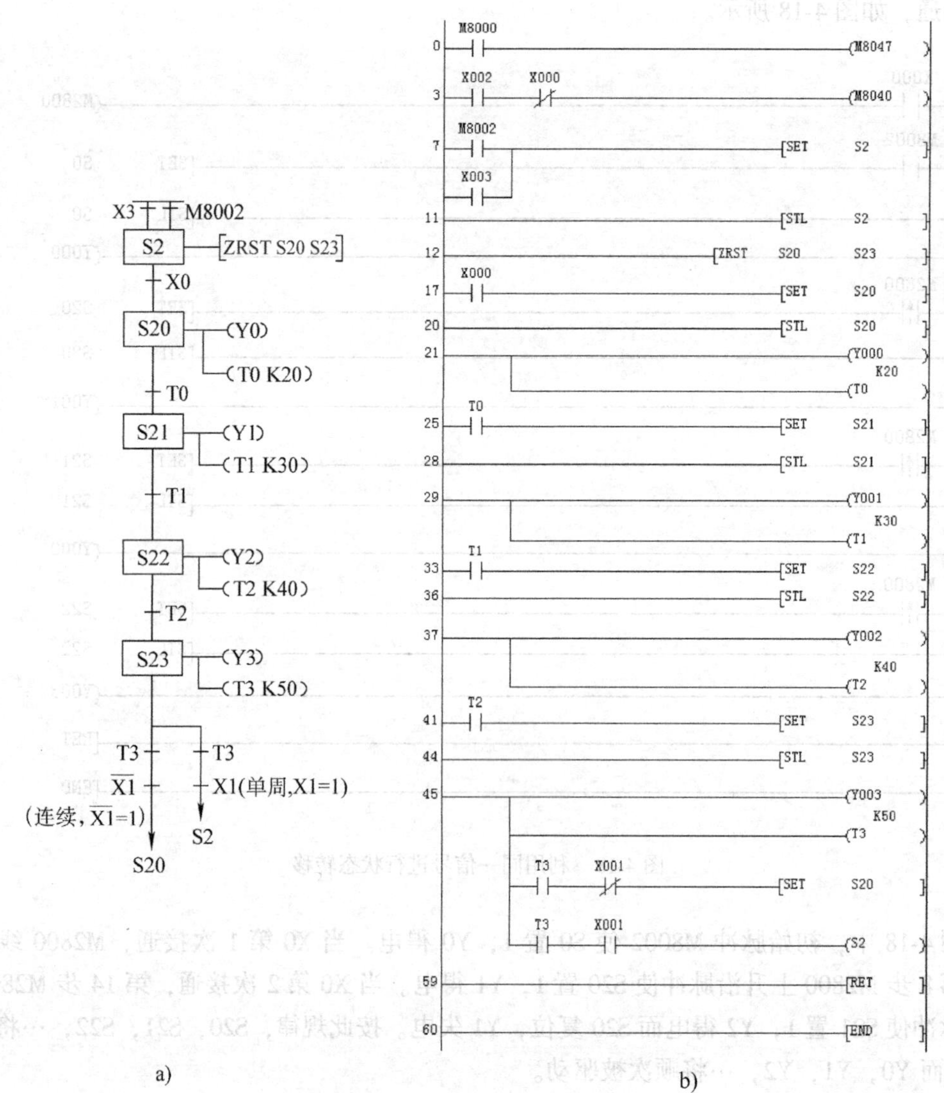

图 4-19 连续、单周和单步的控制
a）流程图 b）步进阶梯图

4.4 编程实例

下面用 4 个例子说明步进顺控的编程。

例 4-3 彩灯工作。要求：①红灯亮 1s，之后红灯灭，绿灯亮 2s，之后绿灯灭，黄灯亮 3s；②之后，三灯全亮，3s 后全灭；③停 1s 后，步骤①、②循环 5 次；④之后红绿灯闪烁，亮 1s、灭 1s；红灯亮时、绿灯灭，红灯灭时、绿灯亮，闪烁 10 次；⑤之后，绿黄灯闪烁，过程与④相同；⑥停 2s 之后，再返回①，循环 5 次。用步进顺控编程。

本例中有三个输出：Y1（红灯）、Y2（绿灯）、Y3（黄灯）。按彩灯工作要求，可得流程图如图 4-20。图中从 S20 至 S24 为第一次循环，用 C0 记录其循环次数。从 S25 至 S26 为第二次循环——红绿灯闪烁。用 C1 记录循环次数。从 S27 至 S28 为第三次循环。

用 C2 记录其循环次数 10 次，大循环 5 次用 C3 记录，以 S29 驱动。当 T9 到达，而 C3 未达 5 次，程序转向到 S20，进行第二次大循环。当 T9 到达，而 C3 达到设定的 5 次，则返回 S0 初态。

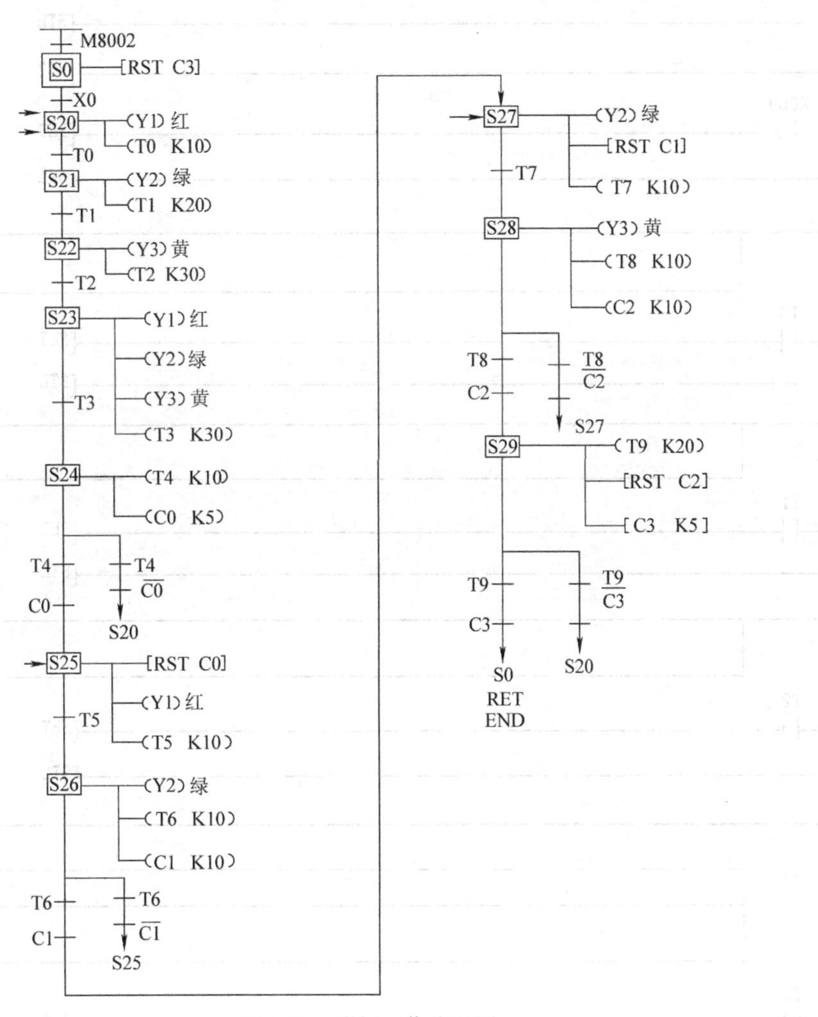

图 4-20　彩灯工作流程图

图 4-21 为其梯形图。

本例为单流程的状态转移，注意定时器和计数器的联合运用以及状态的转移条件和转向条件。

例 4-4　十字路口交通灯的步进控制。

十字路口交通灯的步进控制的示意图和时序图如图 3-26 和 3-27 所示。本题用 SFC 方法来编写，其状态转移图如图 4-22 所示，为 4 列并行性分支状态转移图，由车横道、人横道、车纵道、人纵道等 4 列分支组成。图中 X0 为起动按钮，X2 为停止开关，X5 为急停按钮，其原理为：

PLC 一上电，初始脉冲 M8002 令初态 S0 置 1，使 S20 ~ S60 复位。按 X0，状态同时转移到 S20、S30、S40、S50。

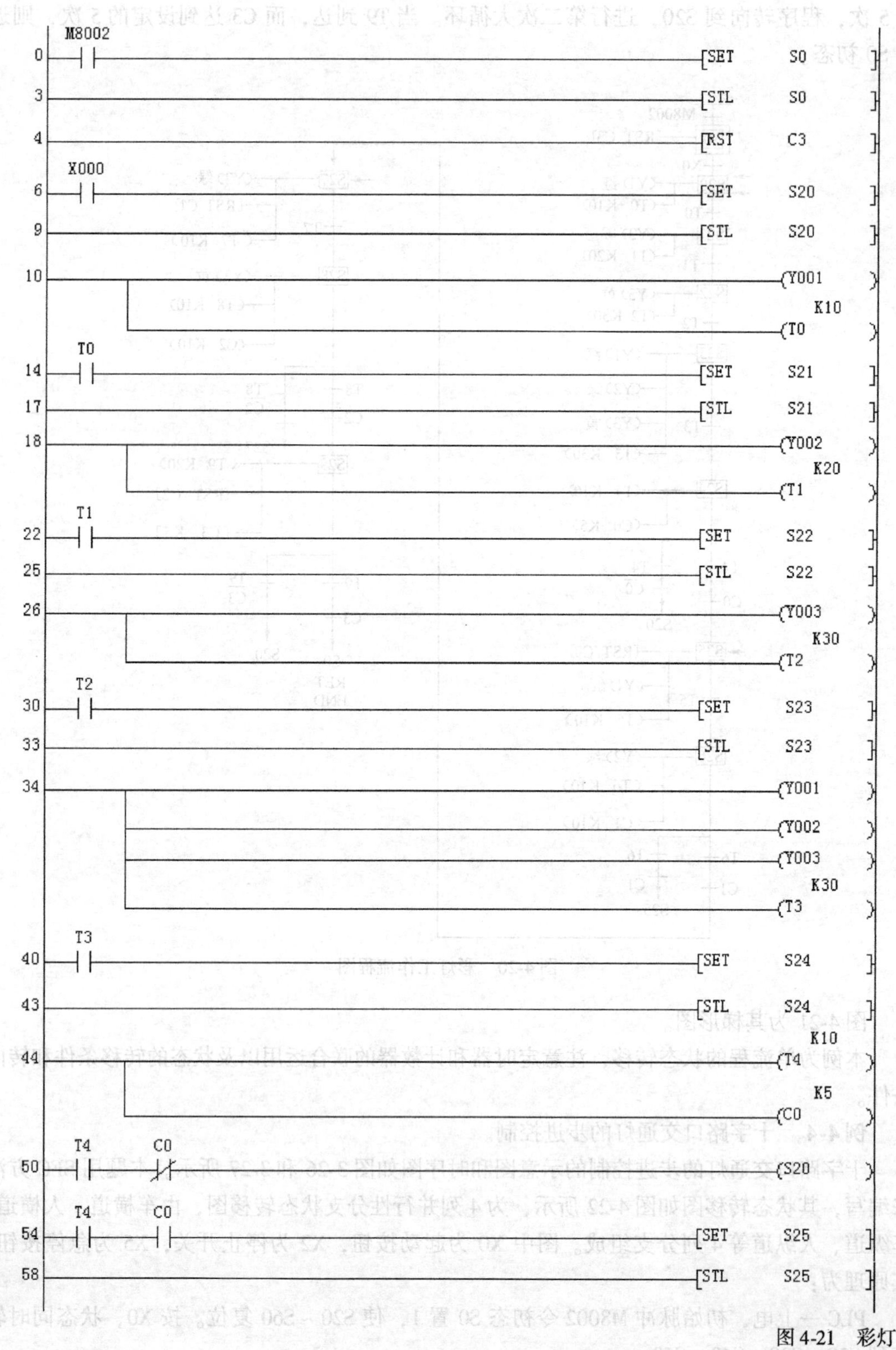
M8002
0
SET S0
3
STL S0
4
RST C3
X000
6
SET S20
9
STL S20
10
Y001
K10
T0
T0
14
SET S21
17
STL S21
18
Y002
K20
T1
T1
22
SET S22
25
STL S22
26
Y003
K30
T2
T2
30
SET S23
33
STL S23
34
Y001
Y002
Y003
K30
T3
T3
40
SET S24
43
STL S24
44
K10
T4
K5
C0
T4 C0
50
S20
T4 C0
54
SET S25
58
STL S25

图4-21 彩灯

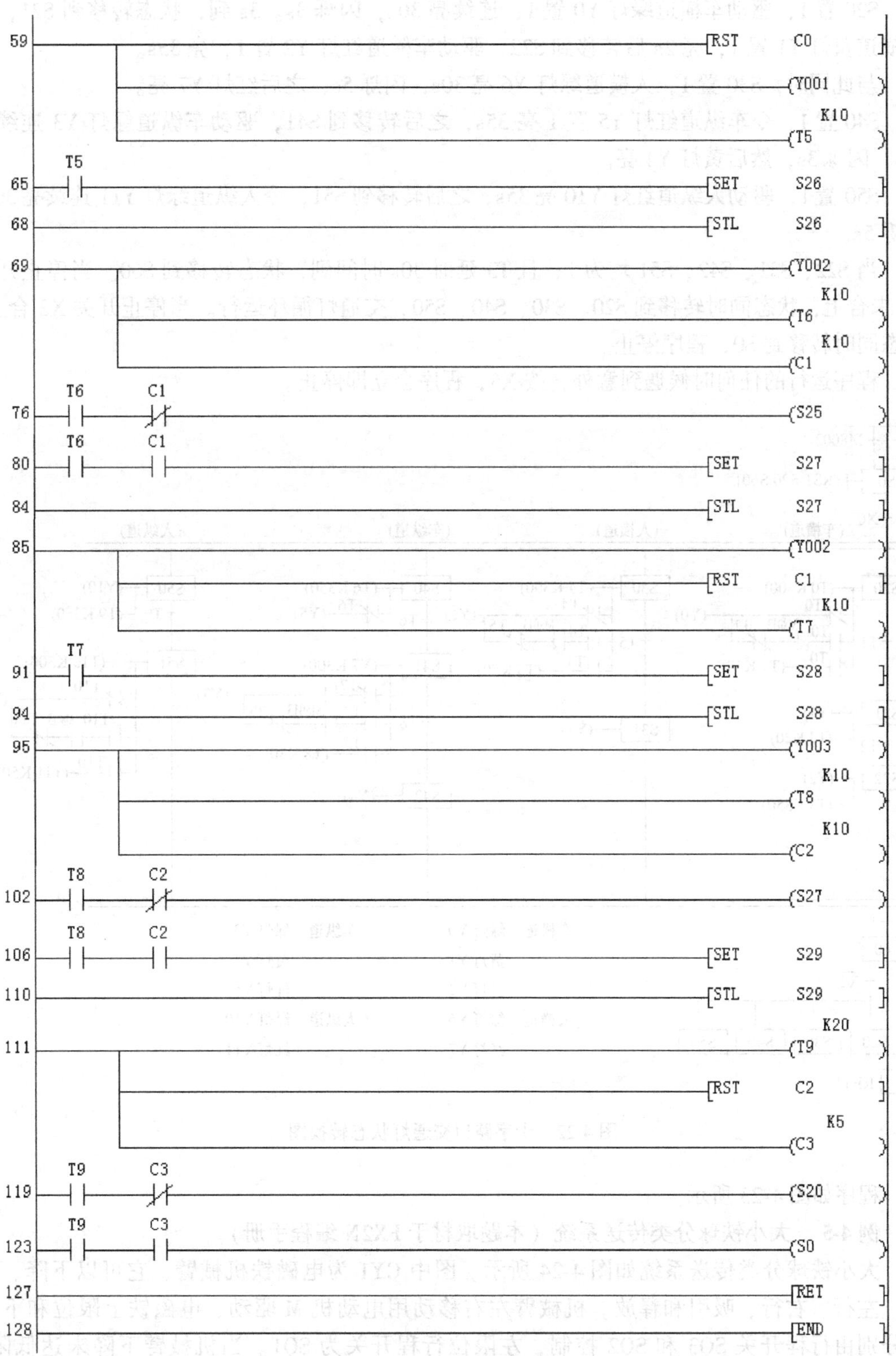

59
RST C0
Y001
K10
T5
T5
65
SET S26
68
STL S26
69
Y002
K10
T6
K10
C1
T6 C1
76
S25
T6 C1
80
SET S27
84
STL S27
85
Y002
RST C1
K10
T7
T7
91
SET S28
94
STL S28
95
Y003
K10
T8
K10
C2
T8 C2
102
S27
T8 C2
106
SET S29
110
STL S29
K20
111
T9
RST C2
K5
C3
T9 C3
119
S20
T9 C3
123
S0
127
RET
128
END

工作步进梯形图

S20 置 1，驱动车横道绿灯 Y0 置 1，连续亮 30s，闪烁 3s。3s 到，状态转移到 S21，令车横道黄灯 Y1 置 1，亮 2s 后转移到 S22，驱动车横道红灯 Y2 置 1，亮 35s。

与此同时，S30 置 1，人横道绿灯 Y6 亮 30s，闪烁 5s，之后红灯 Y7 亮。

S40 置 1，令车纵道红灯 Y5 置 1 亮 35s，之后转移到 S41，驱动车纵道绿灯 Y3 连续亮 30s，闪烁 3s，然后黄灯 Y4 亮。

S50 置 1，驱动人纵道红灯 Y10 亮 35s，之后转移到 S51，令人纵道绿灯 Y11 连续亮 30s，闪烁 5s。

当 S22、S31、S42、S51 均为 1，且 T3 延时 30s 时间到，状态转移到 S60。当停止开关 X2 未合上，状态同时转移到 S20、S30、S40、S50，交通灯循环运行。当停止开关 X2 合上，状态同时转移到 S0，程序停止。

程序运行的任何时候遇到意外，按 X5，程序会立即停止。

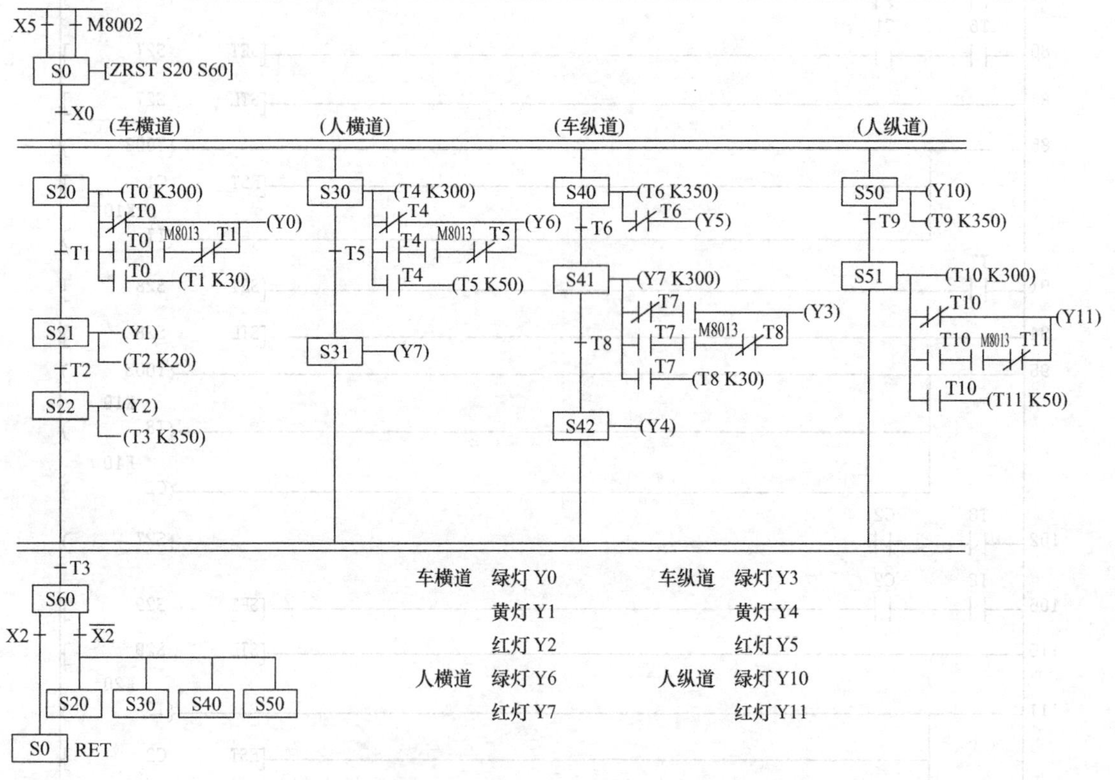

图 4-22　十字路口交通灯状态转换图

程序如图 4-23 所示。

例 4-5　大小铁球分类传送系统（本题取材于 FX2N 编程手册）。

大小铁球分类传送系统如图 4-24 所示。图中 CY1 为电磁铁机械臂，它可以下降、上升、左行、右行、吸引和释放。机械臂左右移动用电动机 M 驱动、电磁铁上限位和下限位分别由行程开关 SQ3 和 SQ2 控制，左限位行程开关为 SQ1。当机械臂下降未达低限，行程开关 SQ2 处于断开位置，吸引大球。当机械臂下降到达低位，SQ2 常开触点闭合，吸引小球。

```
0   M8002
    X005                          [SET  S0]
4                                 [STL  S0]
5                                 [ZRST S20 S60]
    X000                          [SET  S20]
                                  [SET  S30]
                                  [SET  S40]
                                  [SET  S50]
19                                [STL  S20]
20                                (T0 K300)
    T0(NC)                        (Y000)
    T0 M8013 T1(NC)
    T0                            (T1 K30)
    T1                            [SET  S21]
40                                [STL  S21]
41                                (Y001)
                                  (T2 K20)
    T2                            [SET  S22]
48                                [STL  S22]
49                                (Y002)
                                  (T3 K350)
53                                [STL  S30]
54                                (T4 K300)
    T4(NC)                        (Y006)
    T4 M8013 T5(NC)
    T4                            (T5 K50)
    T5                            [SET  S31]
74                                [STL  S31]
75                                (Y007)
76                                [STL  S40]
```

图 4-23　十字路口交通灯步进梯形图

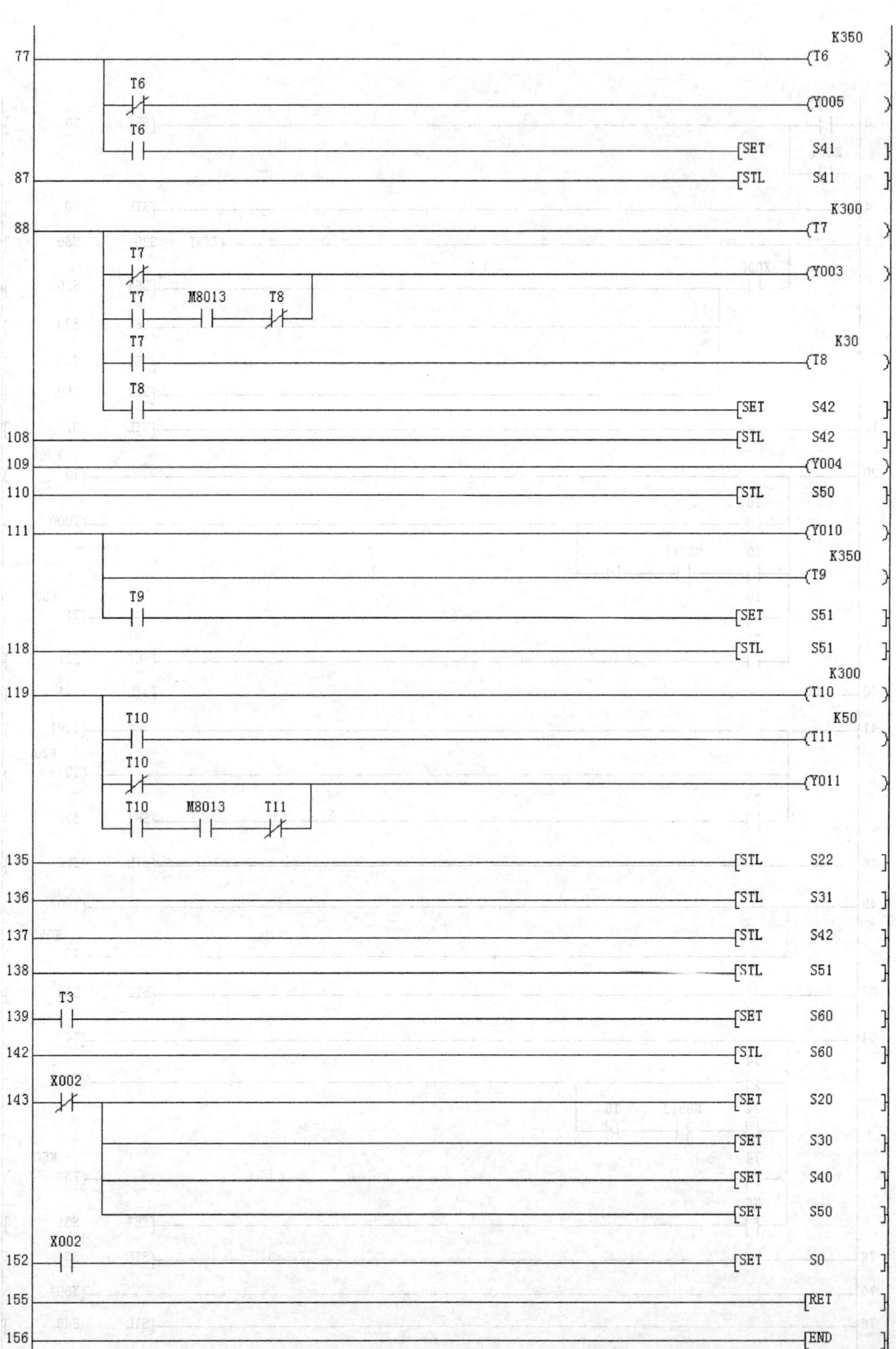

图 4-23　十字路口交通灯步进梯形图（续）

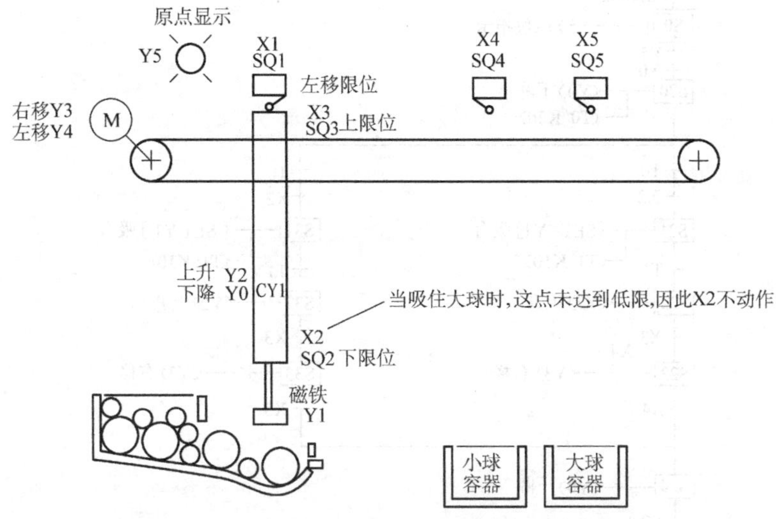

图 4-24　大小铁球分类传送系统

大小铁球分类传送系统的 I/O 分配图如图 4-25 所示。

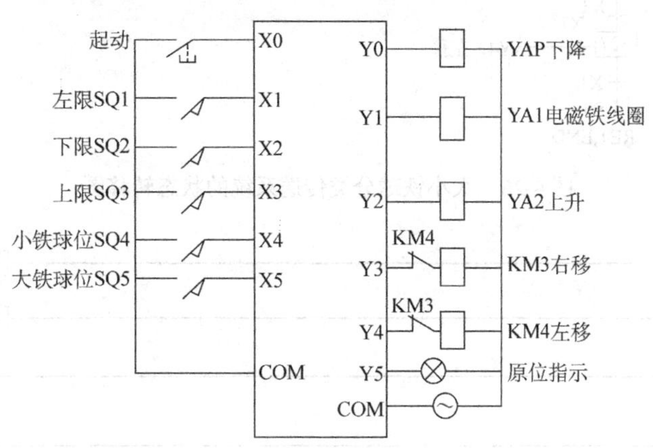

图 4-25　大小铁球分类传送系统的 I/O 分配图

大小铁球分类传送系统的状态转移图如图 4-26 所示。图中采用了选择性分支方式设计。小铁球为一支，大铁球为一支，两支联锁。当 Y0 得电下降，SQ2 受碰击，使 X2 闭合，则吸引小铁球。当 X2 未闭合，而下降计时 T0 时间到，则吸引大铁球。铁球在传送过程中，电磁铁不允许释放，只有待机械臂到达收集铁球容器位置并下降至低位，才允许释放。为此，使用了 SET 和 RST 指令。

图 4-27 为大小铁球分类传送系统的步进梯形图。当机械臂位于原位时，有原位指示（Y5），由于电磁铁的电磁力达到最大或减少到零均需要一定的时间，故在第 22 步和第 65 步，均设置了 1s 的时间，用 T1 和 T2 实现。注意选择性分支电路，在分支时先分后条件，以及在会合时先条件后会合的特点。

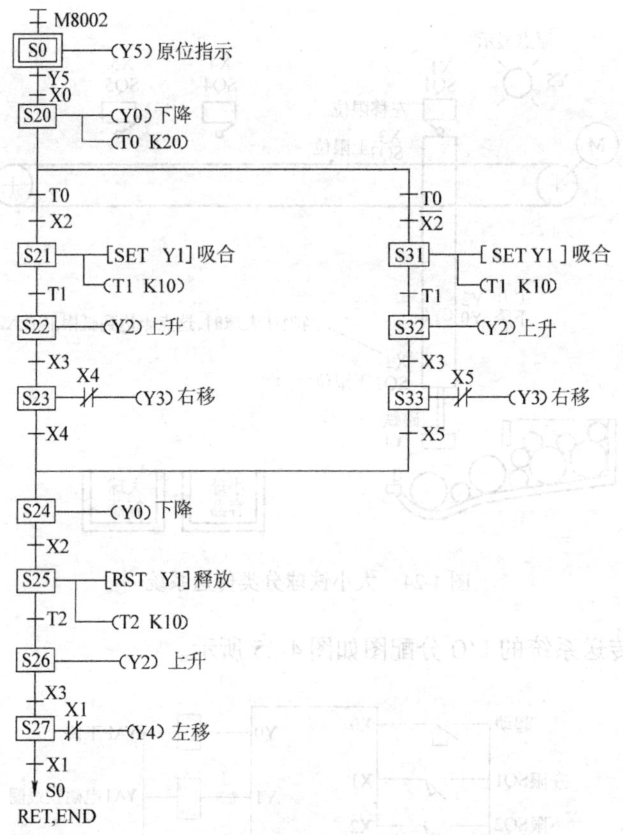

图 4-26 大小铁球分类传送系统的状态转移图

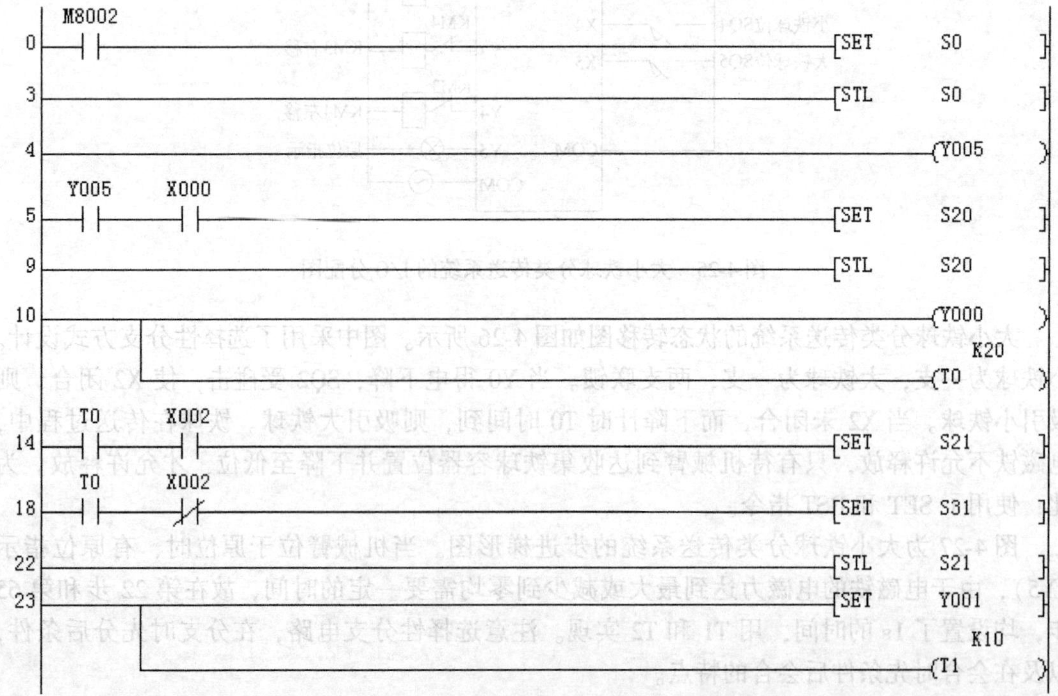

图 4-27 大小铁球分类传送系统的步进梯形图

```
      T1
27 ──┤ ├──────────────────────────[SET    S22 ]
30 ───────────────────────────────[STL    S22 ]
31 ────────────────────────────────(Y002      )
      X003
32 ──┤ ├──────────────────────────[SET    S23 ]
35 ───────────────────────────────[STL    S23 ]
      X004
36 ──┤/├───────────────────────────(Y003      )
      X004
38 ──┤ ├──────────────────────────[SET    S24 ]
41 ───────────────────────────────[STL    S31 ]
42 ──────┬────────────────────────[SET    Y001]
         │                              K10
         └─────────────────────────(T1        )
      T1
46 ──┤ ├──────────────────────────[SET    S32 ]
49 ───────────────────────────────[STL    S32 ]
50 ────────────────────────────────(Y002      )
      X003
51 ──┤ ├──────────────────────────[SET    S33 ]
54 ───────────────────────────────[STL    S33 ]
      X005
55 ──┤/├───────────────────────────(Y003      )
      X005
57 ──┤ ├──────────────────────────[SET    S24 ]
60 ───────────────────────────────[STL    S24 ]
61 ────────────────────────────────(Y000      )
      X002
62 ──┤ ├──────────────────────────[SET    S25 ]
65 ───────────────────────────────[STL    S25 ]
66 ──────┬────────────────────────[RST    Y001]
         │                              K10
         └─────────────────────────(T2        )
      T2
70 ──┤ ├──────────────────────────[SET    S26 ]
73 ───────────────────────────────[STL    S26 ]
74 ────────────────────────────────(Y002      )
      X003
75 ──┤ ├──────────────────────────[SET    S27 ]
78 ───────────────────────────────[STL    S27 ]
      X001
79 ──┤/├───────────────────────────(Y004      )
      X001
81 ──┤ ├───────────────────────────(S0        )
84 ───────────────────────────────────[RET    ]
85 ───────────────────────────────────[END    ]
```

图 4-27　大小铁球分类传送系统的步进梯形图（续）

例 4-6 用步进梯形图的方法编写实现广告牌字体闪光控制，分别用 Y0、Y1、Y2、Y3、Y4、Y5 控制灯光，使“欢迎你好朋友”6 个字明亮闪烁，控制流程见表 4-2。表中“+”为得电，空白为不得电。

表 4-2 控制流程

步序	1s	1s	1s	1s	1s	1s	1s	1s	1s	1s	1s
Y0	+						+	+		+	
Y1		+					+	+		+	
Y2			+				+	+		+	
Y3				+			+	+		+	
Y4					+		+	+		+	
Y5						+	+	+		+	

图 4-28 为例 4-6 的步进梯形图。当 PLC 上电后，初始脉冲使 S0 置 1，按起动按钮 X0，状态转移到 S20，使 Y0 得电，延时 1s 后，使 S21 置位，之后，顺次使 Y1、Y2、Y3、Y4、Y5 得电 1s。当运行到第 55 步以及第 79 步时，使 Y0 ~ Y5 同时得电。为了节省程序步，使用了数据传送指令 MOV，将十进制数 K63 送 K2Y0（即将 63 送到 Y7 ~ Y0 共 8 个软元件中），使 Y0 ~ Y5 得电。MOV 指令的意义和用法见第 5 章。

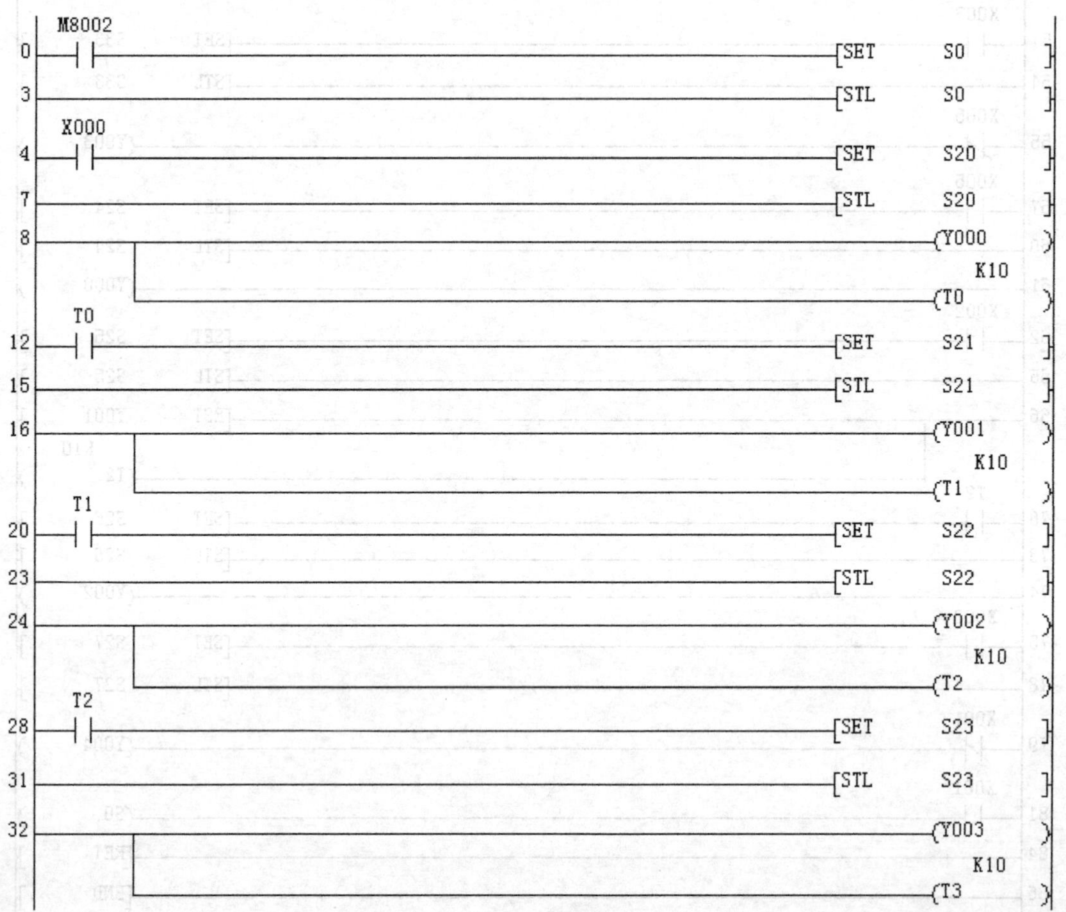

图 4-28 闪光控制的步进梯形图

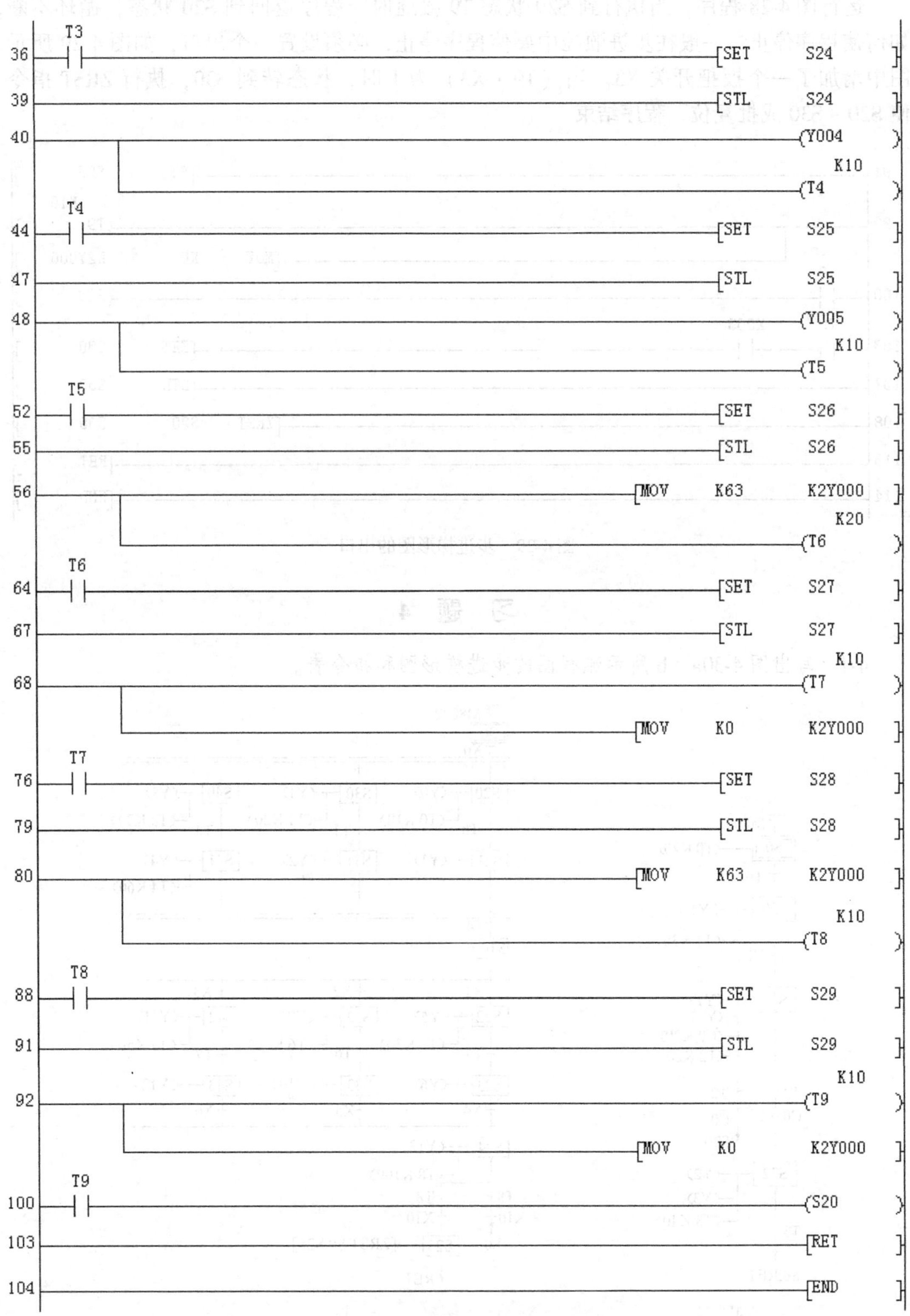

图 4-28　闪光控制的步进梯形图（续）

运行图 4-28 程序，当执行到 S29 状态 T9 接通时，程序返回到 S20 状态，循环不断。如何使程序停止？一般在步进顺控中要使程序停止，必须设置一个出口，如图 4-29 所示。图中增加了一个扳把开关 X3。当（T9 · X3）为 1 时，状态转到 S30，执行 ZRST 指令，使 S20 ~ S30 成批复位，程序结束。

图 4-29 步进梯形图的出口

习 题 4

4-1 写出图 4-30a、b 所示流程图的步进梯形图和指令表。

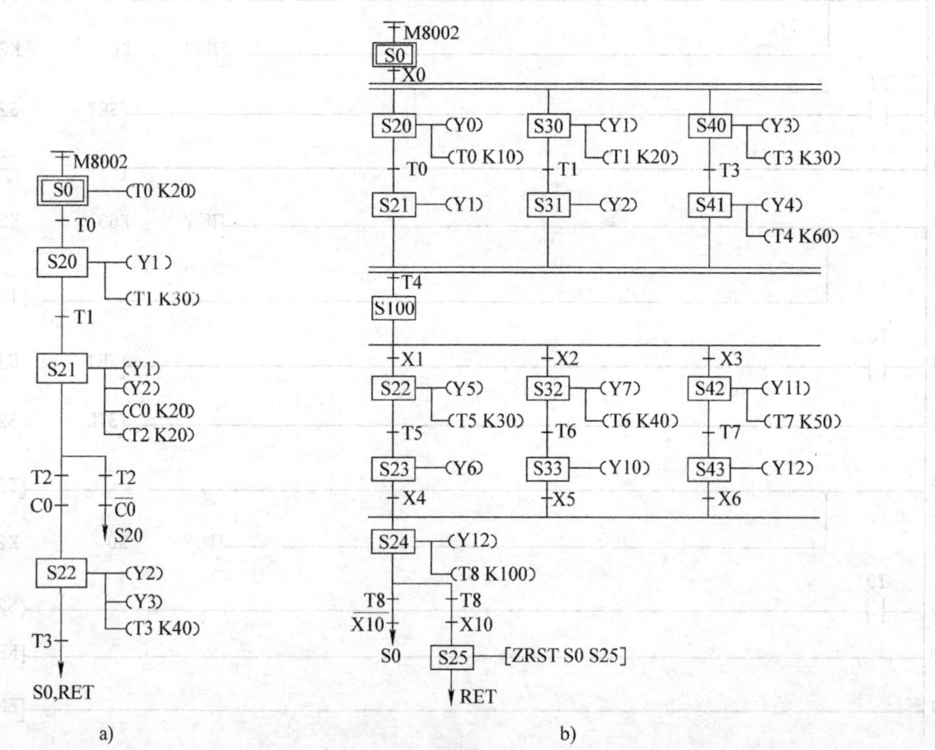

图 4-30

4-2　某液压滑台的工作循环和电磁阀动作情况如图 4-31 所示。试编写 PLC 程序，要求：有起动、停止控制，有原位指示；工作台返回原位后，再按起动按钮，又能再做循环；画出 I/O 分配图、步进梯形图，写出指令表。

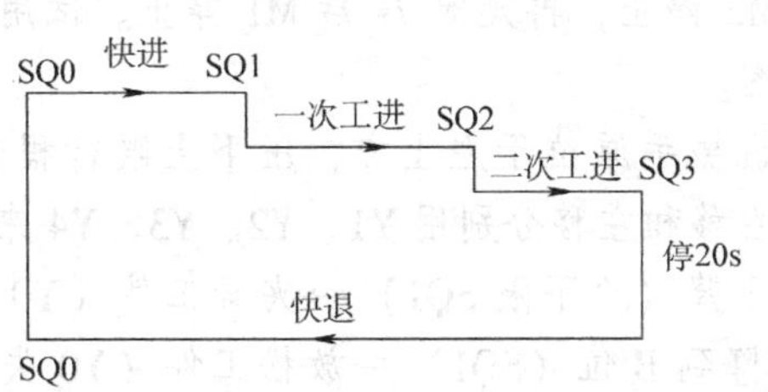

	YA1	YA2	YA3	YA4
快进	+	−	+	−
一次工进	+	−	−	−
二次工进	+	−	−	+
快退	−	+	−	−
停止	−	−	−	−

图　4-31

4-3　液压纵横油缸进给加工系统，工作过程由纵向快进、纵向工进、横向快进、横向工进、横向快退、纵向快退 6 个动作组成，其工作循环和电磁阀动作情况如图 4-32 所示。试编制步进顺控程序，画出流程图、I/O 分配图、步进梯形图，写出指令表。

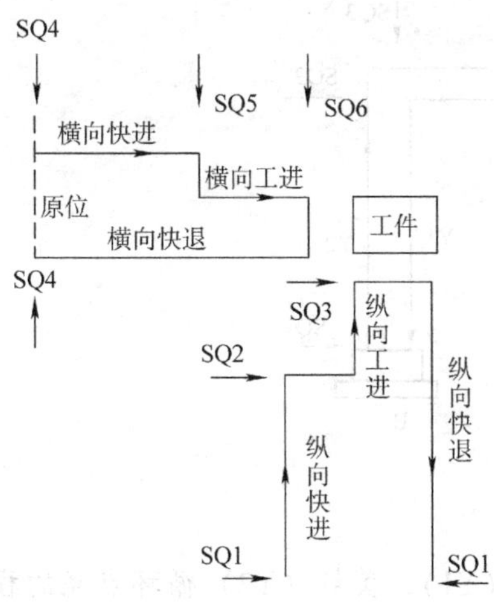

	YV1	YV2	YV3	YV4	YV5	YV6	转换主令
原 位	−	−	−	−	−	−	
纵向快进	+	−	−	−	−	−	SB1
纵向工进	+	−	+	−	−	−	SQ2
横向快进	+	−	+	+	−	−	SQ3
横向工进	+	−	+	+	−	+	SQ5
横向快退	+	−	+	−	+	−	SQ6
纵向快退	−	+	−	−	−	−	SQ4
复 位	−	−	−	−	−	−	SQ1

图　4-32

4-4　图 4-33 为舞台彩灯布置示意图，拱门 1、2 分别有 3 列彩灯，台阶有 4 列彩灯。要求：①拱门灯由外向内依次亮，间隔 5s；之后全部亮；1s 后由内向外熄灭，间隔 5s；之后全部熄灭，1s 后重复。②台阶彩灯顺次由 7→8→9→10 亮，间隔 5s，之后全部亮，1s 之后，顺次由 10→9→8→7 熄灭，间隔 5s，全部熄灭 1s 后，再重复。试用步进顺控方法编程，画出流程图、I/O 分配图、步进梯形图，写出指令表。

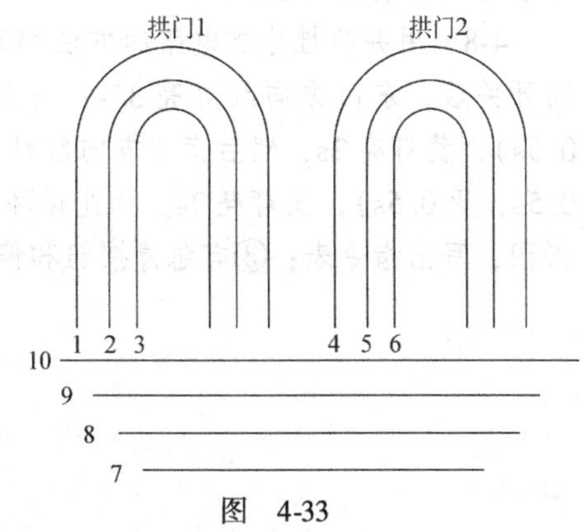

图　4-33

4-5　4 台电动机 M1、M2、M3、M4 顺序起动，反顺序停止，起动时 M1→M2→M3→M4，间隔 3s、4s、5s；停止时 M4→M3→M2→M1，间隔 5s、6s、

7s。要求：①有起动按钮、停止按钮。②起动时有故障要停机。如果某台电动机有故障，按停止按钮，这台电动机要立即停机；已起动的，延时停机。③工作时有故障要停机。如果某台电动机有故障，则这台电动机及前方的电动机要立即停，其余的延时顺序停。例如M3有故障，则M3、M4要立即停止。延时6s后M2停止，再延时7s后M1停止。试用步进顺控方法编程，要有流程图、I/O分配图和梯形图。

4-6　机械手动作控制如图4-34所示。机械手原位于左上方，压下上限行程开关SQ2、左限行程开关SQ4，机械手的下降、上升、右移和左移分别用Y1、Y2、Y3、Y4来控制电磁阀实现。机械手的工作循环为：原位起动→下降（至下限SQ1）→夹紧工件（Y0得电）→上升（至上限SQ2）→右移（至SQ3）→下降到B位（SQ1）→放松工件（Y0失电）→上升（至SQ2）→左移（至SQ4）。要求：①有原位指示，能实现点动和自动循环两种工作方式；②能实现点动、自动循环、单周和步进4种工作状态；③为确保安全，只有确认B位置无工件时，机械手才能下降，用光电检测。试用步进顺控方法编写自动循环工作部分，画出I/O分配图、步进梯形图，写出指令表。

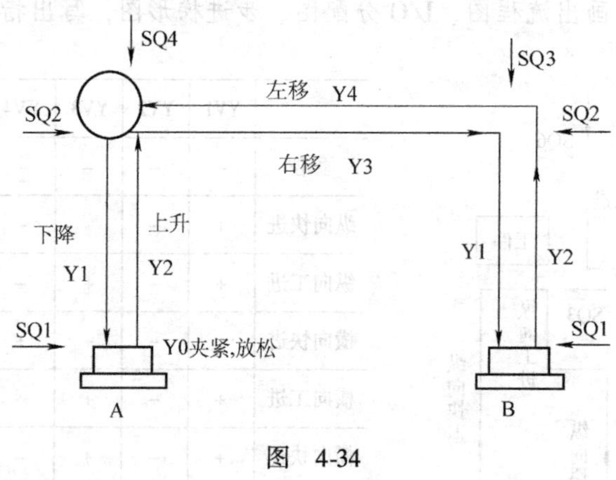

图　4-34

4-7　用步进顺序控制指令编写红灯（Y0）、绿灯（Y1）、黄灯（Y2）循环点亮的程序。启动→Y0，亮1s→Y1，亮1s→Y2，亮1s→Y0，Y1亮2s→Y1，Y2亮2s→Y0，Y1，Y2亮3s→停1s→Y0，亮1s→…

要求：①有启动按钮（X0），画出流程图，写出梯形图；②运行过程中，合上停止开关X1，循环能自动停止。

4-8　用并行性分支电路的方法编写十字路口车道信号灯控制程序。控制要求是：按起动开关后，东西方向红灯亮35s；与此同时，南北方向绿灯亮30s，闪烁3s（亮0.5s，灭0.5s），黄灯亮2s，然后南北方向红灯亮35s；与此同时，东西方向绿灯亮30s，闪烁3s（亮0.5s，灭0.5s），黄灯亮2s。如此循环。编程要求：①画出时序图、状态流程图；②画出梯形图，写出指令表；③有急停按钮和停止开关。

第5章
应 用 指 令

PLC技术发展的早期，PLC多用于顺序控制，利用软继电器、定时器、计数器的集合取代继电接触器控制系统。在后来的发展中，人们希望加强PLC的技术应用。从20世纪80年代以后，小型PLC也加入一些功能指令（或称应用指令）。这些指令实际上是一些功能不尽相同的子程序。有了这些应用指令，PLC的使用范围更为广泛。

一般来说，FX系列应用指令可分为程序流程控制指令、数据传送和比较指令、算术与逻辑运算指令、移位和循环指令、数据处理指令、方便指令、外部输入输出处理和通信指令等。

FX系列的应用指令冠以FNC符号。例如，FX2N系列PLC的应用指令编号为FNC00～FNC246，FX3U、FX3G的应用指令编号为FNC00～FNC295，见附录A。

本章以FX2N、FX3U系列PLC为例，介绍一些应用较为广泛的应用指令。

5.1 应用指令概述

应用指令由指令助记符、功能号、操作数等组成。在简易编程器中输入应用指令时，是以功能号输入的，在编程软件中是以指令助记符输入的。应用指令的一般形式如图5-1所示。

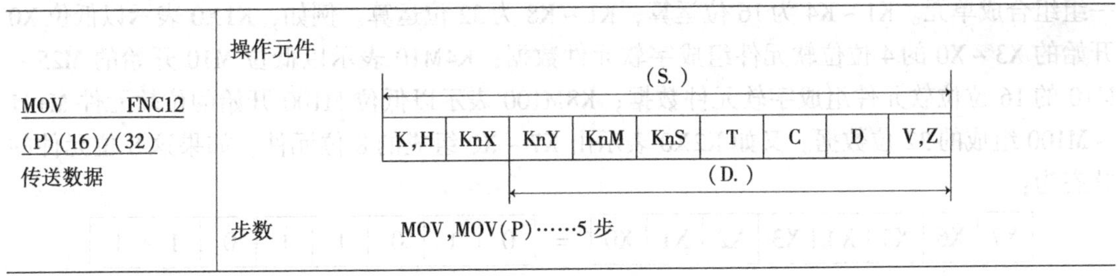

图5-1 应用指令的一般形式

MOV—指令助记符　　FNC12—功能号

(P)—脉冲执行功能　　(16)—只能做16位操作

(16/32)—16或32位操作

说明如下：

1. 助记符和功能号

如图5-1所示，指令助记符MOV（传送数据）的功能号为FNC12。每一助记符表示一种应用指令，每一指令都有对应的功能号。

2. 操作元件（或称操作数）

有些应用指令只有助记符，但大多数应用指令在助记符之后还带有1～5个操作元件。它的组成部分有：

1）源操作元件（S.），有时源不止一个，例如有（S1.）、（S2.），S后面有“.”，表示可使用变址功能。

2）目标操作元件（D.），如果不止一个目标操作元件时，用（D1.）、（D2.）表示。

3）K、H 为常数，K 表示十进制数，H 表示十六进制数。E 为实数。对 FX3U 机型大多数应用指令都可以使用实数 E。但实数 E 不适用于 FX2N 机型。

4）功能助记符后有符号 P 的，如 MOVP，表示具有脉冲执行功能。脉冲执行功能是指允许相应指令被控制输入触点的上升沿所驱动。该指令在一个扫描周期内执行。

5）应用指令助记符前有符号 D 的，如 DMOV，表示处理 32 位数据；而不标 D 的，只处理 16 位数据。具体说明参见图 5-2。

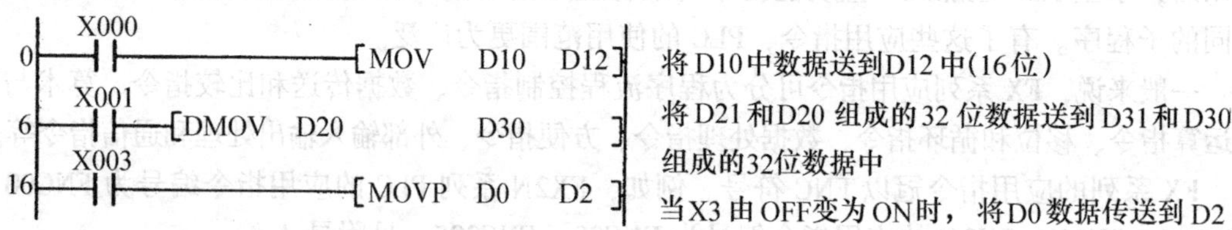

图 5-2　MOV 与 DMOV 的区别

6）在本章以后的叙述中，用 MOV（P）表示既可执行 MOV，又可执行 MOVP 指令；用 DMOV（P）表示既可执行 DMOV，又可执行 DMOVP 指令。

3. 位软元件和字软元件

只有 ON/OFF 状态的元件，称为位软元件，如 X、Y、M、S 等；其他可处理数字数据的元件，如 T、C、D、V、Z 等，称为字软元件。

但位软元件由 Kn 加首位位软元件号的组合，也可以组成字软元件。位软元件以 4 位为一组组合成单元。K1 ~ K4 为 16 位运算，K1 ~ K8 为 32 位运算。例如，K1X0 表示以低位 X0 开始的 X3 ~ X0 的 4 位位软元件组成字软元件数据；K4M10 表示以低位 M10 开始的 M25 ~ M10 的 16 位位软元件组成字软元件数据；K8M100 表示以低位 M100 开始的位软元件 M131 ~ M100 组成的 32 位数据。又如 K2X0 表示由 X7 ~ X0 组成的 8 位元件，如果这 8 位元件的状态为：

X7	X6	X5	X4	X3	X2	X1	X0	=	0	1	0	1	1	0	1	1

则其数值为十进制的 91。

5.2　程序流程控制指令（FNC00 ~ FNC09）

程序流程控制指令包含程序的条件跳转、中断、调用子程序、循环等。

5.2.1　条件跳转（CJ）

条件跳转指令的助记符及功能见表 5-1，使用格式如图 5-3 所示。

表 5-1　条件跳转指令

助记符	功　能	操 作 数	程 序 步 数
CJ （FNC00）	条件满足，跳到 P 指针所指示的程序行	指针 P0 ~ P63（FX0N） 指针 P0 ~ P127（FX2N、FX1N） 指针 P0 ~ P2047（FX3U、FX3G）	CJ(P)，3 步 P 指针，1 步

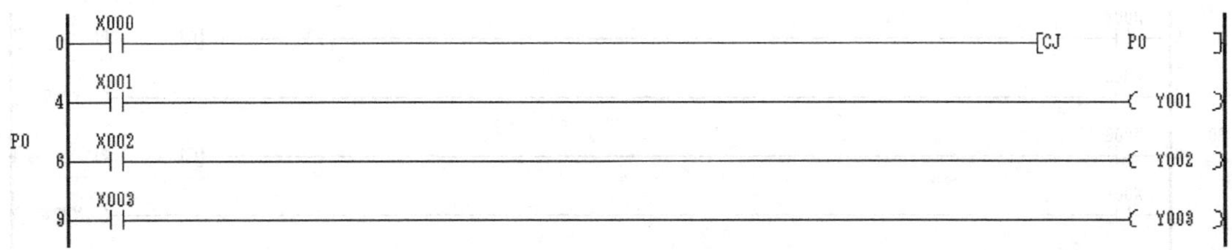

图 5-3　条件跳转指令的格式

说明：

1）如图 5-3 所示，当 X0 接通，程序跳转到 P0 所指的程序行执行。当 X0 断开，程序不跳转，顺序执行。

2）可允许多个 CJ 指令使用相同的指针，如图 5-4 所示。当 X0 或 X2 接通，均可跳到 P0 所指的程序行。

```
    0   X000  [CJ P0]
    4   X001  (Y001)
    6   X002  [CJ P0]
    10  X003  (Y002)
P0  12  X004  (Y003)
    15  X005  [CJ P1]
    19  X006  (Y004)
P1  21  X007  (Y005)
```

图 5-4　程序多次跳转

3）程序可以多次跳转，如图 5-4 所示。多次跳转时，指针的排列一般为从小到大。

4）程序跳转之后，对不被执行的指令，即使输入元件的状态发生改变，输出元件的状态也维持不变。例如图 5-4 中，接通 X0，程序跳到 P0 处执行，即使 X1 闭合，Y1 也不被驱动，保持原状态不发生相应的变化。对 M、S 等元件也一样。对 T、C，如果跳转时定时器或计数器正发生动作，则立即中断其定时或计数，直到跳转结束后继续执行定时或计数。但对正在动作的 T63 或高速计数器，不管有无跳转，仍旧连续工作。

条件跳转指令常用在选择性地执行程序等情况，如手动程序与自动程序的选择，以及初始化程序与工作程序的选择等。图 5-5 为两种工作程序的选择。当 X6 接通，执行 CJ 指令，程序跳转到 P0 所指的程序步。由于$\overline{X6}=0$，不跳转到 P1，而直接执行第 11 步；当 X2 接通，Y2 得电，程序结束。当X6断开，不执行第 0 步的 CJ 指令，直接执行第 4 步，当 X0 接通，Y0 得电。由于此时$\overline{X6}=1$，执行第 6 步的 CJ 指令，程序跳转到 P1 所指的程序步，程序结束。

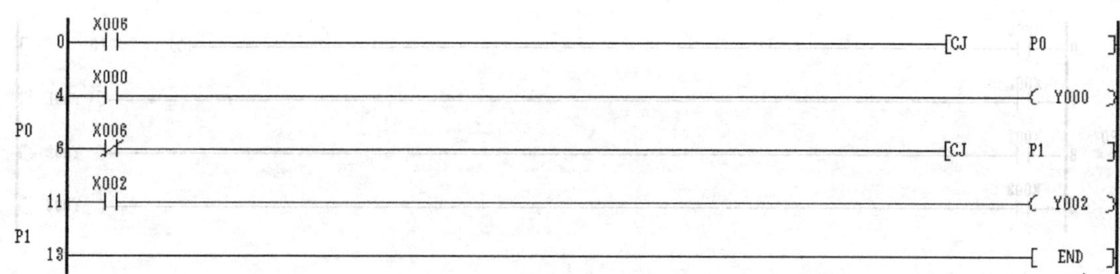

图 5-5 两种工作程序的选择

5.2.2 调用子程序和子程序返回（CALL，SRET，FEND）

调用子程序指令的助记符与功能见表 5-2，使用格式如图 5-6 所示。

表 5-2 调用子程序指令

助记符	功 能	操 作 数	程序步数
CALL（FNC01）	调用子程序	指针 P0～P127，P0～P2047	CALL(P)，3 步；P 指针，1 步
SRET（FNC02）	从子程序返回到 CALL 的下一步		SRET(P)，1 步
FEND（FNC06）	主程序结束		FEND，1 步

图 5-6 调用子程序

说明：

1）当 X1 接通，CALL 指令被驱动，程序转移到指针 P1 所指的程序步执行，一直到子程序返回指令 SRET，然后立即返回到调用子程序 CALL 指令的下一指令，再继续执行主程序。

2）CALL 指令的 P 指针以及子程序必须放在主程序结束指令 FEND 之后。

3）可以多次调用子程序，子程序可嵌套，嵌套层数不能大于 5 层，每个子程序都必须以 SRET 结束。

4）CALL 的操作数与 CJ 的操作数不能用同一标号，但不同嵌套的 CALL 指令可调用同一标号的子程序。

5）在子程序中使用的定时器范围规定为 T192～T199 和 T246～T249。

例 5-1 报警电路。要求起动之后，灯闪，亮 0.5s，灭 0.5s，蜂鸣器响。灯闪烁 30 次之后，灯灭，蜂鸣器停，间歇 5s。如此进行三次，自动熄灭。试用调用子程序方法编写。

编写时，将重复的动作，即灯闪、蜂鸣器响作为子程序，放在 FEND 之后，而调用子程序 CALL 放在主程序之中。例 5-1 的梯形图如图 5-7 所示。

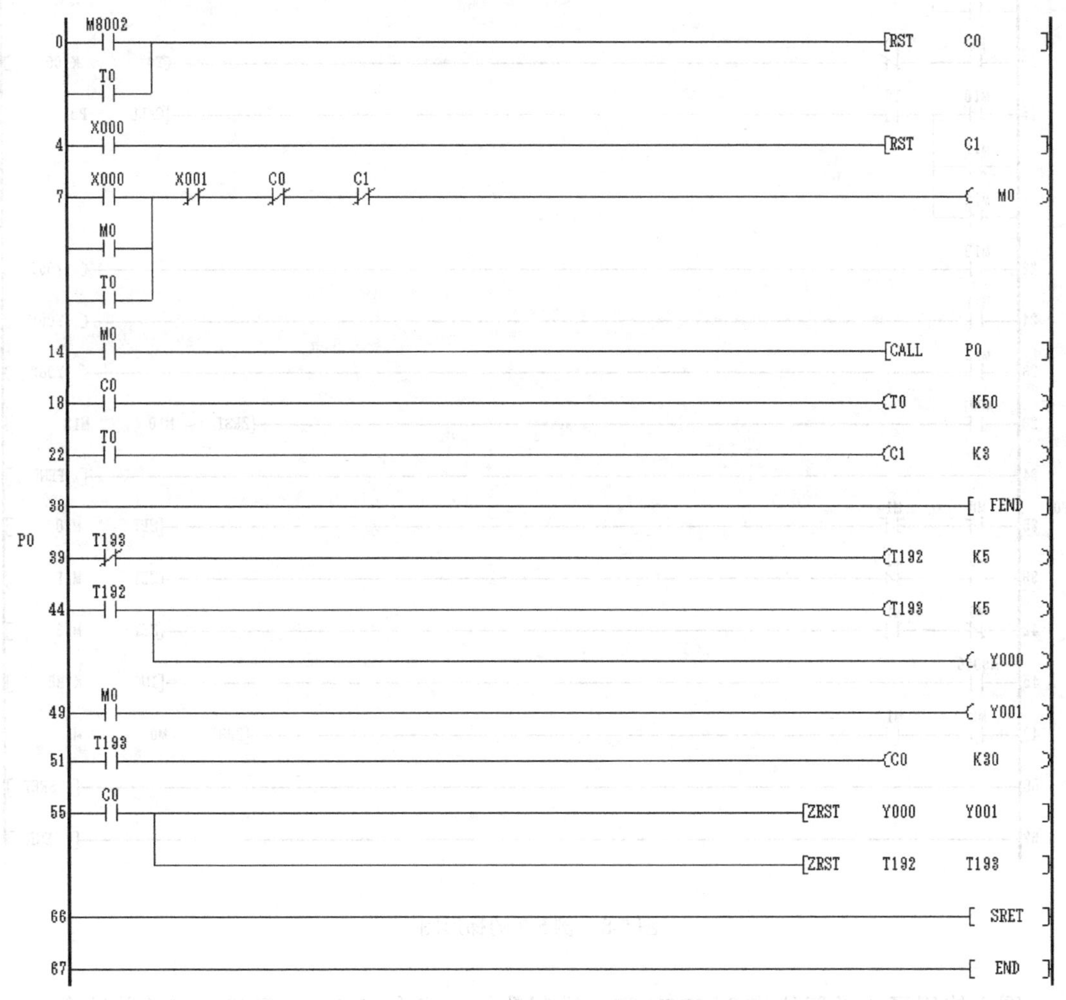

图 5-7 例 5-1 的梯形图

图中 Y0 为灯，Y1 为蜂鸣器。第 0～38 步为主程序，第 39～66 步为子程序。主程序中，M0 是调用子程序的控制触点，每次接通 M0，调用子程序一次，本题共调用三次。注意：在子程序中，使用了 T192、T193 定时器。这种定时器在执行线圈指令时或执行 END 指令时计时。如果计时达到设定值，则执行线圈指令或 END 指令，输出触点动作。因此，当子程序执行到 SRET 返回到第 18 步执行之后，Y0、Y1 仍为 ON，不停止。为此，设置了成批复位指令 ZRST 或 REF（输入输出刷新）指令，使 Y0、Y1 失电之后再返回第 18 步执行。

例 5-2 试用调用子程序的方法编写三台电动机 Y0、Y1、Y2 每隔 10s 顺序起动的控制程序。

梯形图如图 5-8 所示。

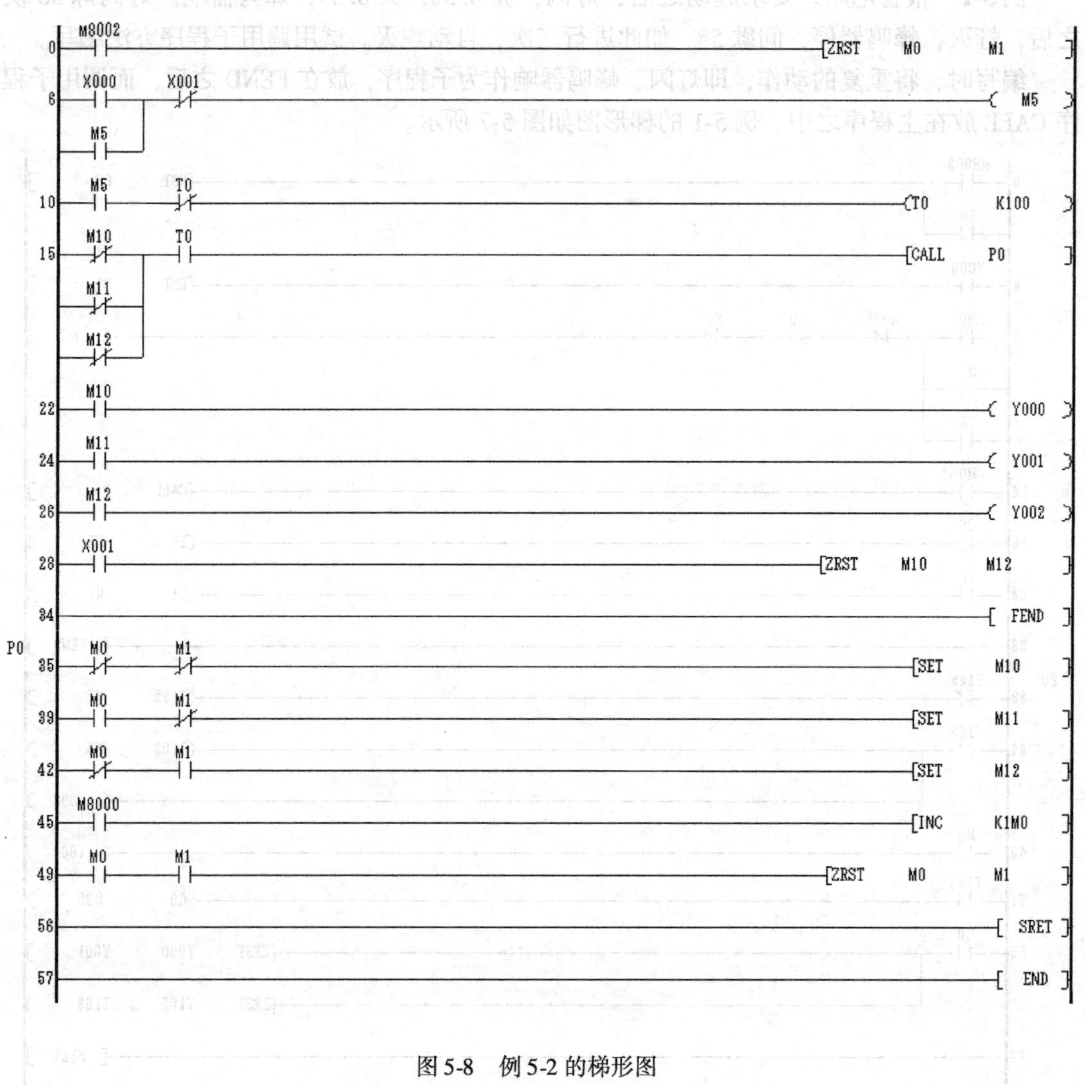

图 5-8 例 5-2 的梯形图

图中使用了成批复位指令 ZRST 和二进制数加 1 指令 INC。一开机，初始脉冲令 M0、M1 复位。按起动按钮 X0，M5 得电，驱动 10s 定时间隔定时器 T0，每当 T0 触点闭合一次，调用子程序一次。第一次调用子程序，由于$\overline{M0}=\overline{M1}=1$，故 M10 置 1，令 Y0 得电。之后执行 INC 指令，K1M0 加 1，即 M0 = 1。第二次调用子程序，由于 M0 = $\overline{M1}$ = 1，故 M11 置 1，令 Y1 得电。之后执行 INC 指令，K1M0 又加 1，即 M1 = 1。第三次调用子程序，由于$\overline{M0}$ = 1，M1 = 1，故 M12 置 1，令 Y2 得电。之后执行 INC 指令，K1M0 又加 1，即 M1 = 1，M0 = 1，使 M0、M1 复位。于是 Y0、Y1、Y2 每隔 10s 顺序起动。

5.2.3 中断（IRET，EI，DI）

1. 中断指令的助记符与功能

中断指令的助记符与功能见表 5-3。

表 5-3 中 断 指 令

助记符	功 能	操作数	程序步数
IRET(FNC03)	从中断子程序返回,自动返回到被中断执行的指令	无	IRET,1 步
EI (FNC04)	允许中断,允许响应 EI 指令、DI 指令或 FEND 指令之间未被屏蔽的中断输入信号	无	EI,1 步
DI (FNC05)	禁中断,DI 指令或 EI 指令之间的中断输入信号被存储到下一 EI 指令才会被执行	无	DI,1 步
中断指针 I	中断子程序入口,对应各中断输入的三位数字代码	无	I 指针,1 步

2. 中断的意义和方式

中断是在主程序的执行中使程序中断而去执行中断程序的一种工作方式。它分为输入中断、定时器中断和计数器中断三种方式。

(1) 输入中断　输入中断是中断信号由输入端子送入而进入中断程序的工作方式。中断指针 I 为中断程序入口，中断指针 I 如图 5-9 所示。

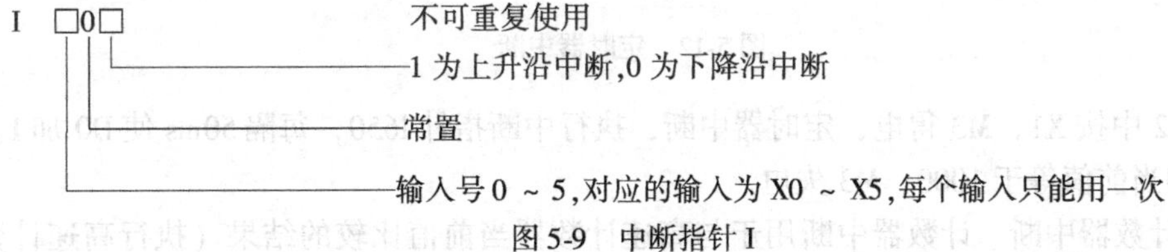

图 5-9　中断指针 I

中断程序由中断指针开始，到中断返回指令 IRET 结束。例如，中断指针 I101 的意义为：当程序执行到 X1 时，转到中断指针 I101 的程序行执行，一直到 IRET 为止，之后返回主程序。中断程序编写在主程序结束之后，如图 5-10 所示。

图 5-10　中断指令

图中一开始为允许中断。当 X1 从 OFF→ON 且保持 ON，程序跳到指针 I101 处执行中断程序，即执行第 13 步将 K100 送到 D1，然后返回主程序，对定时器 T0 计时。当计时达到 D1 的当前值 K100 时，T0 触点闭合，Y0 得电。

(2) 定时器中断　定时器中断用于需要指定中断时间执行中断程序的地方，主要用于高速处理或每隔一定时间执行中断程序等场合。定时器的中断指针如图 5-11 所示。

I □□□

10 ~ 99 ms,任选其中一个值

6,7,8(不能重复标号)

图 5-11　定时器中断指针

定时器中断由编号为 I6、I7、I8 三个专用定时器中的一个执行，在 10 ~ 99ms 中任选一个作为中断设定时间，每隔此设定时间中断一次，例如 I650，即每隔 50ms，在标号 I650 之后对程序执行中断，直到执行 IRET 指令返回原状态，如图 5-12 所示。

图 5-12　定时器中断

图 5-12 中按 X1，M3 得电，定时器中断，执行中断指针 I650，每隔 50ms 使 D0 加 1。直到当 D0 的当前值等于 1000，M3 失电。

（3）计数器中断　计数器中断用于与高速计数器当前值比较的结果（执行高速计数器比较置位指令）而中断执行中断程序的场合。计数器中断指针如图 5-13 所示。

I0□0　　不可重复使用

　　└──1 ~ 6（计数器中断 6 点）

图 5-13　计数器中断指针

计数器中断如图 5-14 所示。

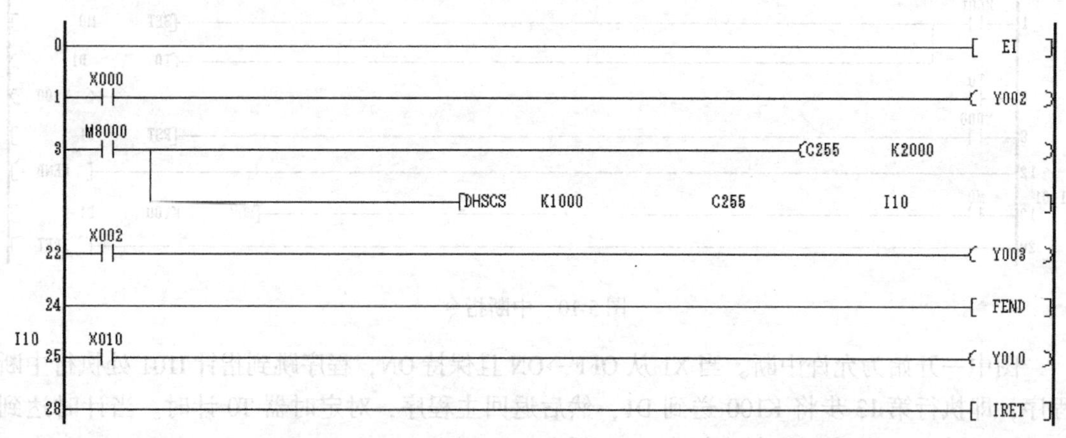

图 5-14　计数器中断

图 5-14 中，执行到第 3 步，将 K1000 与 C255 的当前值比较，当 C255 的当前值由 999 变到 1000 时，驱动计数器中断器 I010（梯形图表示为 I10），执行计数器中断程序。

说明：

1）EI 与 FEND 之间或 EI 与 DI 之间为允许中断范围。DI 与 EI 之间为禁止中断范围。

2）如果特殊辅助继电器 M8050 ~ M8059 为 ON，则禁止各对应输入编号进行中断，参见附录 B。图 5-15 中，如果 M8051 为 OFF，按住 X1，执行中断程序，运行情况与图 5-10 一样。如果按 X10，M8051 接通，则按 X1 程序也不执行中断。

3）如果有多个依次发出的中断信号，则优先级按发生的先后为序，发生越早则优先级越高，若同时发生多个中断信号时，则中断标号小的优先级高。

4）中断程序在执行过程中，不响应其他的中断（其他中断为等待状态）。不能重复使用与高速计数器相关的输入，不能重复使用 I000 与 I001 相同的输入。

5）PLC 平时处于禁止中断状态。如果 EI-DI 指令在扫描过程中有中断输入时，则执行中断程序（从中断标号到 IRET 之间的程序）。

图 5-15 开中断、关中断例子

5.2.4 监视定时器（WDT）

监视定时器指令的助记符与功能见表 5-4，格式如图 5-16 所示。

表 5-4 监视定时器指令

助记符	功　能	操 作 数	程序步数
WDT FNC07	在程序运行期间刷新监视定时器	无	WDT，WDTP，1 步

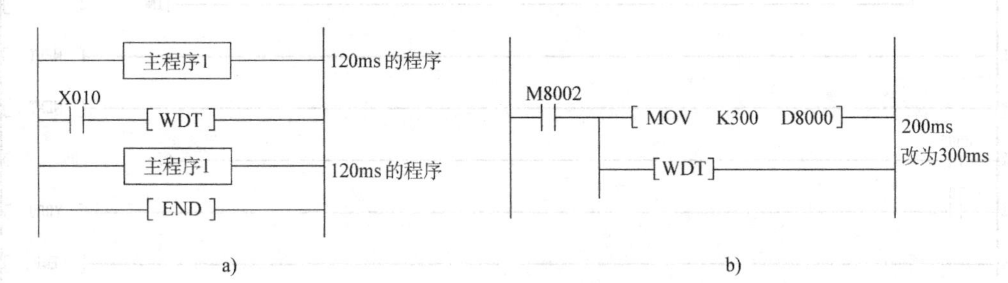

图 5-16 WDT 指令用法

说明：

1）WDT 指令是在控制程序中刷新警戒定时器的指令。如果执行程序的扫描周期时间（从0步到END或FEND指令之间）达200ms，则PLC将停止运行。这时应将WDT指令插到合适的程序步中刷新警戒时钟，以便程序得以继续运行直到END。例如，将一个扫描周期为240ms的程序分为2个120ms程序，如图5-16a所示，在这两个程序之间插入WDT指令。

2）如果希望每次扫描周期时间超过200ms，则可用移动指令MOV把限制值写入特殊数据寄存器D8000中，如图5-16b所示。

5.2.5 循环（FOR、NEXT）

循环指令的助记符与功能见表5-5，格式如图5-17所示。

表5-5 循 环 指 令

助记符	功 能	操作数（S）	程序步数
FOR（FNC08）	循环开始，执行循环次数	K，H，KnX，KnY，KnM，KnS，T，C，D，V，Z	FOR，3步
NEXT（FNC09）	循环结束	无	NEXT，1步

说明：

1）进入循环指令FOR n，n的取值范围为1～32767。循环结束命令NEXT无操作数。命令FOR-NEXT必须成对使用，缺一不可。

2）图5-17为单循环，执行完程序1，进入循环语句，对程序2执行10次循环后，执行程序3结束。FOR-NEXT指令可以嵌套，它主要用于某些操作需反复进行的场合。FOR-NEXT指令最多只能嵌套5层。如果因循环次数过多，程序运行时间大于200ms，请注意使用WDT命令。

图5-17 循环指令

3）图5-18为双重循环的例子。当X0闭合，接通PLC电源，程序转到P1执行；当X0断开，接通PLC电源，程序执行双重循环，执行结果为Z＝50，D0＝49。之后，执行定时器指令。当T0的当前值等于设定值D0，T0触点接通，Y0得电。

图5-18 双重循环

5.3 传递及比较指令（FNC10～FNC19）

传递和比较指令包括数据比较、区间比较、数据传送、数据交换等指令，这些指令常应用在编程中。

5.3.1 数据比较（CMP）

数据比较指令的助记符与功能见表5-6，格式如图5-19所示。

表5-6 数据比较指令

助记符	功　能	操作数,(S)			程序步数
		源(S1.)	源(S2.)	目标(D.)	
CMP(FNC10)	比较两个数的大小	K,H,KnX,KnY,KnM,KnS,T,C,D,V,Z		Y,M,S三个连续目标位元件	CMP(P),7步 DCMP(P),13步

```
                                                  (S1.)  (S2.)  (D.)
   X000
0 ─┤├──────────────────────────────────[CMP    K120    D10    M0   ]
```

图5-19 CMP指令的用法

说明：

1）图5-19的意义为：当X0接通，执行比较CMP指令，将源（S1.）与（S2.）比较，比较的结果放到以M0开始的三位连续位元件（M0 ～ M2）中。当源（S2.）D10的当前值小于源（S1.）K120，M0为ON；当源（S2.）D10的当前值等于源（S1.）K120，M1为ON；当源（S2.）D10的当前值大于源（S1.）K120，M2为ON。编制CMP指令时，通常（S1.）为定值，（S2.）为动值。

2）当X0断开，不执行CMP指令，M0开始的三位连续位元件（M0 ～ M2）保持其断电前的状态。

例5-3 图5-20为指令CMP的应用例子。按X0及X2，问：当按X1为8次、10次、16次，灯Y0、Y1、Y2哪个亮？

```
    X000
0  ─┤├──────────────────────────────────────[RST    C0    ]
    X002     X003
3  ─┤├──┬────┤/├────────────────────────────────────( M0  )
    M0  │
   ─┤├──┘
    X001
7  ─┤├──────────────────────────────────────────────( C0   K50 )
    M0
11 ─┤├──┬──────────────────────[CMP    K10    C0    M10   ]
        │  M10
        ├──┤├───────────────────────────────────────( Y000 )
        │  M11
        ├──┤├───────────────────────────────────────( Y001 )
        │  M12
        └──┤├───────────────────────────────────────( Y002 )
```

图5-20 例5-3图

比较指令 CMP 工作时，其控制触点必须一直闭合。因此设置 X2，用 M0 自锁实现。当 X1 闭合 8 次，K10 > C0 当前值，M10 为 ON，Y0 得电；当 X1 闭合 10 次，K10 = C0 当前值，M11 为 ON，Y1 得电；当 X1 闭合 16 次，K10 < C0 当前值，M12 为 ON，Y2 得电。

例 5-4 如图 5-21a 所示，按 X10，D1 的当前值为 100。之后 D1 每秒加 1，但程序不会停止。试改写程序，使 D1 大于 200 时，程序停止加 1 运算。

图 5-21b 为改写过的程序，程序中使用了 CMP 指令。

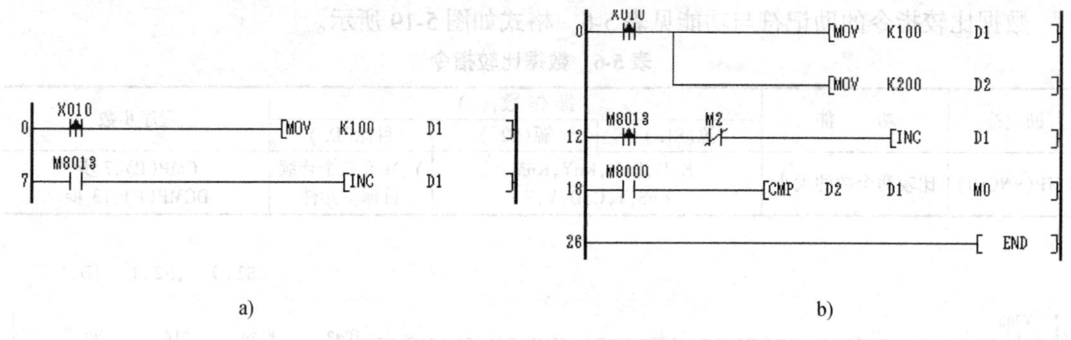

图 5-21　CMP 指令使用例子

5.3.2　区间比较（ZCP）

区间比较指令的助记符与功能见表 5-7，格式如图 5-22 所示。

表 5-7　区间比较指令

助记符	功　能	操　作　数				程序步数
		源（S1.）	源（S2.）	源（S.）	目标（D.）	
ZCP（FNC11）	将一个数与两个数比较	K，H，KnX，KnY，KnM，KnS，T，C，D，V，Z			Y，M，S 三个连续元件	ZCP（P），9 步 DZCP（P），17 步

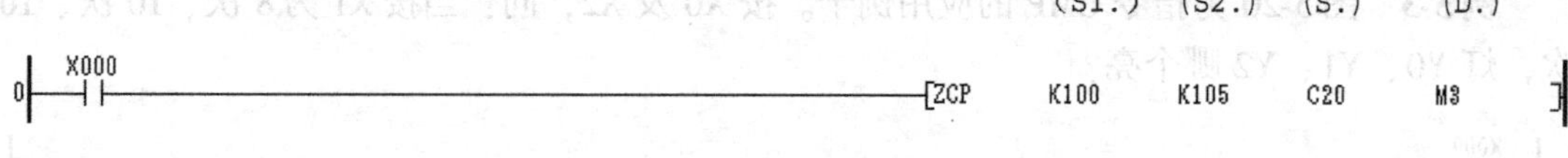

图 5-22　区间比较指令

说明：

1）当指明目标（D.）为 M3 时，则 M3、M4、M5 自动被占用。图 5-22 的意义为：X0 闭合，执行 ZCP 指令。当源（S.）C20 的当前值 < 源（S1.）K100 时，M3 为 ON；当源（S1.）K100≤源（S.）C20 当前值≤源（S2.）K105 时，M4 为 ON；当 C20 当前值 > K105 时，M5 为 ON。

2）当 ZCP 的控制触点 X0 断开，不执行 ZCP 指令，M3 ~ M5 保持其断电前状态。如果拟清除比较的结果，要用复位指令。

图 5-23 为 ZCP 指令使用例子。图中 C1 每秒计数 1 次。当 C1 当前值 < K20 时，M10 为 ON；当 K20≤C1 当前值≤K30 时，M11 为 ON；当 C1 当前值 > K30 时，M12 为 ON。

图 5-23　ZCP 指令使用例子

5.3.3　数据传送（MOV）

数据传送指令的助记符与功能见表 5-8，格式如图 5-24 所示。

表 5-8　数据传送指令

助记符	功　能	操　作　数		程序步数
		(S.)	(D.)	
MOV（FNC12）	将一个存储单元的数据存到另一个存储单元	K，H，KnX，KnY，KnM，KnS，T，C，D，V，Z	KnY，KnM，KnS，T，C，D，V，Z	MOV（P），5 步 DMOV（P），9 步

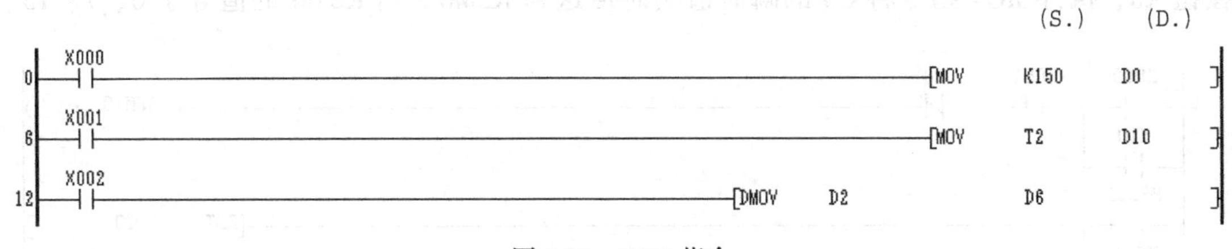

图 5-24　MOV 指令

说明：

1）如图 5-24 所示，执行第 0 步、第 6 步，MOV 指令的意义为：当 X0 闭合，将源（S.）K150 传送到目标（D.）D0；当 X1 闭合，将 T2 的当前值传送到 D10。传送时 K150 自动作二进制变换。

2）当 32 位传送时，用 DMOV 指令，如图 5-24 的第 12 步。源位为 D3、D2，目标位为 D7、D6。D3、D7 自动被占用。

例 5-5　试读图 5-25，当 X0 闭合，则 Y0、Y1、Y2、Y3 中哪个有输出？

由图 5-25 可见，当 X0 闭合，则将 K3 传送到 K1M0，则 M0、M1 为 ON，故 Y0、Y1 得电。若要 Y0、Y1 失电，使 X1 闭合，使 M0 ~ M3 成批复位。

例 5-6　用 MOV 指令编写电动机Y-△减压起动程序。

图 5-26 为用 MOV 指令编写的电动机Y-△减压起动梯形图。图中 X0 为起动时按钮，X1 为停止按钮。当 X0 闭合时，将 K5 送到 K1Y1，则 Y1、Y3 得电，为电动机Y起动。延时 6s 后，将 Y3 复位，再延时 1s，将 K3 送 K1Y1，于是 Y1，Y2 得电，为电动机△正常运行。使 X1 闭合，将 K0 送 K1Y1，则 Y1，Y2 失电，电动机停止。

```
 0  X000 ─┤├──────────────────────[MOV   K3    K1M0 ]
 6  M0   ─┤├──────────────────────( Y000 )
 8  M1   ─┤├──────────────────────( Y001 )
10  M2   ─┤├──────────────────────( Y002 )
12  M3   ─┤├──────────────────────( Y003 )
14  X001 ─┤├──────────────────────[ZRST  M0    M3   ]
```

图 5-25　例 5-5 图

```
 0  X000 ─┤├──────────────────────[MOVP  K5    K1Y001]
 6  Y001 ─┤├──────────────────────(T0    K60  )
10  T0   ─┤├──┬───────────────────[RST   Y003 ]
              └───────────────────(T1    K10  )
15  T1   ─┤├──────────────────────[MOV   K3    K1Y001]
21  X001 ─┤├──────────────────────[MOV   K0    K1Y001]
```

图 5-26　Y-△减压起动

例 5-7　用 MOV 指令编写 5 台电动机相隔 7、8、9、10s 顺序起动的程序。

编写的程序如图 5-27 所示。图中设置计数器 C0 每秒计数 1 次，设定值为 35。按起动按钮 X0，执行 MOV 指令将 C0 的瞬时值实时传送到 K2M0。当 K2M0 的值等于 0、7、15、

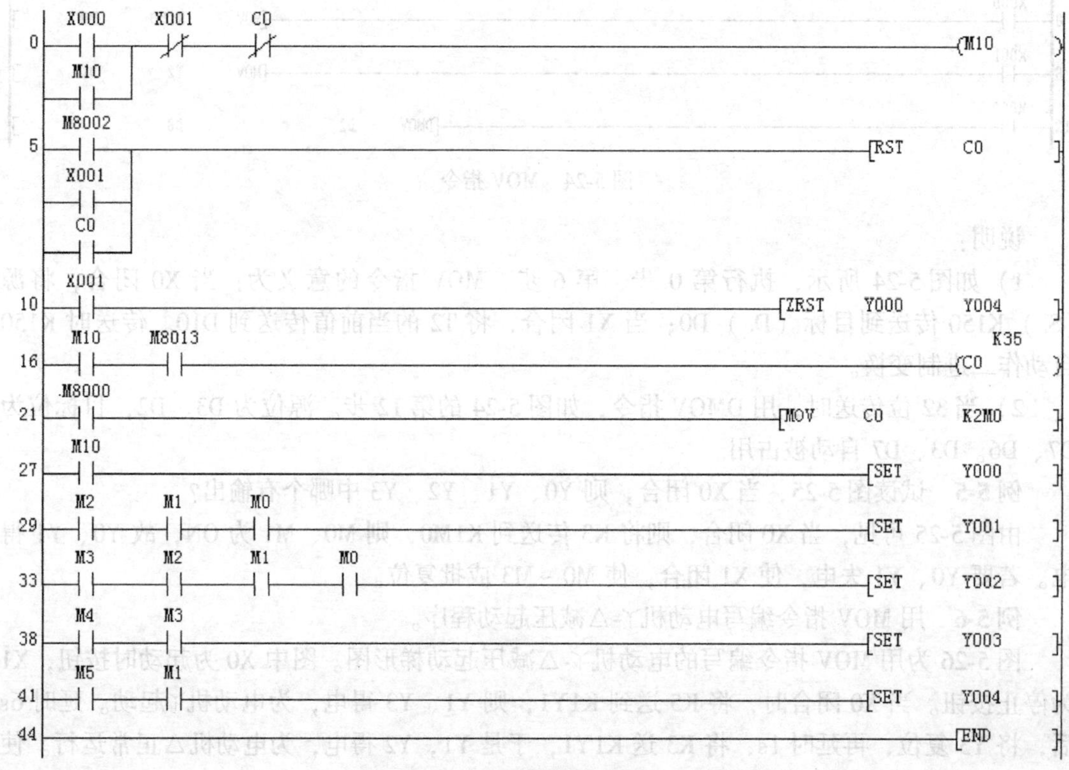

图 5-27　5 台电动机顺序起动的程序

24、34 时，令电动机 Y0、Y1、Y2、Y3、Y4、Y5 置 1，从而驱动 5 台电动机顺序起动。按停止按钮 X1，Y0、Y1、Y2、Y3、Y4、Y5 复位，5 台电动机停止。

也可以用 MOV 指令编写 5 台电动机顺序停止（见习题 5-3）。

5.3.4 移位传送（SMOV）

移位传送指令的助记符与功能见表 5-9，格式如图 5-28 所示。

表 5-9 移位传送指令

助记符	功　能	操作数					程序步数
		m1	m2	n	（S.）	（D.）	
SMOV（FNC13）	将 4 位十进制数中的指定位传送到另一 4 位十进制数指定的位	K,Hn = 1 ~ 4			KnX,KnY,KnM,KnS,T,C,D,V,Z	KnY,KnM,KnS,T,C,D,V,Z	SMOV(P) 11 步

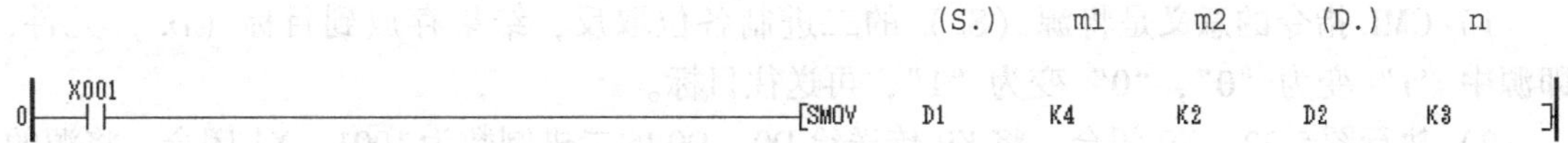

图 5-28 SMOV 指令

说明：

1）SMOV 指令带 5 个参数，它的意义是：将二进制源（S.）先变成 BCD 码，再从其第 m1 位起将低 m2 位的 BCD 码向目标（D.）的第 n 位开始传送。目标（D.）未接受传送的位为零，最后再将目标（D.）变为二进制数。

2）图 5-29 的执行过程是：X0 闭合，将十进制数 3268 送到 D1，D1 的当前值为 3268。X1 闭合，将源 D1 从第 4 位（10^3 位）开始将低 2 位（10^3 位、10^2 位）的数送到目标 D2 的第 3 位（10^2 位）开始的低 2 位（即 10^2 和 10^1 位）中。目标 D2 未获传送的位保持不变。因此，执行图 5-29 的 SMOV 指令后，D2 的当前值为 320，如图 5-30 所示。

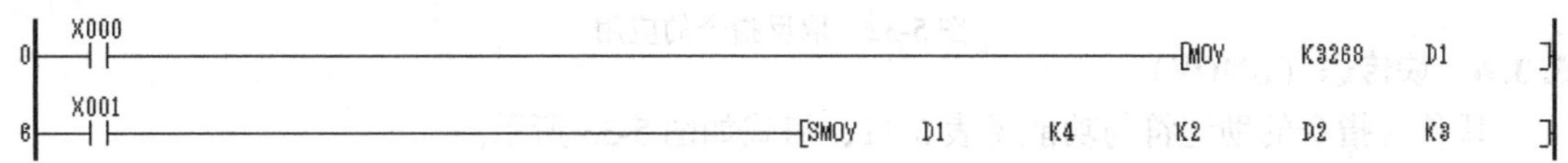

图 5-29 SMOV 指令的应用

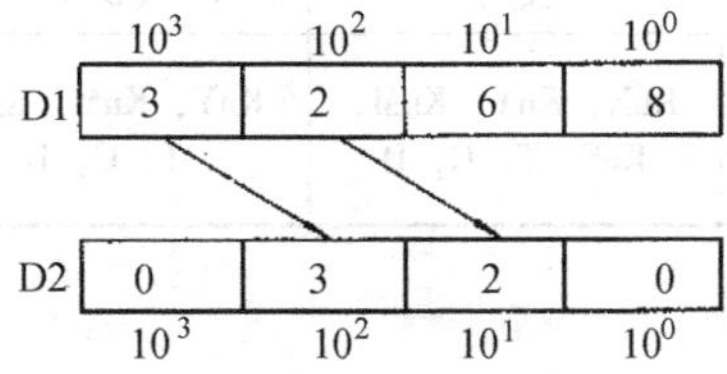

图 5-30 移位传送

5.3.5 取反（CML）

取反指令的助记符与功能见表 5-10，格式如图 5-31 所示。

表 5-10 取 反 指 令

助记符	功　能	操作数		程序步数
		(S.)	(D.)	
CML (FNC14)	将源取反，结果存放在目标元件中	K, H, KnX, KnY, KnM, KnS, T, C, D, V, Z	KnY, KnM, KnS, T, C, D, V, Z	CML (P), 5 步 DCML (P), 9 步

(S.)
(D.)
X000
0
CML
D0
K1Y000

图 5-31 取反指令

说明：

1）CML 指令的意义是将源（S.）的二进制各位取反，结果存放到目标（D.）元件，即源中“1”变为“0”，“0”变为“1”，再送往目标。

2）执行图 5-32，X0 闭合，将 K9 传送给 D0，D0 的二进制数为 1001。X1 闭合，将源的二进制数据取反送到目标 K1M0 中，即 M1 为 1，M2 为 1，故 Y1、Y2 得电。

3）如目标元件位数小于源位数，则仅对应于目标元件的位数取反。

X000
0
MOV
K9
D0
X001
6
CML
D0
K1M0
M0
12
Y000
M1
14
Y001
M2
16
Y002
M3
18
Y003

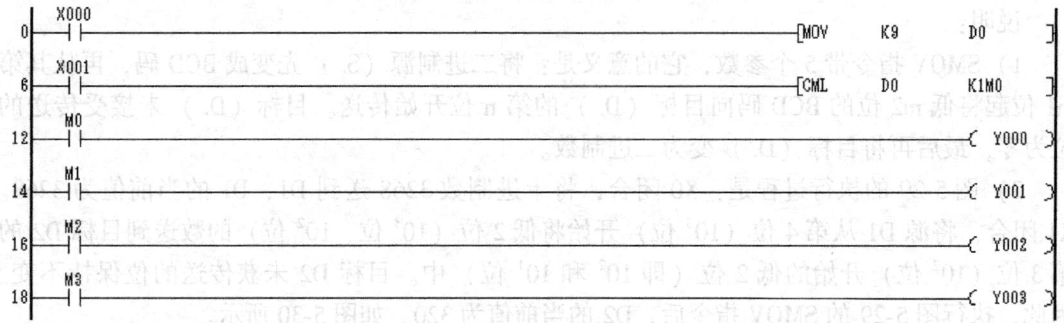

图 5-32 取反指令的应用

5.3.6 块传送（BMOV）

块传送指令的助记符与功能见表 5-11，格式如图 5-33 所示。

表 5-11 块传送指令

助记符	功　能	操作数			程序步数
		(S.)	(D.)	n	
BMOV (FNC15)	将指定数据块的内容，送到目标元件中	KnX, KnY, KnM, KnS, T, C, D	KnY, KnM, KnS, T, C, D	K, H n≤512	BMOV (P), 7 步

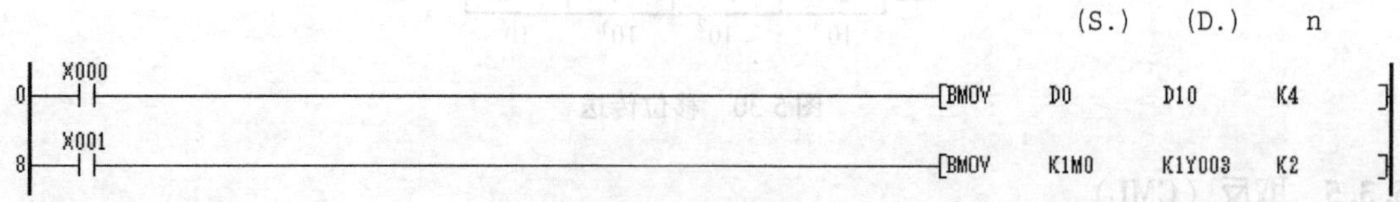

(S.)
(D.)
n
X000
0
BMOV
D0
D10
K4
X001
8
BMOV
K1M0
K1Y003
K2

图 5-33 块传送指令

说明：

1）如图5-33所示，BMOV指令有两个操作数，当X0闭合，将源（S.）D0开始的n个（n=4）数据D0、D1、D2、D3依次被送到目标（D.）D10、D11、D12、D13中去。当X1闭合，以K1M0开始的两组数据，即M0、M1、M2、M3以及M4、M5、M6、M7依次被送到K1Y3开始的两组数据（即Y3、Y4、Y5、Y6和Y7、Y10、Y11、Y12）中去。

2）但当源的单元数目n超过目标的数目时，仅送到实际的目标单元中去，如图5-34所示。图中合上X3，接通X0，则D10为15，又接通X1，则Y3、Y4、Y5、Y6得电。

```
0   X003  [MOV   K15   K1M0]
6   X000  [BMOV  K1M0  D10     K4]
14  X001  [BMOV  K1M0  K1Y003  K2]
```

图5-34　块传送的例子

3）当M8024为ON时，BMOV指令传送方向反转，即将以目标（D.）开始的几个数据传送到以源（S.）开始的几个元件中，如图5-35所示。

图5-35　数据传送方向反转

图中，按X10，M8024为ON。按X12，则各数据传送到D1、D2、D3，D10、D11、D12，再按X13，则传送数据方向反转，D1、D2、D3分别为100、200、300。

5.3.7　多点传送（FMOV）

多点传送指令的助记符与功能见表5-12，格式如图5-36所示。

表5-12　多点传送指令

助记符	功　能	操　作　数			程序步数
		（S.）	（D.）	n	
FMOV(FNC16)	将源的内容向指定范围目标传送	K,H,KnX,KnY,KnM,KnS,T,C,D,V,Z	KnY,KnM,KnS,T,C,D,V,Z	K,H n≤512	FMOV(P),7步 DFMOV(P),13步

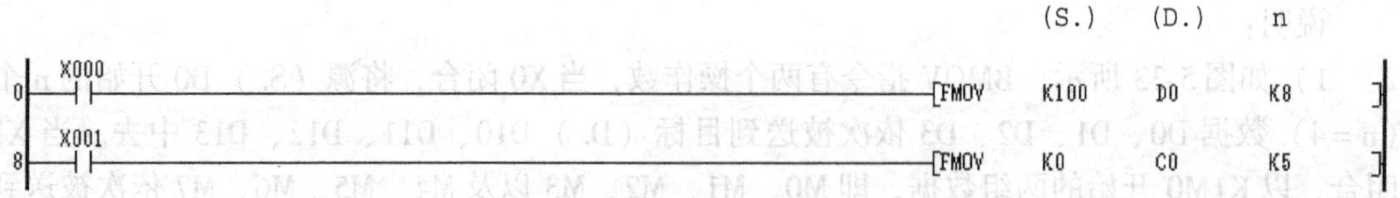

```
                                                        (S.)    (D.)     n
     X000
0  ──┤├──────────────────────────────────────[FMOV      K100    D0       K8  ]
     X001
8  ──┤├──────────────────────────────────────[FMOV      K0      C0       K5  ]
```

图 5-36　多点传送指令

说明：

1）FMOV 指令的意义为将源（S.）的数据传送到目标（D.）为首址的连续 n 位元件中去。

2）图 5-36 中，接通 X0，则将 K100 同时送到 D0 ~ D7 共 8 个元件中。接通 X1，则将 K0 同时送到 C0 ~ C4 共 5 个计数器中，令各计数器清零。

5.3.8　数据交换（XCH）

数据交换指令的助记符与功能见表 5-13，格式如图 5-37 所示。

表 5-13　数据交换指令

助记符	功　　能	操　作　数		程序步数
		（D1.）	（D2.）	
XCH（FNC17）	将两单元的内容相互交换	KnY，KnM，KnS，T，C，D，V，Z		XCH（P）：5 步　DXCH（P）：9 步

```
                                                         (D1.)    (D2.)
     X000
0  ──┤├──────────────────────────────────────[XCH        D10      D11   ]
```

图 5-37　数据交换指令

说明：

1）XCH 的意义为将目标（D1.）与目标（D2.）的数据交换。

2）如图 5-38 所示。接通 X0，将 K120 送 D1，K50 送 D3。再接通 X1，则 D1 与 D3 交换了数据，D3 变为 120，D1 变为 50。注意，所交换的两数必须为同类数据，且当使用连续执行型指令时，每个扫描周期都要进行数据交换。

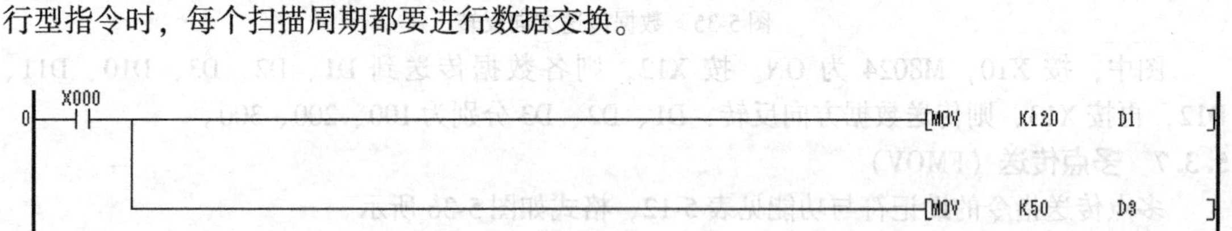

```
     X000
0  ──┤├──┬───────────────────────────────────[MOV        K120     D1    ]
         │
         └───────────────────────────────────[MOV        K50      D3    ]
     X001
11 ──┤├──────────────────────────────────────[XCH        D1       D3    ]
```

图 5-38　数据交换的例子

5.3.9 求BCD码和求BIN码（BCD，BIN）

求BCD码和求BIN码指令（BCD和BIN指令）的助记符与功能见表5-14，格式如图5-39所示。

表5-14 求BCD码和BIN码指令

助记符	功能	操作数		程序步数
		（S.）	（D.）	
BCD（FNC18）	将二进制数转换成BCD码	KnX,KnY,KnM,KnS, T,C,D,V,Z	KnY,KnM,KnS, T,C,D,V,Z	BCD(P):5步 DBCD(P):9步
BIN（FNC19）	将BCD码转换成BIN码			BIN(P):5步 DBIN(P):9步

(S.)　(D.)

X010　[BCD　D10　K2Y000]

X003　[BIN　K2X000　D13]

图5-39 BCD和BIN指令

说明：

1）BCD指令的意义是将源（S.）的二进制数转换成为BCD码，送到目标（D.）。BCD指令可用于驱动7段显示管。

BIN指令的意义是将源（S.）的BCD码转换成二进制数，送到目标（D.）。如果使用BCD指令时，源是十进制数，则会自动转换成二进制数，再变成BCD码。但使用BIN指令，而源为非BCD码，则出错。

2）图5-40中，接通X0，将十进制数98送D10，D10为二进制数01100010。接通X1，执行BCD指令，将二进制的D10转换为BCD码，送K2Y0，K2Y0为BCD码10011000，其中Y7、Y4、Y3为ON。接通X2，将K2Y0转换为二进制数送D12，D12=01100010，十进制数显示为98。

图5-40 BCD和BIN指令的用法

5.4 算术及逻辑运算指令（FNC20～FNC29）

PLC的算术及逻辑运算包括二进制的加、减、乘、除以及逻辑字的与、或、异或等内容。

5.4.1 二进制的加、减、乘、除运算（ADD、SUB、MUL、DIV）

二进制的加、减、乘、除运算指令的助记符与功能见表5-15，格式如图5-41所示。

表5-15 二进制的加、减、乘、除运算指令

助记符	功能	操作数，(S)			程序步数
		(S1.)	(S2.)	(D.)	
ADD（FNC20）	将两数相加，结果存放到目标元件中	K，H，KnX，KnY，KnM，KnS，T，C，D，V，Z		KnY，KnM，KnS，T，C，D，V，Z	ADD（P）：7步 DADD（P）：13步
SUB（FNC21）	将两数相减，结果存放到目标元件中去	K，H，KnX，KnY，KnM，KnS，T，C，D，V，Z		KnY，KnM，KnS，T，C，D，V，Z	SUB（P）：7步 DSUB（P）：13步
MUL（FNC22）	将两数相乘，结果存放到目标元件中去	K，H，KnX，KnY，KnM，KnS，T，C，D，V，Z		KnY，KnM，KnS，T，C，D，V，Z	MUL（P）：7步 DMUL（P）：13步
DIV（FNC23）	将两数相除，结果存放到目标元件中去	K，H，KnX，KnY，KnM，KnS，T，C，D，V，Z		KnY，KnM，KnS，T，C，D，V，Z	DIV（P）：7步 DDIV（P）：13步

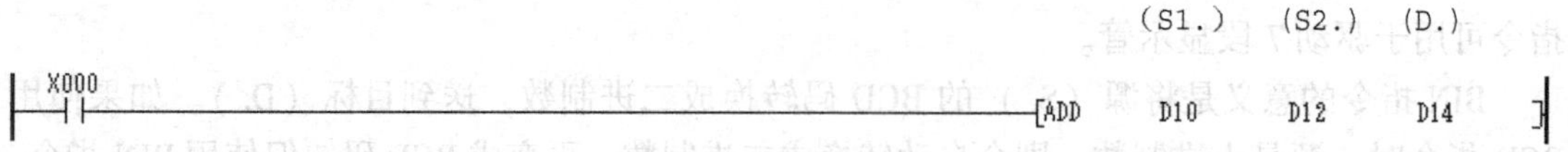

```
                                        (S1.)   (S2.)   (D.)
 X000
|-| |----------------------[ADD        D10     D12     D14   ]
```

图5-41 ADD、SUB、MUL、DIV指令格式

说明：

1）ADD指令的意义是：源(S1.)+源(S2.)→目标(D.)，是代数相加，且必须为同一元件。图5-42中，执行ADD指令，D1+D3→D10。若计算结果为0，M8020置ON；若计算结果超过32767(16位)或2147483687(32位)，借位标志M8021置ON；若结果小于-32767(16位)或-2147483687(32位)，借位标志M8021置ON。如果目标元件的位数小于计算结果的位数，则仅写入相应的目标元件的位。例如，计算结果为25(十进制)，其二进制数为11001，如目标为K1Y0，则只有Y3、Y0被置1。

2）SUB指令的意义是D1－D3→D11，是代数运算，其运算结果的借位情况与1）相同。

3）MUL指令的意义是D1×D3→D12，为代数运算。若D1、D3为16位，其运算结果为32位，目标元件D12表示低16位地址，D13放高16位地址。若D1、D3为32位，则目标D12为低16位地址，此时(D2,D1)×(D4,D3)→(D15,D14,D13,D12)。

4）DIV指令的意义是D1/D3→D16，为代数运算。若D1、D3为16位，则商放D16，余数放D17。若D1、D3为32位，则商和余数均为32位，目标元件D16为存放商的首址，即D17、D16存放商，而比目标元件高3位的元件存放余数，即D19、D18存放余数。

5）执行图5-42的运算结果为：D10＝60；D11＝20；D12＝800；D16＝2。

图 5-42 四则运算

5.4.2 二进制数加 1 和减 1 运算（INC，DEC）

二进制加 1 和减 1 运算指令的助记符与功能见表 5-16，格式如图 5-43 所示。

表 5-16 二进制加 1 和减 1 指令

助记符	功 能	操 作 数 ,(S) (D.)	程序步数
INC（FNC24）	目标元件加 1	KnY,nKM,KnS,T,C,D,V,Z(V、Z 不能作 32 位操作)	INC(P),3 步 DINC(P),5 步
DEC（FNC25）	目标元件减 1	KnY,nKM,KnS,T,C,D,V,Z(V、Z 不能作 32 位操作)	INC(P),3 步 DINC(P),5 步

```
                                        (D.)
X001
─┤├──────────────────────────[INC    D1   ]
X010
─┤├──────────────────────────[DEC    D10  ]
```

图 5-43 INC 和 DEC 指令

说明：

1）INC 指令的意义为目标（D.）当前值 D1 + 1→D1。在 16 位运算中，+32767 加 1 则成 −32768；在 32 位运算中，+2147483647 加 1 则成为 −2147483648。

2）DEC 指令的意义为目标元件（D.）当前值 D10 − 1→D10。在 16 位运算中，−32768 减 1 则成 +32767；在 32 位运算中，−2147483648 减 1 则成为 +2147483647。

3）用连续指令时，INC 和 DEC 指令都是在各扫描周期都做加 1 运算和减 1 运算。因此，在图 5-44 中，X1 和 X2 都使用上升沿检测指令。每次 X1 闭合，D1 当前值加 1；每次 X2 闭合，D2 当前值减 1。

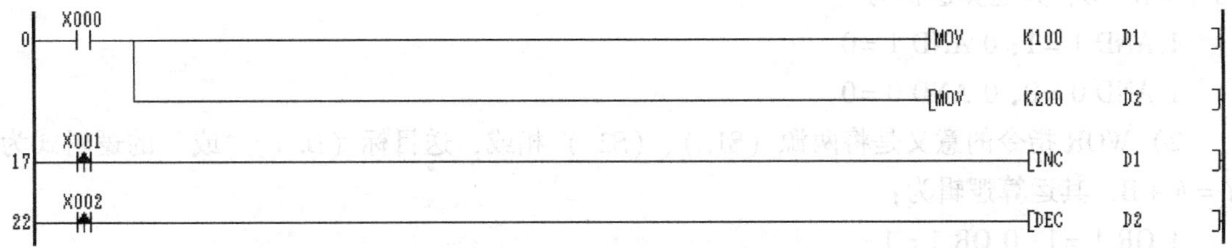

图 5-44 二进制数加 1 和减 1

例 5-8 运行图 5-45 程序，讨论 Y0 ~ Y3 得电情况。

X0 第 1 次闭合，Y0 得电；第 2 次，Y1 得电；第 3 次，Y1、Y0 得电；第 4 次，Y2 得电；第 5 次，Y2、Y0 得电；第 6 次，Y2、Y1 得电；第 7 次，Y2、Y1、Y0 得电；第 8 次，Y3 得电。如此下去，一直到第 15 次，Y3、Y2、Y1、Y0 得电，第 16 次，Y3、Y2、Y1、Y0 全失电。运行中间若按 X1，则 Y0 ~ Y4 失电。

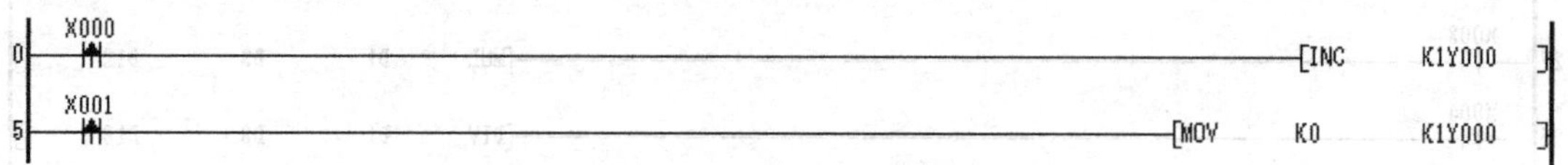

图 5-45 例 5-8 梯形图

5.4.3 逻辑字与、或、异或运算（WAND、WOR、WXOR）

逻辑字的与、或、异或运算指令的助记符与功能见表 5-17，格式如图 5-46 所示。

表 5-17 逻辑字的与、或、异或运算指令

助记符	功能	操作数			程序步数
		(S1.)	(S2.)	(D.)	
WAND (FNC26)	两个源数与运算，结果送目标元件	K，H，KnX，KnY，KnM，KnS，T，C，D，V，Z		KnY，KnM，KnS，T，C，D，V，Z	WAND (P)：7 步 DAND (P)：13 步
WOR (FNC27)	两个源数或运算，结果送目标元件	K，H，KnX，KnY，KnM，KnS，T，C，D，V，Z		KnY，KnM，KnS，T，C，D，V，Z	WOR (P)：7 步 DOR (P)：13 步
WXOR (FNC28)	两个源数异或运算，结果送目标元件	K，H，KnX，KnY，KnM，KnS，T，C，D，V，Z		KnY，KnM，KnS，T，C，D，V，Z	WXOR (P)：7 步 DXOR (P)：13 步

```
                                   (S1.)  (S2.)  (D.)
X001
─┤├──────────────────[WAND   D1     D2     D10 ]
X002
─┤├──────────────────[WOR    D1     D2     D11 ]
X003
─┤├──────────────────[WXOR   D1     D2     D12 ]
```

图 5-46 WAND、WOR、WXOR 指令

说明：

1）WAND 指令的意义是将两源（S1.）、（S2.）相与，送目标（D.）。“与”的逻辑式为 Y = A · B，其运算逻辑为：

1 AND 1 = 1；0 AND 1 = 0

1 AND 0 = 0；0 AND 0 = 0

2）WOR 指令的意义是将两源（S1.）、（S2.）相或，送目标（D.）。“或”的逻辑式为 Y = A + B，其运算逻辑为：

1 OR 1 = 1；0 OR 1 = 1

1 OR 0 = 1；0 OR 0 = 0

3）WXOR 指令的意义是将两源（S1.）、(S2.）相异或，送目标（D.）。“异或”的逻辑式为 $Y=A\oplus B=A\overline{B}+\overline{A}B$，其运算逻辑为：

1 XOR 1 =0；0 XOR 1 =1

1 XOR 0 =1；0 XOR 0 =0

4）逻辑字的与、或、异或运算是参与运算的两源（S1.）、（S2.）的对应位进行与、或、异或运算，结果送目标（D.）。图 5-47 运算的结果为：接通 X1，D1、D2“与”运算，D10 的结果为 20。接通 X2，D1、D2“或”运算，D11 的结果为 30；接通 X3，D1、D2“异或”运算，D12 的结果为 10。

```
   X000
0 ─┤├──┬──────────────────────[MOV   K20   D1 ]
       └──────────────────────[MOV   K30   D2 ]
   X001
11─┤├─────────────────────[WAND  D1   D2   D10 ]
   X002
19─┤├─────────────────────[WOR   D1   D2   D11 ]
   X003
27─┤├─────────────────────[WXOR  D1   D2   D12 ]
```

图 5-47　逻辑运算

5）逻辑“与”指令 WAND 还常用于屏蔽某元件数值的高位或低位。如图 5-48 所示，图中接通 X0，将十六进制数 H1268 送 D0，接通 X1，将 H00FF 和 D0 进行“与”运算，运算结果送 D10，D10 为 H0068，屏蔽了高位。

```
   X000
0 ─┤├──────────────────────[MOV   H1268   D0 ]
   X001
6 ─┤├─────────────────[WAND  H00FF   D0   D10 ]
14─────────────────────────────────────[ END ]
```

图 5-48　“与”指令用于屏蔽某元件

5.4.4　求补码（NEG）

求补码指令的助记符与功能见表 5-18，格式如图 5-49 所示。

表 5-18　求补码指令

助记符	功　能	操 作 数	程序步数
		(D.)	
NEG（FNC29）	求目标内容的补码	KnY，KnM，KnS，T，C，D，V，Z	NEG（P），3 步 DNEG（P），5 步

```
                                          (D.)
   X000
0 ─┤├──────────────────────[MOV   K1000   D0 ]
   X001
6 ─┤↑├─────────────────────────────[NEG   D0 ]
```

图 5-49　求补码

说明：

1）NEG 指令的意义是将目标（D.）位的数取反，即“1”→“0”，“0”→“1”，然后将取反后的结果加 1 再送目标（D.）。此时，目标（D.）的数的符号改变，但数值不变。如图 5-49 所示，接通 X0，D0 的数值为 1000，其二进制数为“0000001111101000”，各位取反加 1 后得“1111110000011000”，即为（－1000）。若目标（D.）为负数，使用 NEG 指令，即是求得其绝对值。

2）若使用连续执行型指令，则每扫描周期都会执行 NEG 指令一次。

5.5 循环及移位指令（FNC30～FNC39）

循环及移位指令包括循环右移，循环左移；带进位右移、左移；位右移，位左移，字右移，字左移等指令。

5.5.1 循环右移和循环左移（ROR，ROL）

循环右移和循环左移指令的助记符与功能见表 5-19，格式如图 5-50 所示。

表 5-19 循环右移和循环左移指令

助记符	功能	操作数		程序步数
		(D.)	n	
ROR（FNC30）	将目标元件的位循环右移 n 次	KnY，KnM，KnS，T，C，D，V，Z	K，H 16 位，n≤16 32 位，n≤32	ROR(P)：5 步 DROR(P)：9 步 ROL(P)：5 步 DROL(P)：9 步
ROL（FNC31）	将目标元件的位循环左移 n 次	KnY，KnM，KnS，T，C，D，V，Z		

```
                                                  (D.)     n
 X010
─┤├──────────────────────────────────[ROR     D10      K3   ]
 X020
─┤├──────────────────────────────────[ROL     D10      K2   ]
```

图 5-50 ROR、ROL 指令

说明：

1）ROR 指令的意义为：每执行一次 X10，目标元件（D.）中的位循环右移 n 位，最终从低位被移出的位同时存入到进位标志 M8022 中。

2）ROL 指令的意义为：每执行一次 X20，目标元件（D.）中的位循环左移 n 位，最终从高位被移出的位同时存入到进位标志 M8022 中。

3）执行图 5-51，当 X0 闭合，D10 的值为 245。图 5-52 给出运行的情况，图 5-52a 中，当 X1 闭合 1 次，执行 ROR 指令 1 次，D10 右移 3 位，此时 D10 = －24546，同时进位标志 M8022 为“1”。当 X1 再闭合 1 次，再执行 ROR 指令 1 次，D10 右移 3 位，此时 D10 = －11261，同时进位标志 M8022 为“1”。图 5-52b 中，当 X2 闭合，执行 ROL 指令 1 次，D10 的各位左移 2 位，此时 D10 = 980，同时进位标志 M8022 为“0”。当 X2 再闭合，再执行 ROL 指令 1 次，D10 再左移 2 位，此时 D10 = 3920，同时进位标志 M8022 为“0”。

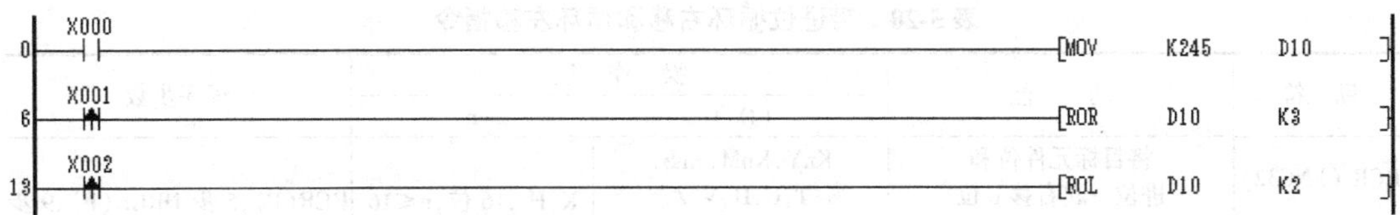

图 5-51　循环右移和循环左移

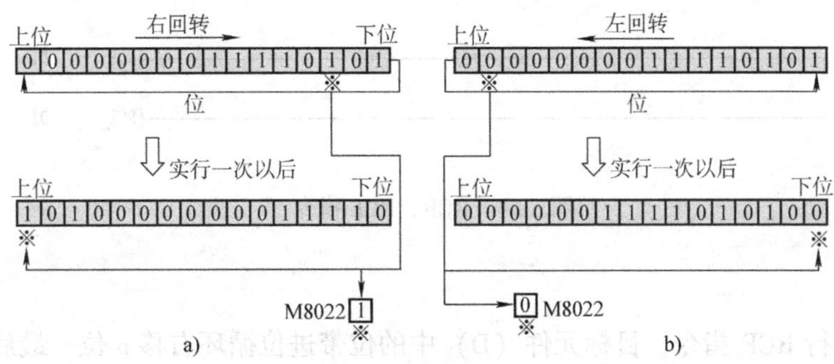

图 5-52　图 5-46 执行情况

4）在指定位软元件场合，只有 K4（16 位）或 K8（32 位）才有效。例如，K4Y0，K8M0 有效，而 K1Y0，K2M0 无效。

例 5-9　用 ROL 指令编写 Y0 ~ Y17 共 16 盏灯每秒循环点亮的程序。

所编的程序如图 5-53 所示。图中第 2 行是给首盏灯 Y0 赋值的语句，之后执行 ROL 指令，16 盏灯顺次循环点亮。

```
0   X000  X001                                          (M0)
    M0
4   M0  Y001 Y002 Y003 Y004 Y005 Y006 Y007 Y010   K0
K0  Y011 Y012 Y013 Y014 Y015 Y016 Y017              (Y000)
21  M0  M8013                                      [ROL  K4Y000  K1]
29                                                 [END]
```

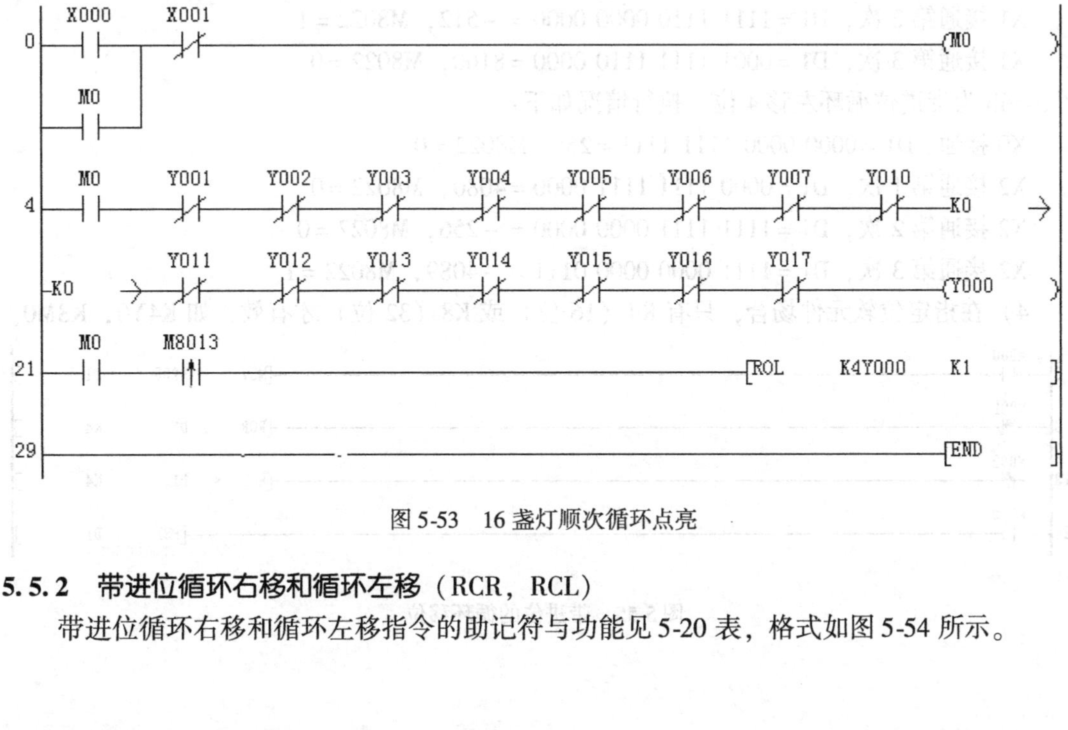

图 5-53　16 盏灯顺次循环点亮

5.5.2　带进位循环右移和循环左移（RCR，RCL）

带进位循环右移和循环左移指令的助记符与功能见 5-20 表，格式如图 5-54 所示。

表 5-20　带进位循环右移和循环左移指令

助记符	功　能	操作数		程序步数
		(D.)	n	
RCR (FNC32)	将目标元件位和进位一起右移 n 位	KnY, KnM, KnS, T, C, D, V, Z	K, H, 16 位, n≤16 32 位, n≤32	RCR(P), 5 步 DRCR(P), 9 步 RCL(P), 5 步 DRCL(P), 9 步
RCL (FNC33)	将目标元件位和进位一起左移 n 位	KnY, KnM, KnS, T, C, D, V, Z		

```
                                        (D.)    n
X010
─┤├──────────────────────────[RCR      D1      K4    ]
X020
─┤├──────────────────────────[RCL      D1      K4    ]
```

图 5-54　RCR、RCL 指令

说明：

1）每次执行 RCR 指令，目标元件（D）中的位带进位循环右移 n 位，最后被移出的位放入到进位标志 M8022 中。在运行下一次 RCR 指令时，M8022 中的位首先进入目标元件中。

2）每执行一次 RCL 指令，目标元件（D）中的位带进位循环左移 n 位，最后被移出的位放入进位标志 M8022 中。在运行下一次 RCR 指令时，M8022 中的位首先进入目标元件中。

3）图 5-55 执行情况如图 5-56 所示。图 5-56a 为带进位循环右移 4 位，执行情况如下：

X0 接通，D1 = 0000 0000 1111 1111 = 255，M8022 = 0

X1 接通第 1 次，D1 = 1110 0000 0000 1111 = −8177，M8022 = 1

X1 接通第 2 次，D1 = 1111 1110 0000 0000 = −512，M8022 = 1

X1 接通第 3 次，D1 = 0001 1111 1110 0000 = 8160，M8022 = 0

图 5-56b 为带进位循环左移 4 位，执行情况如下：

X0 接通，D1 = 0000 0000 1111 1111 = 255，M8022 = 0

X2 接通第 1 次，D1 = 0000 1111 1111 0000 = 4080，M8022 = 0

X2 接通第 2 次，D1 = 1111 1111 0000 0000 = −256，M8022 = 0

X2 接通第 3 次，D1 = 1111 0000 0000 0111 = −4089，M8022 = 1

4）在指定位软元件场合，只有 K4（16 位）或 K8（32 位）才有效，如 K4Y0，K8M0。

```
    X000
 0 ─┤├──────────────────────[MOV     K255    D1    ]
    X001
 6 ─┤↓├─────────────────────[RCR     D1      K4    ]
    X002
13 ─┤↓├─────────────────────[RCL     D1      K4    ]
    X003
20 ─┤├───────────────────────────────[RST    D1    ]
```

图 5-55　带进位的循环移位

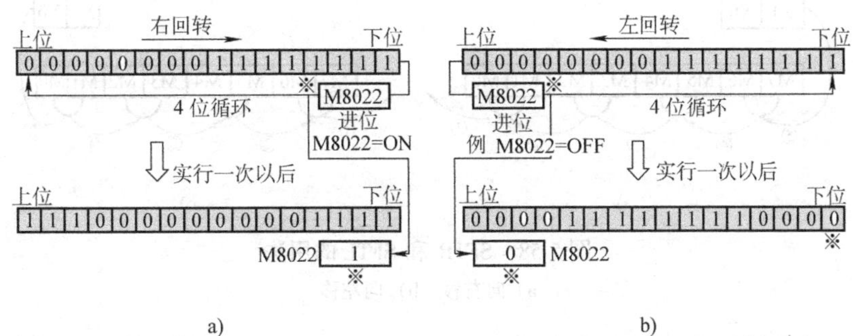

图 5-56　图 5-55 执行情况

5.5.3　位右移和位左移（SFTR，SFTL）

位右移和位左移指令的助记符与功能见表 5-21，格式如图 5-57 所示。

表 5-21　位右移和位左移指令

助记符	功　能	操　作　数				程序步数
		（S.）	（D.）	n1	n2	
SFTR（FNC34）	将源元件状态存入堆栈中，堆栈右移	X，Y，M，S	Y，M，S	K，H n2≤n1≤1024		SFTR（P），9 步
SFTL（FNC35）	将源元件状态存入堆栈中，堆栈左移	X，Y，M，S	Y，M，S	K，H n2≤n1≤1024		SFTL（P），9 步

说明：

1）SFTR 命令有 4 个操作数，如图 5-57 所示。当 X10 接通，以源（S.）X0 开始的 n2（K2）位，向右移入以目标（D.）M0 开始的 n1（K8）位元件中去。每当 X10 从 OFF→ON，移位一次。移位后，如果源为 1，则目标置位，而源复位。

2）SFTL 命令也有 4 个操作数，其动作原理与 1）相同。

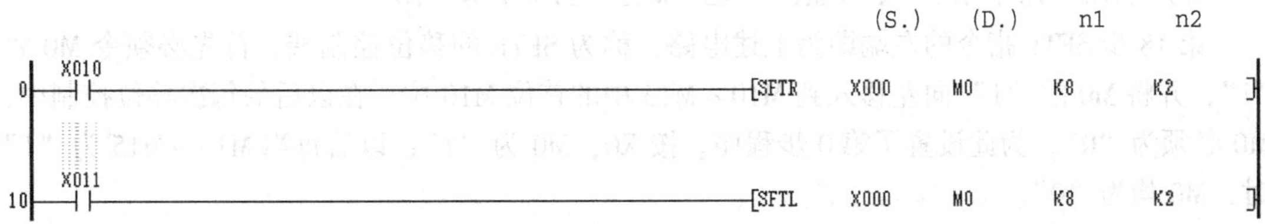

图 5-57　SFTR 和 SFTL 指令

3）图 5-58 解释了图 5-57 的动作情况。对图 5-58a，如果 X0＝X1＝1，则当 X10 闭合一次，X1、X0 的状态移入 M7、M6，此时 M7、M6 均为 1。当 X10 再闭合一次，M7、M6 的状态移入 M5、M4，此时 M5、M4 为 1，而 M7、M6 复位为零，一直到 X10 第 5 次闭合，其状态溢出。图 5-58b 的情况与图 5-58a 相似，不同的是图 a 向右移而图 b 向左移。

4）利用 SFTR、SFTL 命令，可以实现步进顺控。步进顺控时一般都是每次移动一个状态，如例 5-10 所示。

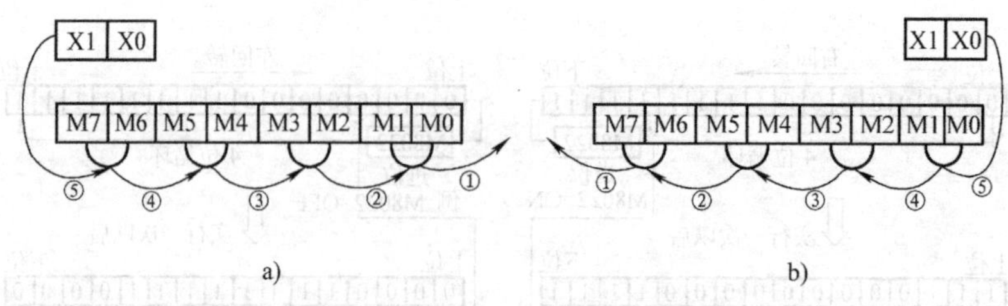

图 5-58　SFTR 和 SFTL 的用法

a）向右移　b）向左移

例 5-10　某机器的生产过程由电动机 M1、M2、M3、M4 控制。控制方式如下：按起动按钮，电动机 M1 起动，延时 3s，M1 停止，同时电动机 M2 起动。机器前进碰行程开关 SQ1，M2 停止，M3 起动。前进又碰行程开关 SQ2，M3 停止，M4 起动。M4 运行 3s 后，M1、M2、M3、M4 同时工作，又延时 3s 后全部停止。试用 SFTL 指令编程。

图 5-59 为 I/O 分配图，图中 X0 为起动按钮，X4 为停止按钮。图 5-60 为其梯形图。

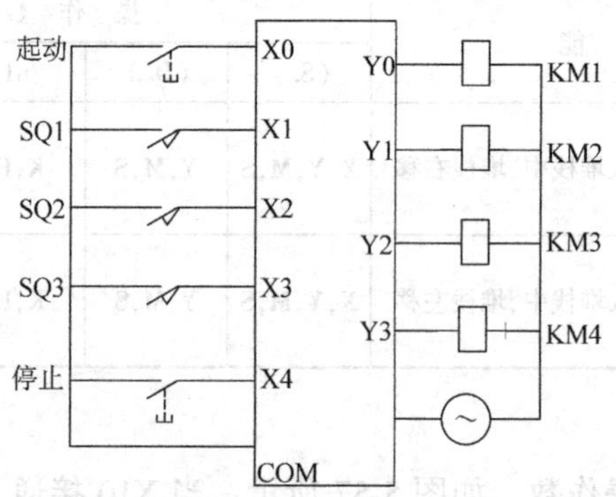

图 5-59　例 5-10 的 I/O 分配图

图 5-60 中使用了 SFTL 指令。以 M0 元件 1 位向左移入以 M10 起始的 6 位元件中去。SFTL 的控制触点由以下的“与或”电路控制：

M0 + M10 · T0 + M11 · X1 + M12 · X2 + M13 · T1 + M14 · T0

第 18 步 SFTL 指令的左端即为上述电路，称为 SFTL 的移位控制端。首先必须令 M0 置“1”，并将 M0 的“1”向左移入到 M10 ~ M15 中的首位 M10 中。在以后的每次移位控制中，M0 必须为“0”，为此设置了第 0 步程序。按 X0，M0 为“1”；以后每当 M10 ~ M15 为“1”时，M0 均为“0”。

第 43 ~ 58 步为驱动电路。当 M10 得电，驱动 Y0 及 T0。T0 延时时间到，产生移位，M11 得电，而 M10 复位失电。M11 得电，驱动 Y1，机器运行到触压行程开关 SQ1，X1 闭合，产生新的移位，M12 得电，而 M11 失电。M12 得电，驱动 Y2，机器运行到触压行程开关 SQ2，X2 闭合，产生新的移位。M13 得电，而 M12 失电。M13 得电，驱动 Y3 及定时器 T1，延时 3s 时间到，T1 触点闭合，产生新的移位，M14 得电，而 M13 失电。M14 得电，驱动 Y0、Y1、Y2、Y3，驱动 T0。当 T0 延时 3s 时间到，产生新的移位，M15 得电，而 M14 失电。M15 得电驱动 ZRST 指令使 M10 ~ M15 均失电，程序停止。再按 X0，程序又会进行另一循环。

```
 0  X000  M10  M11  M12  M13  M14  M15  X004            ( M0 )
    M0
10  M8002                                    [ZRST  M10   M15 ]
    X004
    M15
18  M0                             [SFTL  M0   M10   K6   K1 ]
    M10   T0
    M11   X001
    M12   X002
    M13   T1
    M14   T0
43  M10                                              ( Y000 )
    M14                                          (T0     K30 )
49  M11                                              ( Y001 )
    M14
52  M12                                              ( Y002 )
    M14
55  M13                                              ( Y003 )
    M14
58  M13                                          (T1     K30 )
62                                                   [ END ]
```

图 5-60　例 5-10 梯形图

例 5-11　用 SFTL 指令编写广告灯光闪烁电路，如例 4-6 所示，要求有连续、单周、单步控制。

I/O 分配图如图 5-61 所示。图中 X0 为起动，X1 为停止，X2 为单周/连续切换，X3 为单步/连续切换。图 5-62 为梯形图。

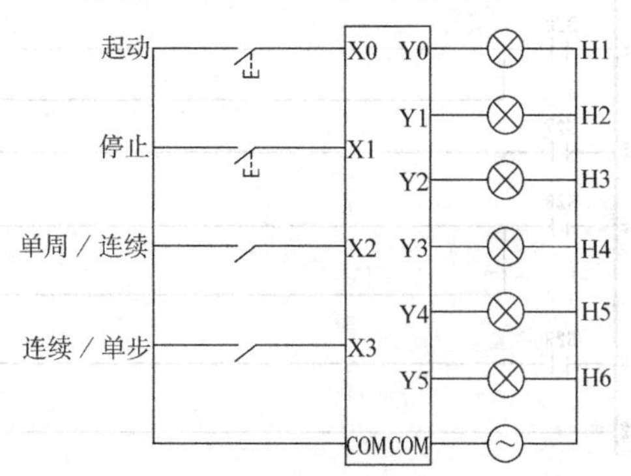

图 5-61　广告灯光闪烁电路 I/O 分配图

图中第 33 步中 X3 作为单步/连续的控制。当 X3 断开时，程序为连续动作。S20 的状态从右向左移位。当 X3 闭合时，每次移位必须按起动按钮 X0 一次，故为单步。

图中第 10 步中 X2 为单周/连续的控制。当 X2 断开时，由于 $\overline{X2}=1$，为连续动作。当 X2 闭合，每次运行到 S30 时，由于 $\overline{X2}=0$，不能自动地使 S20 ~ S30 复位，故为单周。

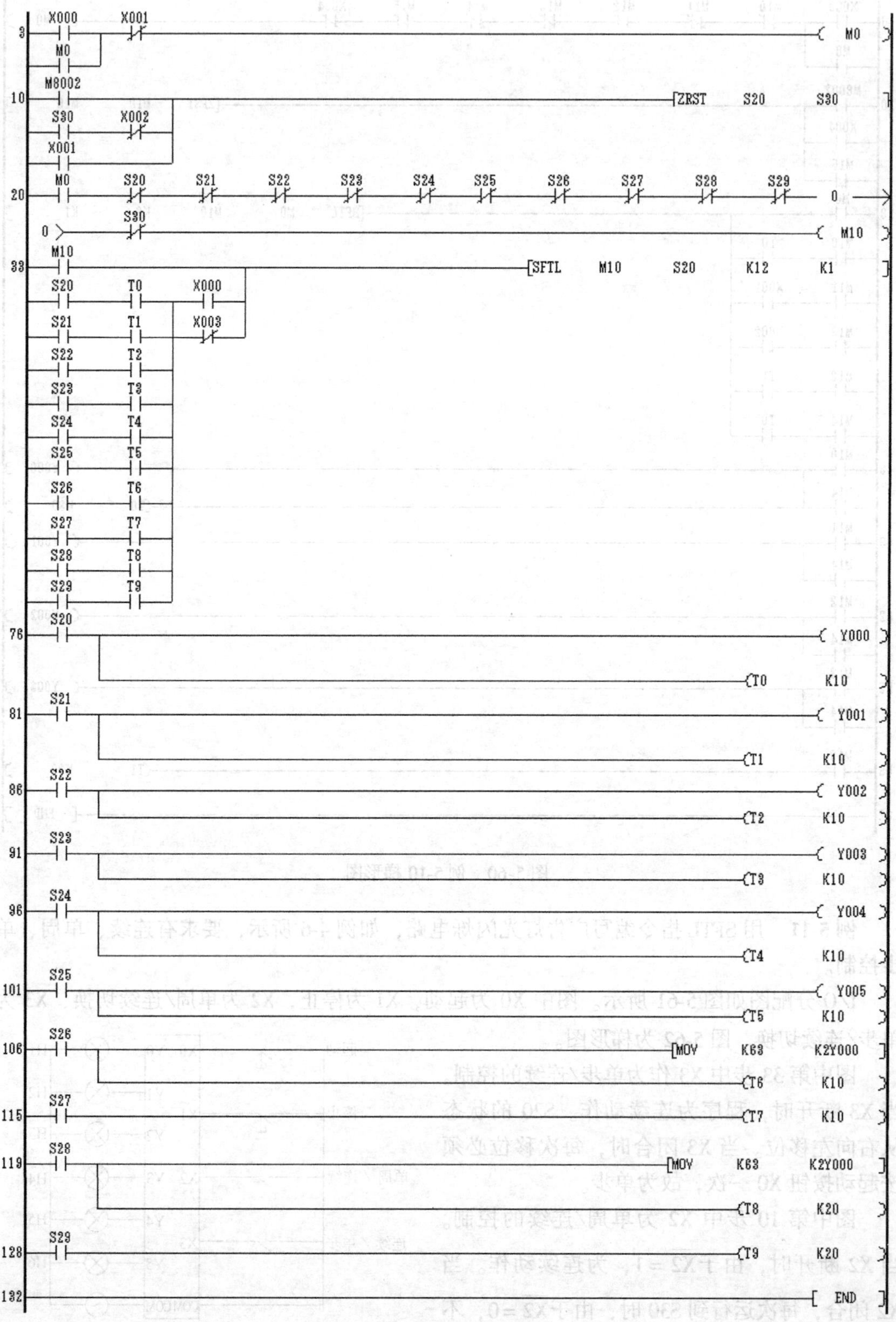

```
3    X000   X001
     -| |----|/|------------------------------------------------( M0 )
     M0
     -| |--
10   M8002
     -| |---------------------------------------------[ZRST  S20   S30 ]
     S30    X002
     -| |----|/|--
     X001
     -| |--
20   M0     S20   S21   S22   S23   S24   S25   S26   S27   S28   S29
     -| |----|/|---|/|---|/|---|/|---|/|---|/|---|/|---|/|---|/|---|/|----- 0 >
0 >         S30
     -------|/|-------------------------------------------------( M10 )
33   M10
     -| |-------------------------------------[SFTL  M10   S20   K12   K1 ]
     S20    T0     X000
     -| |----| |----| |--
     S21    T1     X003
     -| |----| |----|/|--
     S22    T2
     -| |----| |--
     S23    T3
     -| |----| |--
     S24    T4
     -| |----| |--
     S25    T5
     -| |----| |--
     S26    T6
     -| |----| |--
     S27    T7
     -| |----| |--
     S28    T8
     -| |----| |--
     S29    T9
     -| |----| |--
76   S20
     -| |-------------------------------------------------------( Y000 )
         |--------------------------------------------------( T0   K10 )
81   S21
     -| |-------------------------------------------------------( Y001 )
         |--------------------------------------------------( T1   K10 )
86   S22
     -| |-------------------------------------------------------( Y002 )
         |--------------------------------------------------( T2   K10 )
91   S23
     -| |-------------------------------------------------------( Y003 )
         |--------------------------------------------------( T3   K10 )
96   S24
     -| |-------------------------------------------------------( Y004 )
         |--------------------------------------------------( T4   K10 )
101  S25
     -| |-------------------------------------------------------( Y005 )
         |--------------------------------------------------( T5   K10 )
106  S26
     -| |-----------------------------------------[MOV   K63   K2Y000 ]
         |--------------------------------------------------( T6   K10 )
115  S27
     -| |---------------------------------------------------( T7   K10 )
119  S28
     -| |-----------------------------------------[MOV   K63   K2Y000 ]
         |--------------------------------------------------( T8   K20 )
128  S29
     -| |---------------------------------------------------( T9   K20 )
132
     -----------------------------------------------------------[ END ]
```

图 5-62　例 5-11 梯形图

5.5.4 字右移、字左移（WSFR，WSFL）

字右移和字左移指令的助记符与功能见表5-22，格式如图5-63所示。

说明：

1）如图5-63所示，WSFR指令的意义是：当X10闭合一次，将以源（S.）D0为首址的4位（n2 = K4）元件的数据向右移到目标（D.）以D10为首址的16位（n1 = K16）元件中去。

WSFL命令的意义是：当X3闭合一次，将以源（S.）D0为首址的4位（n2 = K4）元件的数据向左移入到目标（D.）以D10为首址的16位（n1 = K16）元件中去。

2）执行图5-64，为X0闭合，D3、D2、D1、D0的值分别为40、30、20、10。当X1闭合一次，执行WSFR命令，D25、D24、D23、D22分别为40、30、20、10；X1再闭合一次，则D21、D20、D19、D18分别为40、30、20、10，而D25 ~ D22保持原移入值不变。当X1再闭合一次，则D17、D16、D15、D14分别为40、30、20、10，而D25 ~ D18保持原移入值不变。当X1再闭合一次，D13、D12、D11、D10分别为40、30、20、10，而D25 ~ D14保持原移入值不变。

3）WSFL执行情况与2）相同，但当X3闭合一次，D0、D1、D2、D3分别为10、20、30、40，余类推。

表5-22 字右移和字左移指令

助记符	功　能	操作数				程序步数
		(S.)	(D.)	n1	n2	
WSFR（FNC36）	将源元件状态存放到字栈中，堆栈右移	KnX，KnY，KnM，KnS，T，C，D	KnY，KnM，KnS，T，C，D	K，H n2≤n1≤512		WSFR（P），9步
WSFL（FNC37）	将源元件状态存放到字栈中，堆栈左移	KnX，KnY，KnM，KnS，T，C，D	KnY，KnM，KnS，T，C，D			WSFL（P），9步

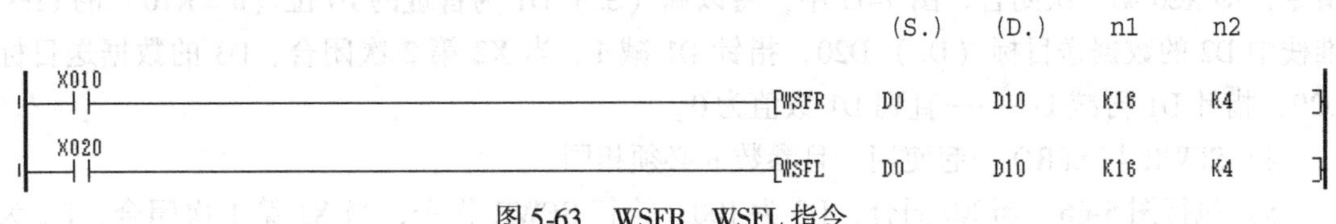

图5-63 WSFR、WSFL指令

4）WSFR、WSFL控制触点，最好采用脉冲触点指令，如图5-64所示。

图5-64 WSFR、WSFL指令例子

5.5.5 先进先出（FIFO）（SFWR，SFRD）

FIFO 指令的助记符与功能见表 2-23 所示，格式如图 5-65 所示。

表 5-23　FIFO 指令

助记符	功　能	操作数			程序步数
		(S.)	(D.)	n	
SFWR (FNC38)	创建长度为 n 位的 FIFO 堆栈,FIFO 写	K,H,KnX,KnY,KnM,KnS,T,C,D,V,Z	KnY,KnM,KnS,T,C,D,	K,H 2≤n≤512	SFWR(P),7 步
SFRD (FNC39)	读 FIFO,长度减 1,FIFO 读	KnY,KnM,KnS,T,C,V	KnY,KnM,KnS,T,C,D,V,Z		SFRD(P),7 步

说明：

1）FIFO 为 First-in/First-out（先进先出）的缩写。

2）SFWR 指令为 FIFO 的写入指令，如图 5-65 所示，源（S.）D0 存放数据，X10 每闭合 1 次，源 D0 数据写入目标以（D.）D1 为首址的 10 位（n = K10）元件中，其中 D1 存放指针。X10 闭合一次，D1 为 1，D0 数据送 D2；当 X10 第 2 次闭合，D1 为 2，D0 数据送 D3……D0 数据可每次改变。

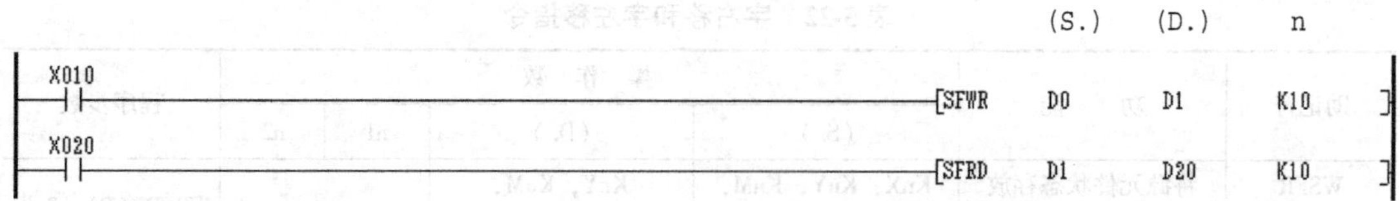

图 5-65　FIFO 指令

3）SFRD 为 FIFO 的读出指令。当使用 SFRD 指令形成 FIFO 堆栈之后，执行 1 次 SFRD 指令，即 X20 第 1 次闭合，图 5-65 中，将以源（S.）D1 为首址的 10 位（n = K10）的 FIFO 堆栈中 D2 的数据送目标（D.）D20，指针 D1 减 1。当 X2 第 2 次闭合，D3 的数据送目标 D20，指针 D1 再减 1……一直到 D1 数值为 0。

4）SFWR 与 SFRD 一起使用，且参数 n 必须相同。

5）执行图 5-66，当 X0 闭合，D0 为 100。执行 SFWR 指令，当 X1 第 1 次闭合，D2 为 100，D1 为 1；当 X1 第 2 次闭合，D3 为 100，D1 为 2，……，当 X1 第 9 次闭合，D10 为 100，D1 为 9。执行 SFRD 指令，当 X2 第 1 次闭合，D10 数据 100 送 D20，D1 为 8；当 X2 第 2 次，D9 数据送 D20，D1 数值减小到 7，D20 仍为 100…一直到 D1 为 0。在写出过程中，D2 ~ D10 数据保持不变。利用 FIFO 指令，可以记录存入或取出的数据。

图 5-66　FIFO 指令的例子

例 5-12 用 SFWR 和 SFWD 指令分别将 100、200、300、400、500 五个数据存入到数据栈中，再顺序读出。

按题意，所编的程序如图 5-67 所示。

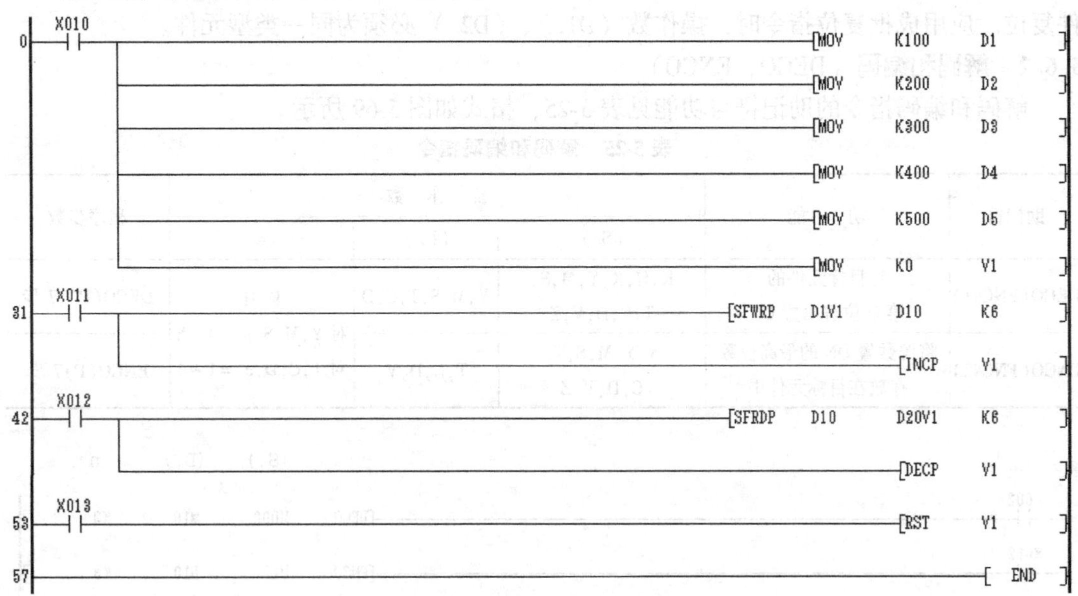

图 5-67 例 5-12 的程序

程序中使用了 INC、DEC 指令，使用了变址寄存器 V1。接通 X10，D1、D2、D3、D4、D5 分别为 100、200、300、400、500。按 X11 五次，则指针 D10 从 0 增加到 5，D11、D12、D13、D13、D15 分别为 100、200、300、400、500，V1 从 0 增加到 5。按 X12 五次，则指针 D10 从 5 减到 0，V1 从 5 减到 0。D25、D24、D23、D22、D21 分别为 100、200、300、400、500。

5.6 数据处理指令（FNC40～FNC49）

数据处理指令包括区间复位、解码编码、求平均值、求平方根等指令。

5.6.1 区间复位（ZRST）

区间复位指令的助记符和功能见表 5-24，格式如图 5-68 所示。

表 5-24 区间复位指令

助记符	功　能	操　作　数		程序步数
		（D1.）	（D2.）	
ZRST（FNC40）	将指定范围内同一类型的元件复位	Y，M，S，T，C，D，（目标 D1 < D2）		ZRST（P），5 步

```
                                          (D1.)   (D2.)
0  X000 ─┤├──────────────────────[ZRST    C0      C3    ]
6  X001 ─┤├──────────────────────[ZRST    M10     M25   ]
```

图 5-68 成批复位命令

说明：

图5-68中，当X0闭合，使从目标（D1.）的C0到目标（D2.）的C3之间的成批软元件复位为零。当X1闭合，使从目标（D1.）的M10到目标（D2.）的M25之间的成批软元件复位。应用成批复位指令时，操作数（D1.）、（D2.）必须为同一类型元件。

5.6.2 解码和编码（DECO，ENCO）

解码和编码指令的助记符与功能见表5-25，格式如图5-69所示。

表5-25 解码和编码指令

助记符	功 能	操 作 数			程序步数
		(S.)	(D.)	n	
DECO(FNC41)	将目标元件的第Q位解出置ON	K,H,X,Y,M,S,T,C,D,V,Z	Y,M,S,T,C,D	K,H 对Y,M,S,n =1~8 对T,C,D,n =1~4	DECO(P),7步
ENCO(FNC42)	将源数置ON的最高位数存放在目标元件中	X,Y,M,S,T,C,D,V,Z	T,C,D,V		ENCO(P)7步

```
                                   (S.)    (D.)    n
 X002
─┤├──────────────────────[DECO   X000    M10     K3 ]
 X012
─┤├──────────────────────[ENCO   M10     D10     K3 ]
```

图5-69 DECO、ENCO指令

说明：

1）解码（又称译码），它的意义是将源（S.）二进制操作数解码成十进制数送目标（D.）；编码ENCO的意义是将源（S.）的十进制的置ON最高位数编码成二进制数送目标（D.）。

2）当目标为位元件时，如图5-70所示，解码DECO的意义是将源Y0为首址的3位（n=K3）元件Y2、Y1、Y0（设Y1、Y0置1）的二进制数（$2^1+2^0=3$）放在以目标M1为首址的2^3位（n=K3，$2^3=8$）中显示出来，即选中以M1为0位，M2为1位的第3位，即M4为1，也即所给定的二进制数解码得3。则图5-70中的Y7得电。只有当Y2~Y0均为0时，目标首址M1才为0。

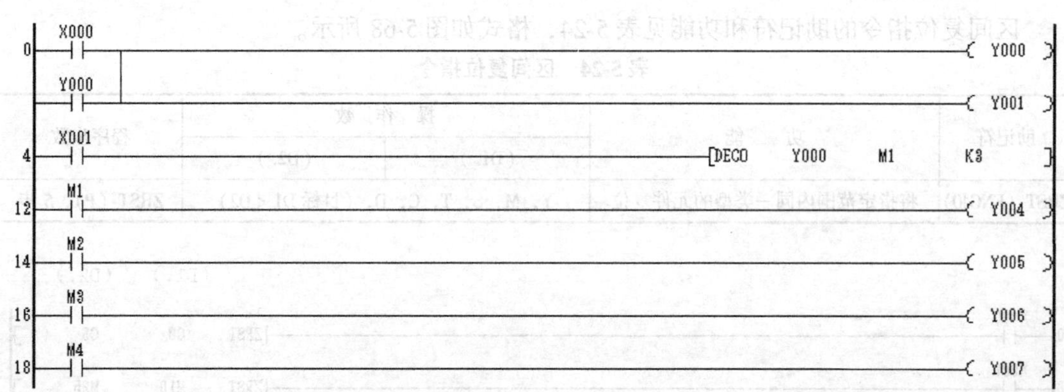

图5-70 位元件DECO指令的运用

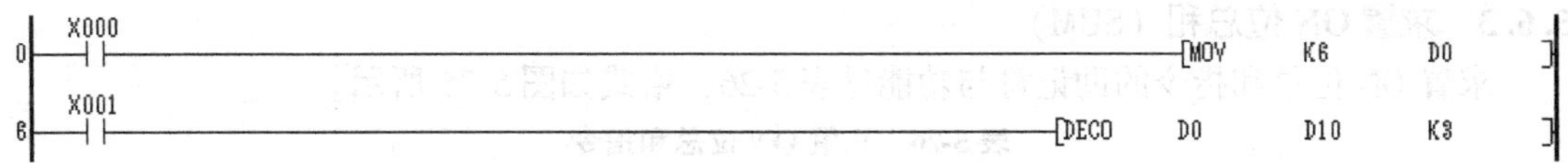

图 5-71　字元件 DECO 指令的运用

当目标位为字元件时，其解码情况如图 5-71 所示。当 X0 闭合，K6 传送至 D0，D0 的 2^2 及 2^1 位为 1。当 X1 闭合，将 D0 的解码在 D10 中表示出来，即从第 2^1 位起的第 6 位，2^6 位为 1，故 D10 的当前值为 64。

3）位元件的编码如图 5-72 所示。闭合 X0，M6 置 1。接通 X1，执行 ENCO 的命令，将以 M0 为首址的 8 位（n = K3，$2^3=8$）元件中的置 ON 的最高位（图中为 M6）放到目标 D10 中，因此 D10 的当前值为 6，即 D10 的 b1 位等于 1，b2 位等于 1。当源内多个位为 1 时，忽略不计低位。

当源为字元件编码时，则将源中置 ON 的最高位放到目标元件中。如图 5-73 所示，接通 X0，将 K135 送到 D0 中，则 D0 的二进制数字为 10000111，最高置 1 位为 2^7 位，故 D5 的值为 7，D5 的 b2 位等于 1，b1 位等于 1，b0 位等于 1。

图 5-72　位元件 ENCO 的运用

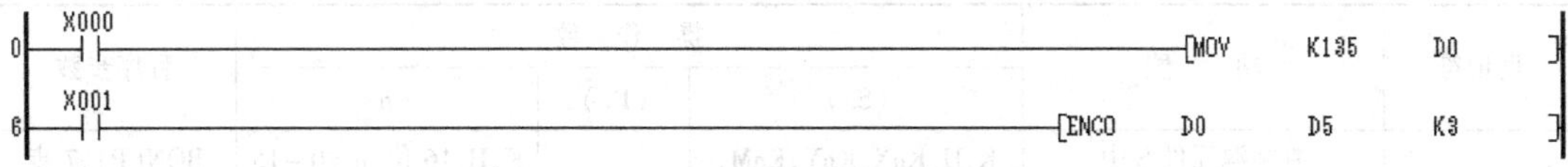

图 5-73　字元件 ENCO 的使用

例 5-13　读图 5-74，按 X1 第 1 次，第 2 次，第 3 次，……，Y0 ~ Y4 得电情况如何？

本例题的特点是 DECO 指令的源和目标均为 Y0。当按 X1 第 1 次时，由于 Y0 = 0，即全 0，解码后 Y0 得电；按 X1 第 2 次时，由于 Y0 = 1，$2^0=1$，解码后 Y1 得电；按 X1 第 3 次时，由于 Y1 = 1，$2^1=2$，解码后 Y2 得电；按 X1 第 4 次时，C0 复位，Y0 ~ Y2 全失电。再一次一次地按 X1，重复以上循环。

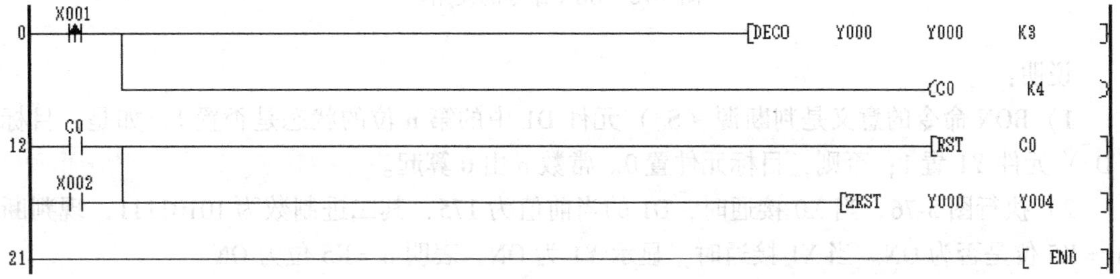

X001 — DECO Y000 Y000 K3
C0 K4
C0 — RST C0
X002 — ZRST Y000 Y004
END

图 5-74　DECO 指令的应用

5.6.3 求置 ON 位总和（SUM）

求置 ON 位总和指令的助记符与功能见表 5-26，格式如图 5-75 所示。

表 5-26 求置 ON 位总和指令

助记符	功 能	操作数		程序步数
		(S.)	(D.)	
SUM（FNC43）	统计源置 ON 位的总和，存放到目标元件中	K，H，KnX，KnY，KnM，KnS，T，C，D，V，Z	KnY，KnM，KnS，T，C，D，V，Z	SUM（P），5 步 DSUM（P），9 步

```
0  X000
   ─┤├──────────────────────[MOV   K175   D1 ]
6  X001
   ─┤├──────────────────────[SUM   D1     D10]
```

图 5-75 SUM 命令

说明：

1）SUM 命令的意义是将源（S.）元件 D1 的置 ON 位的总和存放在目标（D.）元件 D10 中。

2）执行图 5-75，接通 X0 将 K175 传送给 D1，D1 当前值为 175，其二进制数为 10101111。接通 X1，将 D1 的置 ON 位总和数 6 送到 D10，D10 当前值为 6。

5.6.4 ON 位判断（BON）

ON 位判断指令的助记符与功能见表 5-27，格式如图 5-76 所示。

表 5-27 ON 位判断指令

助记符	功 能	操作数			程序步数
		(S.)	(D.)	n	
BON（FNC44）	判断源元件 S 中第 n 位是否为 ON	K,H,KnX,KnY,KnM,KnS,T,C,D,	Y,M,S,	K,H,16 位：n = 0 ~ 15 32 位，n = 0 ~ 31	BON(P),7 步 DBON(P),13 步

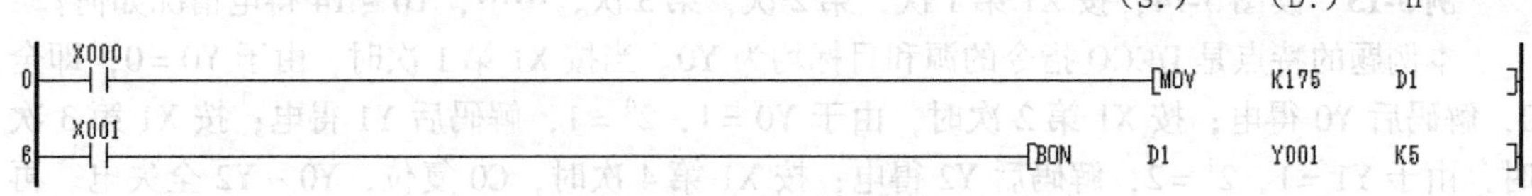

图 5-76 BON 命令的使用

说明：

1）BON 命令的意义是判断源（S.）元件 D1 中的第 n 位的状态是否置 1，如是，目标（D.）元件 Y1 置 1；否则，目标元件置 0。常数 n 由 0 算起。

2）执行图 5-76，当 X0 接通时，D1 的当前值为 175，其二进制数为 10101111，现判断 n = K5 位是否为 ON。当 X1 接通时，显示 Y1 为 ON，表明 n = K5 位为 ON。

5.6.5 求平均值（MEAN）

求平均值指令的助记符与功能见表 5-28，格式如图 5-77 所示。

表 5-28 求平均值指令

助记符	功　能	操 作 数			程序步数
		(S.)	(D.)	n	
MEAN(FNC45)	求指定范围源数值的平均值	KnX,KnY,KnM,KnS,T,C,D,	KnY,KnM,KnS,T,C,D,V,Z	K,H n=1~64	MEAN(P),7 步 DMEAN(P),13 步

说明：

1）MEAN 指令的意义是求源（S.）开始的 n 位元件代数和的平均值，送目标（D.）元件。

2）执行图 5-78。接通 X0，再接通 X1，执行 MEAN 指令，即（D0 + D1 + D2 + D3）/4→D10，则 D10 当前值为 36。如果平均值结果有余数，余数舍去。

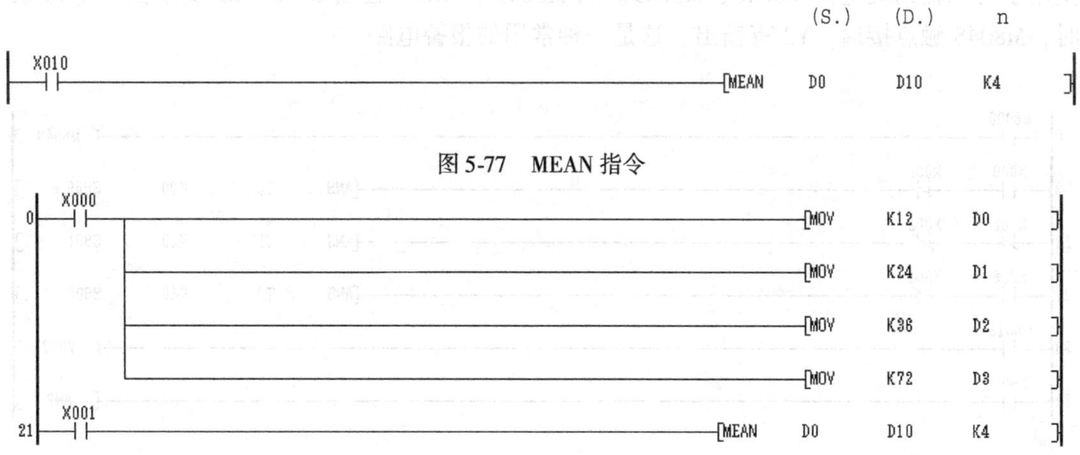

图 5-77 MEAN 指令

图 5-78 MEAN 指令的使用

5.6.6 标志置位和复位（ANS，ANR）

标志置位和复位指令的助记符与功能见表 5-29，格式如图 5-79 所示。

表 5-29 标志置位和复位指令

助 记 符	功　能	操 作 数			程序步数
		(S.)	(D.)	m	
ANS（FNC46）	启动定时,时间到将状态元件置 ON	定时器 T,T0~T199	S,S900~S999	K,H,n1~32767	ANS,7 步
ANR（FNC47）	将激活的报警器复位		无		ANR(P),1 步

说明：

1）ANS 为驱动信号报警器的指令。图 5-79 中，当 X0、X1 同时被驱动时，ANS 驱动源（S.）元件 T0 延时，延时 2s 时间到，驱动目标（D.）元件 S900 置 1，从而使报警灯 Y1 为 ON。此后，如 X0 或 X1 为 OFF，S900 也继续被置位。

ANR 为报警器复位指令。当接通 X3，执行 ANR 指令，被激活的状态继电器 S900 被复位。若 X3 再次接通，则下一地址的报警状态继电器将依次复位。

```
                                              (S.)    m    (D.)
0   X000  X001
    ─┤├────┤├──────────────────────[ANS    T0    K20    S900 ]
9   X003
    ─┤↑├───────────────────────────────────────────[ ANR ]
12  S900
    ─┤├────────────────────────────────────────────( Y001 )
```

图 5-79　ANS 和 ANR 命令的使用

2）利用 ANS 的两个控制触点，可以形成条件报警。如图 5-80 所示，图中第 3 步，当 X0 闭合，而 X1 在 2s 内不断开，则 S900 报警。第 12 步，设 X1 为上限行程开关，X2 为下限行程开关，当故障使 X1、X2 在 3s 内不工作，则 S901 报警。第 21 步与第 3 步相似。图中使用了特殊辅助继电器 M8048、M8049。当 M8049 为 ON，且当 S900 ~ S999 中任一个为 ON 时，M8048 触点接通，Y2 有输出。这是一种常用的报警电路。

图 5-80　条件报警

5.6.7　求二进制平方根（SQR）

求二进制平方根指令的助记符与功能见表 5-30，格式如图 5-81 所示。

表 5-30　求二进制平方根指令

助记符	功　能	操作数 (S.)	操作数 (D.)	程序步数
SQR（FNC48）	求源数的算术平方根	K,H,D,	D	SQR(P),5 步 DSQR(P),9 步

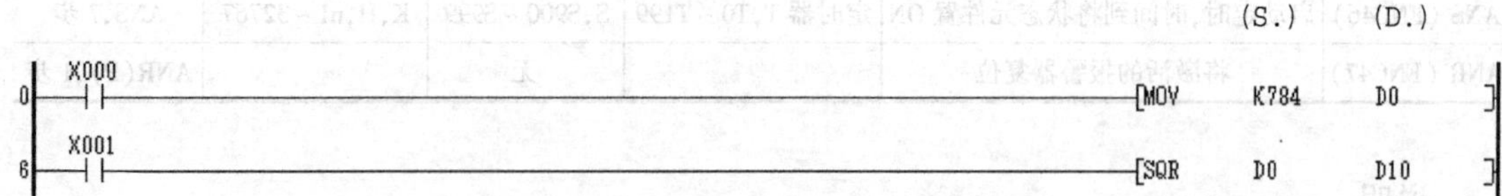

图 5-81　SQR 指令

说明：

1）SQR 指令的意义为求源（S.）的平方根，并将结果存放在目标元件（D.）中，计算结果四舍五入为整数。负数无平方根。若平方根的结果为负数，出错，M8067 置 ON。若平方根的结果为零，M8020 置 ON。四舍五入舍去小数时，借位标志 M8021 置 ON。

2）执行图5-81，当X0闭合时，K784送D0；当X1闭合时，执行SQR指令，D0开平方送D10，D10的当前值为28。

5.6.8 二进制整数与二进制浮点数转换（FLT）

二进制整数与二进制浮点数转换指令的助记符和功能见表5-31，格式如图5-82所示。

表5-31 二进制整数与二进制浮点数转换指令

助记符	功能	操作数		程序步数
		(S.)	(D.)	
FLT（FNC49）	二进制整数与二进制浮点数的转换	D	D	FLT(P),5步 DFLT(P),9步

```
                                              (S.)     (D.)
   X002
 |--| |-------------------------------[FLT    D10      D20   ]
```

图5-82 FLT指令

说明：

1）FLT指令的意义是将源（S.）的二进制整数转换为目标（D.）的二进制浮点数。当M8023为OFF时，二进制整数转换为二进制浮点数；当M8023为ON时，二进制浮点数转换为二进制整数。

2）二进制浮点数的格式是：

$$\pm \text{尾数} \times 2^{\text{指数}}$$

其结构如图5-83所示。二进制浮点数通常由32位二进制数组成。

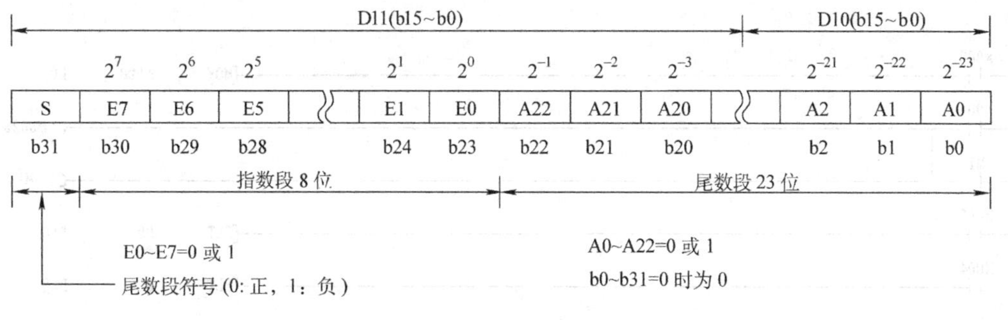

图5-83 二进制浮点数的结构

图5-83表明，二进制浮点数由低位D10为首址的两个数据寄存器的32位二进制数字组成。D11的b15为符号位，0正，1负，其后8位为指数，指数之后的23位为尾数，其尾数和指数的形式分别为：

$$\text{尾数} = 2^0 + A22 \times 2^{-1} + A21 \times 2^{-2} + \cdots + A0 \times 2^{-23}$$

$$\text{指数} = E_7 \times 2^7 + E_6 \times 2^6 + E_5 \times 2^5 + \cdots + E_0 \times 2^0 - 127$$

3）图5-84为二进制整数转换成二进制浮点数的例子，其运行如下：接通X0，D0为K1234，D1为K5；接通X1，将D0/D1→D10，D10的值为其商246，余数4送D11；接通X2，由于M8023为OFF，故将D10寄存的246转换成二进制浮点值送D20，D20的十进制数为 0，D21 为 17270。由 D21、D20 组成的二进制浮点数如图 5-85 所示。

图 5-84　FLT 指令的应用（1）

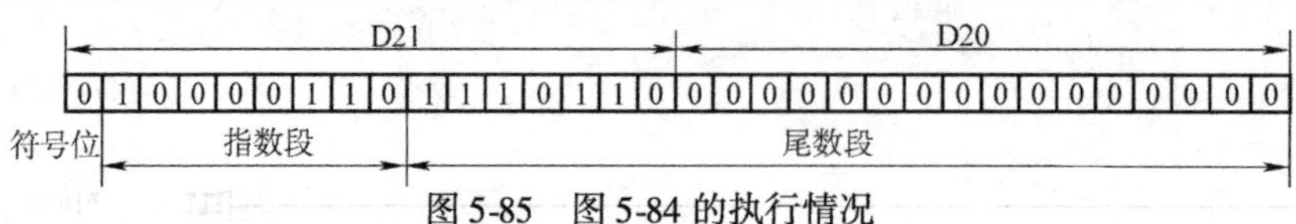

图 5-85　图 5-84 的执行情况

由图 5-85 可见，其尾数、指数分别为：

$$尾数 = 2^0 + 1 \times 2^{-1} + 1 \times 2^{-2} + 1 \times 2^{-3} + 1 \times 2^{-5} + 1 \times 2^{-6} = 1.921875$$

$$指数 = 1 \times 2^7 + 1 \times 2^2 + 1 \times 2^1 - 127 = 7$$

故二进制浮点数值 $= 1.921875 \times 2^7 = 246$

4）在图 5-86 中，当接通 X0，D0 为 128，再接通 X2，则将 D0 的数值 128 转换为二进制浮点数，存放在 D11、D10 中，$(D11, D10) = (43000000)_H$，相当于二进制浮点数 $1.0 \times 2^7 = 128$。

此后，闭合 X1，使 M8023 为 ON，再闭合 X4，则将 D11、D10 的二进制浮点数转换为二进制整数，存放在 D20 中，D20 为 128。

图 5-86　FLT 指令的应用（2）

5.7　高速处理指令（FNC50 ~ FNC59）

高速处理指令包括输入输出刷新、滤波调整、矩阵输入、高速计数的比较置位、比较复位等。

5.7.1　输入输出刷新（REF）

输入输出刷新指令的助记符与功能见表 5-32，格式如图 5-87 所示。

表 5-32　输入输出刷新

助记符	功　能	操作数		程序步数
		(D.)	n	
REF (FNC50)	刷新目标元件的状态	X, Y	K, H	REF (P), 5 步

图 5-87　REF 命令

说明：

1）RET 指令的意义为将 n 位目标（D.）为首址的元件刷新。输入输出刷新指令用于对指定的输入输出口立即刷新，在运算过程中需要最新的输入信息以及希望立即输出运算结果时，可使用该指令。目标 X 或 Y 必须是 10 的倍数，如 00、10、20、30 等。数 n 必须是 8 的倍数，如 K8、K16、K24 等。

2）图 5-87 中，接通 X0，将以 X10 为首址的 8 位输入继电器刷新；接通 X1，将以 Y0 为首址的 16 位输出继电器刷新。

3）一般在 FOR-NEXT 指令之间，在标号（新步序号）与 CJ 指令（旧步序号）之间需要使用 REF 指令。

5.7.2　滤波调整（REFF）

滤波调整指令的助记符与功能见表 5-33，格式如图 5-88 所示。

表 5-33　滤波调整指令

助记符	功　能	操作数	程序步数
		n	
REFF (FNC51)	对 X0 ~ X17，修改其滤波时间常数	K, H　n = 0 ~ 60	REFF (P), 3 步

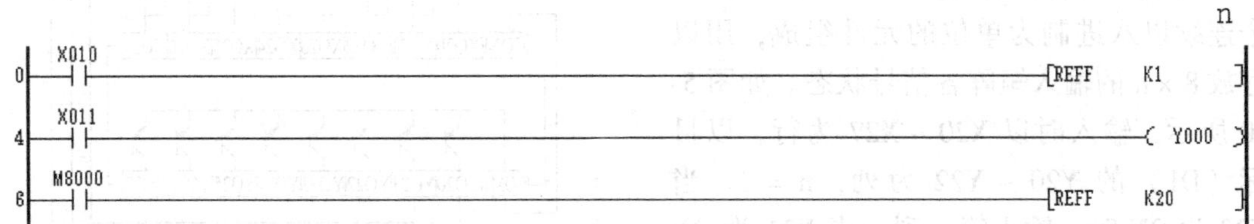

图 5-88　REFF 指令

说明：

1）PLC 为防止输入开关的振动噪声影响，对输入继电器 X0 ~ X17 设置了一个固定的滤波时间常数，默认为 10ms。当无噪声时，为了提高输入的速度，使用 REFF 指令可以在 0 ~ 60ms 内设置输入滤波时间。若 REFF K0，表示滤波时间为 50μs；REFF K1，为 1ms；REFF K20，为 20ms 等。

2）执行图5-88，当X10接通，滤波时间为1ms，刷新输入继电器X0～X17的滤波时间常数。在需要使用设定的滤波时间常数时，REFF必须在程序运行过程中一直被驱动，如图5-88使用了M8000。

5.7.3 矩阵输入（MTR）

矩阵输入命令的助记符与功能见表5-34所示，格式如图5-89所示。

表5-34 矩阵输入指令

助记符	功能	操作数				程序步数
		(S)	(D1)	(D2)	n	
MTR（FNC52）	将n组输入状态存放到目标元件中，只能使用一次	X	Y	Y,M,S	K,H n=0～60	MTR(P),9步
		操作数首址必须是10的倍数				

图5-89 MTR指令

说明：

1）MTR指令的意义为以源（S）首址的连续8个输入元件为行，以目标（D1）为首址的连续n个输出元件为列，形成8×n的输入矩阵，并把处理的结果存放在以目标（D2）为首址的矩阵表中。它适用于高速输入/输出方式，常用于晶体管模块输出的PLC。MTR指令工作时，其控制触点必须一直接通，因此常用M8000触点。当矩阵输入状态全部扫描一次，完成标志M8029置ON。

2）矩阵表由以目标（D2）为首址，n个连续以八进制为单位的元件组成，用以存放8×n的输入矩阵各信号状态。如图5-90所示，输入时以X20～X27为行，以目标（D1）的Y20～Y22为列，n=3。当Y20为ON时，输入第一列；当Y21为ON时，输入第二列；当Y22为ON时，输入第三列；当Y20为ON时，又输入第一列。如此，Y20、Y21、Y22依次反复为ON，输入8×3矩阵，各列数据存放于目标（D2）的M30～M37、M40～M47、M50～M57中。

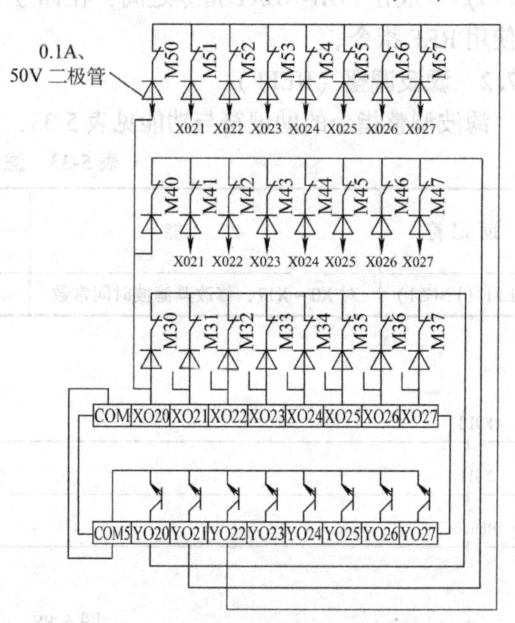

图5-90 矩阵输入的硬件电路

3）矩阵输入指令的运行需要外加硬件电路实现，如图5-90所示。电路中每个输入元件之后加一个二极管，参数为0.1A、50V。

4）MTR 所用的输入继电器，通常应使用 X20 以后的输入继电器（16 点基本单元为 X10 以后）。

5.7.4 比较置位和比较复位（高速计数器用）（HSCS，HSCR）

比较置位和比较复位指令的助记符与功能见表 5-35 所示，格式如图 5-91 所示。

表 5-35 比较置位和比较复位指令

助记符	功能	操作数			程序步数
		(S1.)	(S2.)	(D.)	
HSCS(FNC53)	当高速计数器值等于设定值，目标元件置 ON	K,H,KnX,KnY,KnM,KnS,T,C,D,V,Z	计数器 C(C235 ~ C254)	Y,M,S	DHSCS,13 步
HSCR(FNC54)	当高速计数器值等于设定值，目标元件置 OFF	K,H,KnX,KnY,KnM,KnS,T,C,D,V,Z	计数器 C(C235 ~ C254)	Y,M,S C(与 S2 相同)	DHSCR,13 步

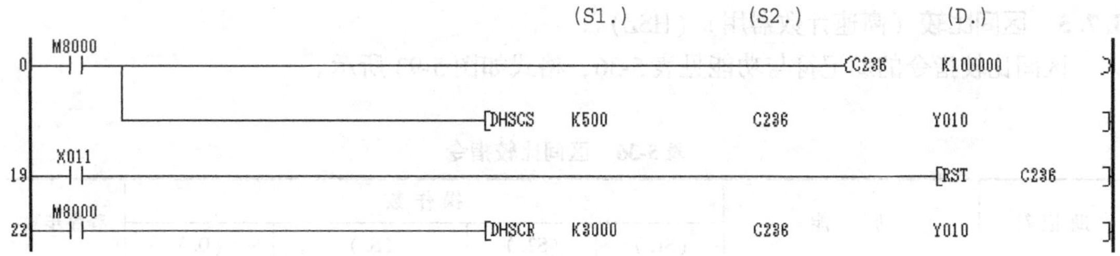

图 5-91 HSCS、HSCR 指令

说明：

1）HSCS 和 HSCR 为 32 位指令，使用时要用 DHSCS 或 DHSCR。源（S1.）为指定的比较设定值，（S2.）为指定的高速计数器，当高速计数器当前值等于设定值，HSCS 作用的目标元件（D.）置 ON，而 HSCR 作用的目标元件（D.）置 OFF。

2）使用 HSCS 和 HSCR 指令，当高速计数器输入端从 OFF→ON 时，计数一次。高速计数器的计数输入端见第 1 章的计数器部分所述。如果没有计数输入端的计数输入，比较输出就不发生变化。

3）使用 HSCS 指令，比较外部输出采用中断处理。因此在图 5-91 中，当 C236 的当前值由 499→500 或 501→500 时，所驱动的 Y10 立即置位。HSCR 和 HSCS 指令在工作时要一直通电，故常采用 M8000 作为控制端。执行图 5-91，由 X1 输入计数脉冲，则当 C236 的当前值由 499→500 时，Y10 立即被置位。当从 X1 输入的计数值不断增加，达到 2999→3000，或从 3001→3000 时，DHCSR 指令被执行，Y10 复位。

4）比较置位 HSCS 和比较复位 HSCR 指令可以多次使用，但同时驱动的总数限制在 6 个指令以下。

5）HSCS 指令可以用于比较中断程序，如图 5-92 所示。图中当 C255 的当前值等于 K100 时，驱动中断指针 I010，转到中断程序。HSCS 可驱动的中断指针为 I010 ~ I060，但当 M8059 = ON 时，I010 ~ I060 的中断被全部禁止。

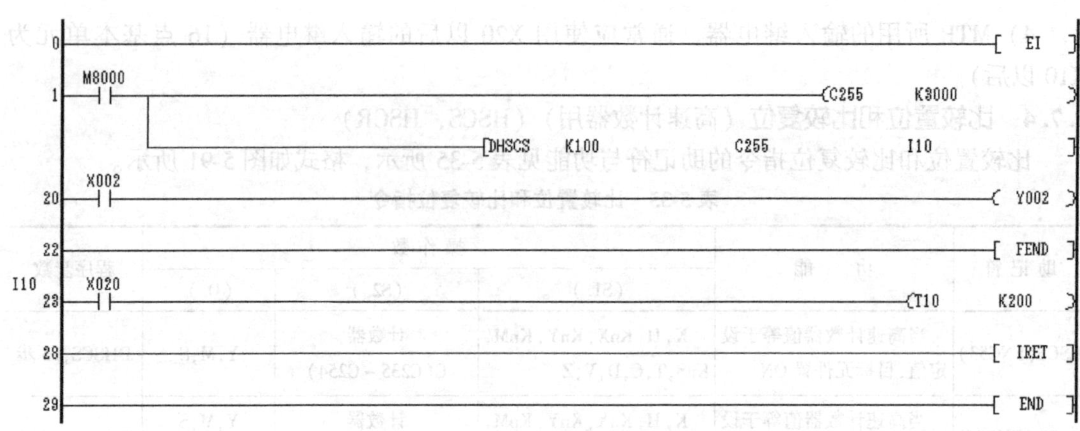

图 5-92　HSCS 指令用于比较中断程序

5.7.5　区间比较（高速计数器用）（HSZ）

区间比较指令的助记符与功能见表 5-36，格式如图 5-93 所示。

表 5-36　区间比较指令

助记符	功能	操作数				程序步数
		(S1.)	(S2.)	(S.)	(D.)	
HSZ（FNC55）	高速计数器的当前值与一指定数值区间的比较	K，H，KnX，KnY，KnM，KnS，T，C，D，V，Z		C(C = C235 ~ C254)	Y，M，S 3 个连续软元件	DHSZ，17 步

图 5-93　HSZ 指令

0 M8000 C240 K100000
DHSZ K1000 K2000 C240 Y000
23 X011 RST C240

图 5-94　HSZ 指令的应用

说明：

1）HSZ 为 32 位指令，使用时要用 DHSZ，如同 HSCS 及 HSCR 一样。HSZ 也是用于高速计数器，高速计数器的计数中断输入端见第 1 章的计数器部分所述。HSZ 工作时必须一直通电，故用 M8000 作为控制触点。

2）源（S1.）的数值必须小于或等于源（S2.）的数值。

3）执行图 5-94 程序，从 X0 端输入计数脉冲。当计数脉冲输入后，进行区间比较：

K1000 > C240 当前值，Y0 为 ON

K1000≤C240 当前值≤K2000，Y1 为 ON

K2000 < C240 当前值，Y2 为 ON

4）HSZ 与 ZCP（FNC11）的不同之处是 HSZ 指令仅当计数脉冲输入时才进行比较结果的输出，一直进行到比较操作结束为止。而 ZCP 指令是在 ZCP 控制触点动作以后，立即进行比较输出。

5）对于具有外部复位端子的高速计数器，如 C241 等，在 M8025 为 ON 的状态下，使用 HSZ、HSCS 或 HSCR 等指令，可以通过外部复位端子使高速计数器复位。

5.7.6 脉冲密度（SPD）

脉冲密度指令的助记符与功能见表 5-37 所示，格式如图 5-95 所示。

表 5-37 脉冲密度指令

助 记 符	功 能	操 作 数			程序步数
		（S1.）	（S2.）	（D.）	
SPD（FNC56）	检测在指定时间内编码器脉冲输入个数，并计算其速度	X0 ~ X5	K，H，KnX，KnY，KnM，KnS，T，C，D，V，Z	T，C，D，Z，（V）3 个连续元件	SPD，7 步 DSPD，13 步

```
                                                        (S1.)   (S2.)   (D.)
    X010
0 ──┤ ├──────────────────────────────────────[SPD      X000    K1000   D0   ]
    X012
8 ──┤ ├──────────────────────────────────────────[ZRST     D0      D2        ]
```

图 5-95 SPD 指令

说明：

1）使用 SPD 指令，脉冲可通过编码器由接近开关从 X0 ~ X5 端输入，如图 5-96 所示。SPD 的意义是：在操作数（S2.）所设定的时间内（单位为 ms）对输入（S1.）的输入脉冲进行计数，计数的结果放在操作数所指的（D.）+1 元件中，当前计数剩余时间放在（D.）+2 中，计数的最终结果放在（D.）中。如图 5-95 所示，在源（S2.）所指定的 1000ms 内，D1 对从 X0 输入的 OFF→ON 动作计数，当前计数的剩余时间存在 D2 中，1000ms 后将其结果存入 D0 中，随之复位，再次对 X0 的动作计数。

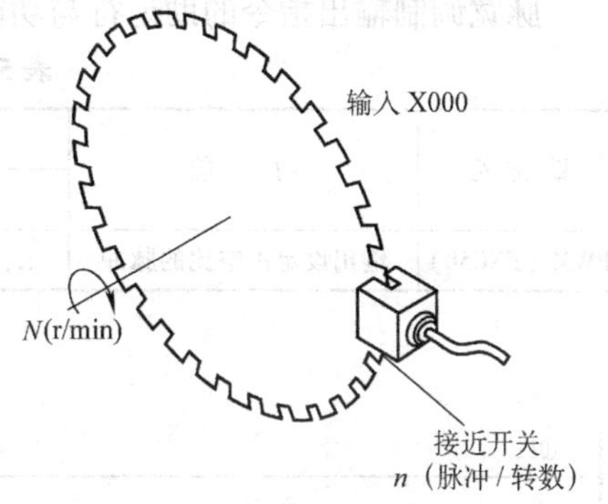

图 5-96 脉冲通过编码器输入

2）程序中可允许最多 6 条 SPD 指令。

3）使用 SPD 指令，X0 ~ X5 为输入脉冲端，不能与高速计数器及中断输入重复使用。

4）SPD 作用时，其控制触点 X10 必须一直接通。

5.7.7 脉冲输出（PLSY）

脉冲输出指令的助记符与功能见表 5-38，格式如图 5-97 所示。

表 5-38 脉冲输出指令

助记符	功能	操作数			程序步数
		(S1.)	(S2.)	(D.)	
PLSY (FNC57)	按设定的频率输出指定的脉冲	K, H, KnX, KnY, KnM, KnS,T,C,D,V,Z		Y(Y0,Y1)	PLSY,7 步 DPLSY,13 步

```
                                                     (S1.)   (S2.)   (D.)
 X011
─┤ ├──────────────────────────────────────[PLSY    K1000    D10     Y000  ]
```

图 5-97 PLSY 指令

说明：

1）PLSY 是按指定的频率产生定量脉冲的指令。操作数（S1.）为指定的频率，FX2N 为 2 ~ 20000Hz；FX3U 为 1 ~ 200000Hz。（S2.）为指定产生的脉冲量。对 16 位指令，为 1 ~ 32767 个脉冲；对 32 位指令，为 1 ~ 2147483647 个脉冲。操作数（D.）为脉冲输出的 Y 地址号，只限于 Y0、Y1 有效。图 5-97 的意义为：以指定的频率 1000Hz 产生 D10 所指定的脉冲量送 Y0。PLSY 指令只适用于晶体管输出型 PLC。对于继电器输出型 PLC，频繁的脉冲输出会缩短其使用寿命。

Y0 或 Y1 输出的脉冲数将保存于以下特殊数据寄存器：

D8140（低位）
D8141（高位）} 输出至 Y0 的脉冲总数（PLSR，PLSY 指令的输出脉冲总数）。

D8142（低位）
D8143（高位）} 输出至 Y1 的脉冲总数（PLSR，PLSY 指令的输出脉冲总数）。

D8140 ~ D8143 数据寄存器的内容可以用 MOV 指令来清除。

2）每个脉冲的占空比为 50%。所设定的脉冲数发生完毕，标志 M8029 置 ON；若中途不执行此指令，M8029 复位，停止输出脉冲。

3）程序中 PLSY 指令只能用一次。

5.7.8 脉宽调制输出（PWM）

脉宽调制输出指令的助记符与功能见表 5-39，格式如图 5-98 所示。

表 5-39 脉宽调制输出指令

助记符	功能	操作数			程序步数
		(S1.)	(S2.)	(D.)	
PWM (FNC58)	输出设定占空比的脉冲	K,H,KnX,KnY,KnM,KnS,T,C,D,V,Z		Y(Y0,Y1)	PWM,7 步

```
                                                    (S1.)   (S2.)   (D.)
 X011
─┤ ├─────────────────────────────────────[PWM      D10      K50     Y000  ]
```

图 5-98 PWM 指令

说明：

1）PWM 是按指定脉冲宽度、脉冲周期，产生脉宽可调脉冲输出的指令。操作数中的（S2.）为所设定的脉冲周期（ms）$T=1\sim32767$ms，（S1.）为设定的脉宽（ms）$t=0\sim32767$ms，但必须（S1.）≤（S2.）。目标（D.）为指定输出脉冲的元件，只有 Y0、Y1 有效。图 5-98 中，当 X11 接通，产生以 50ms 为周期以 D10 值为脉宽的脉冲串送 Y0。当 D10 的数值由 0～50 变化时，则由目标元件 Y0 输出的脉冲占空比（S1）/（S2）为 0～100%。当 D10 的数值超过 50 时，程序出错。此指令为 16 位指令。

2）PWM 只适用于晶体管输出型 PLC。

5.7.9 可调速脉冲输出（PLSR）

可调速脉冲输出指令的助记符与功能见表 5-40，格式如图 5-99 所示。

表 5-40 可调速脉冲输出指令

助记符	功　能	操作数				程序步数
		(S1.)	(S2.)	(S3.)	(D.)	
PLSR(FNC59)	对所指定的最高频率进行加速、减速脉冲输出	K, H, KnX, KnY, KnM, KnS, T, C, D, V, Z			Y(Y0, Y1)	PLSR, 9 步　DPLSR, 17 步

```
                                          (S1.)  (S2.)   (S3.)   (D.)
 X011
─┤├──────────────────────────────[PLSR   K500    D0     K3600   Y000  ]
```

图 5-99 PLSR 指令

说明：

1）PLSR 是带加速、减速功能的定尺寸传递用的脉冲输出指令。对所指定的最高频率进行定加速，在达到所指定的输出脉冲数后，进行定减速。指令的操作数的内容如下：（S1.）为最高频率（Hz），设置范围为 10～20000Hz，以 10 的倍数为单位，最高频率中指定值的 1/10 可作为减速的一次变速量（频率）。如果此指令用于步进电动机的控制，此频率应设定在其不失调的范围内。（S2.）为总输出的脉冲数，对 16 位，脉冲数设定为 110～32767；对 32 位，脉冲设定为 110～2147483647。设定不满 110 值时，脉冲不能正常输出。（S3.）为加减速度时间（ms），可设在 5000ms 以下，加减数的变速次数（段数）为 10 次。（D.）为脉冲输出，只能指定 Y0 和 Y1，必须为晶体管输出。

图 5-97 的意义为执行 PLSR 指令以最高 500Hz 的频率、总输出脉冲数为 D0、以 3600ms 的加减速度时间输出脉冲到 Y0。

2）PLSY 及 PLSR 的输出 Y0 或 Y1 的脉冲总数存入以下特殊数据寄存器：

Y0 输出存放在 D8140（下位）和 D8141（上位）；

Y1 输出存放在 D8142（下位）和 D8143（上位）。

3）在编程时 PLSR 指令只能使用一次。

5.8 方便指令（FNC60～FNC69）

方便指令是为了在复杂的程序控制中使用最简单的控制方式的指令，包括状态初始化、查找数据、特殊定时器、交替输出、斜坡信号等。

5.8.1 状态初始化（IST）

状态初始化指令的助记符与功能见表5-41，格式如图5-100所示。

表5-41 状态初始化指令

助记符	功能	操作数			程序步数
		（S.）	（D1.）	（D2.）	
IST（FNC60）	设置STL指令的运行模式	X,Y,M,S,（8个连续元件）	FX2N:S20～S499,FX3U:S20～S899		IST,7步

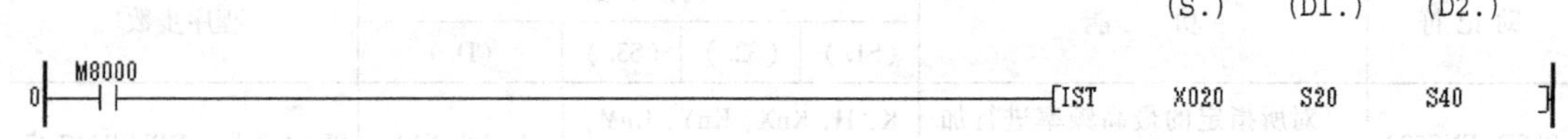

图5-100 IST指令

说明：

1）IST指令是在自动控制中对步进阶梯的状态初始化及特殊辅助继电器的切换指令，操作数中各项的意义如下：

源（S.）为指定运行模式的初始输入，共8个连续的元件，其指定的软元件如下，设源（S.）为X20，则

（S.）+0=X20:手动操作控制；（S.）+1=X21:返回原位控制；

（S.）+2=X22:单步操作控制；（S.）+3=X23:一次循环控制；

（S.）+4=X24:自动循环控制；（S.）+5=X25:返零启动；

（S.）+6=X26:自动操作启动；（S.）+7=X27:停止。

目标（D1.）为自动运行模式中状态元件最小编号。

目标（D2.）为自动运行模式中状态元件最大编号。

2）IST指令用到的初始状态的号码和特殊辅助继电器：

S0：手动操作初始态；S1：返零操作初始态； S2：自动操作初始态；

M8040：禁止转移； M8041：开始转移； M8042：启动脉冲；

M8043：返零完成； M8044：检测到机械零位；M8047：STL监测有效。

3）IST指令在编程时只能使用一次，且必须放在程序的开始，即被控制的STL指令之前。请勿将S0～S9、S10～S19作为普通的状态编程。

4）编程时，一般是先编好手动操作程序，然后编返回原点程序，再编自动循环的程序。编写时，一般先画流程图，再编梯形图。以下用机械手例子说明IST指令的用法。

例5-14 机械手传送工件示意图和面板布置如图5-101所示。图5-101a中，机械手传送工件的过程为：将工件夹紧，上升，到最高限，右移，到右限，下降到最低位，放松工件，上升，到最高限，左移，到左限，下降到最低位回到原点。试用IST指令编写梯形图。

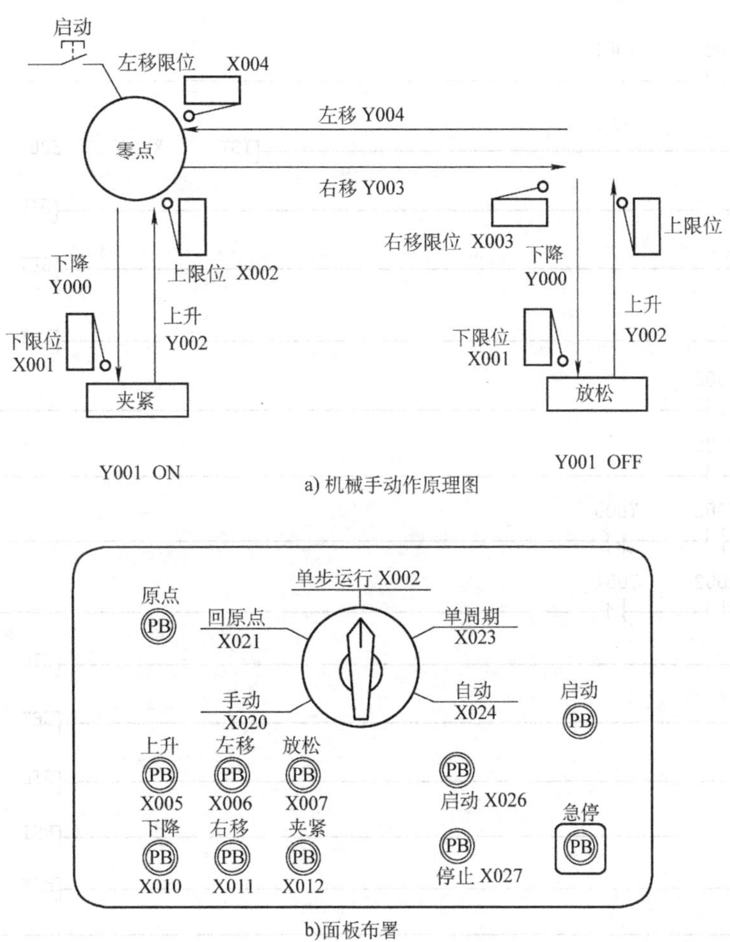

图 5-101　机械手传送工件示意图

用 IST 指令编写梯形图时，要注意使用与 IST 指令有关的 8 个控制运行模式的连续元件，本例中是从 X20 ~ X27，每个元件的控制作用必须清楚，而且要用到相应的初始状态元件号码和一些特殊的辅助继电器。

所编的程序如图 5-102 所示。

图中第 7 步为机械零点检查，当机械手位于最上端和最左端时，M8044 置 1。

第 12 步为 IST 指令，它必须置于 S 元件之前。

第 20 ~ 35 步为手动程序；第 39 ~ 59 步为返回零点程序；第 62 ~ 114 步为自动操作程序。

其中，当 X20 闭合时，会令 S0 置 1，执行手动程序。当 X21 闭合时，会令 S1 置 1，执行返回零点程序。当 X24 闭合时，会令 S2 置 1，执行自动操作程序。

第 62 步中，当 X2、X4 同时闭合时，即机械手在原点，M8044 线圈得电，M8044 常开触点闭合。当执行自动操作程序的控制旋钮 X24 及 X26 同时置 1 时，开始转移功能的特殊继电器 M8041 触点才闭合，此时会令 S20 置 1，从而开始自动操作程序。

当执行自动操作程序时，如 X23 闭合，则只执行一次循环。

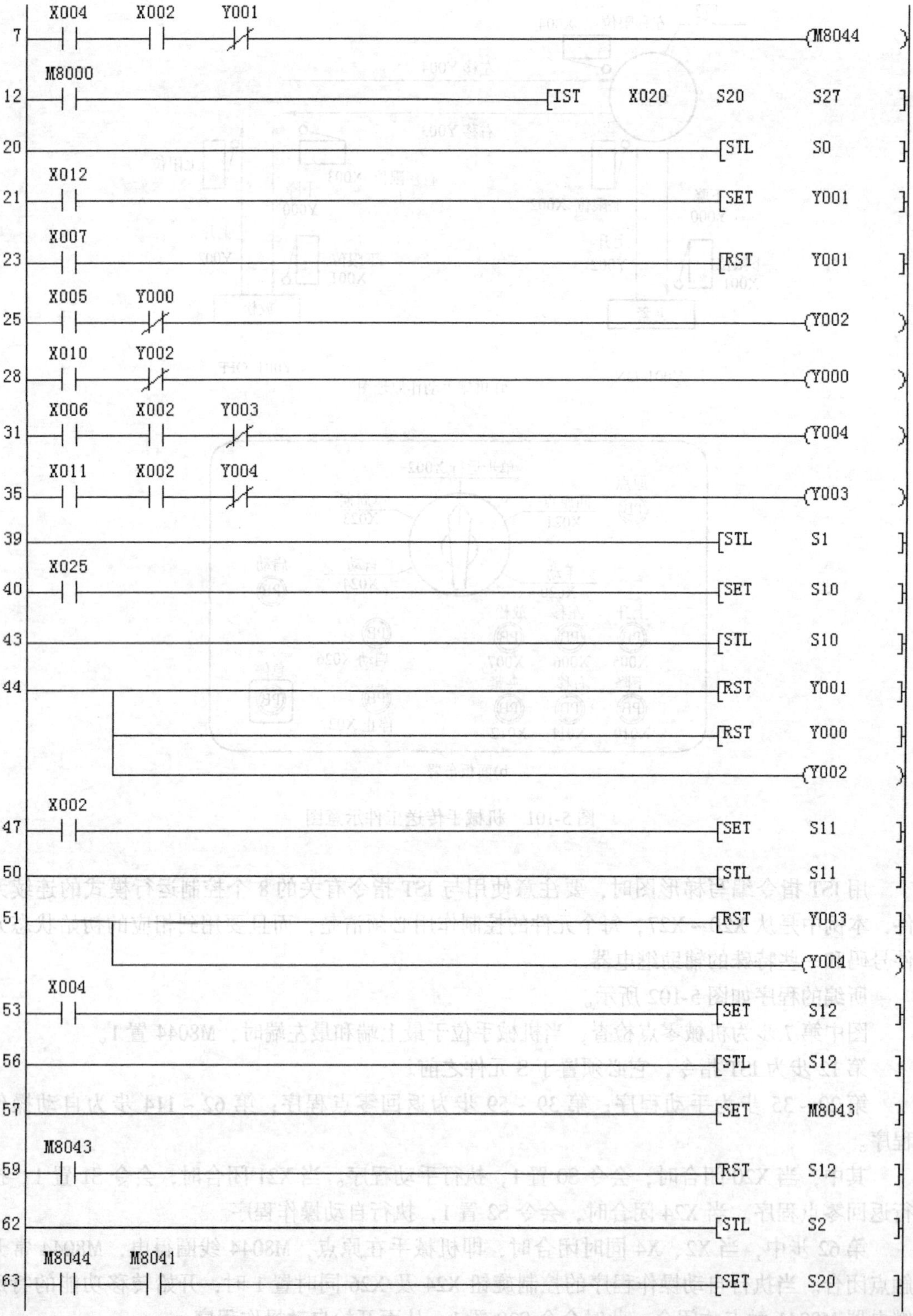

```
7   ─┤ X004 ├─┤ X002 ├─┤/ Y001 ├──────────────────( M8044 )
12  ─┤ M8000 ├──────────────────[ IST   X020   S20   S27 ]
20  ────────────────────────────────────────────[ STL   S0 ]
21  ─┤ X012 ├──────────────────────────────────[ SET   Y001 ]
23  ─┤ X007 ├──────────────────────────────────[ RST   Y001 ]
25  ─┤ X005 ├─┤/ Y000 ├─────────────────────────( Y002 )
28  ─┤ X010 ├─┤/ Y002 ├─────────────────────────( Y000 )
31  ─┤ X006 ├─┤ X002 ├─┤/ Y003 ├──────────────────( Y004 )
35  ─┤ X011 ├─┤ X002 ├─┤/ Y004 ├──────────────────( Y003 )
39  ────────────────────────────────────────────[ STL   S1 ]
40  ─┤ X025 ├──────────────────────────────────[ SET   S10 ]
43  ────────────────────────────────────────────[ STL   S10 ]
44  ───────┬────────────────────────────────────[ RST   Y001 ]
           ├────────────────────────────────────[ RST   Y000 ]
           └────────────────────────────────────( Y002 )
47  ─┤ X002 ├──────────────────────────────────[ SET   S11 ]
50  ────────────────────────────────────────────[ STL   S11 ]
51  ───────┬────────────────────────────────────[ RST   Y003 ]
           └────────────────────────────────────( Y004 )
53  ─┤ X004 ├──────────────────────────────────[ SET   S12 ]
56  ────────────────────────────────────────────[ STL   S12 ]
57  ────────────────────────────────────────────[ SET   M8043 ]
59  ─┤ M8043 ├─────────────────────────────────[ RST   S12 ]
62  ────────────────────────────────────────────[ STL   S2 ]
63  ─┤ M8044 ├─┤ M8041 ├───────────────────────[ SET   S20 ]
```

图 5-102　机械手

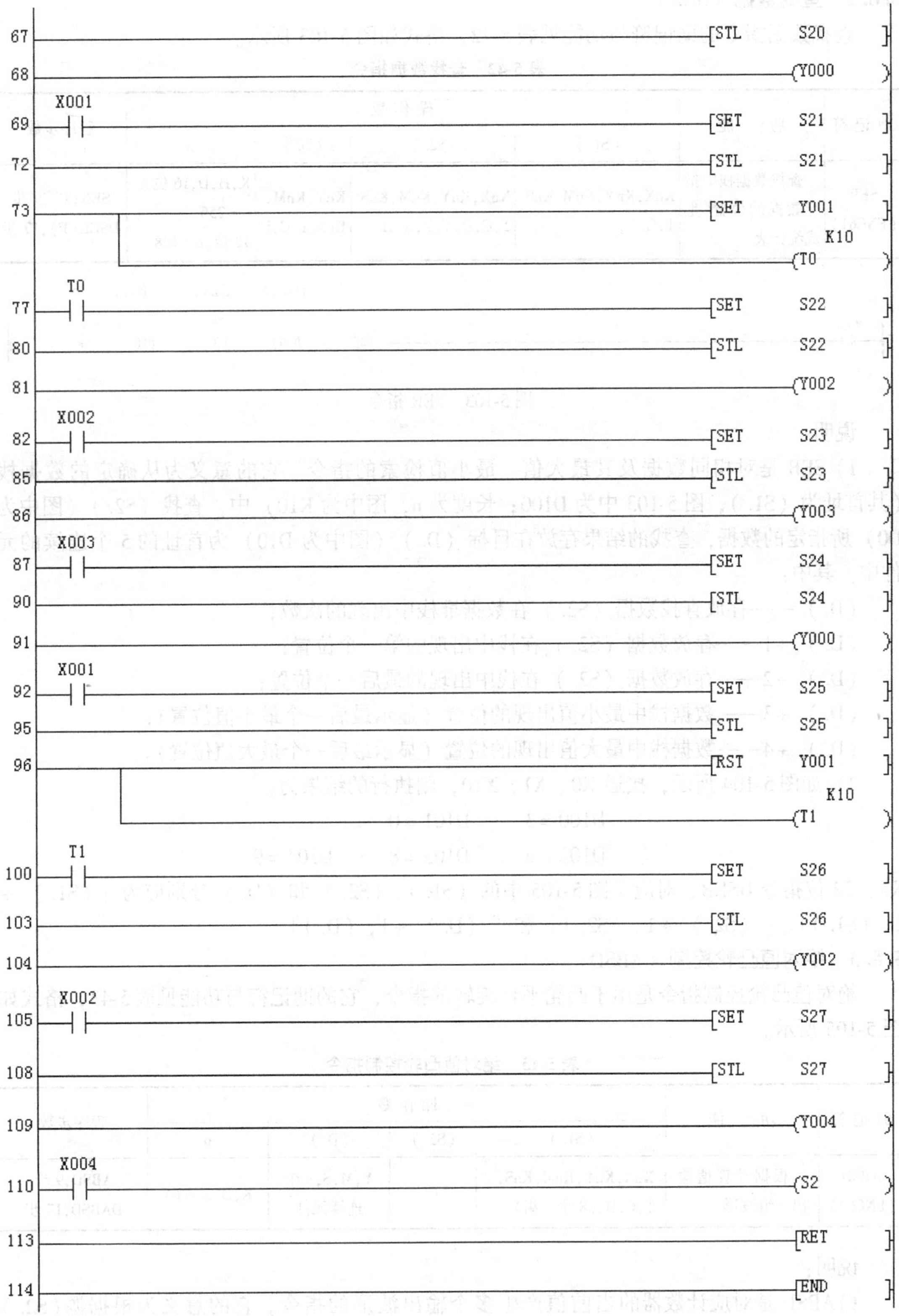

```
67                         [STL  S20 ]
68                         (Y000     )
     X001
69  ─┤ ├─                  [SET  S21 ]
72                         [STL  S21 ]
73                         [SET  Y001]
                                 K10
                           (T0       )
     T0
77  ─┤ ├─                  [SET  S22 ]
80                         [STL  S22 ]
81                         (Y002     )
     X002
82  ─┤ ├─                  [SET  S23 ]
85                         [STL  S23 ]
86                         (Y003     )
     X003
87  ─┤ ├─                  [SET  S24 ]
90                         [STL  S24 ]
91                         (Y000     )
     X001
92  ─┤ ├─                  [SET  S25 ]
95                         [STL  S25 ]
96                         [RST  Y001]
                                 K10
                           (T1       )
     T1
100 ─┤ ├─                  [SET  S26 ]
103                        [STL  S26 ]
104                        (Y002     )
     X002
105 ─┤ ├─                  [SET  S27 ]
108                        [STL  S27 ]
109                        (Y004     )
     X004
110 ─┤ ├─                  (S2       )
113                        [RET      ]
114                        [END      ]
```

运行的程序

5.8.2 查找数据（SER）

查找数据指令的助记符与功能见表5-42，格式如图5-103所示。

表5-42 查找数据指令

助记符	功 能	操作数				程序步数
		(S1.)	(S2.)	(D.)	n	
SER (FNC61)	查找数据栈中指定数据的位置，生成统计表	KnX，KnY，KnM，KnS T，C，D，	KnX，KnY，KnM，KnS T，C，D，V，Z，K，H	KnY，KnM，KnS，T，C，D	K，H，D，16位，n=256 32位，n=128	SER(P)，9步 DSER(P)，17步

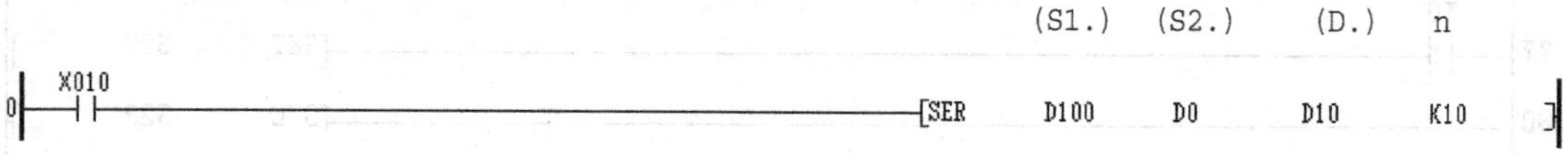

```
                                            (S1.)   (S2.)    (D.)    n
   X010
0─┤├────────────────────────────────[SER   D100    D0      D10     K10  ]
```

图5-103 SER指令

说明：

1）SER是对相同数据及其最大值、最小值检索的指令。它的意义为从确定的数据栈（其首址为（S1.），图5-103中为D100；长度为n，图中为K10）中，查找（S2.）（图中为D0）所指定的数据，查找的结果存放在目标（D.）（图中为D10）为首址的5个连续的元件中。其中：

（D.）——存放查找数据（S2.）在数据堆栈中出现的次数；

（D.）+1——存放数据（S2.）在栈中出现的第一个位置；

（D.）+2——存放数据（S2.）在栈中出现的最后一个位置；

（D.）+3——数据栈中最小值出现的位置（显示最后一个最小值位置）；

（D.）+4——数据栈中最大值出现的位置（显示最后一个最大值位置）。

2）如图5-104所示，接通X0、X1、X10，则执行的结果为：

D100=3　　D101=0

D102=6　　D103=8　　D104=9

对于32位指令DSER，对应于图5-105中的（S1.）、（S2.）和（D.）分别应为［（S1.）+1，（S1.）］、［（S2.）+1，（S2.）］和［（D.）+1，（D.）］。

5.8.3 绝对值凸轮控制（ABSD）

绝对值凸轮控制指令是用于凸轮平台旋转的指令，它的助记符与功能见表5-43，格式如图5-105所示。

表5-43 绝对值凸轮控制指令

助记符	功 能	操作数				程序步数
		(S1.)	(S2.)	(D.)	n	
ABSD (FNC62)	根据计算值输出一组波形	KnX，KnY，KnM，KnS，T，C，D，(8个一组)	C	Y，M，S，n个连续元件	K，H，n≤64	ABSD，9步 DABSD，17步

说明：

1）ABSD是对应计数器的当前值产生多个输出波形的指令。它的意义为根据源（S2.）（图5-105中为计数器C0）的当前值，输出一组波形。源（S1.）（图中为D300）表明数据表的首

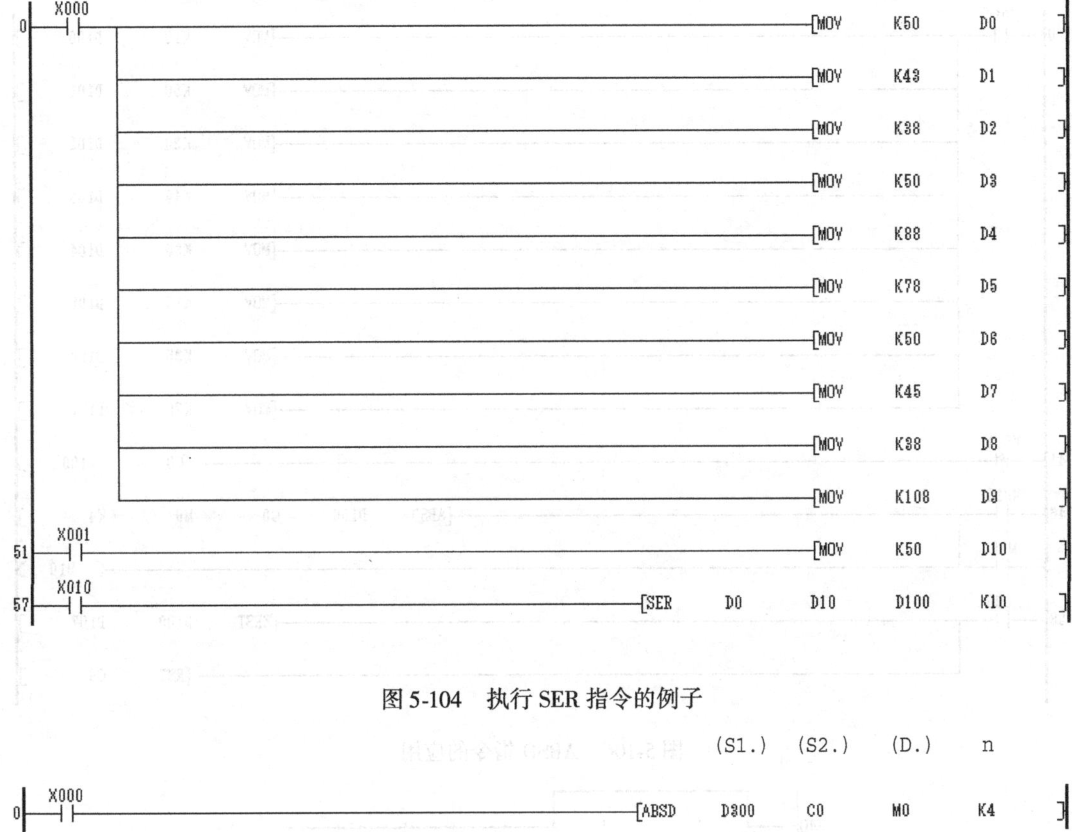

图 5-104 执行 SER 指令的例子

图 5-105 ABSD 指令

址，长度为 2n(2 × K4 = 8) 个单元，图中即 D300、D301、D302、D303、D304、D305、D306、D307。上升点数据存入偶数元件中，下降点数据存入奇数元件中。当 C0 的当前值等于第一组 (D300，D301) 偶数址单元的设定值时，M0 置 ON；当 C0 的当前值等于第 1 组奇数址单元的设定值时，M0 置 OFF。同理，当 C0 的当前值等于第 2 组上升点数据 D302 当前值时，M1 置 ON；当 C0 的当前值等于下降点数据 D303 当前值时，M1 置 OFF；余类推。

2) ABSD 指令只能用一次，且数据表存放数据值为 0 ~ 32767。

3) 图 5-106 为 ABSD 指令应用的例子。图中先用 MOV 指令对 D100 ~ D107 传送数据，令 C0 设定值为 K100。执行 ABSD 指令，M0、M1、M2、M3 的 ON、OFF 状态如图 5-107 所示。

4) ABSD 指令在执行时，其控制触点必须接通。

5.8.4 增量式凸轮顺控

增量式凸轮顺控指令的助记符与功能见表 5-44，格式如图 5-108 所示。

表 5-44 增量式凸轮顺控指令

助记符	功能	操作数				程序步数
		(S1.)	(S2.)	(D.)	n	
INCD (FNC63)	根据一组计算值顺序输出一组波形	KnX, KnY, KnM, KnS, T, C, D	C	Y, M, S, n 个连续元件	K, H, n ≤64	INCD, 9 步

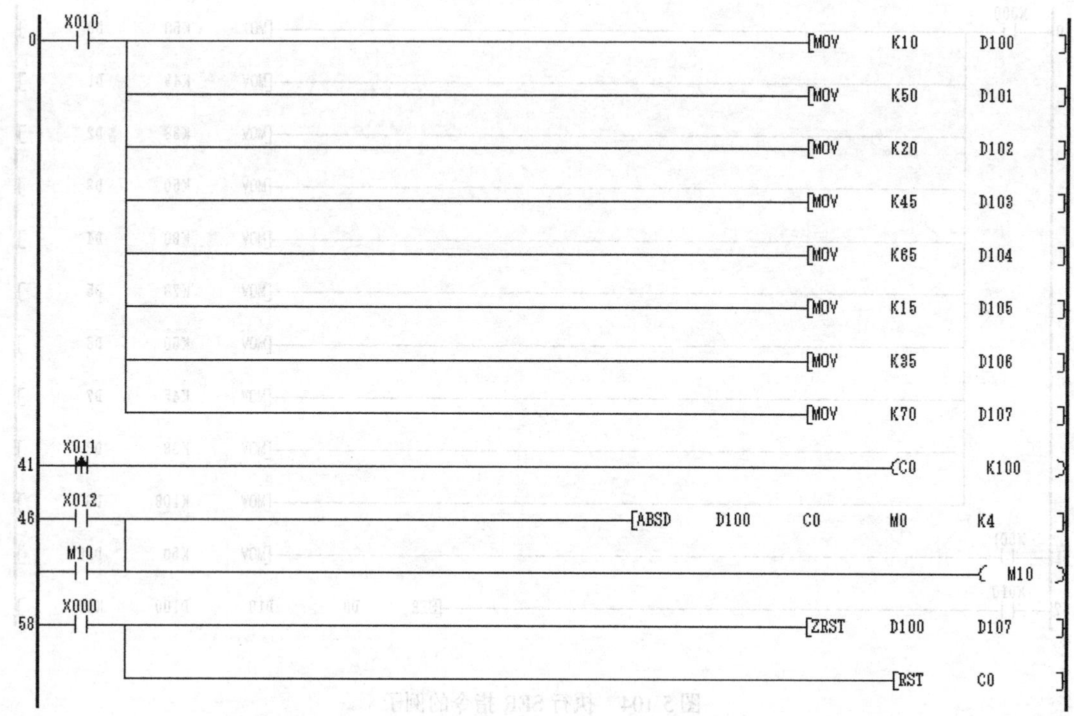

图 5-106　ABSD 指令的应用

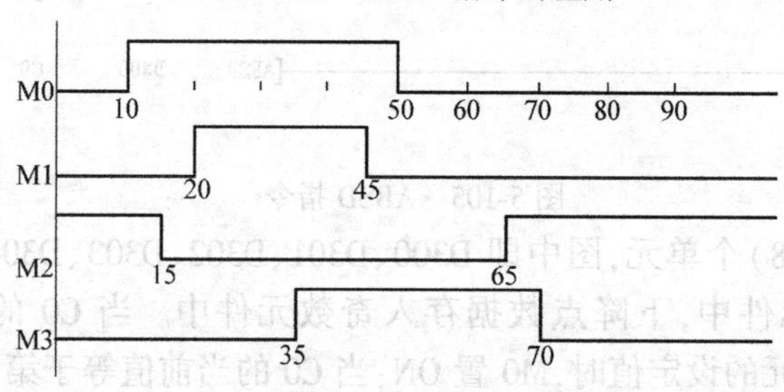

图 5-107　M0～M3 的输出波形

图 5-108　INCD 指令

说明：

1）INCD 指令又称为凸轮控制相对方式指令。它是用源（S2.）指定的一对计数器（图 5-108 中为 C1、C0）产生 n 个输出顺序控制波形的指令。数据表以源（S1.）的首址 D300 开始，连续存放 n 个（K4）设定数据及编号。使计数器 C0、C1 的当前值与数据表内容相比较，输出对应波形。

2）计数器 C0 的设定值必须大于数据表中的设定值。

3）C0 存放计数的当前值，C1 计数其复位的次数，当计数器 C0 的当前值与数据表指定单元的数据相等时，C0 的当前值清零，而 C1 的当前值加 1，并使对应的输出元件置 OFF。

4）C1 的计数范围为 0 ~ n。当 C1 的当前值等于 n，完成标志 M8029 置 ON 时，C1 自动清零，又开始下一循环。

5）数据表存放数值的范围为 0 ~ 32767，且 INCD 指令只能用 1 次。

图 5-109　INCD 指令的应用例子

6）图 5-109 为 INCD 指令的应用例子。图中接通 X10，将 K20、K30、K10、K40 分别传送到 D300、D301、D302、D303。接通 X0，脉冲周期为 1s 的特殊辅助继电器 M8013 控制 C0。起始当 C0 的当前值≤D300 时，M0 得电，C1 = 0。当 C0 从 0 增加到 K20 时，C0 当前清零，M0 失电，同时 C1 加 1；C0 又开始计数，M1 得电。当 C0 又从 0 增加到 K30 时，M1 失电，C1 等于 2，同时 M2 得电；当 C0 又从 0 增加到 K10 时，M2 失电，C1 等于 3，同时 M3 得电。当 C0 又从 0 增加到 K40 时，M3 失电，且 M029 置 ON，C1 复位为 0，从而开始另一循环。M0 ~ M3 顺控时序图如图 5-110 所示。

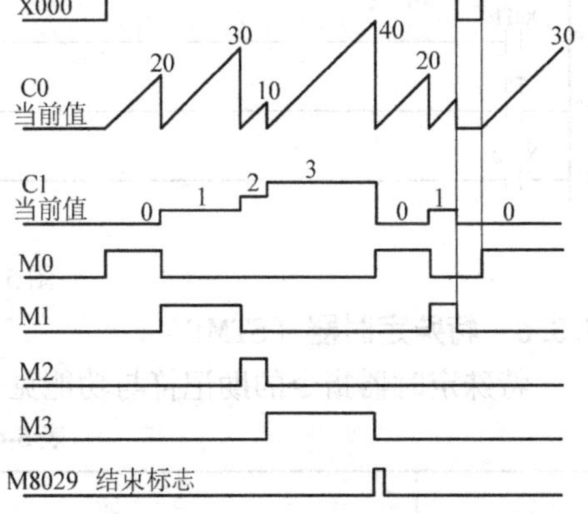

图 5-110　图 5-109 的顺控时序

5.8.5　示数定时器（TTMR）

示数定时器指令的助记符与功能见表 5-45，格式如图 5-111 所示。

表 5-45　示数定时器指令

助记符	功　能	操　作　数		程序步数
		(D.)	n	
TTMR（FNC64）	监视信号作用时间，将结果存放到(D)中	D（连续使用 D、D + 1）	K，H，(n = 0 ~ 2)	TTMR，5 步

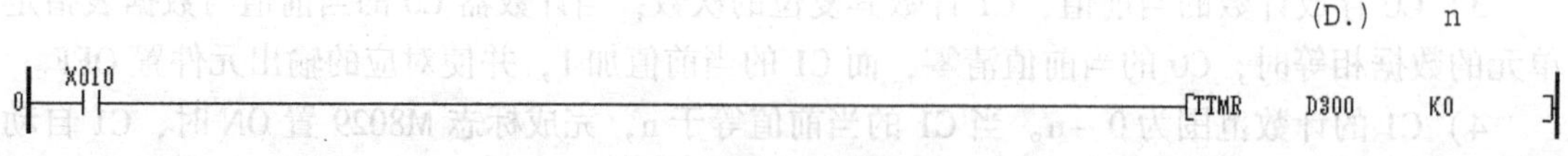

图 5-111　TTMR 指令

说明：

1）TTMR 为通过按钮调整定时器设定时间的指令。它的意义为：用目标（D.）+1（图 5-111 中为 D301）测定输入按钮(X10)ON 的持续时间，并乘以其中 n 指定的倍率存入到目标（D.）（图 5-111 中为 D300）中。指定的倍率如下：设按钮(X10)ON 的持续时间为 τ 秒，则

n = K0 ——τ　　　（存入到 D300 的值）

n = K1 ——10τ　　（存入到 D300 的值）

n = K2 ——100τ　　（存入到 D300 的值）

2）当 X10 为 OFF 时，D301 复位，D300 值不变。

3）图 5-112 为 TTMR 指令运行的一个例子。例中按下 X10，则 D101 记录按钮按下的时间并乘以指定的倍率 n，把它存到 D100 中。同时，在 X10 的下降沿触发 M0 并将 D100 值送到 D200 中，D200 作为定时器的设定值。因此，只要改变按钮按下时间的长短，就能改变定时器的设定值。

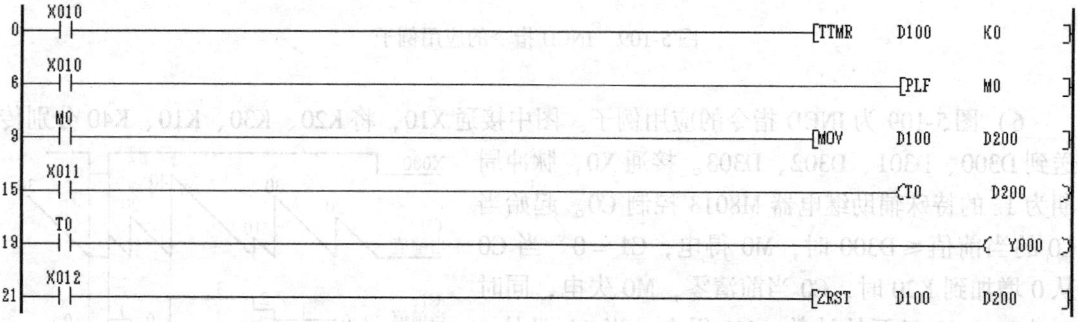

```
    X010
0   -| |-----------------------------------[TTMR   D100   K0   ]
    X010
6   -| |-----------------------------------[PLF    M0          ]
    M0
9   -| |-----------------------------------[MOV    D100   D200 ]
    X011
15  -| |-----------------------------------(T0            D200 )
    T0
19  -| |-----------------------------------(Y000               )
    X012
21  -| |-----------------------------------[ZRST   D100   D200 ]
```

图 5-112　TTMR 的使用

5.8.6　特殊定时器（STMR）

特殊定时器指令的助记符与功能见表 5-46，格式如图 5-113 所示。

表 5-46　特殊定时器指令

助记符	功　能	操　作　数			程序步数
		(S.)	m	(D.)	
STMR（FNC65）	产生延时断开定时器、脉冲定时器、闪烁定时器	T(T0 ~ T199)	K,H,m = 1 ~ 32767	Y,M,S 连续 4 个元件	STMR,7 步

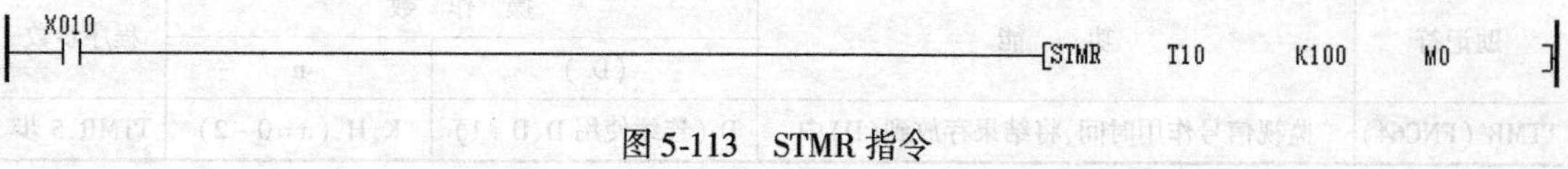

```
                                         (S.)    m     (D.)
    X010
    -| |------------------------------[STMR   T10   K100   M0 ]
```

图 5-113　STMR 指令

说明：

1）STMR 指令可以使指定的目标元件（D.）构成延时断开定时器、脉冲定时器和闪烁定时器。它的操作数源（S.）为定时器，T0～T199，100ms 定时间隔。图 5-113 中源（S.）为 T10，目标（D.）为 M0，当 T10 延时 10s 以后，驱动以 M0 为起始的 4 个连续的元件，其中：

M0——失电延时，X0 接通，M0 得电；X0 断开，延时 10s 后 M0 失电。

M1——后端动作延时，当输入 X0 为 ON 时，M1 不得电；当 X0 为 OFF 时，M1 得电，延时 10s 后，M1 失电。

M2——前端动作延时，当 X0 接通时，M2 瞬时得电；延时 10s 后，M2 失电。

M3——前后端动作延时，当 X0 接通时，延时 10s 后，M3 得电；当 X0 断开时，延时 10s 后 M3 失电。

2）图 5-114 为 STMR 的使用例子，图中 M0、M1、M2、M3 分别控制 Y0、Y1、Y2、Y3。当 X0 接通或断开，执行 STMR 指令，M0、M1、M2、M3 的动作时序如图 5-115 所示。

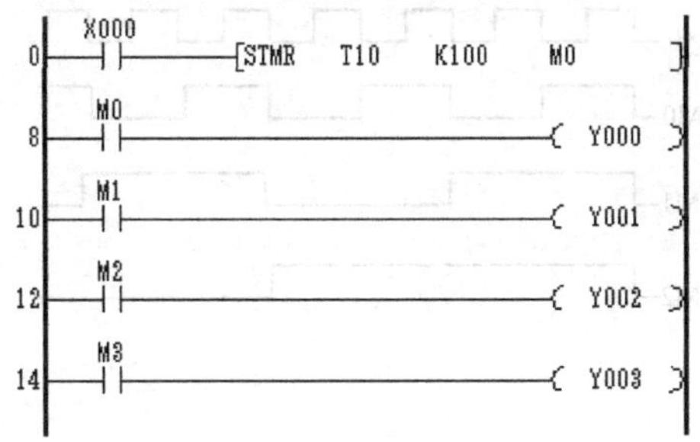

图 5-114　STMR 的使用例子

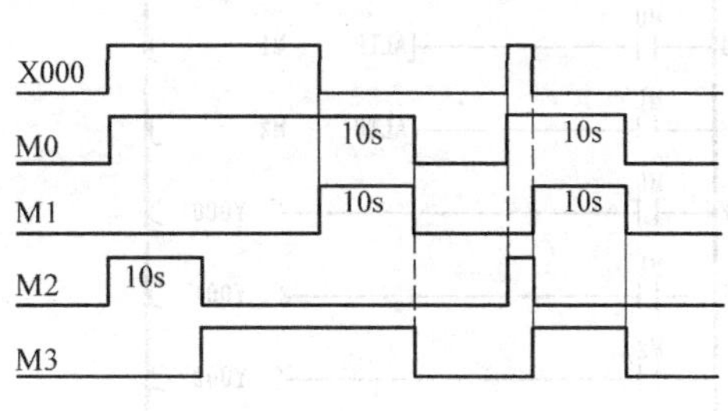

图 5-115　M0～M3 的动作时序

3）当 M3 与 STMR 指令串接，M2、M1 可构成一闪烁定时器，程序如图 5-116 所示。图中按下 X0，M2、M1 闪烁情况如图 5-117 所示。

4）STMR 指令作用的定时器，在其他电路中不要再使用。

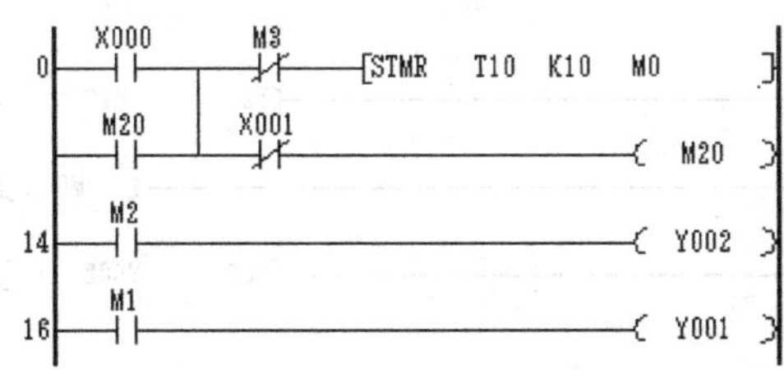

图 5-116　用 STMR 构成闪烁定时器

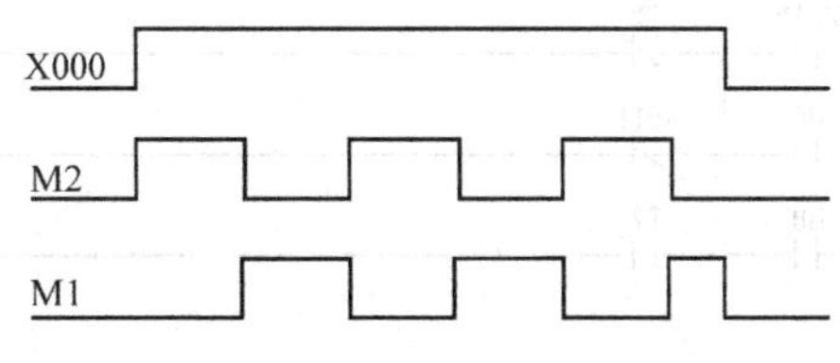

图 5-117　M2、M1 构成闪烁电路时序图

5.8.7　交替输出（ALT）

交替输出指令的助记符与功能见表 5-47，格式如图 5-118 所示。

表 5-47　交替输出指令

助记符	功　能	操 作 数 (D.)	程序步数
ALT(FNC66)	对输出元件状态取反	Y,M,S	ALT(P),3 步

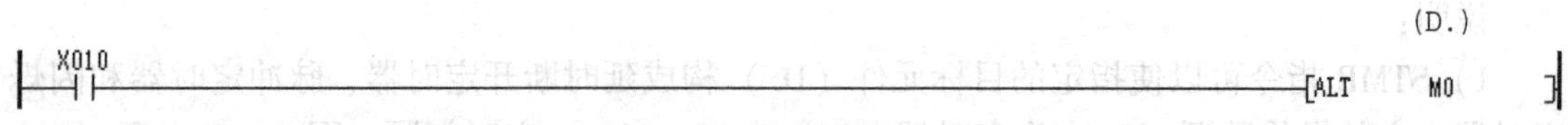

图 5-118　ALT 指令

说明：

1）ALT 指令的意义为：每一次控制触点从 OFF→ON 时，目标元件（D.）的输出状态取反。此指令在程序运行每个周期均有效。

2）图 5-119 为 ALT 指令的一个使用例子，执行情况为：

每次 X0 从 OFF→ON，M0 输出状态取反；每次 M0 从 OFF→ON，M1 输出状态取反；每次 M1 从 OFF→ON，M2 输出状态取反。其执行程序的时序图如图 5-120 所示。

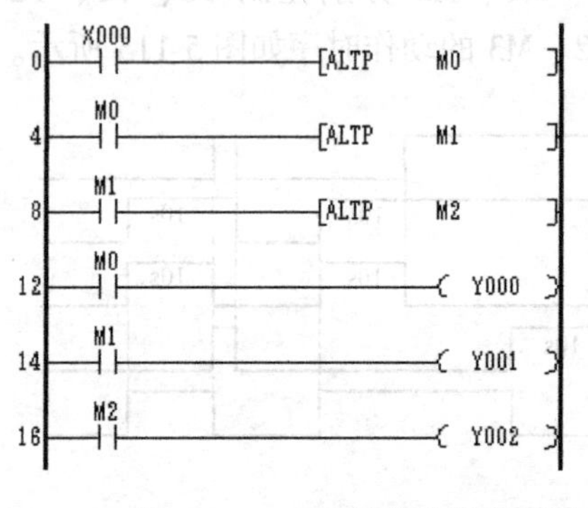

图 5-119　ALT 指令的使用例子

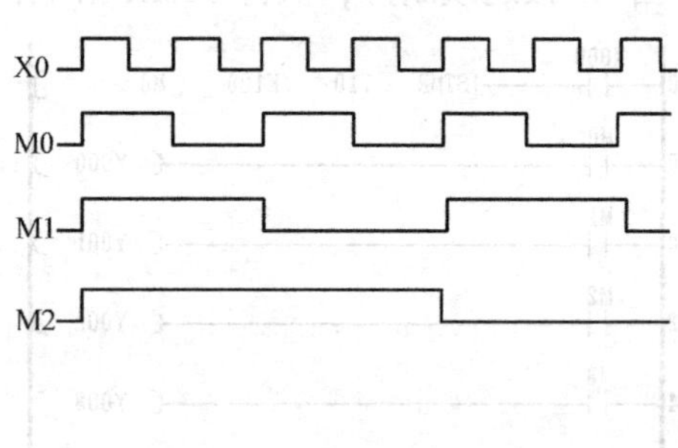

图 5-120　图 5-119 执行的时序

3）图 5-121 为用 ALT 指令编写的闪烁电路，图中按 X10 之后，定时器 T2 的触点每隔 1s 瞬间断开和重新闭合，当 T2 触点每次从 OFF→ON 时，输出 Y2 交替 OFF/ON 动作，产生闪烁。

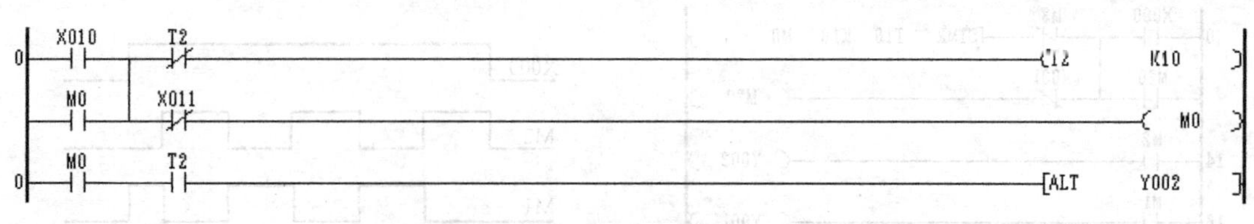

图 5-121　ALT 指令编写的闪烁电路

例 5-15　试用 ALT 指令编写电动机正反转控制电路，要求电动机正转 10s，停 2s，反转 10s，循环动作。

图 5-122a 为 I/O 分配图，图 b 为电动机正反转控制电路梯形图。图中 X0 为自动/手动控制，X0 接通为手动控制，X0 断开为自动控制。在自动控制状态下，Y1 得电，正转 10s，驱动 ALT 指令，交替输出延时 2s，使 Y2 得电，反转 10s，又驱动 ALT 指令，交替输出延时 2s，使 Y1 得电，正转 10s，如此循环不断。

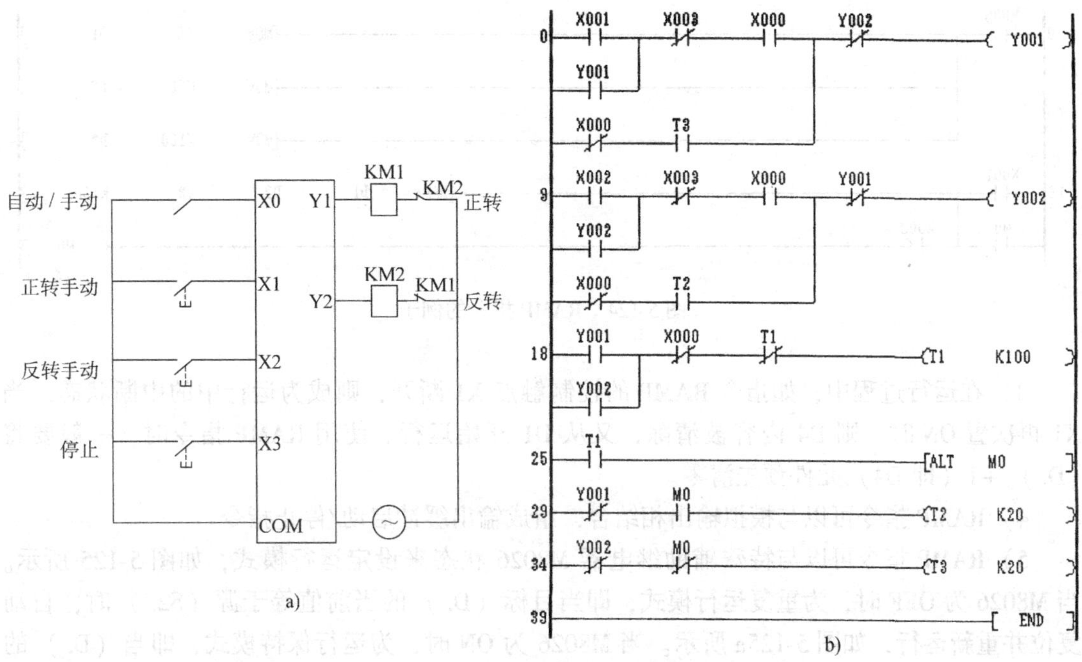

图 5-122　电动机正反转控制电路

a）I/O 分配图　b）梯形图

5.8.8　斜坡信号（RAMP）

斜坡信号指令的助记符与功能见表 5-48，格式如图 5-123 所示。

表 5-48　斜坡信号指令

助记符	功　　能	操　作　数				程序步数
		（S1.）	（S2.）	（D.）	n	
RAMP(FNC67)	在两个数值之间按斜率产生数值	D 两连续元件 D、D+1			K,H	RAMP,9 步

```
                                                      (S1.)  (S2.)  (D.)   n
 X010
─┤├──────────────────────────────────────────[RAMP   D1     D2     D3    K100 ]
```

图 5-123　RAMP 指令

说明：

1）RAMP 指令的意义为将目标元件（D.）的数值从源（S1.）设定的数值经过 n 次扫描增加（或减少）到源（S2.）设定的数值，n 为设定扫描的次数。当（S1.）<（S2.）时，为增扫描；当（S1.）>（S2.）时，为减扫描。

2）RAMP 指令的例子如图 5-124 所示。X0 闭合，将 K20 送 D1 即源（S1.），K50 送 D2 即源（S2.），K100 送 D3 即目标元件（D.）。X1 闭合，D3 的数值从 D1 = 20 起始，经 100 次，增加到末值 D2 = 50。当前已执行的扫描次数送（D.）+1 软元件中。本例即为送 D4 记录执行的次数。当目标（D.）的当前数值等于源（S2.）的设定值时，完成标志 M8029 置 1；当 D3 值又回复到源（S1.）的设定值 D1 时，则重新开始扫描。

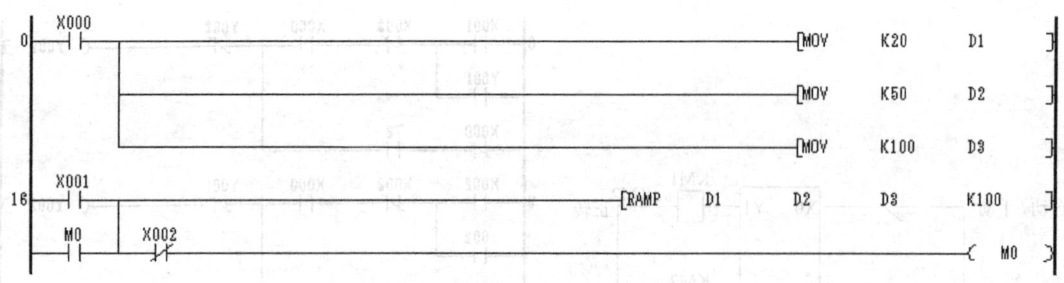

图 5-124 RAMP 指令的例子

3）在运行过程中，如指令 RAMP 的控制触点 X1 断开，则成为运行中的中断状态。当 X1 再次置 ON 时，则 D4 内容被清除，又从 D1 开始运行。使用 RAMP 指令时，一般要将（D.）+1（即 D4）元件预先清零。

4）RAMP 指令可以与模拟输出相结合，组成输出缓冲启动/停止指令。

5）RAMP 指令可以与特殊辅助继电器 M8026 状态来设定运行模式，如图 5-125 所示。当 M8026 为 OFF 时，为重复运行模式，即当目标（D.）的当前值等于源（S2.）时，自动复位并重新运行，如图 5-125a 所示。当 M8026 为 ON 时，为运行保持模式，即当（D.）的当前值等于（S2.）时，一直保持其当前状态，（D.）和（D+1.）均保持不变，只有再次执行，才会复位并重新开始。

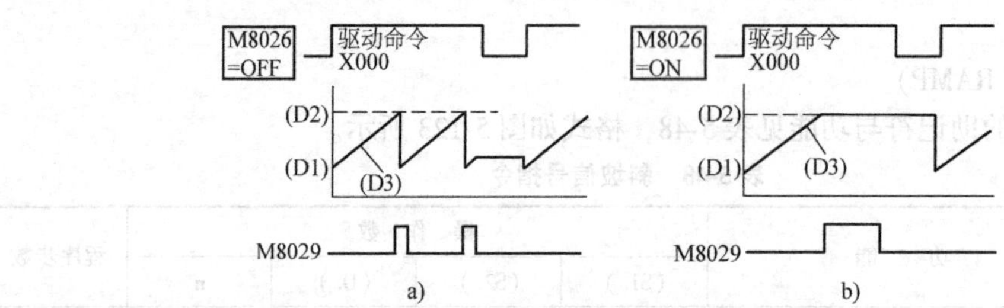

图 5-125 RAMP 与 M8026 的设定运行模式

5.8.9 旋转工作台控制（ROTC）

旋转工作台控制指令的助记符与功能见表 5-49，格式如图 5-126 所示。

表 5-49 旋转工作台控制指令

助记符	功 能	操 作 数				程序步数
		（S.）	m1	m2	（D.）	
ROTC（FNC68）	将旋转工作台移动到指定的位置	D，3 个连续元件	K，H	K，H	Y，M，S 8 个连续元件	ROTC，9 步

（S.） m1 m2 （D.）

X010 ROTC D200 K10 K2 M0

图 5-126 ROTC 指令

说明：

1）ROTC 指令是将旋转工作台的工作位置移动到指定位置的指令。旋转工作台如图 5-127 所示。

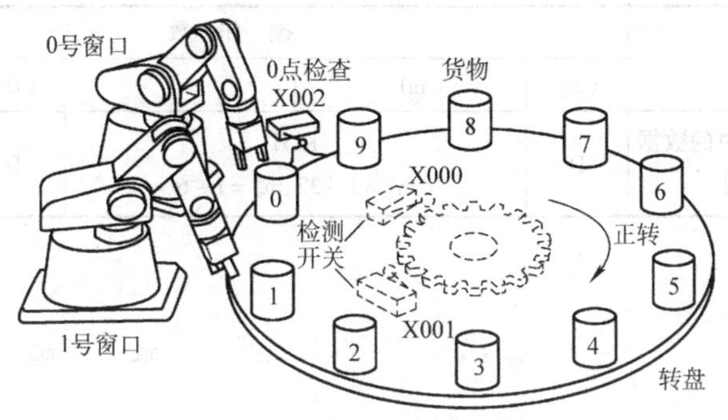

图 5-127 旋转工作台

2）ROTC 指令中数 m1 为旋转工作台每旋转一周编码器输出的脉冲数，或称圆周分割数。m2 为到达目的位置时需要在距目的位置 1.5 倍的固定位置间距开始减速的脉冲数，或区间数。源（S.）作为计数寄存器使用，表示在“零点”的当前位置，（S.）+1 为相对于“零点”的目标位置用户定义，（S.）+2 为相对于“零点”的起动用户定义，m2≤m1。目标（D.）为以脉冲元件 M0 为首址的连续 8 位元件，其中：

M0——A 相脉冲信号，由检测开关 X0 输入； M1——B 相脉冲信号，由 X1 输入；

M2——0 点检测信号，由 X2 输入； M3——高速正转；

M4——低速正转； M5——停止；

M6——低速反转； M7——高速反转

M0、M1、M2 为预先创建由输入 X0 ~ X2 驱动的网络，如图 5-128 所示；M3 ~ M7 为当 X10 置 ON 驱动 ROTC 指令自动得到的结果。

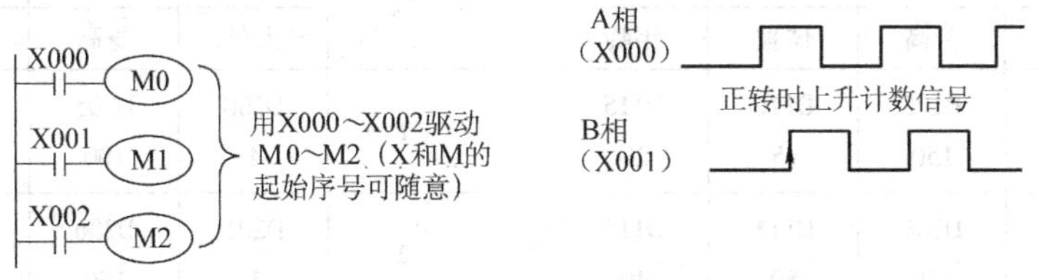

图 5-128 M0 ~ M2 驱动及 A、B 相

3）设旋转工作台每旋转一周，编码器发出 500 个脉冲。工作台有 10 个位置（m = 10，编号 0 ~ 9），则当工作台从一个位置移动到下一个位置时，编码器发出 50 个脉冲。设原点（S.）编号为 0，则从编号 7 移动到编号 3，ROTC 指令中的参数

（S.）+1 = D201 = 50 × 3 = 150（个脉冲）

（S.）+2 = D202 = 50 × 7 = 350（个脉冲）

m1 = 500

m2（在距目的位置 1.5 倍的固定位置间距开始减速）= 50 × 1.5 = 75（个脉冲）

5.8.10 数据排序（SORT）

数据排序指令的助记符与功能见表 5-50，格式如图 5-129 所示。

表 5-50 数据排序指令

助记符	功　能	操作数					程序步数
		(S)	m1	m2	(D)	n	
SORT (FNC69)	将定义的表格中的数据按所选定的列排列	D	K,H m1 = 1 ~ 32, m2 = 1 ~ 6		D	K,H n = 1 ~ m2	SORT, 11 步

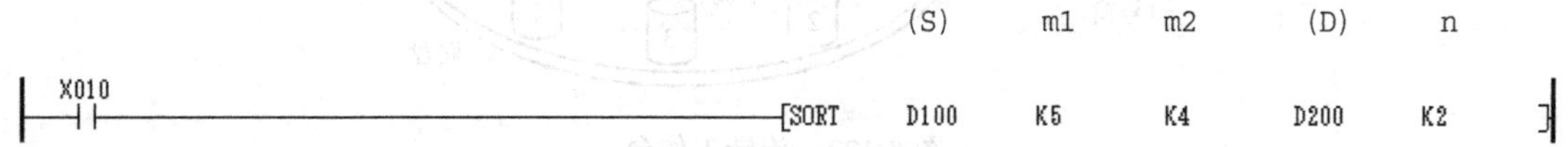

图 5-129 SORT 指令

说明：

源（S）为数据表的首址，m1 为行数（1 ~ 32），m2 为列。目标（D）为重新排列后的数据表的首址。n 为所选按此列数据升序（从小到大）排列的列号码。上式的意义为现有一个 m1 行 × m2 列以 D100 为首址的表，重新按 K2 列（从小到大）的数据排列成 m1 行 × m2 列以 D200 为首址的表。

例如，原数据表如表 5-51 所示为 m1 行 × m2 列排序表，现重新按 K2 列（从小到大）的数据排列成 m1 行 × m2 列以 D200 为首址的表，见表 5-52。

表 5-51 原 数 据 表

列	1	2	3	4
	人员	身高	体重	年龄
1	D100 1	D105 150	D110 45	D115 20
2	D101 2	D106 180	D111 50	D116 40
3	D102 3	D107 160	D112 70	D117 30
4	D103 4	D108 100	D113 20	D118 8
5	D104 5	D109 150	D114 50	D119 45

表 5-52 按 K2 列排序后的新表

	1	2	3	4
	人员	身高	体重	年龄
1	D200 4	D205 100	D210 20	D215 8
2	D201 1	D206 150	D211 45	D216 20
3	D202 5	D207 150	D212 50	D217 45
4	D203 3	D208 160	D213 70	D218 30
5	D204 2	D209 180	D214 50	D219 40

执行程序如图 5-130 所示。若 n 的参数变为 K3、K4，则按第 3 列、第 4 列重新排列。

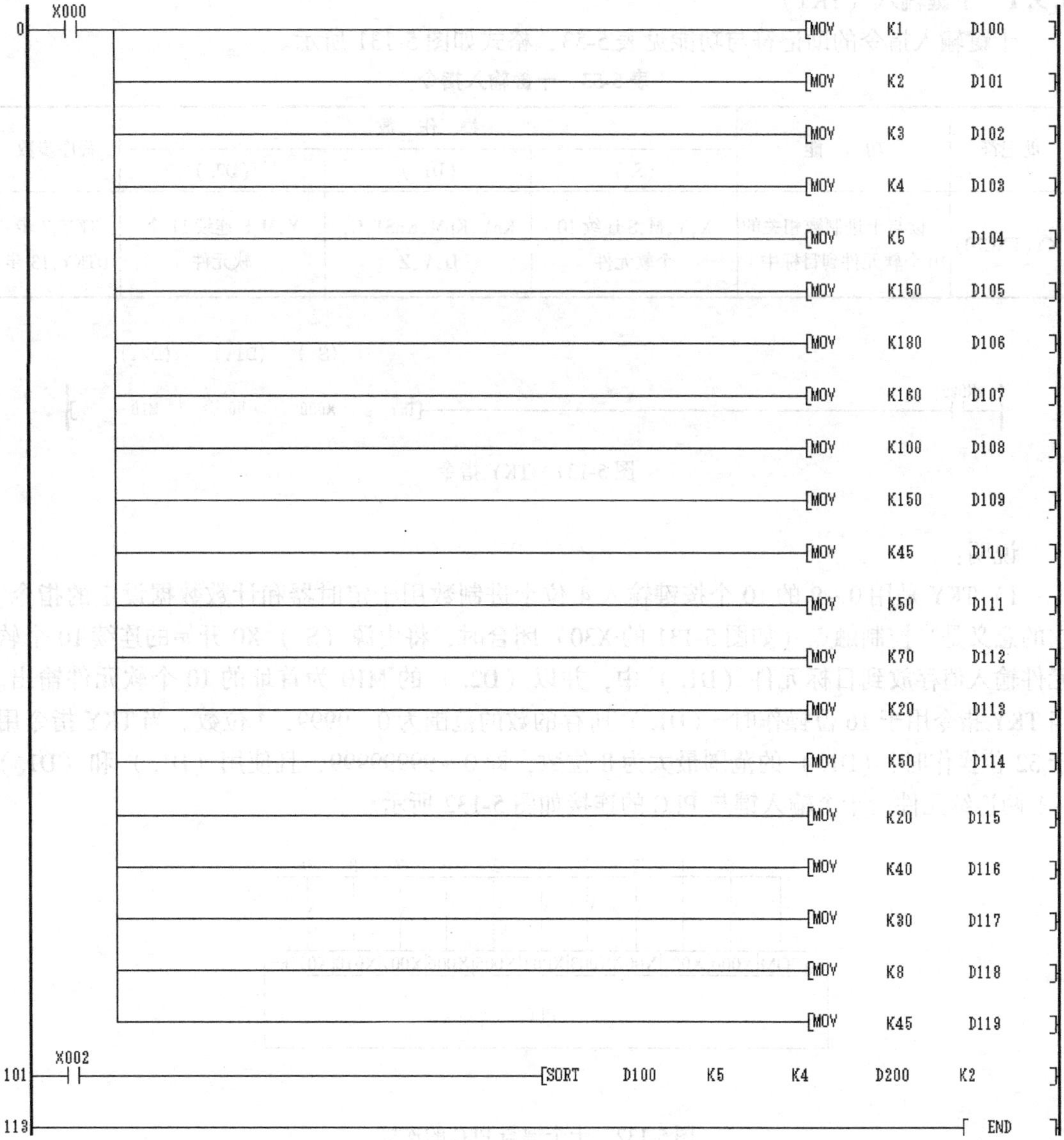

```
     X000
0  ──┤├──┬──────────────────[MOV   K1     D100 ]
         ├──────────────────[MOV   K2     D101 ]
         ├──────────────────[MOV   K3     D102 ]
         ├──────────────────[MOV   K4     D103 ]
         ├──────────────────[MOV   K5     D104 ]
         ├──────────────────[MOV   K150   D105 ]
         ├──────────────────[MOV   K180   D106 ]
         ├──────────────────[MOV   K160   D107 ]
         ├──────────────────[MOV   K100   D108 ]
         ├──────────────────[MOV   K150   D109 ]
         ├──────────────────[MOV   K45    D110 ]
         ├──────────────────[MOV   K50    D111 ]
         ├──────────────────[MOV   K70    D112 ]
         ├──────────────────[MOV   K20    D113 ]
         ├──────────────────[MOV   K50    D114 ]
         ├──────────────────[MOV   K20    D115 ]
         ├──────────────────[MOV   K40    D116 ]
         ├──────────────────[MOV   K30    D117 ]
         ├──────────────────[MOV   K8     D118 ]
         └──────────────────[MOV   K45    D119 ]
     X002
101──┤├─────────────[SORT  D100  K5  K4  D200  K2 ]
113─────────────────────────────────────────[END ]
```

图 5-130　执行程序

5.9 外部I/O设备指令（FNC70～FNC79）

外部I/O设备指令主要是使PLC通过最少量的程序与外部接线，可以简单地进行较复杂的控制，包括为了控制特殊单元和特殊模块的FROM与TO指令。

5.9.1 十键输入（TKY）

十键输入指令的助记符与功能见表5-53，格式如图5-131所示。

表5-53 十键输入指令

助记符	功　能	操　作　数			程序步数
		(S.)	(D1.)	(D2.)	
TKY(FNC70)	读与十进制数相关的10个软元件到目标中	X,Y,M,S连续10个软元件	KnY,KnM,KnST,C,D,V,Z	Y,M,S连续11个软元件	TKY,7步 DTKY,13步

```
                                              (S.)   (D1.)    (D2.)
 X030
─┤├──────────────────────────────────[TKY    X000    D0      M10   ]
```

图5-131 TKY指令

说明：

1）TKY是用0～9的10个按键输入4位十进制数用于定时器和计数数据设定的指令。它的意义是当控制触点（如图5-131的X30）闭合时，将由源（S.）X0开始的连续10个软元件输入值存放到目标元件（D1.）中，并以（D2.）的M10为首址的10个软元件输出。当TKY指令用于16位操作时，（D1.）所存的数的范围为0～9999，4位数。当TKY指令用于32位操作时，（D1.）的范围最大为8位数，即0～99999999，且使用（D1.）和（D1.）+1两连续元件。十个输入键与PLC的连接如图5-132所示。

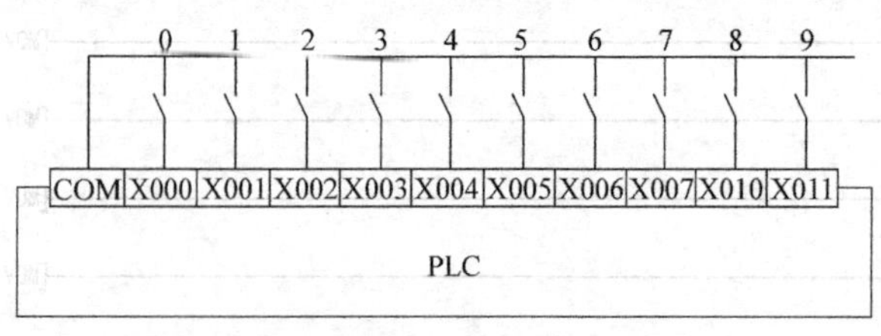

图5-132 十个键与PLC的连接

2）图5-133为TKY指令的使用情况，执行图5-133，按X2、X1、X6、X10时，则D0的当前值为2168，且M12、M11、M16、M18线圈得电，相应的触点闭合使Y2、Y1、Y6、Y10依次得电。上述操作结果表明：当一个源（S.）的软元件被置位，其相应的目标（D2.）的软元件也被置位，直到另一源（S.）的软元件操作时该目标（D2.）的软元件将一直被置位，而目标（D1.）软元件则存放此十进制数。

图 5-133　TKY 指令的使用

3）图 5-134 表明 TKY 指令的另一次执行情况。依次按下 X2、X1、X3、X0，则目标 D0 的当前值为 2130，M12、M11、M13、M10 记录每一次按键被接通的情况，其中(D2.)+10，即 M20 为键检测输出。

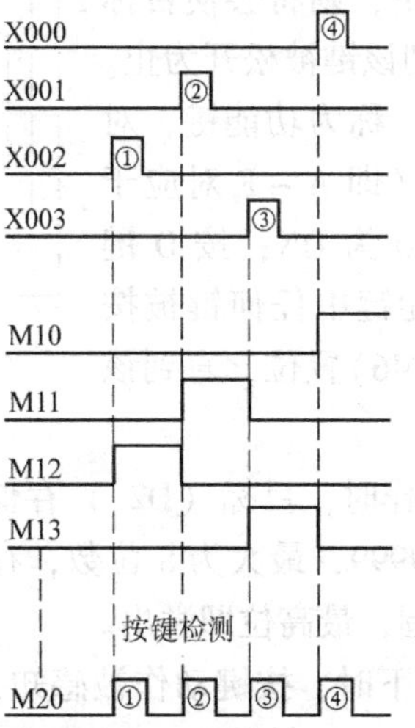

图 5-134　TKY 指令执行情况

5.9.2　十六键输入（HKY）

十六键输入指令的助记符与功能见表 5-54，格式如图 5-135 所示。

表 5-54　十六键输入指令

助记符	功　能	操　作　数				程序步数
		(S.)	(D1.)	(D2.)	(D3.)	
HKY(FNC71)	读与十六进制数值相关的 16 个软元件到一个数	X 4 个连续 X 软元件	Y,4 个连续 Y 软元件	T,C,D,V,Z 32 位使用 2 个连续元件	Y,M,S, 8 个连续元件	HKY,9 步 DHKY,17 步

```
                                        (S.)    (D1.)   (D2.)   (D3.)
   X004
0 |-| |---------------------------[HKY   X000    Y000    D0      M0     ]
```

图 5-135　HKY 指令

说明：

1）HKY 是用十六键写入数值和输入功能的指令。它是通过扫描目标（D1.）的 4 个输出（图 5-136 中为 Y0、Y1、Y2、Y3）和源（S.）的 4 个输入（X0、X1、X2、X3）来读取 16 个不同的软元件，可存储 0 ~ 9 的十进制数，同时设置其余 6 个标志位。目标（D2.）用来存储输入信号，目标（D3.）用于读出所使用的输入的元件。HKY 指令适用于晶体管输出的 PLC，其外部配线如图 5-136 所示。

2）前 10 个源元件（0 ~ 9）中每一个直接对应的数值为 0 ~ 9。输入时如果源软元件被置位，那么相应的数值就被加到当前存放在目标（D2.）的数据串中。这些键中的任何键被按下，则将会使目标元件(D3.)+7(即 M7)置位，直到该键被松开为止。

3）最后 6 个源元件（A ~ F）称为功能键，对应位元件(D3.)+0 ~ (D3.)+5（即 A ~ F 对应于 M0 ~ M5）。例如，按 A 键时，M0 为 ON；按 D 键时，M3 为 ON，M0 为 OFF。功能键中任何键被按下时将使目标元件(D3.)+6(即 M6)置位，直到该键被松开为止。

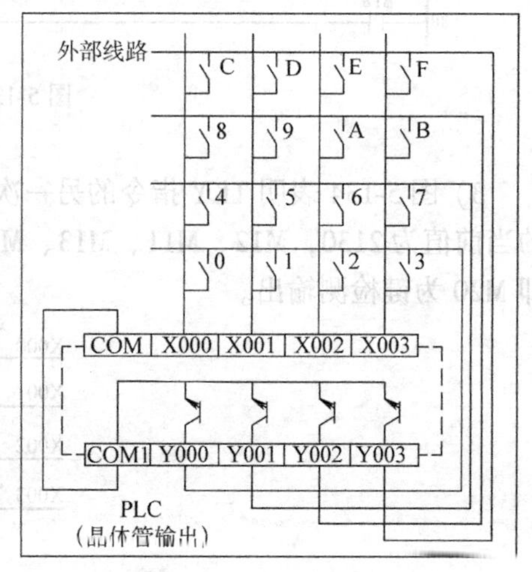

图 5-136　HKY 指令的外部配线

4）当 HKY 指令用于 16 位操作时，目标（D2.）存储的数为 0 ~ 9999，最大为 4 位数；当用于 32 位操作时，为 0 ~ 99999999，最大为 8 位数，存储在目标元件(D2.)和(D2.)+1 中。如果所有的数超过允许的范围，最高位即溢出。

5）无论数字键或功能键被按下时，按键动作被感知，则执行结束标志（M8029）被置位。当 HKY 指令不执行时，则（D3.）被复位，而（D2.）数值不变。

6）十六键输入指令全部扫描 16 个键需扫描 8 次，时间较长，实用上常采用一时间中断来加快 16 键输入信息的采集，如图 5-137 所示。

7）如果特殊辅助继电器 M8167 被置位，则键 0 ~ 9 及 A ~ F 将分别作为十六进制数 0 ~ F 存入目标软元件（D2.）中。例如，输入［123BF］后，目标（D2.）存储了 123BF。

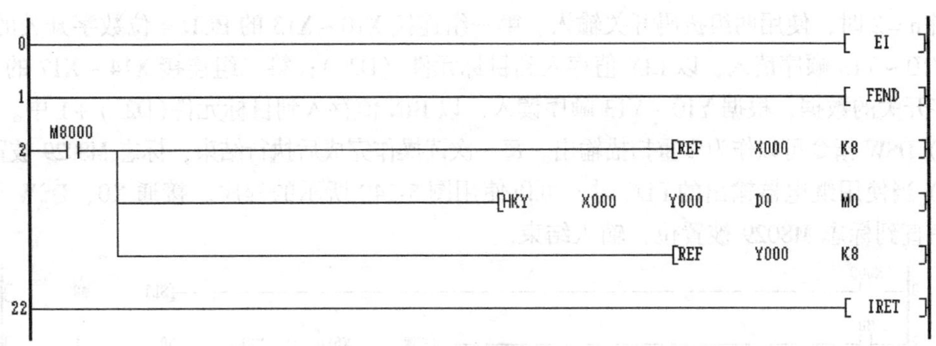

图 5-137　使用 HKY 的时间中断

5.9.3　数字开关（DSW）

数字开关指令的助记符与功能见表 5-55，格式如图 5-138 所示。

表 5-55　数字开关指令

助记符	功　能	操作数				程序步数
		(S.)	(D1.)	(D2.)	(n)	
DSW (FNC72)	4 位 1 组或 2 组数字拨码设定值读入	X,n=1,4 个 n=1,8 个连续软元件	Y,4 个连续软元件	T,C,D,V,Z　n = 1,1 个 n = 2,2 个连续软元件	K. H n=1 或 n=2	DSW,9 步

图 5-138　DSW 指令

说明：

1）DSW 是输入 BCD 码开关数据的指令，它的意义为通过源（S.）的 4 个（n=1）或 8 个（n=2）连续软元件（X10 ~ X13）组成的 4 位 BCD 码数字开关，由选通目标（D1.）的 Y10 ~ Y13 顺序读入，作为 BIN 值存储到目标元件（D2.）中去。n 为数字开关的组数。DSW 常宜使用晶体管输出的 PLC，其外部接线如图 5-139 所示。当 n=1 时，使用一组拨码开关输

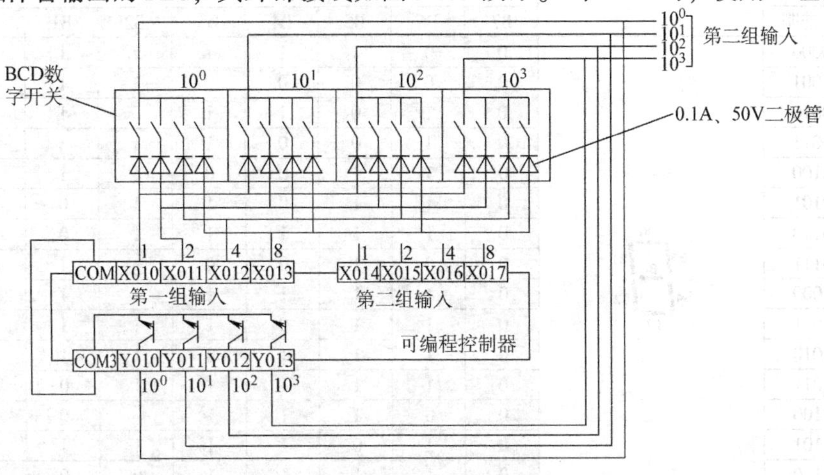

图 5-139　数字开关外围配线

入；当 n = 2 时，使用两组拨码开关输入。第一组连接 X10 ~ X13 的 BCD 4 位数字开关的数据，根据 Y10 ~ Y13 顺序读入，以 BIN 值存入到目标元件（D2.）；第二组连接 X14 ~ X17 的 BCD 4 位数字开关的数据，根据 Y10 ~ Y13 顺序读入，以 BIN 值存入到目标元件(D2.) +1 中。

2）DSW 指令可以作为多重扫描输出。每一次读操作完成后执行结束，标志 M8029 被置位。

3）当使用继电器输出的 PLC 时，可以使用图 5-140 所示的程序。接通 X0，DSW 开始工作，一直到标志 M8029 被置位，输入结束。

图 5-140　使用继电器输出的 DSW 程序

5.9.4　七段码译码（SEGD）

七段码译码指令的助记符与功能见表 5-56，格式如图 5-141 所示。

表 5-56　七段码译码指令

助记符	功　能	操　作　数		程序步数
		(S.)	(D.)	
SEGD(FNC73)	将十六进制数译成可驱动七段显示的格式	K,H,KnX,KnY,KnM,KnS,T,C,D,V,Z,使用低 4 位	KnY,KnM,KnS,T,C,D,V,Z,高 8 位不变	SEGD,5 步

X002　SEGD　(S.) D10　(D.) K2Y000

图 5-141　SEGD 指令

说明：

1）SEGD 为驱动 1 位七段译码显示的指令。十六进制数与七段码显示的关系见表 5-57。由表可知，七段码显示中不用 B7，故 B7 总为 OFF。

表 5-57　十六进制数与七段码显示的关系

方式			七段码显示逻辑								显示
十六进制	二进制		B7	B6	B5	B4	B3	B2	B1	B0	
0	0000		0	0	1	1	1	1	1	1	0
1	0001		0	0	0	0	0	1	1	0	1
2	0010		0	1	0	1	1	0	1	1	2
3	0011		0	1	0	0	1	1	1	1	3
4	0100		0	1	1	0	0	1	1	0	4
5	0101		0	1	1	0	1	1	0	1	5
6	0110	B0	0	1	1	1	1	1	0	1	6
7	0111	B5 B6 B1	0	0	1	0	0	1	1	1	7
8	1000	B4 B2	0	1	1	1	1	1	1	1	8
9	1001	B3	0	1	1	0	1	1	1	1	9
A	1010		0	1	1	1	0	1	1	1	A
B	1011		0	1	1	1	1	1	0	0	b
C	1100		0	0	1	1	1	0	0	1	C
D	1101		0	1	0	1	1	1	1	0	d
E	1110		0	1	1	1	1	0	0	1	E
F	1111		0	1	1	1	0	0	0	1	F

2）SEGD 指令的意义是将源（S.）的低 4 位指定的十六进制数据译码成七段码显示的数据存入目标元件（D.）中，（D.）的高 8 位不变。

3）图 5-142 是将源数据显示为七段码数据显示的程序。图中接通 X0，D1 = K3。接通 X1、X2，执行 SEGD 指令，使 Y0、Y1、Y2、Y3、Y6 置 ON，七段数码管显示为 3。

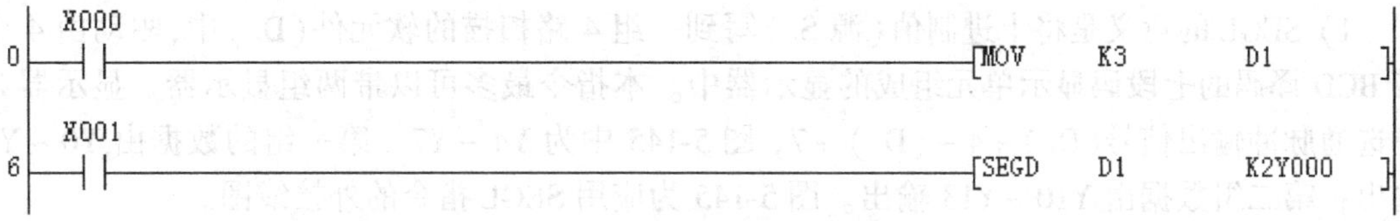

```
     X000
0  ──┤ ├──────────────────────────[MOV    K3     D1    ]
     X001
6  ──┤ ├──────────────────────────[SEGD   D1     K2Y000]
```

图 5-142　SEGD 指令的应用

例 5-16　用 SEGD 指令编写显示电梯轿厢位置的程序

SEGD 指令是 16 位指令。用它可以方便地驱动 7 段数码管显示出 1～9 层电梯的轿厢位置。程序如图 5-143 所示。

图中使用了编码指令 ENCO 将楼层号码放在以 X0 为首址的 16（即 2^4）个位中。如果轿厢在第 6 层，其位置开关 X5 闭合，执行 ENCO 指令，将以 X0 为首位的 16 位元件置 1 的最高位放在目标 D0 中，则 D0 的当前值为 5。执行 INC 指令，D0 的当前值为 6。再执行 SEGD 指令，使 Y0、Y2、Y3、Y4、Y5、Y6 得电，7 段数码管的显示为 6，即轿厢在第 6 层。

图 5-143 只能显示轿厢在 1～6 层的位置。

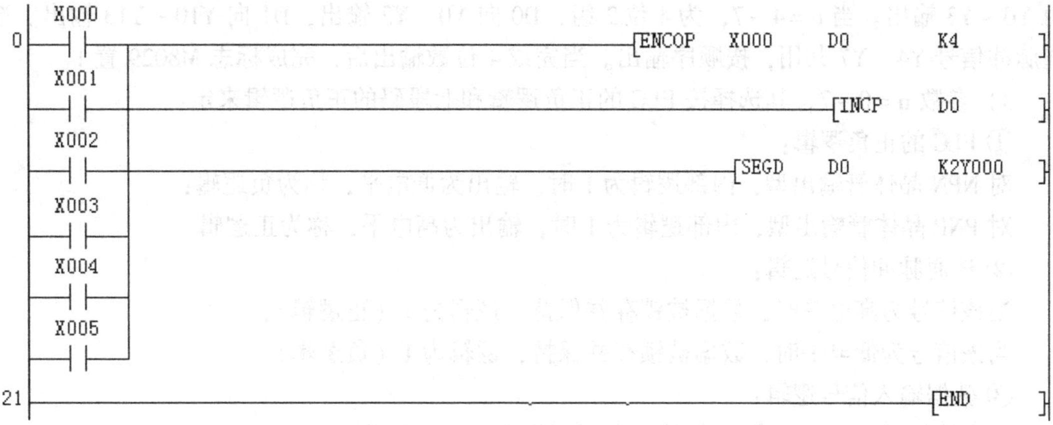

```
     X000
0  ──┤ ├──┬───────────────────[ENCOP  X000   D0     K4    ]
     X001 │
   ──┤ ├──┼───────────────────────────[INCP   D0           ]
     X002 │
   ──┤ ├──┼──────────────────────[SEGD   D0     K2Y000    ]
     X003 │
   ──┤ ├──┤
     X004 │
   ──┤ ├──┤
     X005 │
   ──┤ ├──┘
21 ─────────────────────────────────────[END               ]
```

图 5-143　显示电梯轿厢位置的程序

5.9.5　带锁存七段码显示（SEGL）

带锁存七段码显示指令的助记符与功能见表 5-58，格式如图 5-144 所示。

表 5-58　带锁存七段码显示指令

助记符	功　能	操　作　数			程序步数
		（S.）	（D.）	n	
SEGL（FNC74）	写数据到扫描式数字显示，每组 4 位，最大 2 组	K,H,KnX,KnY,KnM,KnS,T,C,D,V,Z	Y　n = 0～3,使用 8 个输出 n = 4～7,使用 12 个输出	K,H　n = 0～3,1 组 n = 4～7,2 组	SEGD,7 步

```
                                                (S.)    (D.)    n
   X000
0 ─┤├──────────────────────────────────────[SEGL    D0     Y000    K0  ]
```

图 5-144　SEGL 指令

说明：

1）SEGL 的意义是将十进制值（源 S.）写到一组 4 路扫描的软元件（D.）中，驱动由 4 个带 BCD 译码的七段码显示单元组成的显示器中。本指令最多可以带两组显示器。显示器共享选通脉冲输出信号（D.）+4 ~（D.）+7，图 5-145 中为 Y4 ~ Y7。第一组的数据由 Y0 ~ Y3 输出；第二组数据由 Y10 ~ Y13 输出。图 5-145 为应用 SEGL 指令的外接线图。

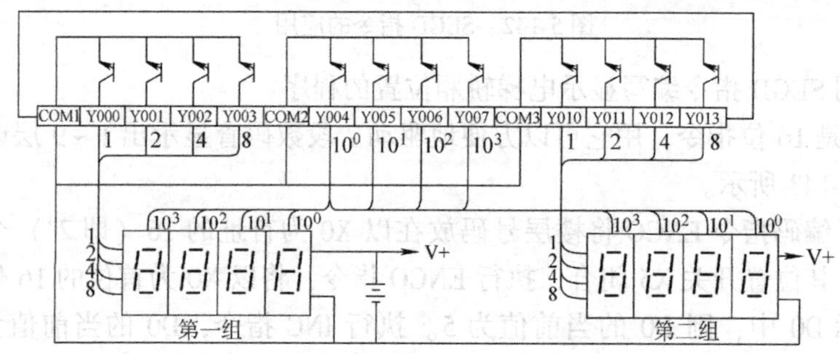

图 5-145　应用 SEGL 指令外接线图

2）当 n = 0 ~ 3 时，为 4 位 1 组，D0 为二进制数，经 BCD 换算，最大范围为 0 ~ 9999，由 Y0 ~ Y3 输出。当 n = 4 ~ 7，为 4 位 2 组，D0 向 Y0 ~ Y3 输出，D1 向 Y10 ~ Y13 输出。选通脉冲信号 Y4 ~ Y7 共用，按顺序输出。当完成 4 位数输出后，完成标志 M8029 置 1。

3）参数 n = 0 ~ 7，其选择按 PLC 的正负逻辑和七段码的正负逻辑来定：

① PLC 的正负逻辑：

对 NPN 晶体管输出型，内部逻辑为 1 时，输出为低电平，称为负逻辑；

对 PNP 晶体管输出型，内部逻辑为 1 时，输出为高电平，称为正逻辑。

② 选通脉冲信号逻辑：

当该信号为高电平时，数据被锁存并保持，逻辑为 1（正逻辑）；

当该信号为低电平时，数据被锁存并保持，逻辑为 1（负逻辑）。

③ 数据输入信号逻辑：

当有效数据（BCD 数据）保持高电平逻辑为 1（正逻辑）；

当有效数据（BCD 数据）保持低电平逻辑为 1（负逻辑）。

④ n 值的选取与选通逻辑、数据逻辑的关系见表 5-59。

表 5-59　n 值的选取与选通逻辑、数据逻辑的关系

PLC 逻辑	七段码显示逻辑		n 值		PLC 逻辑	七段码显示逻辑		n 值	
	选通逻辑	数据逻辑	1 组显示	2 组显示		选通逻辑	数据逻辑	1 组显示	2 组显示
正	正(高电平)	正(高电平)	0	4	负	正(高电平)	负(低电平)	2	6
负	负(低电平)	负(低电平)			正	负(低电平)	正(高电平)		
正	正(高电平)	负(低电平)	1	5	负	正(高电平)	正(高电平)	3	7
负	负(低电平)	正(高电平)			正	负(低电平)	负(低电平)		

5.9.6 方向开关（ARWS）

方向开关指令的助记符与功能见表 5-60，格式如图 5-146 所示。

表 5-60 方向开关指令

助记符	功 能	操作数				程序步数
		(S.)	(D1.)	(D2.)	n	
ARWS (FNC75)	通过位移动方向开关与各位数值增减用的方向开关输入数据	X,Y,M.S 四个连续元件	T,C,D.V,Z 十进制存储	Y 八个连续元件	K,H n=0~3	ARWS,9 步

```
                                              (S.)    (D1.)   (D2.)   n
X001
─┤├──────────────────────────────[ARWS     X010     D0     Y000    K0  ]
```

图 5-146 ARWS 指令

说明：

1）ARWS 为通过方向开关可以改变目标（D1.）显示在 4 位七段数码管上数值的指令，如图 5-146 所示。目标（D1.）为存储 16 位 BCD 码（0~9999 有效）数据，源（S.）是首址为 X10 的方向开关。在该方向开关中，每次按 X10，都使指定位的数值减少；每次按 X11，都使指定位的数值增加；每次按 X12，都使指定位退位，例如指定位为 10^3 位，每次按 X12，则 $10^3 \to 10^2 \to 10^1 \to 10^0 \to 10^3$；每次按 X13，都使指定位进位，例如指定位为 10^3 位，每次按 X13，则 $10^3 \to 10^0 \to 10^1 \to 10^2 \to 10^3$。如图 5-147 所示。

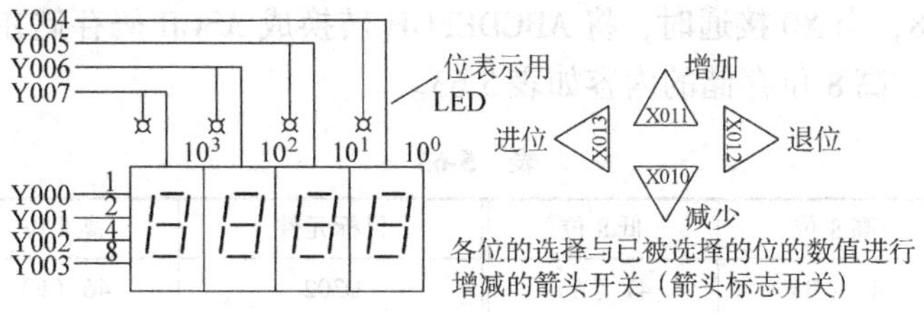

图 5-147 4 位七段数码管与方向开关

2）目标（D2.）首址 Y0 起的连续 8 位 Y0~Y7 为驱动 4 位七段数码管的输出。参数 n 取 0~3，可根据表 5-59 中的 PLC 正负逻辑和七段码管的显示逻辑来选取。

3）本指令只适用于晶体管输出型 PLC。本指令与 PLC 的扫描周期同时执行，如扫描时间短，请使用恒定扫描模式，或定时中断，按一定时间间隔运行。

5.9.7 ASCII 码转换（ASC）

ASCII 码转换指令的助记符与功能见表 5-61，格式如图 5-148 所示。

表 5-61 ASCII 码转换指令

助记符	功 能	操作数		程序步数
		(S)	(D.)	
ASC(FNC76)	将字母、数字等转换为相应的 ASCII 码值	字母、数字，一次能转换 8 位字符	T,C,D，使用 4 个连续地址	ASC,11 步

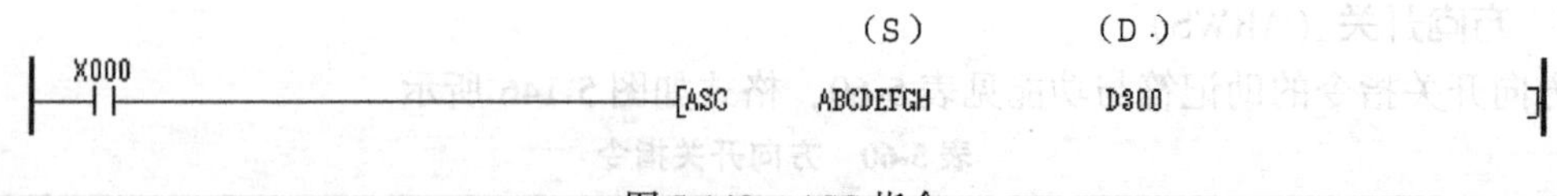

图 5-148　ASC 指令

说明：

1）数字 0 ~ 9，字母 A ~ Z 的 ASCII 码值见表 5-62。

表 5-62　数字 0 ~ 9，字母 A ~ Z 的 ASCII 码值（十六进制）

字符	码值	字符	码值	字符	码值
0	30	A	41	N	4E
1	31	B	42	O	4F
2	32	C	43	P	50
3	33	D	44	Q	51
4	34	E	45	R	52
5	35	F	46	S	53
6	36	G	47	T	54
7	37	H	48	U	55
8	38	I	49	V	56
9	38	J	4A	W	57
		K	4B	X	58
		L	4C	Y	59
		M	4D	Z	5A

2）ASC 指令的意义为：将源（S）的最大 8 位数字字母串转变为 ASCII 码存储在目标元件（D.）中，目标元件由 4 个连续地址的元件组成。

3）执行图 5-148，当 X0 接通时，将 ABCDEFGH 转换成 ASCII 码存储在目标元件 D300 ~ D303 中，其低 8 位、高 8 位存储的内容如表 5-63。

表　5-63

目标元件	高 8 位	低 8 位	目标元件	高 8 位	低 8 位
D300	42（B）	41（A）	D302	46（F）	45（E）
D301	44（D）	43（C）	D303	48（H）	47（G）

4）如果特殊辅助继电器 M8161 置位后，执行 ASC 指令，则向目标（D.）只传送低 8 位，占用 D300 ~ D307 共 8 个与传送字符相同数目的元件，如表 5-64。

表　5-64

目标元件	高 8 位	低 8 位	目标元件	高 8 位	低 8 位
D300	00	41（A）	D304	00	45（E）
D301	00	42（B）	D305	00	46（F）
D302	00	43（C）	D306	00	47（G）
D303	00	44（D）	D307	00	48（H）

5）图 5-149 为 ASCII 码转换指令应用程序。图中，当 M8161 为 OFF 时，按 X2，D300 ~ D303 分别为十六进制的 4241、4443、4645、4847；当 M8161 为 ON 时，按 X2，D300 ~ D307 分别为十六进制的 0041、0042、0043、0044、0045、0046、0047、0048。

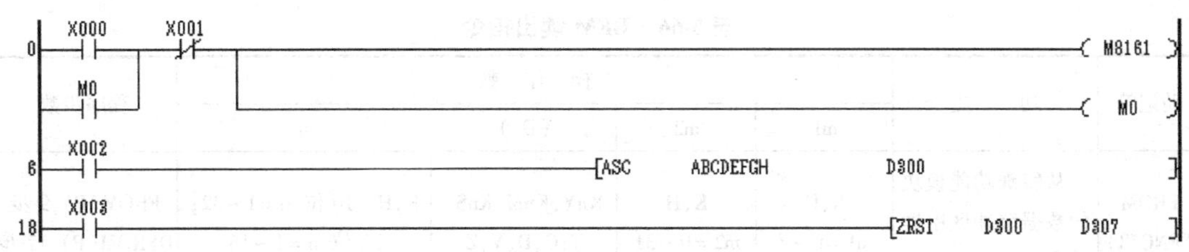

图 5-149　ASCII 码转换指令应用

5.9.8 ASCII 码打印（PR）

ASCII 码打印指令的助记符与功能见表 5-65，格式如图 5-150 所示。

表 5-65　ASCII 码打印指令

助记符	功　能	操　作　数		程序步数
		(S.)	(D.)	
PR （FNC77）	将 ASCII 码数据输出到显示单元	T. C. D 如 M8027 = OFF,8 字节,用 4 个连续单元 如 M8027 = ON,16 字节,用 8 个连续单元	Y 使用 10 个连续地址	PR,5 步

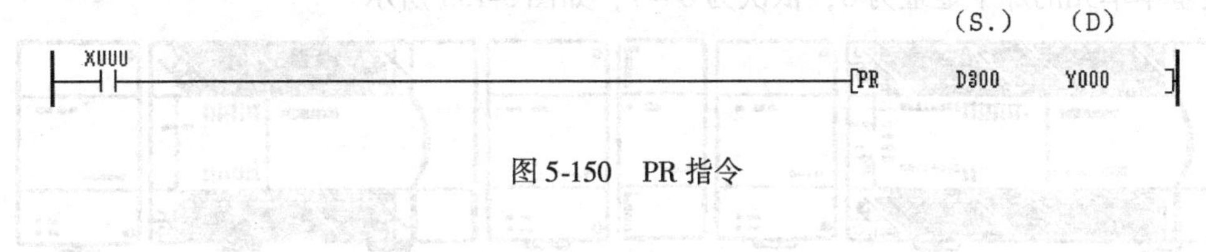

图 5-150　PR 指令

说明：

1）PR 指令的意义为将存储在以源（S.）为首址 ASCII 码发送到以目标（D.）为首址的单元中去。例如源（S.）D300 ~ D303 存放着 ABCDEFGH 的 ASCII 码，则发送时以首址 D300 的 A 为起始，以 H 为结束。发送输出到 Y0(低位) ~ Y7(高位)等 8 个连续元件。目标元件(D.) + 10(八进制)的 Y10 为选通脉冲信号，目标元件(D.) + 11(八进制)的 Y11 为执行标志信号。发送的示意图如图 5-151 所示。

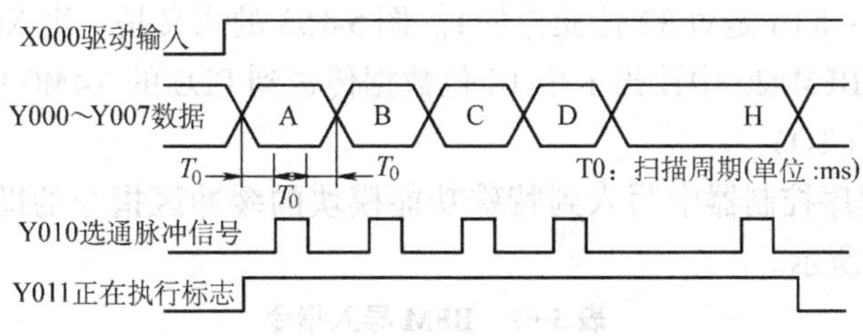

图 5-151　ASCII 码发送示意图

2）PR 指令只适用于晶体管输出型 PLC。本指令与 PLC 的扫描周期（图 5-151 中的 T0）同时执行，如扫描时间短，请使用恒定扫描模式，或定时中断，按一定时间间隔运行。

5.9.9 BFM 读出（FROM）

从 BFM（特殊单元缓冲存储器）读出指令的助记符与功能见表 5-66，格式如图 5-152 所示。

表 5-66　BFM 读出指令

助记符	功　能	操　作　数				程序步数
		m1	m2	(D.)	n	
FROM (FNC78)	从特殊功能模块的数据缓冲区中读数据	K,H m1 = 0 ~ 7	K,H m2 = 0 ~ 31	KnY,KnM,KnS, T,C,D,V,Z	K,H　16 位,n = 1 ~ 32; 32 位,n = 1 ~ 16	FROM(P),9 步 DFROM(P),17 步

```
                                        m1     m2      (D.)     n
     X000
0 ──┤ ├──────────────────────[FROM    K1     K29     K4M0     K1  ]
```

图 5-152　FROM 指令

说明：

1）FROM 是将特殊功能模块的数据缓冲区（BFM）的内容读到可编程序控制器的指令。PLC 有各种特殊模块，如模拟量输入输出模块、高速计数模块、A/D 转换和 D/A 转换模块等。这些模块都连接在 PLC 右侧的扩展总线上，或连接到其他扩展模块或单元的右边。以最靠近基本单元的那个地址为 0，依次为 0 ~ 7，如图 5-153 所示。

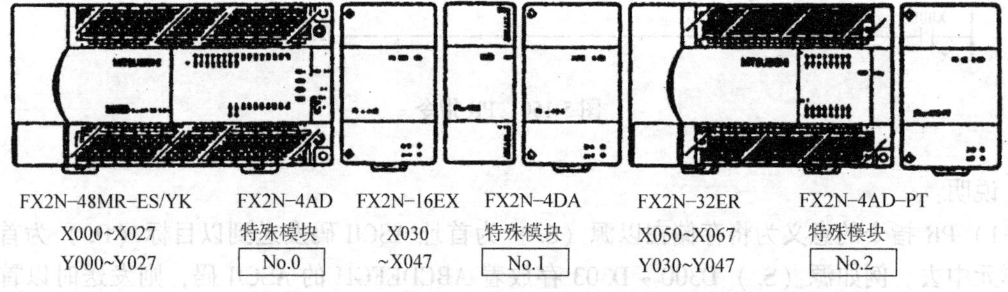

图 5-153　PLC 的基本单元与扩展模块的排列

2）FROM 指令的操作数各项的意义：m1 为特殊单元或模块号，K0 ~ K7；m2 为特殊单元或模块号的数据缓冲区首地址，K0 ~ K31；（D.）为数据写入的目标元件；n 为传送的点数，K1 ~ K32，（K1 ~ K16 是对 32 位操作的）。图 5-153 的意义是：当 X0 闭合时，从特殊单元（模块）No. 1 的 BFM#29 中读出 1 个 16 位数据传送到 PLC 的 K4M0 中。

5.9.10　BFM 写入（TO）

将数据从可编程序控制器中写入到特殊功能模块的缓冲区指令的助记符与功能见表 5-67，格式如图 5-154 所示。

表 5-67　BFM 导入指令

助记符	功　能	操　作　数				程序步数
		m1	m2	(D.)	n	
TO (FNC79)	将数据写到特殊功能模块的缓冲区	K,H m1 = 0 ~ 7	K,H m2 = 0 ~ 31	K,H,KnX,KnY,KnM, KnS,T,C,D,V,Z	K,H　16 位 n = 1 ~ 32; 32 位 n = 1 ~ 16	TO(P),9 步 DTO(P),17 步

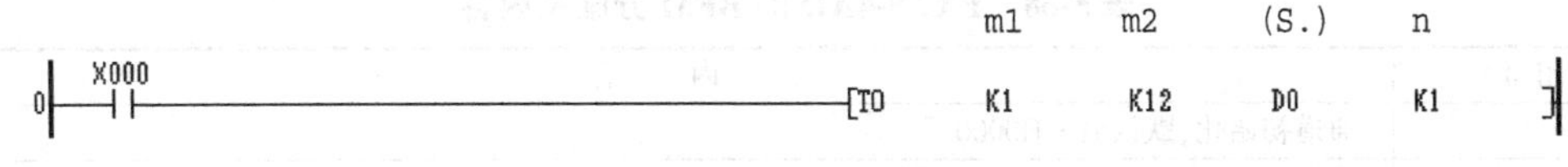

图 5-154 TO 指令

说明：

1）TO 指令中操作数 m1，m2，（S.），n 的意义与 FROM 指令操作数的意义相似。图 5-154 的意义是：将源（S.）D0 的 16 位一个数据写入到特殊模块 No. 1 的数据缓冲器#12 中。

2）操作数中源（S.）为写到特殊功能模块中去的数据的首址。

3）FROM 和 TO 指令中的控制触点为 ON 时，表示执行指令，进行数据的读出或写入。当控制触点为 OFF 时，表示不执行传送，传送地点的数据不变化。

5.9.11 特殊功能模块 FX2N-4AD 的使用

FX2N 系列有很多特殊功能模块，如 FX2N-2AD、FX2N-4AD、FX2N-4AD-PT、FX2N-2DA、FX2N-4DA、FX2N-232-BD、FX2N-485-BD 等。本节只介绍较为常用的 FX2N-4AD 和 FX2N-4DA。

FX2N-4AD 是一种具有 4 输入通道、接收模拟信号并将其转换成数字量（A/D）的模块。它可以接收的模拟量范围为电压 DC －10 ~ ＋10V（分辨率为 5mV）、电流 ＋4 ~ ＋20mA、－20 ~ ＋20mA（分辨率为 20μA）。它占用 FX2N 扩展总线的 8 个点。这 8 个点可以分配成输入或输出。它与主单元 FX2N 之间通过缓冲存储器交换数据。FX2N-4AD 共有 32 个缓冲存储器，每个为 16 位。

1. 接线方式

FX2N-4AD 与主单元 FX2N 及电压、电流输入的接线方式如图 5-155 所示。

2. FX2N-4AD 的缓冲存储器（BFM）分配及内容

FX2N-4AD 的（BFM）分配及内容见表 5-68。

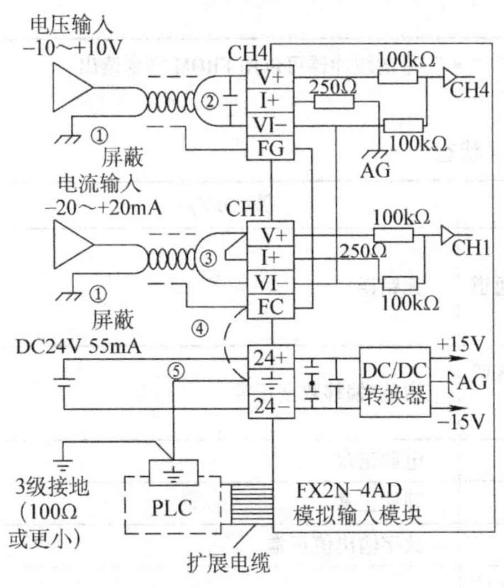

图中 ①模拟量输入用双绞屏蔽线；

②当有电压波动时，最好在（V＋）及（VI－）接线端之间并接一个平滑电容器（0.1 ~ 0.47μF，25V）；

③电流的输入，将（V＋）端及（I＋）端并联，另一输入端为（VI－）；

④当有过多的电气干扰，将（FG）端与 FX2N-4AD 地端接；

⑤FX2N-4AD 接地端与主单元接地端接。DC24V 电源可使用外部或主单元的 DC24V 电源。

图 5-155 FX2N-4AD 的接线方式

表 5-68　FX2N-4AD 的 BFM 分配及内容

BFM	内　容	
* #0	通道初始化,默认值 = H0000	
* #1	通道 1	包含采样数(1 ~ 4096),用于得到平均结果。默认值设为 8,表示正常速度,高速操作可选择 1
* #2	通道 2	
* #3	通道 3	
* #4	通道 4	
* #5	通道 1	这些缓冲区包含采样数的平均输入值,这些采样数是分别输入在#1 ~ #4 缓冲区中的通道数据
* #6	通道 2	
* #7	通道 3	
* #8	通道 4	
* #9	通道 1	这些缓冲区包含每个输入通道读入的当前值
* #10	通道 2	
* #11	通道 3	
* #12	通道 4	
#13-#14	保留	
#15	选择 A/D 转换速度	如设为 0,则选择正常速度,15ms/通道(默认)
		如设为 1,则选择高速,6m/s 通道
#16-#19	保留	
* #20	复位到默认值和预设。默认值 = 0	
* #21	禁止调整偏移、增益值。默认值 = (0,1)允许	
* #22	偏移,增益调整	
* #23	偏移值,默认值 = 0	
* #24	增益值,默认值 = 5,000	
#25-#28	保留	
#29	错误状态	
#30	识别码 K2010	
#31	禁用	

注：表中带“*”号的缓冲器（BFM）可以用 TO 指令写入，不带“*”号的缓冲器可以用 FROM 指令读出。

表 5-68 中 BFM#29 的错误状态见表 5-69。

表 5-69　BFM#29 的错误状态

BFM#29 的位设备	开(ON)	关(OFF)
b0:错误	b1 ~ b4 中任何一个为 ON 如果 b2 ~ b4 中任何一个为 ON,所有通道的 AYD 转换停止	无错误
b1:偏移/增益错误	在 EEPROM 中的偏移/增益数据不正常或者调整错误	增益/偏移数据正常
b2:电源故障	DC24V 电源故障	电源正常
b3:硬件错误	A/D 转换器或其他硬件故障	硬件正常
b10:数字范围错误	数字输出值小于 - 2048 或大于 - 2047	数字输出值正常
b11:平均采样错误	平均采样数不小于 4097,或者不大于 0(使用默认值 8)	平均正常(在 1 ~ 4096)
b12:偏移/增益调整禁止	禁止,BFM#21 的(b1,b0)设为(1,0)	允许 BFM#21 的(b1,b0)设为(1,0)

注：b4 ~ b7、b9、b13、b15 无定义。

3. 通道的选择

FX2N-4AD 要选择通道，对通道进行初始化。初始化由缓冲器 BFM #0 中 4 位十六进制数字 H□□□□控制，从右到左第 1 位字符控制通道 1（CH1），而第 4 位字符控制通道 4（CH4）等。字符的意义如下：

□=0，预设电压输入（-10～+10V）；　　□=1，预设电流输入（+4～+20mA）；
□=2，预设电流输入（-20～+20mA）；　□=3，通道关闭，OFF。

例如 H3310，其意义为选择第 1 通道（CH1）作电压输入（-10～+10V），选择第 2 通道（CH2）为电流输入（+4～+20mA），选择第 3 通道（CH3）及选择第 4 通道（CH4）关闭。

FX2N-4AD 的输入电流、电压与输出数字之间的关系如图 5-156 所示。对应于电压输入（-10～+10V），其数字输出为（-2000～+2000）；对应于电流输入（-20～+20mA），其数字输出为（-1000～+1000）；对应于电流输入（+4～+20mA），其数字输出为（0～+1000）。

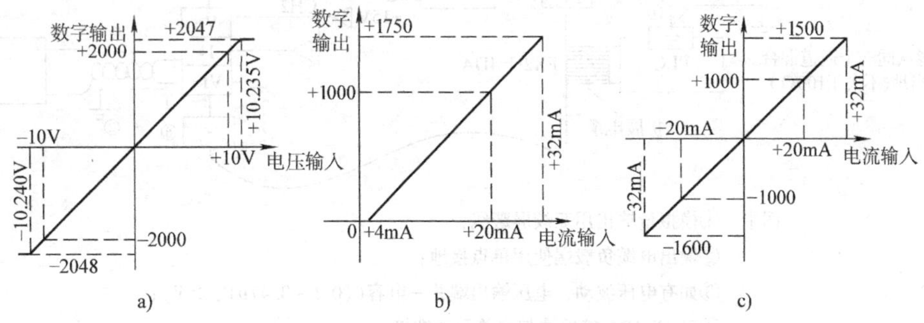

图 5-156　输入电流、电压与输出数字之间的关系

a）预设 0（-10～10V）　b）预设 1（+4～+20mA）　c）预设 2（-20～+20mA）

4. 程序实例

如将 FX2N-4AD 模块连接在特殊功能模块的 0 号（K0）位置，编程如图 5-157 所示。

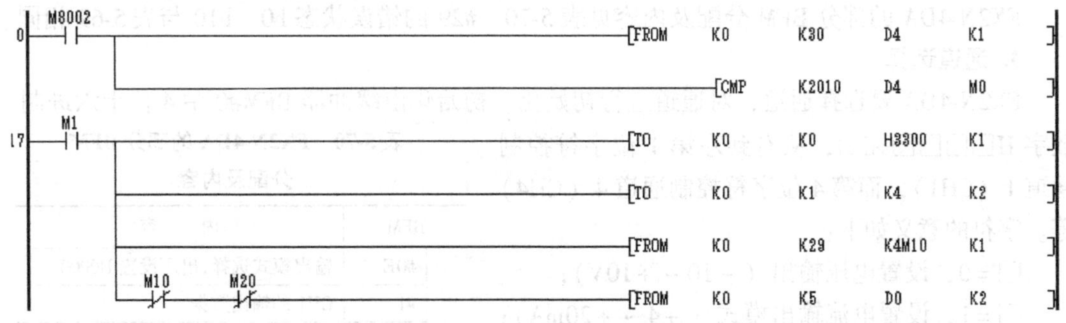

图 5-157　FX2N-4AD 使用实例

图中第 0 步是读出 FX2N-4AD 的识别码，它的识别码为 K2010，放在 BFM#30 中。执行 TO 指令，将放在 0 号位置的特殊功能模块的 BFM #30 的内容写到 D4 中去。执行 CMP 指令，当 K2010 与 FX2N-4AD 的识别码相同时，M1 置 1。第 17 步，执行第一个 TO 指令，对通道进行初始化，将 H3300 写入到 FX2N-4AD 的 BFM #0，建立模拟通道 CH1 及 CH2。执行第二个 TO 指令，将 K4 写入 BFM #1 及#2，将 CH1 和 CH2 的平均采样设为 4。执行 FROM

指令，将 FX2N-4AD 的操作状态由 BFM #29 中读出，并输入到 FX2N 的 K4M10。当 BFM #29 的 b0 为 OFF 时，表示无错，当 b10 为 OFF 时，表示数字输入值正常。如果 FX2N-4AD 没有错误，将 BFM#5 和#6 采样内容的平均值读入到 FX2N 主单元的 D0、D1 中去。

5.9.12 特殊功能模块 FX2N-4DA

FX2N-4DA 为具有 4 输出通道、接收数字信号并转换成等价的模拟信号(即 D/A 转换)的特殊功能模块。对选用的模拟范围是电压 DC －10 ～ ＋10V(分辨率 5mV)，或电流 0 ～ ＋20mA(分辨率为 20μA)，也有 32 个缓冲存储器(每个 16 位)。占用 FX2N 扩展总线 8 个点，这 8 个点可以是输入或输出。

1. 接线方式

FX2N-4DA 与主单元 FX2N 的接线方式如图 5-158 所示。

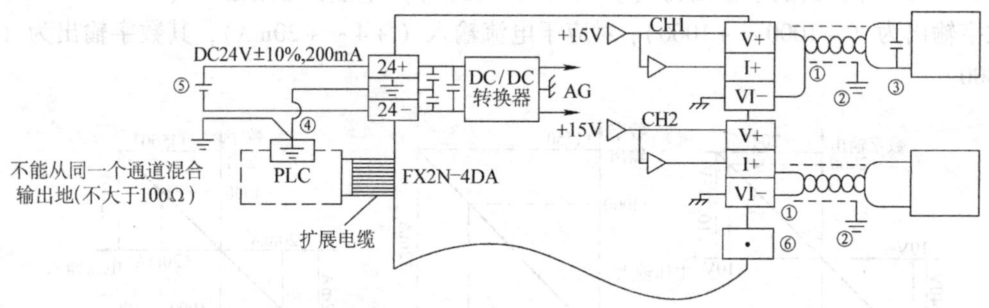

图中 ①模拟量输出用双绞屏蔽线；
②输出电缆负载端使用单点接地；
③如有电压波动，电压输出端并一电容((0.1 ~ 0.47μF, 25V)；
④FX2N-4DA 接地端与主单元地端接；
⑤可使用 FX2N 的 DC24V 的服务电源；
⑥未用端子⊙不要与任何元件相接。

图 5-158 FX2N-4DA 的接线方式

2. FX2N-4DA 的缓冲存储器（BFM）分配及内容

FX2N-4DA 的部分 BFM 分配及内容见表 5-70。#29 的错误状态 b0 ~ b10 与表 5-69 相同。

3. 通道选择

FX2N-4DA 要选择通道，对通道进行初始化。初始化由缓冲器 BFM#0 中 4 位十六进制数字 H□□□□控制，从右到左第 1 位字符控制通道 1（CH1），而第 4 位字符控制通道 4（CH4）等。字符的意义如下：

□＝0，设置电压输出（－10 ~ ＋10V）；

□＝1，设置电流输出模式（＋4 ~ ＋20mA）；

□＝2，设置电流输出（0 ~ ＋20mA）；

例如，H2110 的意义为：第 1 通道（CH1）输出电压（－10 ~ ＋10V）；第 2 通道（CH2）输出电流（＋4 ~ ＋20mA）；第 3 通道（CH3）输出电流（＋4 ~ ＋20mA）；第 4 通道（CH4）输出电流（0 ~ ＋20mA）。如图 5-159 所示，模式 0 的数

表 5-70 FX2N-4DA 的部分 BFM 分配及内容

	BFM	内　容
	#0E	输出模式选择，出厂设置 H0000
	#1	CH1 的输出数据
	#2	CH2 的输出数据
W	#3	CH3 的输出数据
	#4	CH4 的输出数据
	#5E	数据保持模式，出厂设置 H0000
	#6,#7	保留
	#29	错误状态
	#30	识别码 K3020

字输入范围为 -2000 ~ 2000；模式 1 的数字输入范围为 0 ~ 1000；模式 2 的数字输入范围为 0 ~ 1000。

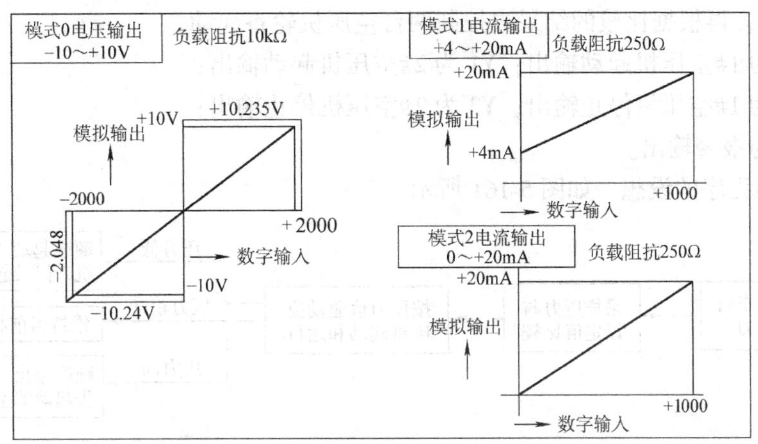

图 5-159　输入数字与输出电流、电压的关系

4. 程序实例

如将 FX2N-4DA 放在特殊功能模块的 1 号（K1）位置上，编程如图 5-160 所示。

图中第 0 步是读出放在 1 号位置的 FX2N-4DA 的识别码，它的识别码为 K3020，放到 D4 中。执行 CMP 指令，将 K3020 与 D4 的内容比较，当两者相同，M1 常开闭合。执行 TO 指令，对通道进行初始化，使 CH1 和 CH2 为电压输出，CH3 为从 +4 ~ +20mA 的电流输出，CH4 为从 0 ~ +20mA 的电流输出。执行 MOV 指令，将 -100 送 D0，+100 送 D1，50 送 D2，150 送 D3。再执行 TO 指令，将 D0→BFM #1（输出到 CH1），D1→BFM #2（输出到 CH2），D3→BFM #3（输出到 CH3），D4→BFM #4（输出到 CH4）。执行 FROM 指令，将 FX2N-4DA 的操作状态由 BFM #29 读出并输出到 K4M10。当无错（M10 为 OFF）及输出值正常（M20 为 OFF）时，M3 得电，再由 M3 驱动其他状态。

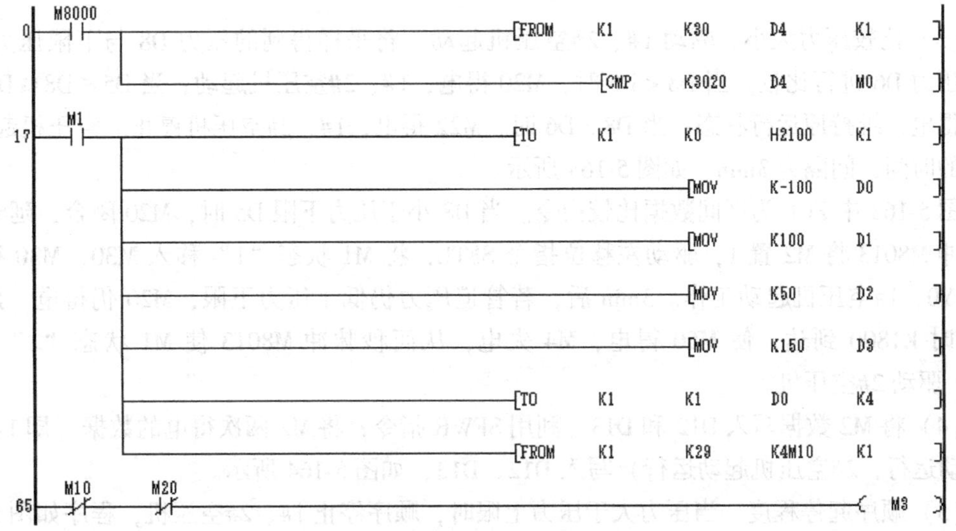

图 5-160　FX2N-4DA 的实例

例 5-17 设有两台空压机，要求起动和停止时按空压机主管道的压力上限、下限停止和起动。为此，使用压力传感器与模拟量特殊模块读取主管道压力，然后与预设的压力值上、下限进行比较，再根据比较的结果去控制两台空压机轮番起动。

设：Y0 为 1#空压机起动输出；Y1 为 2#空压机起动输出；

Y2 为 1#空压机停止输出；Y3 为 2#空压机停止输出；

Y4 为报警输出。

（1）编制程序的设想　如图 5-161 所示。

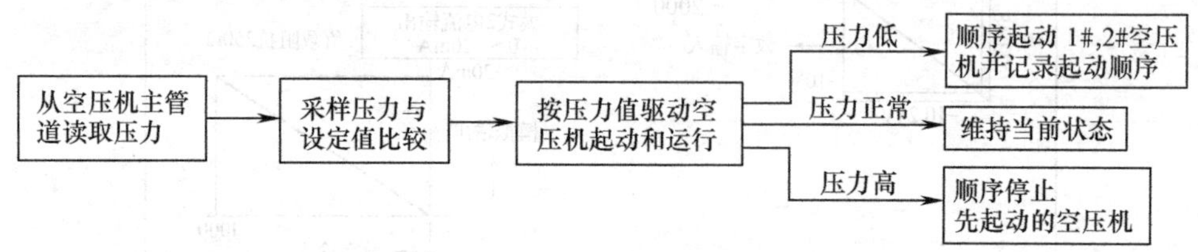

图 5-161　空压机程序控制框图

（2）采样压力的读取　将空压机主管道压力下限送 D5，将压力上限送 D6。通过压力感应器将主管道压力值读入特殊模块 FX2N-4AD 中，并将此压力读出到 D8，如图 5-162 所示。图中使用了 MOV、FROM、TO 等指令。

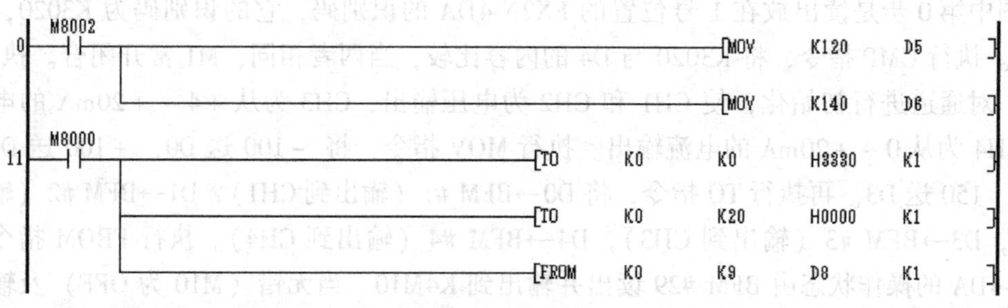

图 5-162　读取压力

（3）比较压力大小，驱动 1#、2#空压机起动　将采样得到的压力 D8 与下限压力 D5、上限压力 D6 进行比较。当 D8 < D5 时，M20 得电，1#、2#空压机起动；当 D5≤D8≤D6 时，M21 得电，维持原运行状态；当 D8 > D6 时，M22 得电，1#、2#空压机停止。空压机起动或停止的时间，间隔为 3min，如图 5-163 所示。

图 5-163 中 ZCP 为区间数据比较指令。当 D8 小于压力下限 D5 时，M20 闭合，延时 3s，秒脉冲 M8013 将 M2 置 1，驱动左移位指令 SFTL，将 M1 状态“1”移入 M30，M30 得电，驱动 Y0，1#空压机起动工作。3min 后，若管道压力仍低于压力下限，M20 仍得电，此时，T5 延时 K1800 到达，使 M50 得电，M4 失电，从而秒脉冲 M8013 使 M1 状态“1”移入 M31，驱动 2#空压机。

（4）将 M2 数据写入 D12 和 D13　利用 SFWR 指令，将 M2 两次得电的数据（即 1#空压机起动运行，2#空压机起动运行）写入 D12、D13，如图 5-164 所示。

（5）顺序起停程度　当压力大于压力上限时，顺序停止 1#、2#空压机，程序如图 5-165 所示。

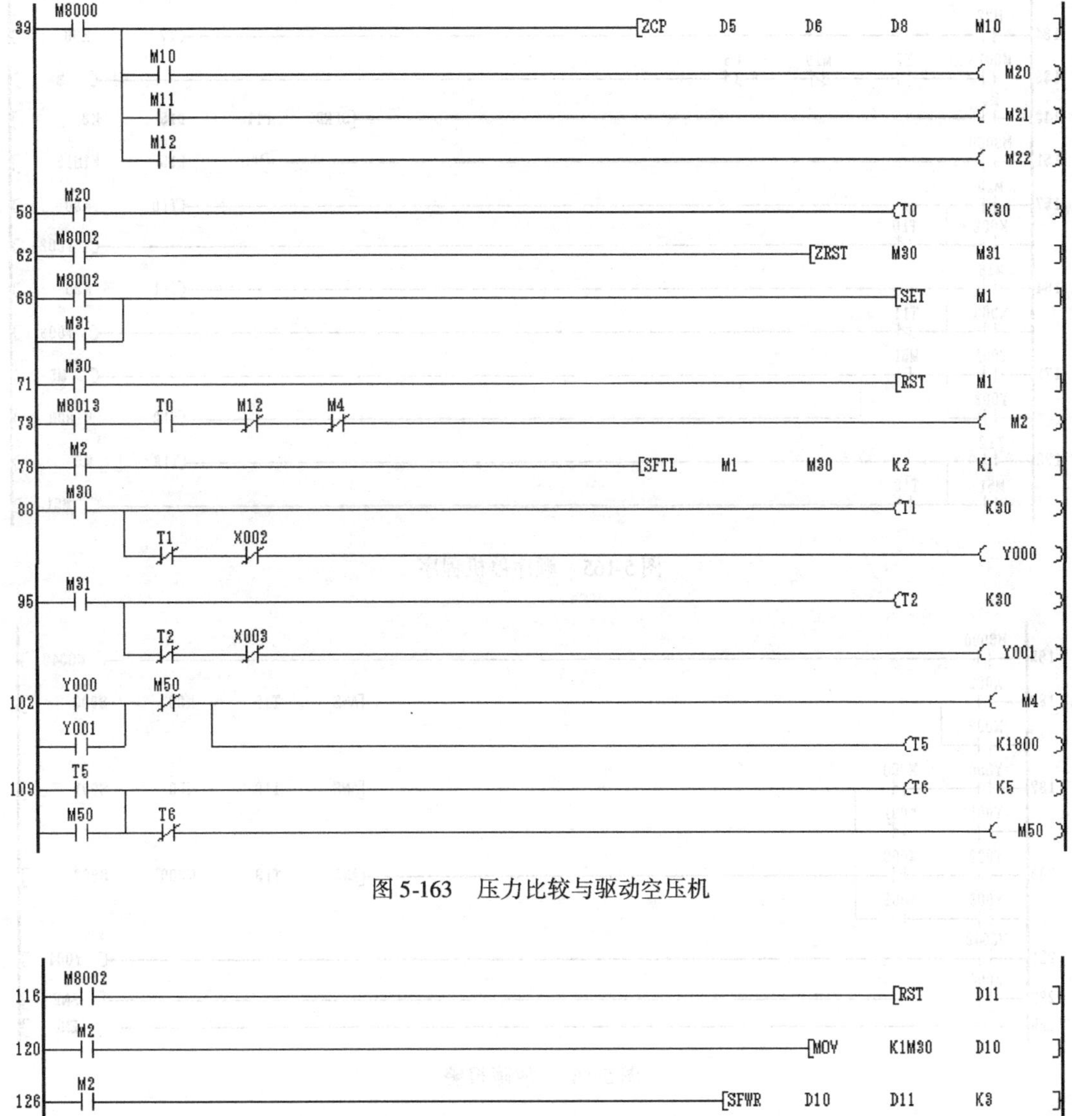

图 5-163　压力比较与驱动空压机

图 5-164　将 M2 写入 D12、D13

当 D8 > D6 时，M22 得电，驱动 T7，M8013 脉冲使 M3 得电，从而执行 SFRD 指令，将 D12 读入到 D15，执行 MOV 指令，M15 置 1，驱动 Y2，使 1#空压机停止。若此时 D8 仍大于 D6，则延时 3min，M8013 秒脉冲使 M3 又一次得电，再将 D12 读入到 M16，则驱动 Y3，使 2#空压机停止。

（6）报警电路　程序如图 5-166 所示。本报警电路使用了特殊辅助继电器 M8049 和 M8048（当 M8049 被驱动，S 元件得电，则 M8048 置 1），使用了 ANS 指令。图中 X2 为 1#空压机故障，X3 为 2#空压机故障，当空压机有故障时，X2 或 X3 闭合；X0 为 1#空压机运行信号输入，X1 为 2#空压机运行信号输入，当空压机运行正常时，X0 及 X1 闭合。故此，图 5-166 中第 188 步为空压机自身故障报警，第 197 步为空压机起动故障报警，第 209 步为空压机停机故障报警。

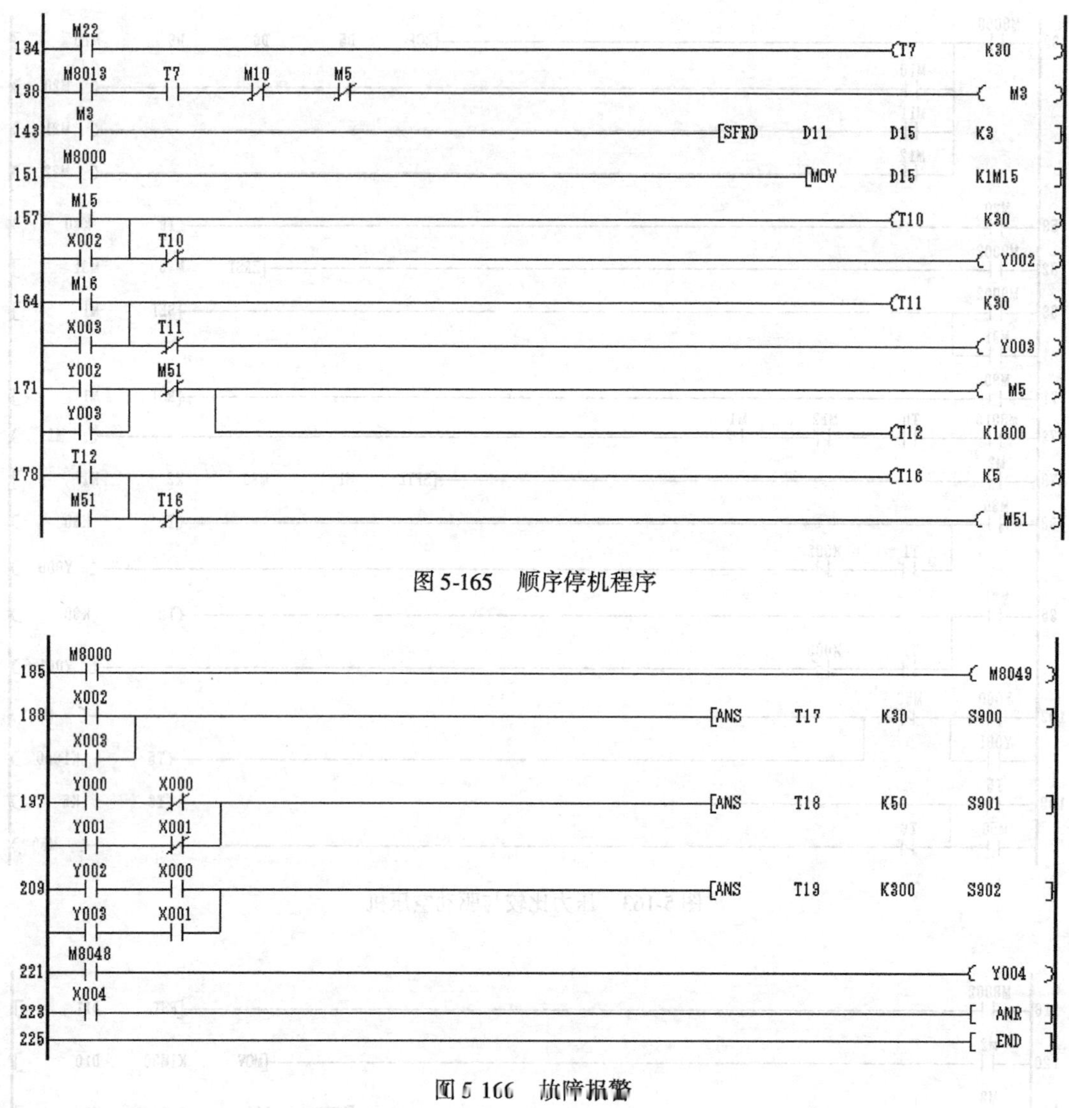

图 5-165　顺序停机程序

图 5-166　故障报警

5.10　外部串联接口设备控制指令（FNC80～FNC88）

外部串联接口设备控制指令包括串行数据传送、八进制位传送、模拟电位器值读出，以及 PID 运算等。

5.10.1　串行数据传送（RS）

串联数据传送指令的助记符与功能见表 5-71，格式如图 5-167 所示。

表 5-71　串联数据传送指令

助记符	功　能	操　作　数				程序步数
		(S.)	m	(D.)	n	
RS(FNC80)	用于控制 PLC 的串行通信	D	K,H,(0～256)	D	K,H(0～256)	RS,9 步

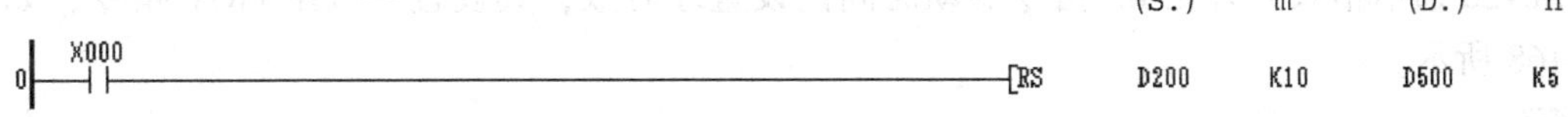

图 5-167 RS 指令

说明：

1）RS 为使用 RS-232C 或 RS-485 功能扩展板及特殊适配器的设备之间进行发送接收串行数据的指令。其中，源（S.）、m 为发送数据的首址和点数；目标（D.）、n 为接收数据的首址和点数。发送数据指可编程序控制器向外部设备（如个人计算机、条形码阅读机和打印机等）传递数据，接收数据指外部设备向可编程序控制器传递数据。图 5-167 表示，将从 D200 起的 10 个数据发送到外部设备，以及将从外部设备接收来的 5 个数据放在 D500 开始的 5 个存储单元中。当只接收而不发送时，应将数据发送点数 m 设为“K0”；当只发送而不接收时，应将数据接收点数 n 设为“K0”。

2）RS 传送的数据有指定格式，此格式通过特殊数据寄存器 D8120 设定，其格式包括数据长度、传送速度（波特率）、停止位、奇偶数、校验等，它是以 D8120 的位组合来决定。D8120 通信格式的位及其意义见表 5-72。

表 5-72 D8120 通信格式的位及其意义

位号	名称	内容	
		0(位 OFF)	1(位 ON)
b0	数据长	7 位	8 位
b1 b2	奇偶性	b2,b1 (0,0):无 (0,1):奇数(ODD) (1,1):偶数(EVEN)	
b3	停止位	1 位	2 位
b4 b5 b6 b7	传送速率/(bit/s)	b7,b6,b5,b4 (0,0,1,1):300 (0,1,0,0):600 (0,1,0,1):1,200 (0,1,1,0):2,400	b7,b6,b5,b4 (0,1,1,1):4,800 (1,0,0,0):9,600 (1,0,0,1):19,200
b8	起始位	无	有(D8124) 初始值:STX(02H)
b9	终止符	无	有(D8125) 初始值:ETX(03H)
b10 b11	控制线	无顺序	b11,b10 (0,0):无<RS-232C 接口> (0,1)普通模式<RS-232C 接口> (1,0):互锁模式<RS-232C 接口> (1,1):调制解调器模式<RS-232C 接口>,RS-485 接口
		计算机连接通信	b11,b10 (0,0):RS-485 接口 (1,0):RS-232C 接口
b12	不可使用		
b13	和校验	不附加	附加
b14	协议	不使用	使用
b15	控制顺序	方式 1	方式 4

D8120 通信格式只有在 RS 指令驱动时间内设置才有效，其设置一般用 MOV 指令，如图 5-168 所示。

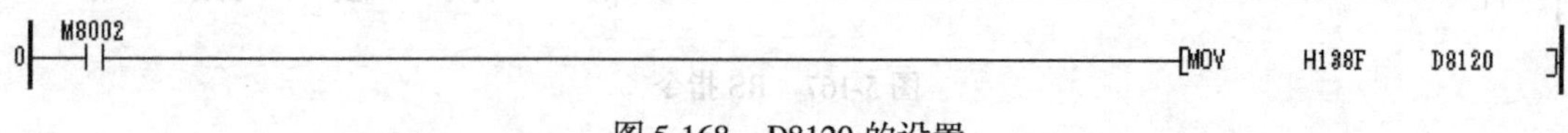

图 5-168 D8120 的设置

图中 H138F =0010011100011111（二进制）。根据表 5-72 知，此通信格式的意义为：数据长度，8 位；偶校验；停止位，2 位；波特率，9600bit/s；协议，无；有起始符 STX、ETX 等。

3）在 RS 指令中指定缓冲区时，要先选择是 8 位或 16 位模式。8 位或 16 位模式由特殊辅助继电器 M8161 来决定。当 M 8161 为 OFF 时，为 16 位通信模式，即传送或接收的 16 位数据，软元件的 2 字节都要使用。当 M8161 为 ON 时，为 8 位通信模式，即发送或接收时只用软元件的低 8 位。

4）发送或接收数据的形式如图 5-169 所示。图中 M8161 为 ON，是 8 位通信模式。数据串由起始符、数据、终止符组成。

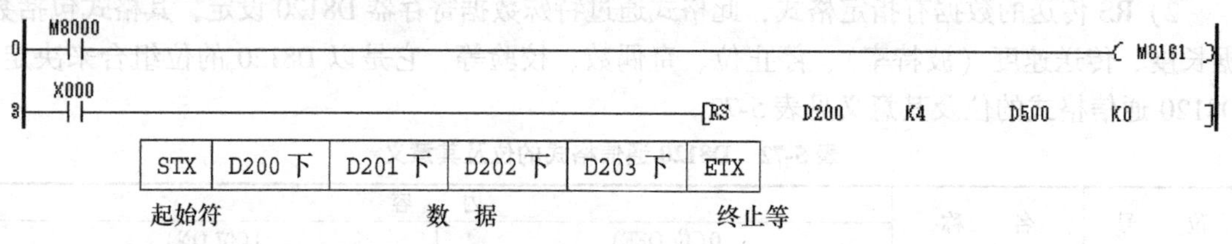

图 5-169 发送或接收数据的组成

5）通信的基本时序。通信方式有单工、半双工、全双工等。这里只介绍半双工（发送与接收）通信方式，其时序如图 5-170 所示。

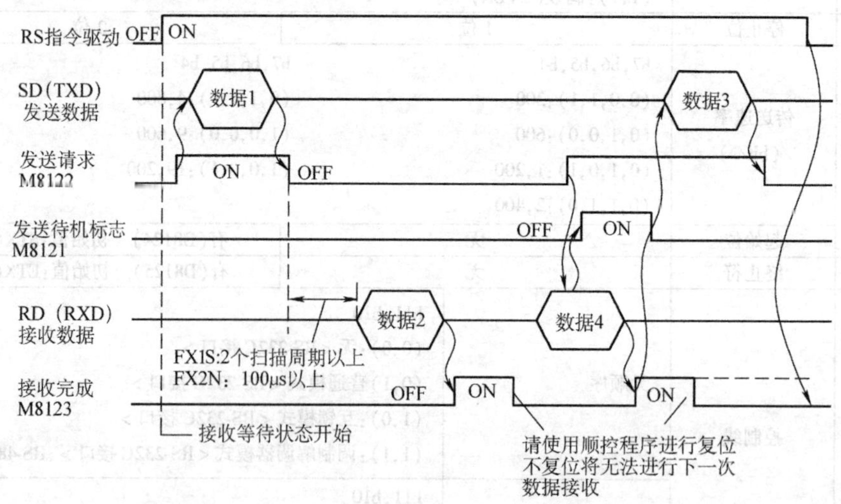

图 5-170 DS 指令双向通信

图中，先对 RS 进行设置，并使之驱动，要传送的数据需送传送数据缓冲区。发送时发送标志 M8122 必须为 ON。一旦发送数据完毕，M8122 将自动复位。发送完毕之后要接收数据，必须要有 2～3 个周期的时间间隔。一旦接收数据完毕，接收标志 M8123 自动置位 ON。

要尽快将接收的数据从接收数据缓冲区转移出去，然后使用顺控程序使 M8123 复位；否则，无法进行下一次数据接收。

如果接收数据时有发送请求，则 M8122 置 ON，待机标志 M8121 也为 ON，表示发送将会延迟，直到接收标志 M8123 又置 ON，待机标志 M8121 置 OFF，才能接收另一数据。

发送接收程序的一个例子，如图 5-171 所示。图中第 0 步为使用 8 位数据，第 3 步为通信格式设置，H0067 的二进制数为 0000000100111，其格式为 8 位数据，偶数，停止位为 1 位，传送速率为 2400bit/s 等。当 X0 闭合时，激发 RS 指令；当 X1 闭合时，将 11 个数据传送到 D200 ~ D210，并使 M8122 置位，发送数据；当发送数据完毕时，M8122 将自动复位。例如，当接收数据时，接收结束，M8123 自动闭合，将接收的数据送 K4Y0；当 X2 闭合时，M8123 复位。

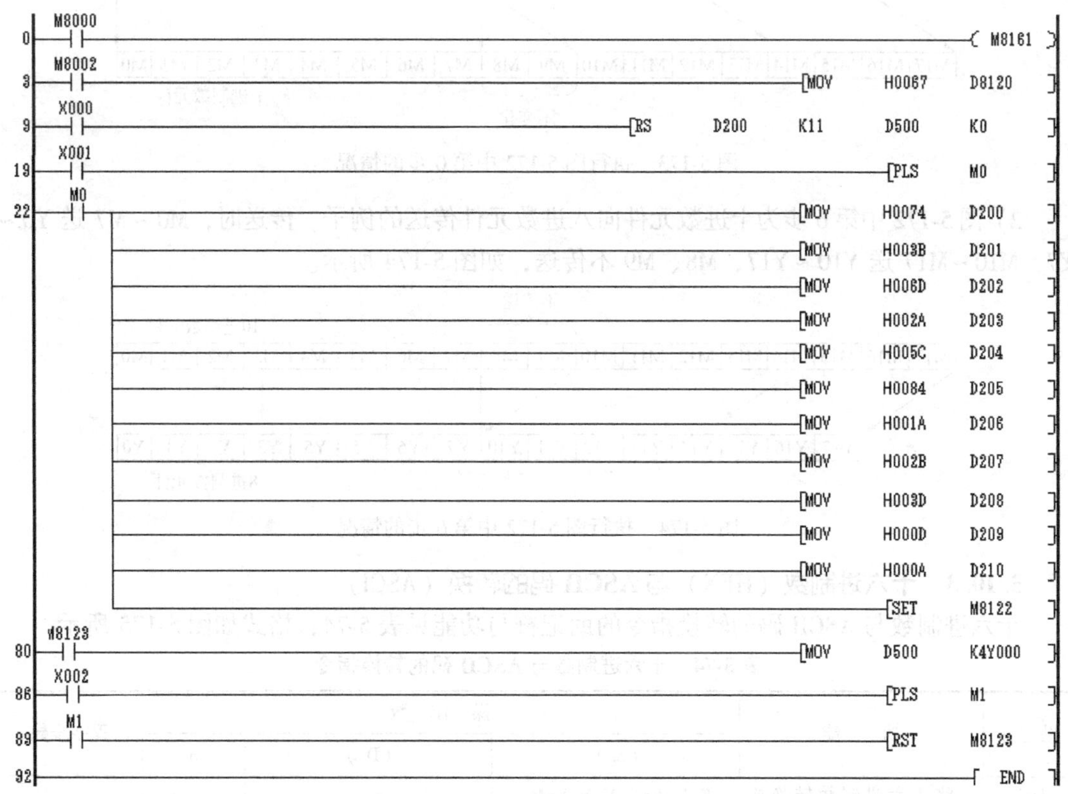

图 5-171　RS 的使用例子

5.10.2　并行八进制位传送

并行八进制位传送指令的助记符与功能见表 5-73，格式如图 5-172 所示。

表 5-73　并行八进制位传送指令

助记符	功　　能	操　作　数		程序步数
		(S.)	(D.)	
PRUN(FNC81)	将指定位的源数据以八进制传到目标位	KnX,KnM(n =1 ~8)	KnY,KnM(n =1 ~8)	PRUN(P),5 步; DPRUN(P),9 步

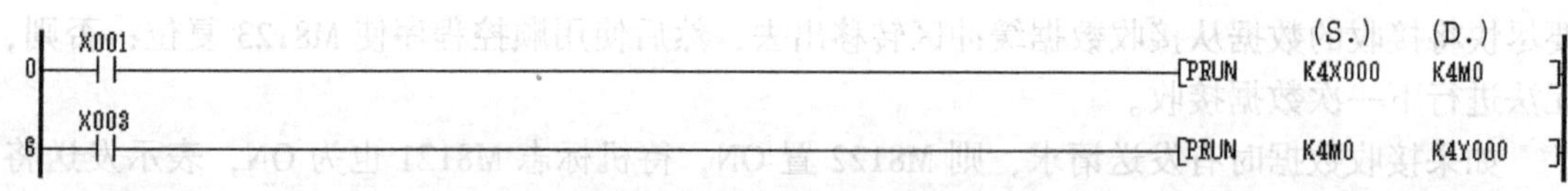

图 5-172　PRUN 指令的格式

说明：

1）PRUN 指令的意义是从指定的源元件和目标元件间传送数据，元件号以八进制数为单位，指定元件号的最低位设为 0，如图 5-173 中第 0 步所示。将八进制数的位元件组合 K4X0 送十进制数的 K4M0，即 X0 ~ X7 送 M0 ~ M7，X10 ~ X17 送 M10 ~ M17，其中不会送到 M8 及 M9，如图 5-173 所示。

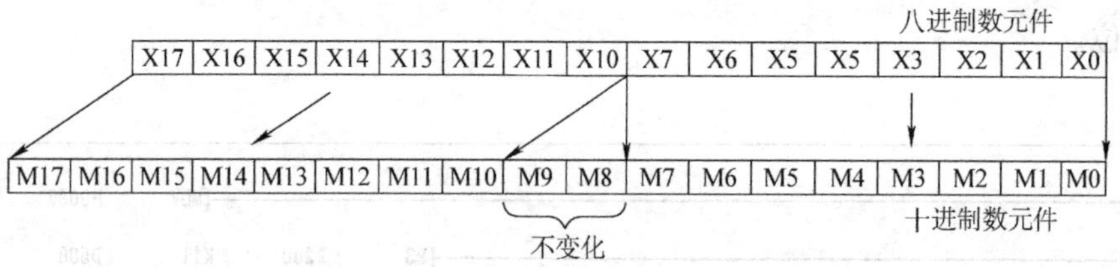

图 5-173　执行图 5-172 中第 0 步的情况

2）图 5-172 中第 6 步为十进数元件向八进数元件传送的例子。传送时，M0 ~ M7 送 Y0 ~ Y7，M10 ~ M17 送 Y10 ~ Y17，M8、M9 不传送，如图 5-174 所示。

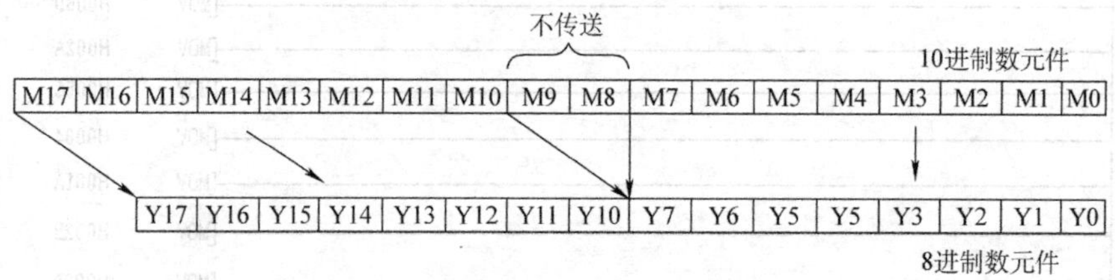

图 5-174　执行图 5-172 中第 6 步的情况

5.10.3　十六进制数（HEX）与 ASCII 码的转换（ASCI）

十六进制数与 ASCII 码的转换指令的助记符与功能见表 5-74，格式如图 5-175 所示。

表 5-74　十六进制数与 ASCII 码的转换指令

助记符	功　能	操作数			程序步数
		(S.)	(D.)	n	
ASCI (FNC82)	将十六进制数转换成 ASCII 码	K,H,KnX,KnY,KnM,KnS,T,C,D,V,Z	KnY,KnM,KnS,T,C,D	K,H (1 ~256)	ASCI(P),7 步
HEX (FNC83)	将 ASCII 码转换成十六进制数	K,H,KnX,KnY,KnM,KnS,T,C,D	KnY,KnM,KnS,T,C,D,V,Z	K,H (1 ~256)	HEX(P),7 步

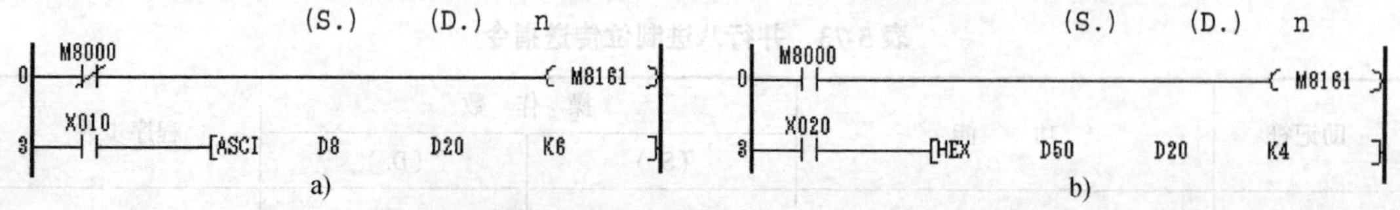

图 5-175　十六进制数与 ASCII 码的转换

a）十六进制数转换成 ASCII 码　b）ASCII 码转换成十六进制数

说明：

1）ASCI 指令的意义是读取以源（S.）为首址的元件的 n 个十六进制字符，并转换成对应的 ASCII 码，然后向目标（D.）指定的软元件低 8 位、高 8 位传送。

图 5-176 为十六进制数转换成 ASCII 码的例子。

```
 X000    X001
─┤├──┬───┤/├──┬──────────────────────────────( M8161 )
 M0  │        │
─┤├──┘        └──────────────────────────────( M0 )
 X002
─┤├────────────────────────[ASCI   H0ABC   D200   K4 ]
 X004
─┤├───────────────────────────────[ZRST   D200   D400 ]
```

图 5-176　十六进制数转换成 ASCII 码的例子

图中 M8161 为 8 位/16 位操作模式切换元件。当 M8161 为 OFF 时，按 X2，将 4 个十六进制字符 0ABC 转换成对应的 ASCII 码，向目标软元件 D200、D201 的低 8 位、高 8 位传送。程序执行的结果为：

D200 = 16688 = $(0100\ 0001\ 0011\ 0000)_2$ = (H41 H30)

D201 = 17218 = $(0100\ 0011\ 0100\ 0010)_2$ = (H43 H42)

当 M8161 为 ON 时，程序执行的结果为：

D200 = 48 = $(0011\ 0000)_2$ = (H30)

D201 = 65 = $(0100\ 0001)_2$ = (H41)

D202 = 66 = $(0100\ 0010)_2$ = (H42)

D203 = 67 = $(0100\ 0011)_2$ = (H43)

2）HEX 指令是从源（S.）为首址开始读入 n 字节的 ASCII 数据字节，并转换成相应的十六进制字符，然后存入目标（D.）的软元件中。当 M8161 为 ON 时，为 8 位模式，只读源元件的低 8 位字节；当 M8161 为 OFF 时，为 16 位模式，读软元件的整个字（高、低位字节）。

图 5-177 为 HEX 指令的用法例子。图中如 M8161 为 OFF，按 X2，执行 ASCI 指令将 8 个数字字母 0ABC0000 转换为 ASCII 码，存入 D100～D103 中，如表 5-75 所示。

```
    X000    X001
0 ──┤├──┬───┤/├──┬─────────────────────────────( M8161 )
    M0  │        │
  ──┤├──┘        └─────────────────────────────( M0 )
    X002
6 ──┤├──────────────────────[ASC    0ABC0000    D100  ]
    X003
18──┤├───────────────────────────[HEX   D100   D200   K8 ]
    X004
26──┤├──────────────────────────────[ZRST   D100   D300 ]
32─────────────────────────────────────────────[ END ]
```

图 5-177　HEX 指令用法

表 5-75 将十六进制数转换为 ASCII 码

元件	高位	低位	十进制数	元件	高位	低位	十进制数
D100	H41(A)	H30(0)	16688	D102	H30(0)	H30(0)	12336
D101	H43(C)	H42(B)	17218	D103	H30(0)	H30(0)	12336

合上 X3，执行 HEX 指令，将高低 8 位的 ASCII 码转换为 HEX（16 位数据），每 4 位向（D.）传送，如表 5-76 所示。

表 5-76 将 ASCII 码转换十六进制数

元件	传送字符				十进制数
D200	0000	0000	0000	0000	0
D201	0000（0）	1010（A）	1011（B）	1100（C）	2748

5.10.4 校验码（CCD）

校验码指令的助记符与功能见表 5-77，格式如图 5-178 所示。

表 5-77 校验码指令

助记符	功 能	操 作 数			程序步数
		（S.）	（D.）	n	
CCD（FNC84）	对发送数据的水平校验进行检查	KnX，KnY，KnM，KnS，T，C，D	KnY，KnM，KnS，T，C，D	K，H，D N=1~256	CCD，7 步；CCD(P)，7 步

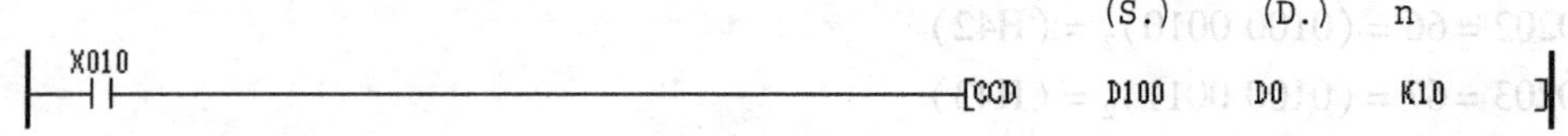

图 5-178 CCD 指令

说明：

1）先介绍通信中校验的概念。在通信的串行传输过程中，由于干扰的存在，可能会使某个 0 变为 1，或某个 1 变为 0，这种情况称为误码。发现传输过程中的这种错误，称为检错。最简单的检错方法是奇偶校验。奇偶校验是在传送字符的各位之外，再传送一位奇/偶校验位，采用奇校验或偶校验。

奇校验：所有传送的数位（含字符的各数位）中，1 的个数为奇数。例如：

① 8 位数据中 1 的个数和为偶数，加一个 1，变为奇数，所以校验位为 1；

② 8 位数据中 1 的个数和为奇数，加一个 0，仍为奇数，所以校验位为 0。

偶校验：所有传送的数位（含字符的各数位）中，1 的个数为偶数。例如：

① 8 位数据中 1 的个数和为偶数，加一个 0，仍为偶数，所以校验位为 0；

② 8 位数据中 1 的个数和为奇数，加一个 1，变为偶数，所以校验位为 1。

2）CCD 指令的意义为对 1 字节（8 位）的数据堆栈，从其首址（S.）开始对整个数据堆栈求和，并对各字节进行位组合的水平校验，将数据堆栈的总和放到目标元件（D.）中，其校验结果存放到（D.）+1 元件中。

3）图 5-178 的意义为 X010 接通时，对（S.）首址 D100 起的 n=10 位数据进行校验。

将其数据总和放 D0，水平校验放 D1 中。其中一个例子如图 5-179 所示。图中，当接通 X0 时，将 K100 等值送 D100 为首址的数据堆栈；当接通 X1 时，对其进行数据校验。

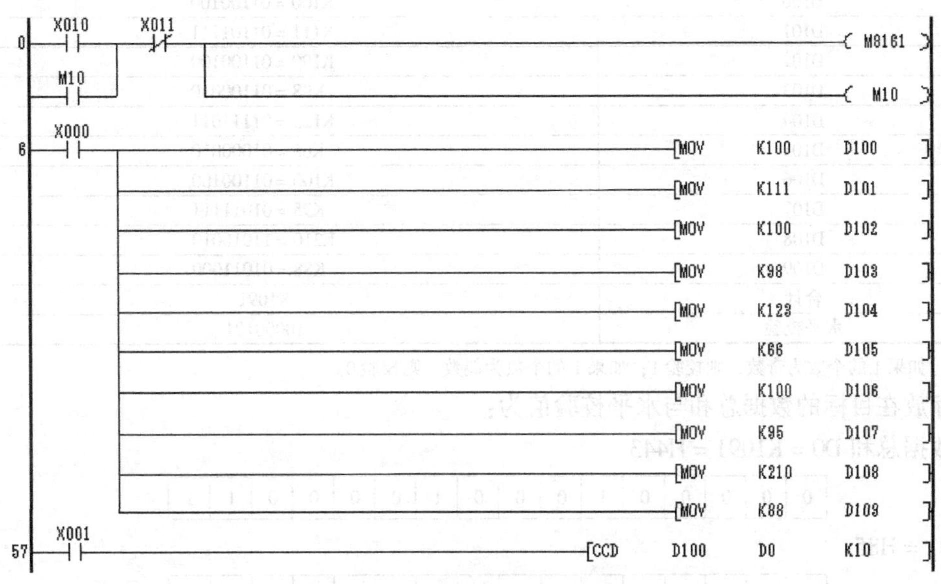

图 5-179　校验码指令的应用

① 当 M8161 为 OFF 时，使用 16 位转换模式，即传送的数据位放在 D100 ~ D104 的高低 8 位中，如表 5-78 所示。

表　5-78

(S.)	数据内容
D100 下	K100 = 01100100
D100 上	K111 = 01101111
D101 下	K100 = 01100100
D101 上	K98 = 01100010
D102 下	K123 = 01111011
D102 上	K66 = 01000010
D103 下	K100 = 01100100
D103 上	K95 = 01011111
D104 下	K210 = 11010010
D104 上	K88 = 01011000
合计	K1091
水平校验	10000101

注：如果 1 的个数为奇数，则校验 1；如果 1 的个数为偶数，则校验 0。

存放在目标的数据总和、水平校验值为：

数据总和 D0 = K1091 = H443

0	0	0	0	0	1	0	0	0	1	0	0	0	0	1	1

D1 = H85

0	0	0	0	0	0	0	0	1	0	0	0	0	1	0	1

② 当 M8161 为 ON 时，使用 8 位转换模式，即传送的数据位放在 D100 ~ D109 的低 8 位中，如表 5-79 所示。

表 5-79

(S.)	数据内容
D100	K100 = 01100100
D101	K111 = 01101111
D102	K100 = 01100100
D103	K98 = 01100010
D104	K123 = 01111011
D105	K66 = 01000010
D106	K100 = 01100100
D107	K95 = 01011111
D108	K210 = 11010010
D109	K88 = 01011000
合计	K1091
水平校验	10000101

注：如果1的个数为奇数，则校验1；如果1的个数为偶数，则校验0。

存放在目标的数据总和与水平校验值为：

数据总和 D0 = K1091 = H443

0	0	0	0	0	1	0	0	0	1	0	0	0	0	1	1

D1 = H85

0	0	0	0	0	0	0	0	1	0	0	0	0	1	0	1

5.10.5 模拟电位器值读出和电位器刻度读入（VRRD，VRSC）

模拟电位器值读出和电位器刻度读入指令的助记符与功能见表 5-80，格式如图 5-180 所示。

表 5-80 模拟电位器值读出和电位器刻度读入指令

助记符	功能	操作数		程序步数
		(S.)	(D.)	
VRRD (FNC85)	从模拟电位器的 8 个输入中读入一个模拟值	K,H, 电位器编号 0 ~ 7	KnY,KnM,KnS T,C,D,V,Z	VRRD(P),5 步
VRSC (FNC86)	读入模拟量的刻度值(0 ~ 10)	K,H,S = 0 ~ 7	KnY,KnM,KnS T,C,D,V,Z	VRSC(P),5 步

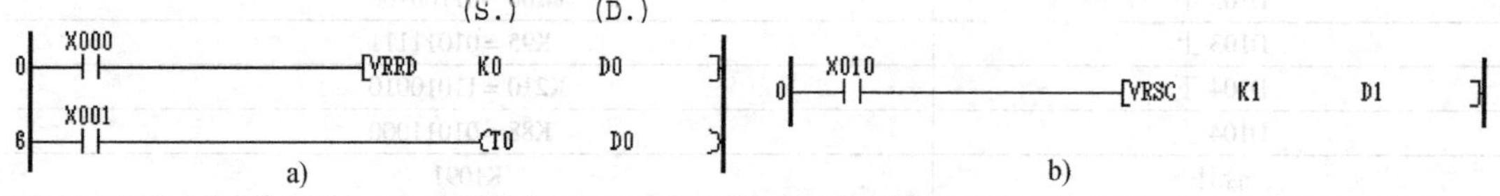

图 5-180 VRRD 和 VRSC 的使用

说明：

1）FX 系列有模拟量设定功能扩充板，可以安装在基本单元内。例如，FX-8AV 以及 FX2N-8AV-BD 等，内置 8 个模拟电位器 VR0 ~ VR7（程序设定为 K0 ~ K7）。图 5-180a 中的意义是将源（S.）指定的电位器 K0 的模拟值变换成 8 位二进制数据（0 ~ 255），送到 D0。D0 的当前值通常可以作为定时器的设定值使用。

2）VRSC 指令的意义是将模拟电位器的刻度（0 ~ 10）以二进制数读出存入到目标中。图 5-180b 是将 K1 的模拟电位器刻度值读入存于 D1 中。图 5-181 的程序表明，当 K1 刻度为 0 ~ 10 中任何一个值时，用解码指令 DECO 选中其值。例如电位器 K1 的刻度值为 7，即

D1 =7，执行解码 DECO 指令，将二进制 D1 值解出，放在以 M10 为首位的 $2^4=16$ 位中。因此 M7 为 1，Y7 得电。

图 5-181　VRSC 的使用

例 5-18　图 5-182 为读入电位器 VR0 ~ VR7 的值，用于控制定时器 T0 ~ T7。图中第 4 ~16 步使用了 FOR-NEXT 指令。

图 5-182　VRRD 的使用

5.10.6 PID 回路运算

PID 是模拟式控制系统经常使用的方法。其中，P 为比例调节；I 为积分调节；D 为微分调节。PID 是用一个确定偏差作为校正，再用校正值作用于系统，并使之达到目标值的方法。PID 是一种动态偏差校正系统。PID 指令的助记符与功能见表 5-81，格式如图 5-183 所示。

表 5-81 PID 指令

助记符	功　能	操作数				程序步数
		(S1)	(S2)	(S3)	(D)	
PID(FNC88)	根据 PID 控制的设定值计算出一个调整值	D,一个	D ,一个	D,25 个连续号	D	PID,9 步

```
                                          (S1)     (S2)     (S3)     (D)
   X000
0|--| |-------------------------------[PID    D0       D1       D100     D150   ]
```

图 5-183 PID 指令

说明：

1）图 5-183 中，源（S1）为设定目标值（SV）；源（S2）为测定现在值（PV）；源（S3）~（S3）+6 为设定控制参数；目标（D）为 PID 运算后存入的数据存储器。（D）要用非断电保持型的。

2）源（S3）的参数设定值由连续编号的 25 个数据寄存器组成，这些软元件有些是要用 MOV 指令输入数据的，有些是内部操作运算用的，有些是从 PID 运算返回输出数据的，如表 5-82 所示。

表 5-82

参数(S3)	名称、功能	说　明	数值设置范围
(S3)	采样时间 T_s	读取系统的当前值(S2)的时间间隔	1 ~ 32767ms
(S3) +1	动作方向(ACT)	b0:(0),正动作;(1),逆动作 b1:(0),当前值(S2)变化不报警;(1),(S2)变化报警 b2:(0),输出(D)变化不报警;(1),(D)变化报警 b3:不可使用 b4:(0),自动调谐不动作;(1)执行自动调谐 b5:(0),无输出值上下限设定;(1)输出值上下限设定 b6 ~ b15:不可使用(且 b5 与 b2 不能同为 ON)	
(S3) +2	输入滤波常数 α	改变滤波器效果	0 ~ 99%
(S3) +3	比例增益(K_p)	产生一个比例输出因子	0 ~ 32767%
(S3) +4	积分时间(T_i)	积分校正值达到比例校正值的时间,0 为无积分	0 ~ 32767(×100ms)
(S3) +5	微分增益(K_d)	在当前值(S2)变化时,产生一个已知比例的微分输出因子	0 ~ 100%
(S3) +6	微分时间(T_d)	微分校正值达到比例校正值的时间,(0)为无微分	0 ~ 32767(×100ms)
(S3) +7 ~ (S3) +19	PID 运算内部占用		
(S3) +20	当前值上限,报警	用户定义的上限,一旦当前值超过此值,报警	当(S3)+1 的 b1 = 1 有效,0 ~ 32767
(S3) +21	当前值下限,报警	用户定义的下限,一旦当前值超过此值,报警	
(S3) +22	输出值上限,报警	用户定义的上限,一旦当前值超过此值,报警 输出上限设定(S3 + 1 的 b2 = 0, b5 = 1 有效),0 ~ 32767	当(S3)+1 的 b2 = 1、b5 = 0 有效
(S3) +23	输出值下限,报警	用户定义的下限,一旦当前值超过此值,报警 输出下限设定(S3 + 1 的 b2 = 0, b5 = 1 有效),0 ~ 32767	

（续）

参数(S3)	名称、功能	说　明	数值设置范围
(S3) +24	报警输出(只读)	b0 = (1),当前值(S2)超过上限;b1 = (1),当前值(S2)超过下限; b2 = (1),输出值(S2)超过上限;b3 = (1),输出值(S2)超过下限;	当(S3) +1 的 b1 =1、b2 =1 有效

3）采样时间（T_s）不能太小，T_s 必须大于 PLC 的运行周期。如果 T_s 小于或等于 PLC 的运行周期，则会发生 PID 运算错误。一般的 PID 控制 T_s 取 0.5 ~1s，自动调谐取大于 1s。

4）PID 指令可同时多次执行，但每次使用的源（S3）及目标（D）不要相同。PID 指令也可用于定时器中断（如 I6□□ ~ I8□□）、子程序步进梯形图、跳转指令中，但在这种情况下，要令(S3) +7 复位，如图 5-184 所示。

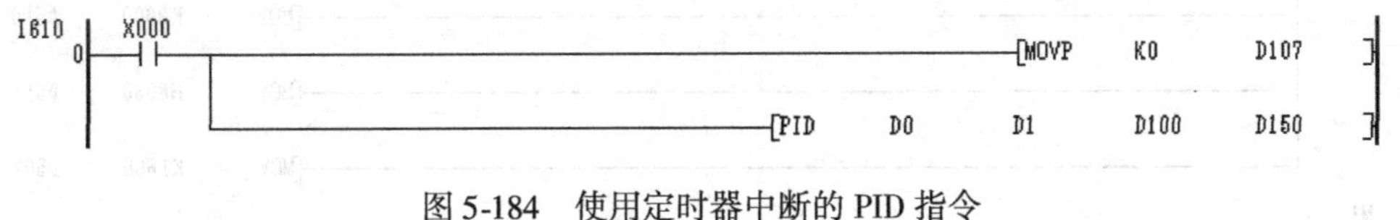

图 5-184　使用定时器中断的 PID 指令

5）PID 比例增益（K_p），积分时间（T_i）及微分时间（T_d）的确定请参阅 FX2N 编程手册。

6）为了得到最佳的 PID 控制效果，最好使用自动调谐动能。当(S3) +1 的 b4 为 ON 时，自动调谐开始。系统通过自动调节，使系统达到最佳状态。当自动调谐开始时的测定值到目标值的变化量变化 1/3 以上时，自动调谐结束。

7）当控制参数的设定值或 PID 运算中的数据发生错误时，则特殊辅助继电器 M8067 变为 ON 状态。

例 5-19　使用 FX2N-48MR 和模拟特殊功能模块 FX2N-4AD-TC 对温度槽加热的温度闭环控制系统进行 PID 控制。FX2N-4AD-TC 放在 K0 位置，其示意图如图 5-185 所示。

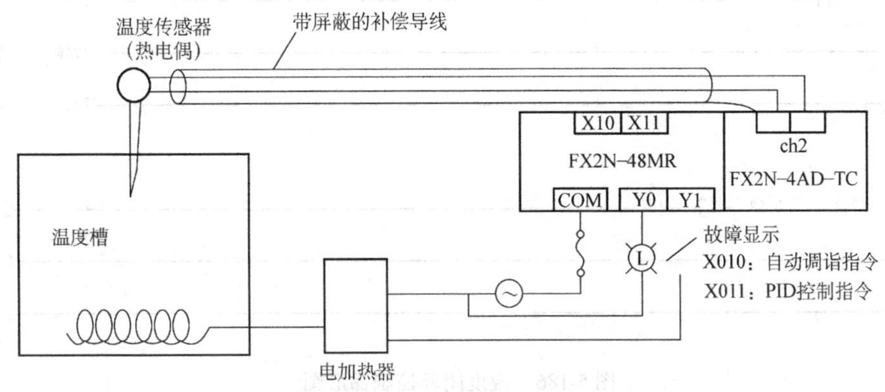

图 5-185　温度闭环控制示意图

程序如图 5-186 所示。

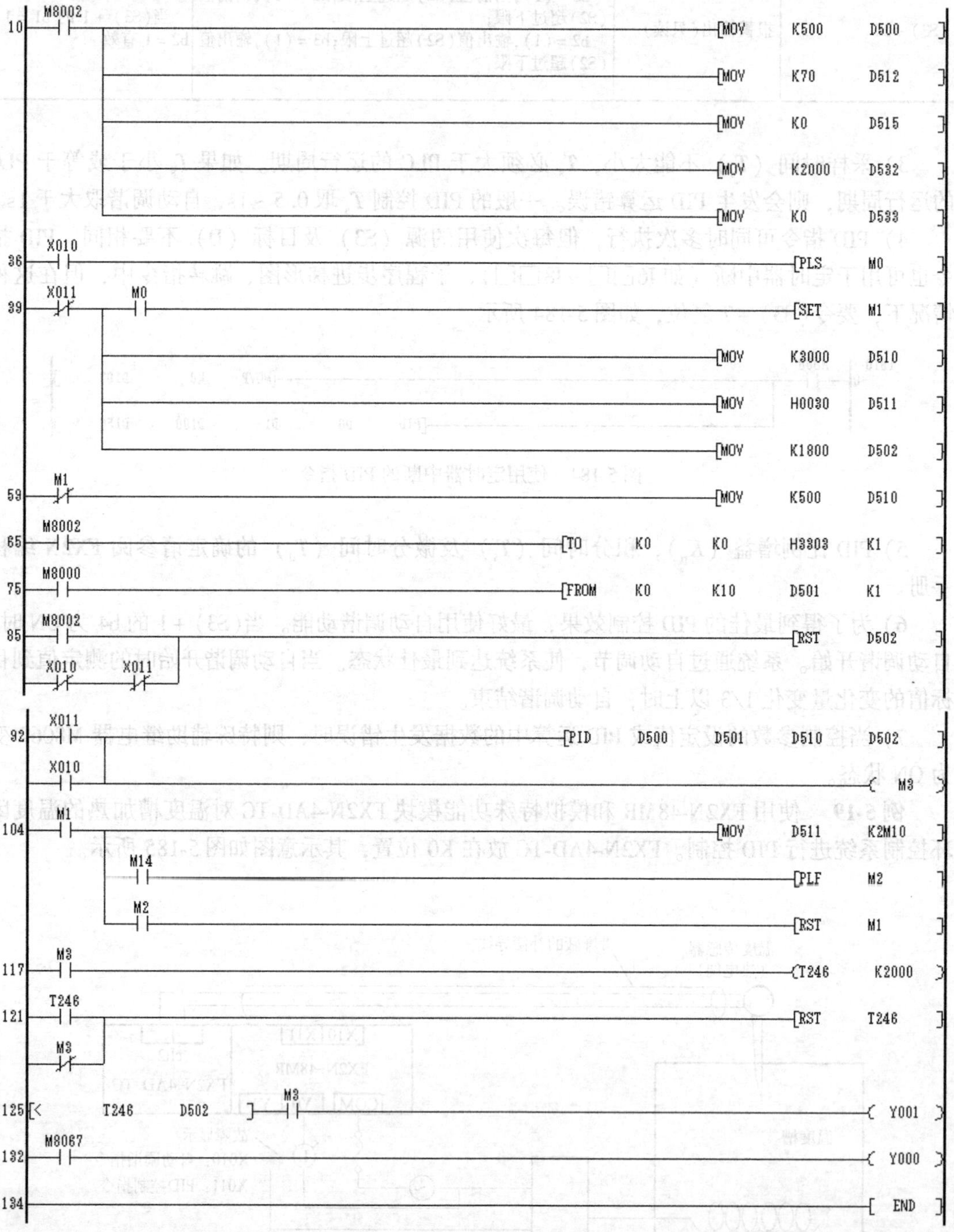

```
10   M8002                                   [MOV   K500    D500 ]
                                             [MOV   K70     D512 ]
                                             [MOV   K0      D515 ]
                                             [MOV   K2000   D532 ]
                                             [MOV   K0      D533 ]
36   X010                                    [PLS   M0 ]
39   X011(常闭)  M0                          [SET   M1 ]
                                             [MOV   K3000   D510 ]
                                             [MOV   H0030   D511 ]
                                             [MOV   K1800   D502 ]
59   M1(常闭)                                [MOV   K500    D510 ]
65   M8002                       [TO    K0    K0     H3303   K1 ]
75   M8000                       [FROM  K0    K10    D501    K1 ]
85   M8002                                   [RST   D502 ]
     X010(常闭)  X011(常闭)
92   X011                        [PID   D500  D501   D510    D502 ]
     X010                                    ( M3 )
104  M1                                      [MOV   D511    K2M10 ]
          M14                                [PLF   M2 ]
          M2                                 [RST   M1 ]
117  M3                                      ( T246   K2000 )
121  T246                                    [RST   T246 ]
     M3(常闭)
125  [<  T246  D502 ]  M3                    ( Y001 )
132  M8067                                   ( Y000 )
134                                          [ END ]
```

图 5-186　温度闭环控制梯形图

说明如下：

1）执行第65步TO指令，对FX2N-4AD-TC模块进行初始化，将H3303送0号模块的BFM#0，CH1、CH3、CH4不使用，只使用CH2，选择K型热电偶（测量温度范围为-100～1200°C）。

2）执行第75步FROM指令，读取编号0的FX2N-4AD-TC模块的BFM#10的当前温度到D501。

3）PID指令的（S1）为D500，（S2）为D501，（S3）为D510，（D）为D502。

4）当初始脉冲M8002闭合，将K500送D500，由FX2N-4AD-TC模块的数字与温度关系知目标设定为50°C。K70送D512，故参数设定(S3)+2的滤波常数$\alpha=70\%$。K0送D515，即参数(S3)+5的微分增益$K_d=0$，即本控制实质为PI控制。K2000送D532，即参数(S3)+22设定的输出上限为2000，即2ms。K0送D533，即参数(S3)+23设定输出下限为0。初始时令输出D502清零。

5）当X10闭合（此时X11为OFF），M0置1，执行自动调谐开始，将K3000送D510，即设定自动调谐采样时间为3s。将H0030=$(0000000000110000)_2$送D511，即（S3+1），此时，b0=0，为正动作调节；b1=0，无输入变化量（变化量=前次的值-当前次的值）报警；b2=0，无输出变化量报警；b4=1，执行自动调谐；b5=1，上下限设定有效。将K1800送目标D502，设定自动调谐用的输出值（即通电的周期）为K1800，即1800ms。X10闭合，M1被置位，PID被驱动，PID调节开始。当M1闭合，将D511的值（H0030）送K2M10，即参数(S3)+1的b4=M14。执行自动调谐时当输出值为自动调谐开始时的测定值到目标值的变化量变化1/3以上，自动调谐结束。此时（S3+1）的b4自动变为OFF。当这一步达到，M2被驱动，使M1复位，撤除自动调谐。

6）当X11=ON，X10=OFF，为通常的PID控制，此时D500、D512、D515、D532、D533的设定值不变。但由于$\overline{\text{M1}}$为1，将K500送D510，即将通常PID动作的采样时间500ms送D510。

7）当自动调谐时，M3常开闭合，驱动定时器T246，其设定值2s为Y1加热的周期。无论X10或X11闭合时，当T246小于D502的设定值，且M3闭合，Y1得电，接通电加热器。当T246≥D502时，Y1失电；当T246达到其设定值时，T246复位，则T246又开始另一计时周期，电加热器又被接通。自动调谐时，D502=K1800，Y1以通1.8s、断0.2s的周期工作。当非自动调谐时，D502的值由PID基本运算决定（参见FX2N编程手册）。

8）为了使PID控制能有良好的效果，必须设置恰当的PID三个常数（比例增益K_p，积分时间T_i，微分时间T_d），表5-82列有其数值范围。在PID控制中，它是由阶跃反应法自动设定的。

例5-20 图5-187所示为某混凝土搅拌站的数据输入部分梯形图，请理解梯形图中各指令意义。

说明：

1）图中第0步为矩阵MTR输入指令，此矩阵为8×6矩阵，列为Y40～Y45，行为X40～X47，各列数据分别存入M0～M7、M10～M17、M20～M27、M30～M37、M40～M47、M50～M57中。

2）第10步以后为从模拟电位器板读入及二进制除法指令，分别从模拟电位器板的

K0 ~ K7 位置读入数据放在 D0 ~ D7 数据存储器中，再令各数值除以 25 放到 D11 ~ D17 中。

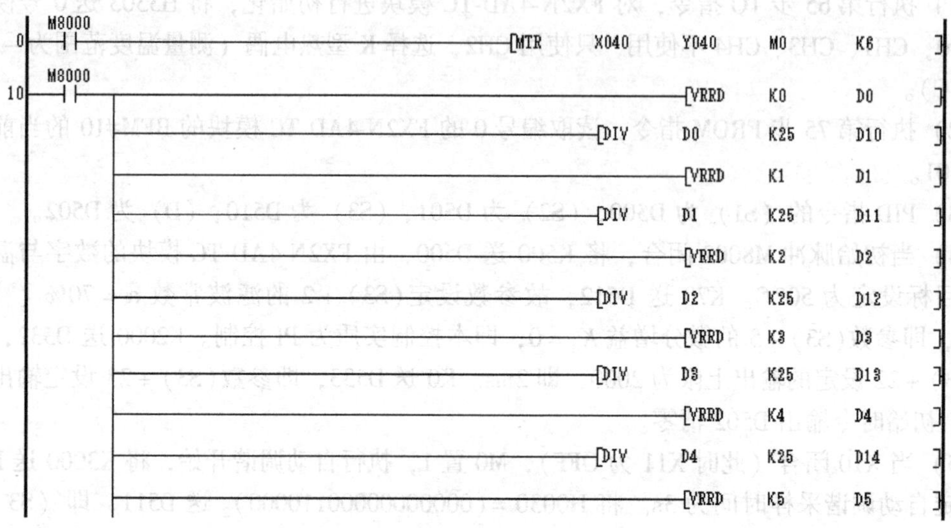

图 5-187　例 5-20 的梯形图

5.11　浮点运算指令（FNC110 ~ FNC147）

浮点运算包含二进制浮点数比较、转换、四则运算、开方、三角函数和反三角函数运算等。

5.11.1　二进制浮点数比较（ECMP）

二进制浮点数比较指令的助记符与功能见表 5-83 所示，格式如图 5-188 所示。

表 5-83　二进制浮点数比较指令

助记符	功　能	操作数			程序步数
		源(S1.)	源(S2.)	目标(D.)	
ECMP(FNC110)	比较两个二进制浮点数的大小	K,H,D,E		Y,M,S 三个连续目标位元件	DECMP(P),13 步

```
                                      (S1.)        (S2.)        (D.)
  X001
──┤├──────────────────────[DECMP      D10          D20          M0     ]
```

图 5-188　ECMP 指令

说明：

1）ECMP 指令为 32 位指令。其意义为将源（S1.）与（S2.）进行二进制浮点数比较，比较的结果令以目标（D.）为首址的三个连续目标位元件动作，即

当(S1.) > (S2.)时,(D.)元件动作；

当(S1.) = (S2.)时,(D.) +1 元件动作；

当(S1.) < (S2.)时,(D.) +2 元件动作。

编制 ECMP 指令时，通常(S1.)为定值，(S2.)为动值。

2）图 5-189 为 ECMP 指令比较结果的驱动电路。图中将二进制整数 D1、D2 先转换为二进制浮点数 D10、D20，再执行二进制浮点数比较指令。

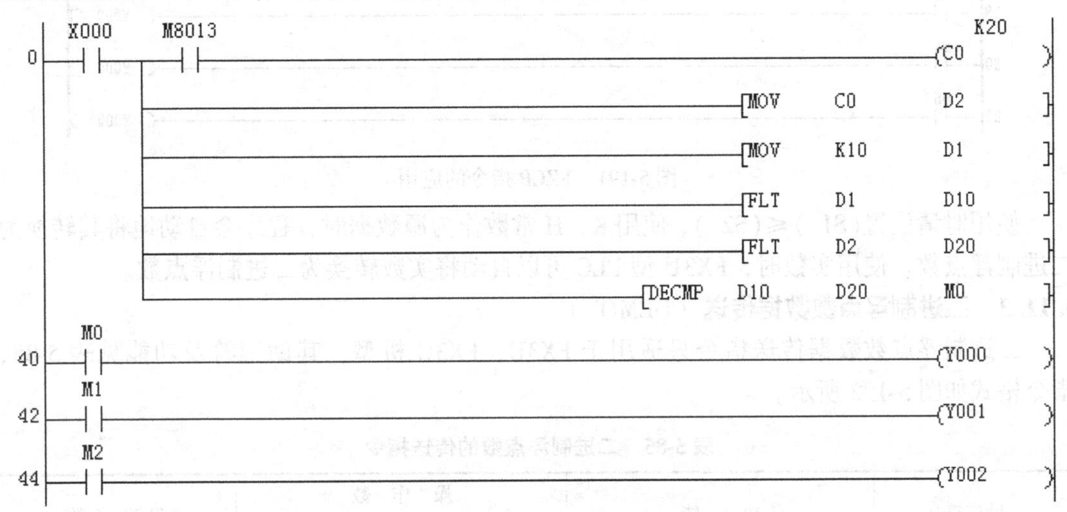

图 5-189　ECMP 指令的应用

使用时注意，D10、D20 必须为二进制浮点数。如果使用 K、H 常数，则程序会自动地转换为二进制浮点数。但对实数，FX3U 机型可以自动转换为二进制浮点数，而 FX2N 机型不能自动转换。当 ECMP 的控制触点 X0 为 OFF 时，M0～M2 保持 X0 为 OFF 前的状态。

5.11.2　二进制浮点数区间比较（EZCP）

二进制浮点数区间比较指令的助记符与功能见表 5-84，格式如图 5-190 所示。

表 5-84　二进制浮点数区间比较指令

助记符	功　能	操作数				程序步数
		源(S1.)	源(S2.)	源(S2.)	目标(D.)	
EZCP（FNC111）	将源(S.)的内容与上下两个二进制浮点数的大小比较	K,H,D,E	K,H,D,E（S1.）≤（S2.）	K,H,D,E	Y,M,S 三个连续目标位元件	DEZCP(P)，17 步

```
                            (S1.)    (S2.)    (S.)    (D.)
 X001
 ─┤├──────────────[DEZCP   D20      D30      D0      M3   ]
```

图 5-190　EZCP 指令

说明：

1）EZCP 指令是 32 位指令，它的意义为将源（S.）与二进制浮点数（S1.）、（S2.）进行比较，比较的结果令以目标（D.）为首址的三个连续目标位元件动作，即

当(S1.)>(S.)时,(D.)元件动作；

当(S1.)≤(S.)≤(S2.)时,(D.)+1 元件动作；

当(S.)>(S2.)时,(D.)+2 元件动作。

2）图 5-191 为 EZCP 指令比较结果的驱动电路。

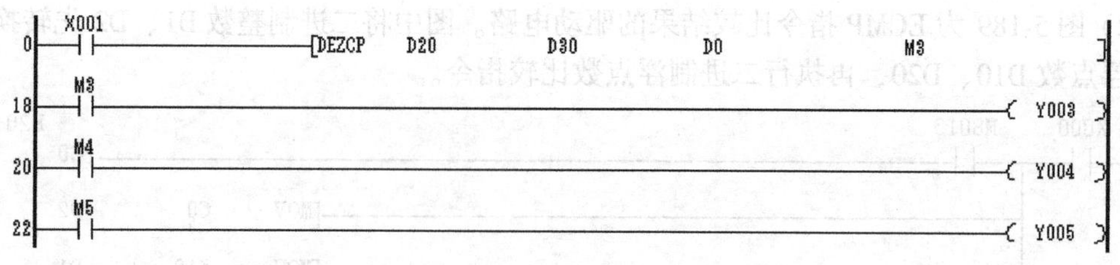

图 5-191　EZCP 指令的应用

使用时请设置(S1.)≤(S2.)，使用 K、H 常数作为源数据时，程序会自动地将其转换为二进制浮点数。使用实数时，FX3U 型 PLC 可以自动将实数转换为二进制浮点数。

5.11.3　二进制浮点数数据传送（DEMOV）

二进制浮点数数据传送指令只适用于 FX3U、FX3G 机型，其助记符及功能见表 5-85，指令格式如图 5-192 所示。

表 5-85　二进制浮点数的传送指令

助记符	功　能	操　作　数		程 序 步 数
		源（S.）	目标（D.）	
EMOV（FNC112）	将源的二进制浮点数传送到目标	D，实数 E	D	DEMOV（P），9 步

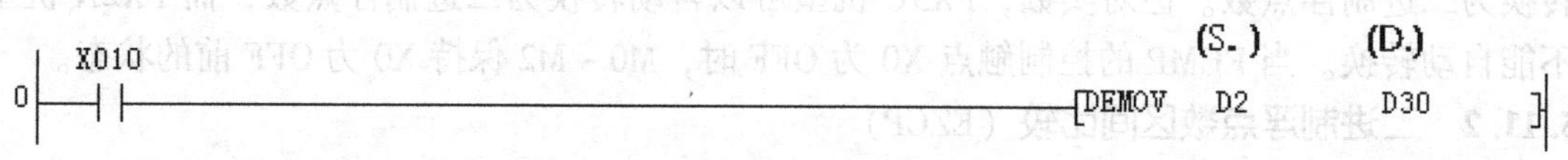

图 5-192　DEMOV 指令

说明：

1）DEMOV 是 32 位指令。它的意义是：执行 DEMOV 指令，将源二进制浮点数（D3，D2）的数值传送到目标（D31，D30）中。

2）DEMOV 指令可以传送二进制浮点数 D 和实数 E，但不能传送常数 K 和 H，也不能传送二进制整数，并将其变成二进制浮点数。图 5-193 中当 X0 闭合，执行 DEMOV 指令，将实数 E-3.45 传送到（D1，D0），（D1，D0）为二进制浮点数。当 X1 闭合，执行 MOV 指令，将 H238 传送到 D10，D10 是二进制整数。再执行 DEMOV 指令，将 D10 传送到 D20，D20 仍然是二进制整数。当 X2 闭合，执行 FLT 指令，先将 D10 转换为二进制浮点数（D13，D12），再执行 DEMOV 指令，将二进制浮点数（D13，D12）传送到（D23，D22）中。

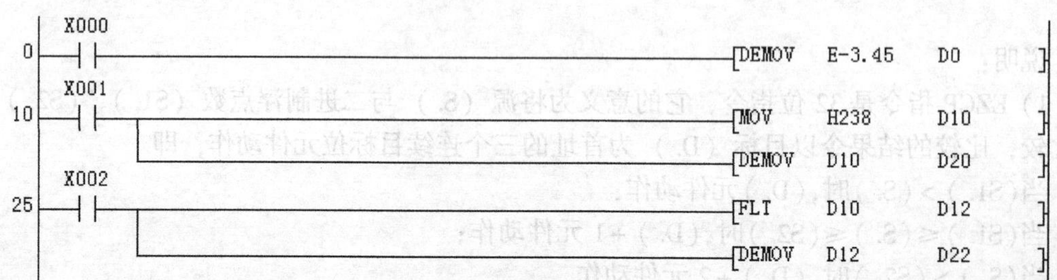

图 5-193　DEMOV 指令的用法

5.11.4 二进制浮点数与十进制浮点数的转换（EBCD，EBIN）

二进制浮点数与十进制浮点数的转换指令的助记符及功能见表 5-86 所示，格式如图 5-194 所示。

表 5-86 二进制浮点数与十进制浮点数的转换指令

助记符	功 能	操作数		程序步数
		源(S.)	目标(D.)	
EBCD(FNC118)	将源的二进制浮点数转换为十进制浮点数	D	D	DEBCD(P),9 步
EBIN(FNC119)	将源的十进制浮点数转换为二进制浮点数	D	D	DEBIN(P),9 步

```
                                   (S.)      (D.)
  X001
──┤├──────────────────────[DEBCD   D50       D20      ]
  X010
──┤├──────────────────────[DEBIN   D20       D50      ]
```

图 5-194 EBCD、EBIN 指令

说明：

1）EBCD 与 EBIN 指令都是 32 位指令。EBCD 指令的意义是将源的二进制浮点值转换为十进制浮点值，存入目标中。EBIN 指令的意义是将源的十进制浮点值转换为二进制浮点值，存入目标中。

2）二进制浮点数已在 FLT(FNC49)指令中讨论过。十进制浮点数是利用编号连续的一对数据存储器处理的，编号小的为尾数段，编号大的为指数段。例如，当使用（D1，D0）时，十进制浮点数的表示为：

十进制浮点数 = [尾数 D0] $\times 10^{[\text{指数D1}]}$

其中，尾数 D0 = ±(1000 ~ 9999)或 0；指数 D1 = −41 ~ +35。

D0、D1 的最高位是符号位。十进制浮点数的范围为：最小绝对值为 1175×10^{-41}，最大绝对值为 3402×10^{35}。在 PLC 内部的运算都是采用二进制浮点值。但二进制浮点值为不易判别的数值，因此有时会将其变为十进制浮点值，以便于外部设备监测。

3）图 5-194 的转换意义为：

二进制浮点值	D51 D50	尾数部分 23 位，指数部分 8 位，符号 1 位
执行 EBCD 指令	↓ ↑	执行 EBIN 指令
十进制浮点值	D21 D20	尾数部分（D20），指数部分（D21）

图 5-195 为二进制浮点数与十进制浮点数转换的例子。

图中将十进制浮点数 $D0\times10^{D1}=123\times10^{-2}$、$D2\times10^{D3}=2368\times10^{-2}$、$D4\times10^{D5}=C0\times10^{-2}$转换为二进制浮点数，再进行二进制浮点数区间比较。

执行第 4 步，得 32 位的(D11，D10)的二进制浮点数数值为 1.230；

执行第 24 步，得 32 位的(D21，D20)的二进制浮点数数值为 2.368；

而(D11，D10)的 32 位二进制值为：

0	0	1	1	1	1	1	1	1	0	0	1	1	1	0	1	0	1	1	1	0	0	0	0	1	0	1	0	0	1	0	0

按 FLT(FNC49)指令所述，D10 的二进制浮点值为

尾数 $=2^{0}+2^{-3}+2^{-4}+2^{-5}+2^{-7}+2^{-9}+2^{-10}+2^{-11}+2^{-16}+2^{-18}+2^{-21}=1.23$

指数 $=2^{6}+2^{5}+2^{4}+2^{3}+2^{2}+2^{1}+2^{0}-127=0$

其他的二进制浮点值以此类推。

```
     M8002
 0 ──┤├──┬──────────────────────────────────[RST     C0        ]
     C0  │
   ──┤├──┘
     X001
 4 ──┤├──┬──────────────────────────────────[MOV     K123   D0 ]
         ├──────────────────────────────────[MOV     K-2    D1 ]
         └──────────────────────────────────[DEBIN   D0     D10]
     X002
24 ──┤├──┬──────────────────────────────────[MOV     K2368  D2 ]
         ├──────────────────────────────────[MOV     K-3    D3 ]
         └──────────────────────────────────[DEBIN   D2     D20]
     X000       X003
44 ──┤├──┬──────┤/├─────────────────────────────────────(M0    )
     M0  │
   ──┤├──┘
     M8013      M0                                       K500
48 ──┤├─────────┤├──────────────────────────────────────(C0    )
     M8000
53 ──┤├──┬──────────────────────────────────[MOV     C0     D4 ]
         ├──────────────────────────────────[MOV     K-2    D5 ]
         └──────────────────────────────────[DEBIN   D4     D30]
     M8000
73 ──┤├──────────────────────[DEZCP   D10    D20    D30    M10 ]
     M10
91 ──┤├─────────────────────────────────────────────────(Y000  )
     M11
93 ──┤├─────────────────────────────────────────────────(Y001  )
     M12
95 ──┤├─────────────────────────────────────────────────(Y002  )
97 ─────────────────────────────────────────────────────[END   ]
```

图 5-195　二进制浮点数与十进制浮点数转换的例子

5.11.5　二进制浮点数的四则运算（EADD，ESUB，EMUL，EDIV）

二进制浮点数的四则运算指令的助记符与功能见表 5-87，格式如图 5-196 所示。

表 5-87　二进制浮点数的四则运算指令

助记符	功　能	操作数			程序步数
		源(S1.)	源(S2.)	目标(D.)	
EADD(FNC120)	将两源的二进制浮点值相加送目标	K,H,D,E(FX3U)		D	DEADD(P),13 步
ESUB(FNC121)	将两源的二进制浮点值相减送目标	K,H,D,E(FX3U)		D	DESUB(P),13 步
EMUL(FNC122)	将两源的二进制浮点值相乘送目标	K,H,D,E(FX3U)		D	DEMUL(P),13 步
EDIV(FNC123)	将两源的二进制浮点值相除送目标	K,H,D,E(FX3U)		D	DEDIV(P),13 步

```
                              (S1.)      (S2.)      (D.)
X001
─┤├──────────────────[DEADD   D10        D20        D50   ]
X002
─┤├──────────────────[DESUB   D10        D20        D50   ]
X003
─┤├──────────────────[DEMUL   D10        D20        D50   ]
X004
─┤├──────────────────[DEDIV   D10        D20        D50   ]
```

图 5-196　EADD、ESUB、EMUL、EDIV 指令

说明：

1）二进制浮点数的相加、相减、相乘、相除指令均为 32 位指令，它们的意义为：

(S1.) + (S2.) →(D.)

(S1.) − (S2.) →(D.)

(S1.) × (S2.) →(D.)

(S1.) ÷ (S2.) →(D.)

图 5-196 中的源及目标均为二进制浮点数。当源为 K、H 常数时，会自动转换为二进制浮点值参加运算。实数 E 只适用于 FX3U、FX3G 机型。

2）图 5-197 为二进制浮点数的相加、相减、相乘、相除的例子。

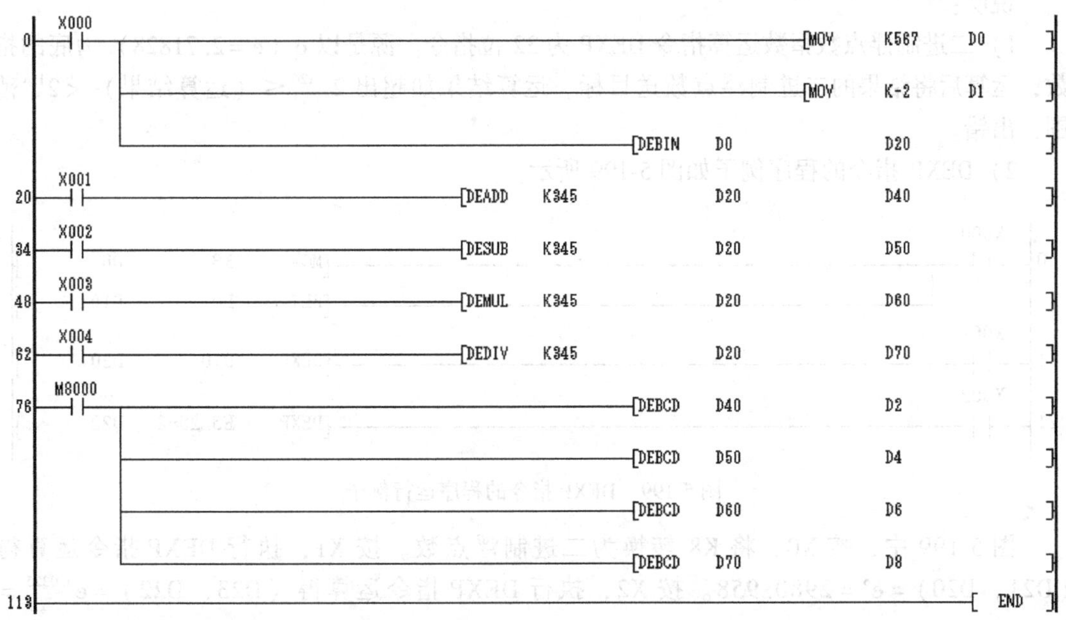

图 5-197　二进制浮点数的相加、相减、相乘、相除例子

图中首先将十进制浮点数 567×10^{-2} 转换为二进制浮点数，再与 K345（运算时自动转换为二进制浮点值）相加、相减、相乘、相除，得到二进制浮点数的和、差、积、商，最后

将其结果转换为十进制浮点数。程序运行的结果为：

和　D2 = 3506，D3 = −1　　即 3506×10^{-1}

差　D4 = 3393，D5 = −1　　即 3393×10^{-1}

积　D6 = 1956，D7 = 0　　即 1956×10^{0}

商　D8 = 6084，D9 = −2　　即 6084×10^{-2}

5.11.6　二进制浮点数的指数运算（EXP）

二进制浮点数数据的指数运算指令只适用于 FX3U、FX3G 机型，其助记符及功能见表 5-88，指令格式如图 5-198 所示。

表 5-88　二进制浮点数的指数运算

助记符	功　能	操　作　数		程序步数
		源（S.）	目标（D.）	
EXP（FNC124）	将源的给定值作以 e 为底的指数运算，结果送目标	D，实数 E	D	DEXP（P），9 步

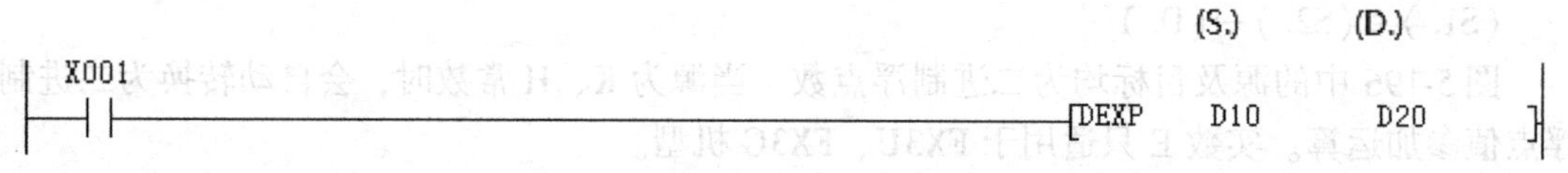

图 5-198　DEXP 指令

说明：

1）二进制浮点数指数运算指令 DEXP 为 32 位指令。源是以 e（e = 2.71828）为底的指数，运算后将结果的二进制浮点数送目标。运算结果如超出 $2^{-126} \leq$（运算结果）$< 2^{128}$ 范围，出错。

2）DEXP 指令的程序例子如图 5-199 所示。

```
     X000
0  ──┤├──┬──────────────────────[MOV    K8       D0  ]
         └──────────────────────[FLT    D0       D10 ]
     X001
11 ──┤├─────────────────────────[DEXP   D10      D20 ]
     X002
21 ──┤├─────────────────────────[DEXP   E3.25-2  D22 ]
```

图 5-199　DEXP 指令的程序运行例子

图 5-199 中，按 X0，将 K8 转换为二进制浮点数。按 X1，执行 DEXP 指令运算得（D21，D20）= e^{8} = 2980.958。按 X2，执行 DEXP 指令运算得（D23，D22）= $e^{0.0325}$ = 1.033034。

5.11.7　二进制浮点数的对数运算（LOGE，LOG10）

二进制浮点数数据的对数运算指令只适用于 FX3U、FX3G 机型，包括自然对数和常用对数，其助记符及功能见表 5-89，指令格式如图 5-200 所示。

表 5-89　二进制浮点数的对数运算

助记符	功　能	操作数		程序步数
		源（S.）	目标（D.）	
LOGE（FNC125）	将源的给定值作自然对数运算送到目标	D，实数 E	D	DLOGE（P），9 步
LOG10（FNC126）	将源的给定值作常用对数运算送到目标	D，实数 E	D	DLOG10（P），9 步

```
                                                (S.)      (D.)
 X000
─┤├──────────────────────────────────[DLOGE   D0        D10   ]
 X010
─┤├──────────────────────────────────[DLOG10  D20       D24   ]
```

图 5-200　DLOGE/DLOG10 指令

说明：

1）源（S.）只能取正数（0 或负数不能进行对数运算），且必须为二进制浮点数或实数。

2）DLOGE/DLOG10 都是 32 位指令，其指令运行的例子如图 5-201 所示。

```
      X000
 0  ──┤├──┬──────────────────────────[MOV     K25       D0    ]
          └──────────────────────────[FLT     D0        D10   ]
      X001
 11 ──┤├──┬──────────────────────────[DLOGE   D10       D12   ]
          └──────────────────────────[DLOG10  D10       D14   ]
      X002
 30 ──┤├──┬──────────────────────────[DLOGE   E1.68+4   D16   ]
          └──────────────────────────[DLOG10  E3.688-2  D20   ]
```

图 5-201　DLOGE/DLOG10 指令运行的例子

图中，当 X0 闭合，将 K25 转换为二进制浮点数，（D11，D10） = 25.000。

当 X1 闭合，执行 DLOGE 指令，（D13，D12） = ln（D11，D10） = 3.129；执行 DLOG10 指令，（D15，D14） = lg（D11，D10） = 1.398。

当 X2 闭合，执行 DLOGE 指令，（D17，D16） = ln（E1.68 +4） = 9.729；执行 DLOG10 指令，（D21，D20） = lg（E3.688 -2） = -1.433。

5.11.8　二进制浮点数开方（ESQR）

二进制浮点数开方指令的助记符及功能见表 5-90，格式如图 5-202 所示。

表 5-90　二进制浮点数开方指令

助记符	功　能	操作数		程序步数
		源(S.)	目标(D.)	
ESQR(FNC127)	将源的二进制浮点值开平方送目标	K,H,D,E(正数有效)	D	DESQR(P),9 步

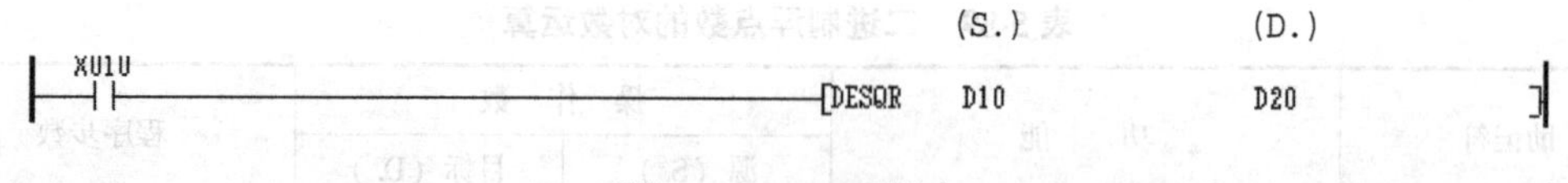

图 5-202　ESQR 指令

说明：

1）源（S.）与目标（D.）均为二进制浮点数，32 位。ESQR 指令的意义为：将源开平方送目标。当常数 K、H 为源时，自动转换为二进制浮点数，再进行运算。对 FX3U 机型，常数 K、H 无效。但可用实数 E。

2）源的值必须为正数，如为负数，则运算错误。此时 M8067 动作，指令不能执行。

5.11.9　二进制浮点数变换为 BIN 整数（INT）

二进制浮点数变换为 BIN 整数指令的助记符及功能见表 5-91，格式如图 5-203 所示。

表 5-91　二进制浮点数变换为 BIN 整数指令

助记符	功　能	操作数		程序步数
		源(S.)	目标(D.)	
INT(FNC129)	将源的二进制浮点值转换为 BIN 值	D,E	D	INT(P),5 步;DINT(P),9 步

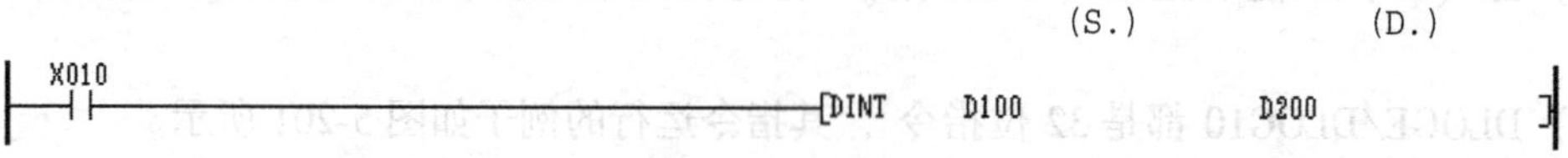

```
                                      (S.)        (D.)
 X010
─┤├──────────────────────────[DINT    D100        D200   ]
```

图 5-203　INT 指令

说明：

1）INT 指令是 FLT（FNC49）指令的逆运算。它是将源（S.）元件的二进制浮点值（32 位）转换为 BIN 整数（16 位），舍弃小数点以后的数值，存入到目标元件中。

2）运算超过以下范围时，发生溢出，进位标志为 ON：

16 位运算时，-32768～32767；

32 位运算时，-2147483648～2147483647。

5.11.10　浮点数三角函数运算（SIN、COS、TAN）

浮点数三角函数运算指令的助记符与功能见表 5-92，格式如图 5-204 所示。

表 5-92　浮点数三角函数运算指令

助记符	功　能	操作数		程序步数
		源(S.)	目标(D.)	
SIN(FNC130)	求源角度(RAD)的正弦值,送目标	D	D	DSIN(P),9 步
COS(FNC131)	求源角度(RAD)的余弦值,送目标	D	D	DCOS(P),9 步
TAN(FNC132)	求源角度(RAD)的正切值,送目标	D	D	DTAN(P),9 步

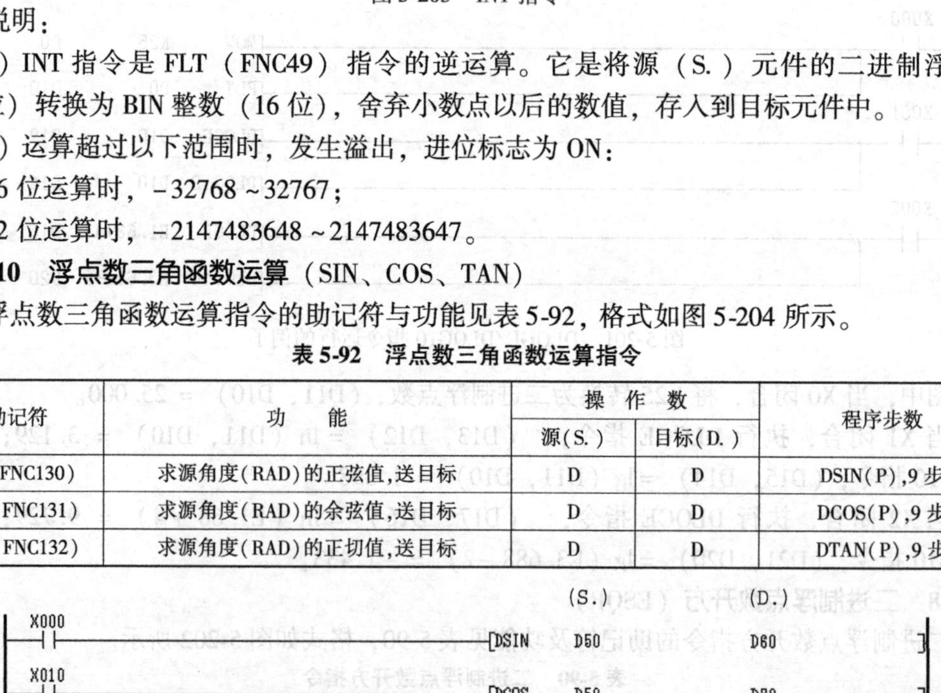

```
                                      (S.)        (D.)
 X000
─┤├──────────────────────────[DSIN    D50         D60    ]
 X010
─┤├──────────────────────────[DCOS    D50         D70    ]
 X020
─┤├──────────────────────────[DTAN    D50         D80    ]
```

图 5-204　SIN、COS、TAN 指令

说明：

1）SIN、COS、TAN 指令的源（S.）与目标（D.）均为 32 位指令，源的角度值用弧度（二进制浮点数）表示：

$$弧度（rad）值 = 角度 \times \pi/180$$

进行三角函数运算后的结果也是二进制浮点数。图 5-204 的意义是将源（弧度值）进行 SIN、COS、TAN 运算后，结果送目标。

2）进行三角函数运算时，通常是将角度（单位度）进行弧度（二进制浮点数）变换后，用三角函数计算，再将结果转换为十进制浮点数，如图 5-205 所示。

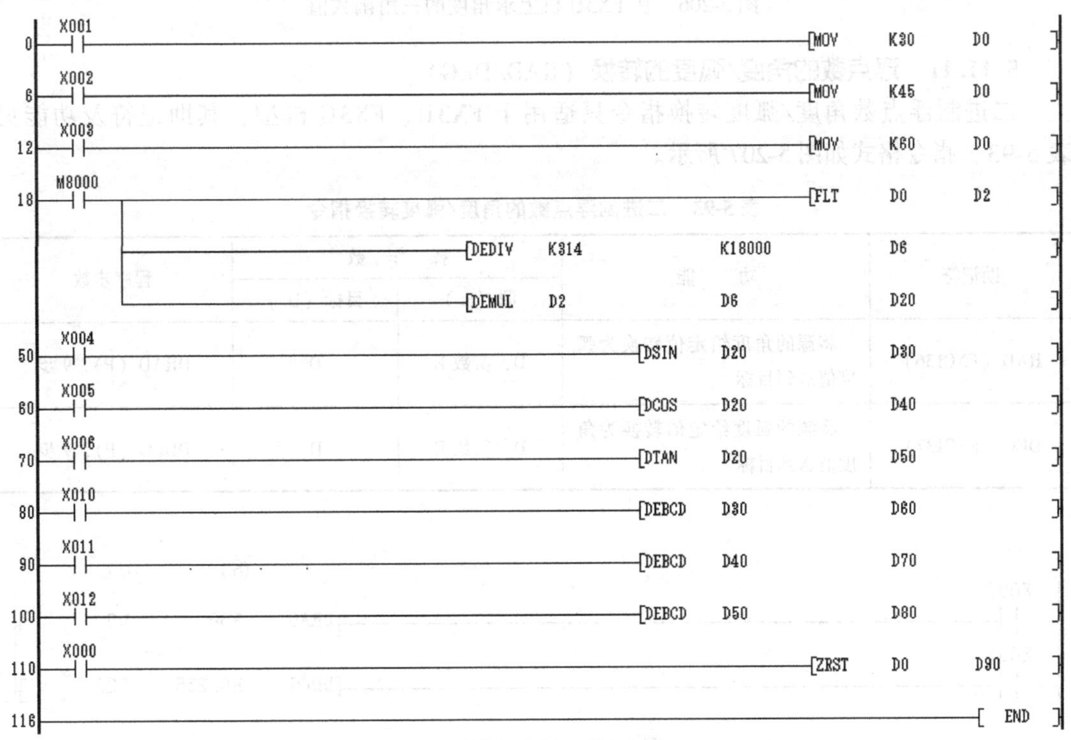

图 5-205　SIN、COS、TAN 三角函数运算的例子

图中第 0 ~ 18 步为将 30°、45°、60°变换为弧度（二进制浮点数）；第 50 ~ 70 步为求 SIN、COS、TAN 值，第 80 ~ 100 步为将角度的 SIN、COS、TAN 的二进制浮点值变换为十进制浮点数。例如，顺次按 X1、X4、X10 得 D60 = 4997，D61 = −4，即 $\sin 30° = 4997 \times 10^{-4}$；顺次按 X2、X5、X11 得 D70 = 7074，D71 = −4，即 $\cos 45° = 7074 \times 10^{-4}$；顺次按 X3、X6、X12 得 D80 = 1730、D81 = −3，即 $\tan 60° = 1730 \times 10^{-3}$。

例 5-21　对 FX3U 机型，可以直接用实数 E 给定角度，求出其三角函数值，如图 5-206 所示。

图中，如选角度为 62. 5°，运行程序，顺次闭合 X0、X1，则得

sin62. 5° =（D21、D20）= 0. 887

cos62. 5° =（D23、D22）= 0. 462

tan62. 5° =（D25、D24）= 1. 921

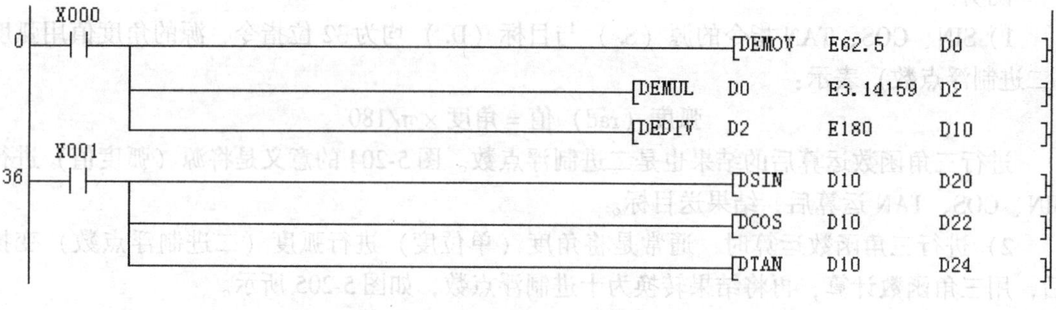

```
     X000
0 ──┤ ├──┬──────────────────[DEMOV   E62.5     D0      ]
         ├──────────────────[DEMUL   D0   E3.14159  D2 ]
         └──────────────────[DEDIV   D2    E180     D10 ]
     X001
36 ─┤ ├──┬──────────────────[DSIN    D10      D20      ]
         ├──────────────────[DCOS    D10      D22      ]
         └──────────────────[DTAN    D10      D24      ]
```

图 5-206 在 FX3U 机上求角度的三角函数值

5.11.11 浮点数的角度/弧度的转换（RAD/DEG）

二进制浮点数角度/弧度转换指令只适用于 FX3U、FX3G 机型，其助记符及功能见表 5-93，指令格式如图 5-207 所示。

表 5-93 二进制浮点数的角度/弧度转换指令

助记符	功 能	操 作 数		程序步数
		源（S.）	目标（D.）	
RAD（FNC136）	将源的角度给定值转换为弧度值送到目标	D，实数 E	D	DRAD（P），9 步
DEG（FNC137）	将源的弧度给定值转换为角度值送到目标	D，实数 E	D	DDEG（P），9 步

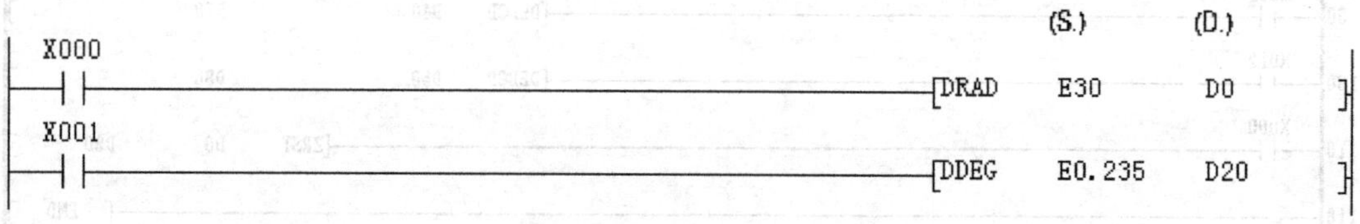

```
                                       (S.)     (D.)
     X000
───┤ ├──────────────────[DRAD     E30       D0    ]
     X001
───┤ ├──────────────────[DDEG     E0.235    D20   ]
```

图 5-207 RSD/DEG 指令

说明：

1）RAD 指令的（S.）为角度的给定值，常用实数（例如 E30，30°），给定值范围（−90°）~（90°）。目标（D.）为所求角度的弧度值。

2）DEG 指令的（S.）为弧度给定值，常使用实数（E），给定值范围（−π/2）~（π/2）。目标（D.）为所求弧度的角度值。RSD/DEG 指令的使用例子见图 5-208。

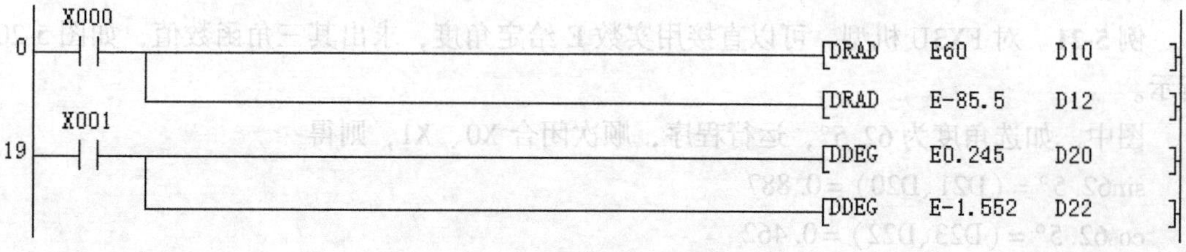

```
     X000
0 ──┤ ├──┬──────────────────[DRAD    E60       D10   ]
         └──────────────────[DRAD    E-85.5    D12   ]
     X001
19 ─┤ ├──┬──────────────────[DDEG    E0.245    D20   ]
         └──────────────────[DDEG    E-1.552   D22   ]
```

图 5-208 RAD/DEG 指令的使用

图中，当X0闭合，得60°角的弧度值（D11，D10）=1.047，（-85.5°）角的弧度值（D13，D12）=-1.492。当X1闭合，得弧度为0.245的角度（D21，D20）为14.037°，弧度为（-1.552）的角度（D23，D22）为（-88.923°）。

5.11.12 浮点数的反三角函数运算（ASIN，ACOS，ATAN）

二进制浮点数的反三角函数运算指令只适用于FX3U、FX3G机型，其助记符及功能见表5-94，指令格式如图5-209所示。

表5-94 二进制浮点数反三角函数的运算指令

助记符	功能	操作数		程序步数
		源（S.）	目标（D.）	
ASIN（FNC133）	将源的给定值作反正弦运算送到目标	D，实数E	D	DASIN（P），9步
ACOS（FNC134）	将源的给定值作反余弦运算送到目标	D，实数E	D	DACOS（P），9步
ATAN（FNC135）	将源的给定值作反正切运算送到目标	D，实数E	D	DATAN（P），9步

图5-209 反三角函数指令

说明：

1）图5-209中源（S.）为角的正弦、余弦或正切的数值，目标（D.）是所对应的角度（弧度单位rad）。

2）反正弦函数的定义域为（-1~1），反余弦函数的定义域为（-1~1），反正切函数的定义域为（-∞~∞）。函数值（角度）分别为（-90°~90°），（0°~180°），（-90°~90°）。

3）反三角函数指令的使用例子如图5-210所示。

图中接通X0、X1、X2分别求出反正弦、反余弦、反正切函数的角（弧度单位），并转换为以度（°）为单位的角度。运算结果为

$\sin^{-1}(0.778)=0.891\text{rad}=51.078°$

$\sin^{-1}(-0.315)=-0.320\text{rad}=-18.361°$

$\cos^{-1}(0.635)=0.879\text{rad}=50.357°$

$\cos^{-1}(-0.516)=2.113\text{rad}=121.064°$

$\tan^{-1}(345.8)=1.568\text{rad}=89.834°$

$\tan^{-1}(-1.58)=-1.007\text{rad}=-57.670°$

```
        X000
  0 ----| |----+------------------------------[DASIN   E0.778    D0  ]
               +------------------------------[DASIN   E-0.315   D2  ]
               +------------------------------[DDEG    D0        D10 ]
               +------------------------------[DDEG    D2        D12 ]
        X001
 37 ----| |----+------------------------------[DACOS   E0.638    D20 ]
               +------------------------------[DACOS   E-0.516   D22 ]
               +------------------------------[DDEG    D20       D30 ]
               +------------------------------[DDEG    D22       D32 ]
        X002
 74 ----| |----+------------------------------[DATAN   E345.8    D40 ]
               +------------------------------[DATAN   E-1.58    D42 ]
               +------------------------------[DDEG    D40       D50 ]
               +------------------------------[DDEG    D42       D52 ]
```

图 5-210　反三角函数指令的应用例子

5.11.13　上下字节交换（SWAP）

上下字节交换指令的助记符与功能见表 5-95，格式如图 5-211 所示。

表 5-95　上下字节交换指令

助记符	功　　能	操　作　数	程序步数
		源(S.)	
SWAP(FNC147)	将源的低 8 位与高 8 位交换	KnY,KnM,KnS T,C,D,V,Z	SWAP(P),3 步；DSWAP(P),5 步

```
                                              (S.)
     X001
 ----| |------------------------------[SWAP    D10   ]
     X010
 ----| |------------------------------[DSWAP   D20   ]
```

图 5-211　SWAP 指令

说明：

1）16 位指令时，执行 SWAP 指令，将源字的低 8 位与高 8 位交换。32 位指令时，执行 DSWAP 指令，将各个字的低 8 位与高 8 位交换，如图 5-212 所示。图中按 X0，D10 = 105，D20 = 4129，D21 = 8500；按 X1，D10 = 26880；按 X2，D20 = 8464，D21 = 13345。

图 5-212　低 8 位与高 8 位交换的应用

事实上，当按 X0 时，D10 的二进制值为：

$$D10 = (0000\ 0000\ 0110\ 1001)_2 = 105$$

当按 X1 时，D10 的二进制值为：

$$D10 = (0110\ 1001\ 0000\ 0000)_2 = 26880$$

对于 32 位的（D21，D20）的各低 8 位与高 8 位交换，以此类推。

2）如执行 SWAP 指令为连续执行型时，低 8 位与高 8 位在每周期都会交换一次。

5.12 时钟运算指令（FNC160～FNC169）

时钟运算含对 PLC 内置的实时时钟进行时间校准和时间数据比较等。

5.12.1 时钟数据读取（TRD）

时钟数据读取指令助记符与功能见表 5-96 所示，格式如图 5-213 所示。

表 5-96 时钟数据读取指令

助记符	功 能	操 作 数	程序步数
		源(D.)	
TRD(FNC166)	将 PLC 内置的实时时钟数据读入到目标中	D(连续 7 位元件)	TRD(P),3 步

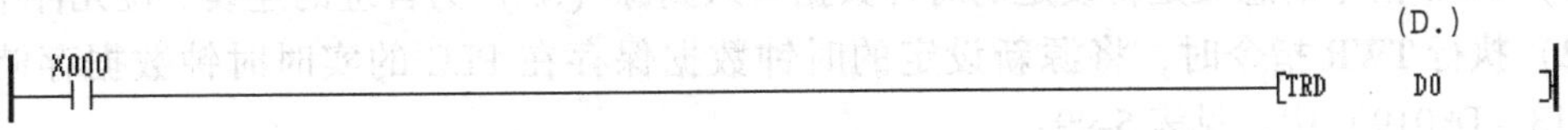

```
                                              (D.)
 X000
-| |-------------------------------------[TRD  D0  ]
```

图 5-213 TRD 指令

说明：

1）TRD 指令的意义为将 PLC 的实时时钟数据（年月日时分秒星期）送目标(D.)+0～(D.)+6 中去。

2）PLC 保持时间数据的源为 D8013～D8019 特殊数据存储器，执行 TRD 指令的意义是将源的数据送目标见表 5-97：

表 5-97

源				目标	
元件	项目	时钟数据		元件	项目
M8018	年（公历）	0～99（公历后两位）	→	D0	年（公历后两位）
M8017	月	1～12	→	D1	月
M8016	日	1～31	→	D2	日
M8015	时	0～23	→	D3	时
M8014	分	0～59	→	D4	分
M8013	秒	0～59	→	D5	秒
M8019	星期	0～6（日～六）	→	D6	星期

年的设定范围为（00～79），即（2000～2079）。

如图 5-214 所示，读 PLC 内部的时钟数据，按 X0，得 D0=5，D1=9，D2=13，D3=20，D4=16，D5=46，D6=2，即 PLC 的时钟数据为 2005 年 9 月 13 日 20 时 16 分 46 秒星期二。

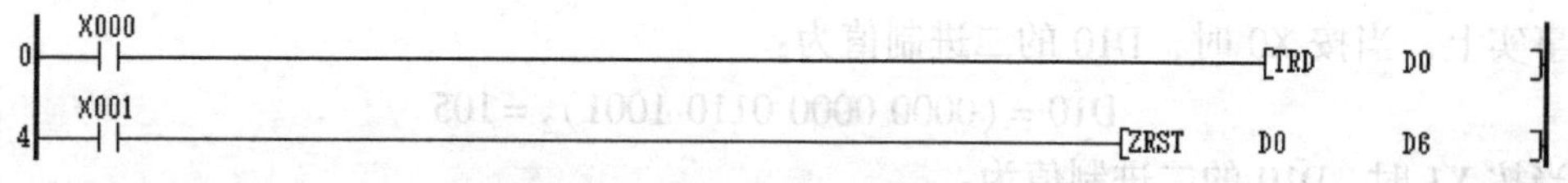

图 5-214　读 PLC 内部的时钟数

5.12.2　时钟数据写入（TWR）

时钟数据写入指令助记符与功能见表 5-98，格式如图 5-215 所示。

表 5-98　时钟数据写入指令

助记符	功　能	操 作 数 源(S.)	程序步数
TWR(FNC167)	将设定的时钟数据写入到 PLC 内置的实时时钟中	T,C,D(连续 7 位元件)	TWR(P),3 步

```
                                              (S.)
  X001
──┤├──────────────────────────────────[TWR    D10   ]
```

图 5-215　TWR 指令

说明：

1）TWR 指令的意义是将设定的时钟数据写入到源（S.）为首址的连续 7 位元件中去。

2）执行 TWR 指令时，将源新设定的时钟数据保存在 PLC 的实时时钟数据存储器 D（D8013～D8019）中，见表 5-99：

表　5-99

新设定的时钟数据				实时时钟数据存储器 D	
元件	项目	时钟数据		元件	项目
D10	年（公历）	0～99（公历后两位）	→	D8018	年（公历后两位）
D11	月	1～12	→	D8017	月
D12	日	1～31	→	D8016	日
D13	时	0～23	→	D8015	时
D14	分	0～59	→	D8014	分
D15	秒	0～59	→	D8013	秒
D16	星期	0～6（日～六）	→	D8019	星期

例 5-22　将 2005 年 9 月 18 日星期六 18 时 28 分 38 秒显写入到 PLC 的实时时钟数据存储器中。

程序如图 5-216 所示。

图中，按 X0 输入时钟数据（年月日时分秒星期），按 X1 将此数据写入到 PLC 的实时时钟数据存储器中。按 X3，读出此数据得 D10＝5，D11＝9，D12＝18，D13＝18，D14＝28，D15＝39，D16＝6。

图中，按 X2，M8017 为 ON，有 ±30s 的修正操作。

如果不使用时间写入指令 TWR 写入时钟数据，可用图 5-217 所示程序。程序中将 2005 年 10 月 25 日星期二 10 时 20 分 30 秒写入 PLC 的实时时钟数据存储器中。

图 5-216　将设定时间写入到 PLC 的实时时钟数据存储器中（1）

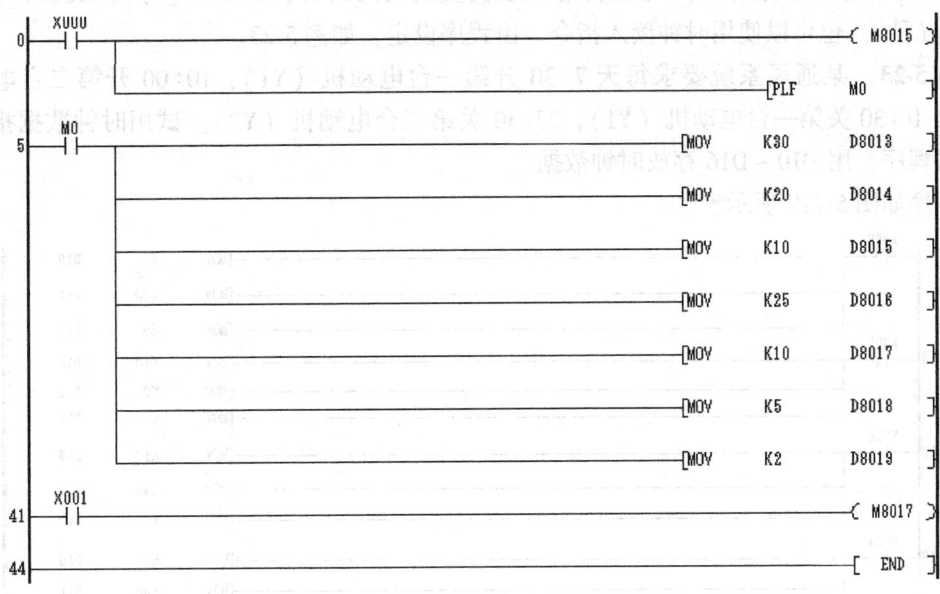

图 5-217　将设定时间写入到 PLC 的实时时钟数据存储器中（2）

当 M8015 为 OFF 时，无法写入时间，操作时请预先设定好时间；当达到设定时间时，按 X0；当 M8015 从 ON→OFF 时，新时间便开始生效。

5.12.3　时钟数据比较（TCMP）

时钟数据比较指令助记符与功能见表 5-100，格式如图 5-218 所示。

表 5-100　时钟数据比较指令

助记符	功　能	操作数					程序步数
		（S1.）	（S2.）	（S3.）	（S.）	（D.）	
TCMP（FNC160）	将设定时间与时钟数据大小比较	K,H,KnX,KnY,KnM,KnS,T,C,D,V,Z			T,C,D	Y,M,S 连续 3 位元件	TCMP(P)，11 步

```
                         (S1.)   (S2.)   (S3.)   (S.)   (D.)
X001
─┤├──────────────[TCMP    K10     K30     K50     D0     M0   ]
```

图 5-218　TCMP 指令

说明：

1）TCMP 指令的意义是将基准时间源(S1.)、(S2.)、(S3.)(时、分、秒)与时钟数据(S.)、(S.)+1、(S.)+2(时、分、秒)比较，比较的结果放在以(D.)为首址的连续 3 个元件中。

　　时　分　秒　　时　分　　秒

当(S1.)(S2.)(S3.)>(S.)(S.)+1(S.)+2 时,(D.)为 ON；

当(S1.)(S2.)(S3.)=(S.)(S.)+1(S.)+2 时,(D.)+1 为 ON；

当(S1.)(S2.)(S3.)<(S.)(S.)+1(S.)+2 时,(D.)+2 为 ON。

2）时的设定范围为 0～23，分的设定范围为 0～59，秒的设定范围为 0～59。

3）TCM 指令中源（S.）可以利用 PLC 内置的实时时钟，D8015（时），D8014（分），D8013（秒）。也可以使用时钟读入指令，由程序设定，如例 5-23。

例 5-23　某通风系统要求每天 7:30 开第一台电动机（Y1），10:00 开第二台电动机（Y2），16:30 关第一台电动机（Y1），23:30 关第二台电动机（Y2）。试用时钟数据指令模拟编写程序，用 D10～D16 存放时钟数据。

程序如图 5-219 所示。

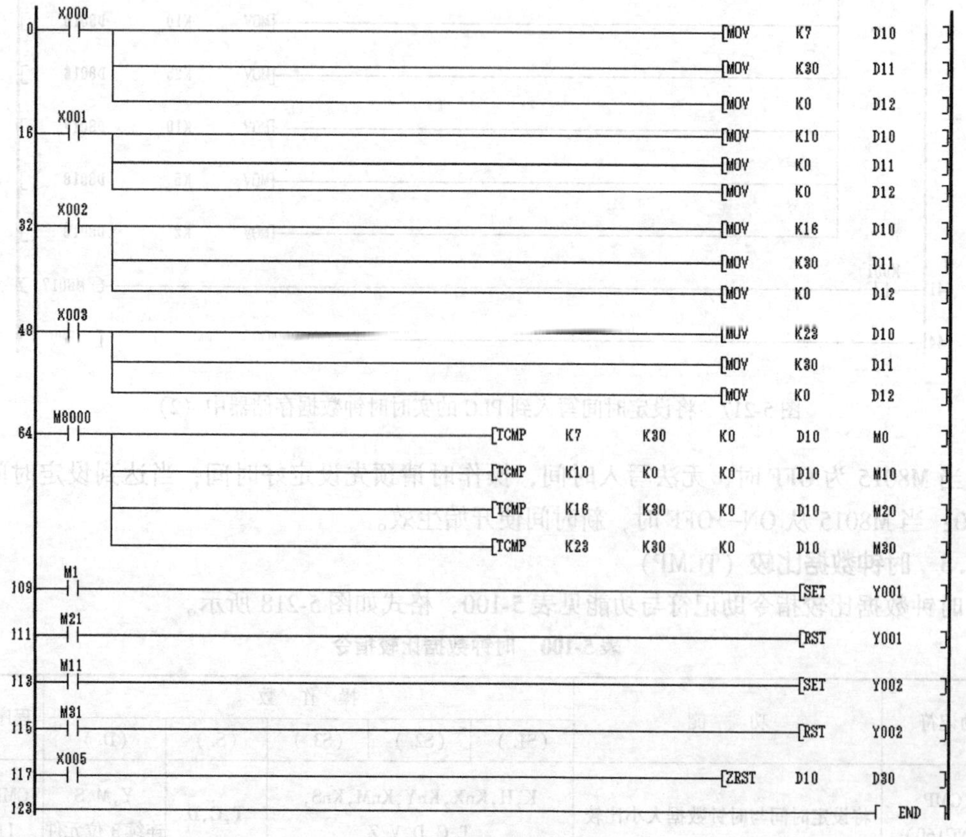

图 5-219　例 5-23 的程序

程序中，如果按 X0，表示时间已到 7:30，时钟数据比较结果使 M1 闭合令 Y1 为 ON；如果按 X1，表示时间已到 10:00，时钟数据比较使 M11 闭合令结果 Y2 为 ON；如果按 X2，表示时间已到 16:30，时钟数据比较结果使 M21 闭合令 Y1 为 OFF；如果按 X3，表示时间已到 23:30，时钟数据比较结果使 M31 闭合令 Y2 为 OFF。

5.12.4 时钟数据区间比较（TZCP）

时钟数据区间比较指令助记符与功能见表 5-101，格式如图 5-220 所示。

表 5-101 时钟数据区间比较指令

助记符	功 能	操 作 数				程序步数
		(S1.)	(S2.)	(S3.)	(D.)	
TZCP(FNC161)	将 2 点指定的时间与时钟数据大小比较	T,C,D,(S1. ≤S2.)			Y,M,S,连续 3 位元件	TZCP(P),11 步

```
                                        (S1.)   (S2.)   (S.)   (D.)
  X001
──┤├──────────────────────[TZCP    D20     D30     D0     M3  ]
```

图 5-220 TZCP 指令

说明：

1）TZCP 指令的(S1.)，(S2.)，(S3.)(D.)的意义为：

(S1.)，(S1.)+1，(S1.)+2——以时、分、秒方式指定比较基准时间下限；

(S2.)，(S2.)+1，(S2.)+2——以时、分、秒方式指定比较基准时间上限；

(S.)，(S.)+1，(S.)+2——以时、分、秒方式指定时钟数据；

(D.)，(D.)+1，(D.)+2——根据比较结果的连续 3 位元件 ON/OFF 输出：

当(S1.)>(S.)时，(D.)为 ON；

当(S1.)≤(S.)≤(S2.)时，(D.)+1 为 ON；

当(S.)>(S2.)时，(D.)+2 为 ON。

2）执行图 5-221 程序，当按 X0 时，设定比较基准时间下限；按 X1 时，设定比较基准时间上限；之后按 X2，Y3 为 ON；按 X3，Y4 为 ON；按 X4，Y5 为 ON。

图 5-221 TZCP 指令的应用

5.12.5 时钟数据的加减法（TADD、TSUB）

时钟数据加减法指令的助记符与功能见表5-102，格式如图5-222所示。

表5-102 时钟数据的加减法指令

助记符	功　能	操作数			程序步数
		(S1.)	(S2.)	(D.)	
TADD(FNC162)	将时钟数据(S1.),(S2.)相加送目标	T,C,D,		T,C,D	TADD(P),7步
TSUB(FNC163)	将时钟数据(S1.),(S2.)相减送目标	T,C,D,		T,C,D	TSUB(P),7步

```
                                                (S1.)    (S2.)    (D.)
 X000
─┤├──────────────────────────────────[TADD     D10      D20      D30   ]
 X010
─┤├──────────────────────────────────[TSUB     D10      D20      D30   ]
```

图5-222 TADD、TSUB指令

说明：

1）时钟数据中的(S1.)、(S2.)、(D.)用3个连续元件表示时、分、秒：

(S1.)+0，(S2.)+0，(D.)+0——时(设定范围0~23)；

(S1.)+1，(S2.)+1，(D.)+1——分(设定范围0~59)；

(S1.)+2，(S2.)+2，(D.)+2——秒(设定范围0~59)。

2）TADD的意义为：

$$(S1.)+(S2.)\rightarrow(D.)$$

即将（S1.）的3位连续元件的时、分、秒与（S2.）的3位连续元件的时、分、秒相加送目标。当运算的结果超过24h，进位标志M8022为ON，将加法运算的结果减去24h后送目标。

3）TSUB的意义为：

$$(S1.)-(S2.)\rightarrow(D.)$$

即将（S1.）的3位连续元件的时、分、秒与（S2.）的3位连续元件的时、分、秒相减送目标。当运算的结果超过0h，借位标志M8021为ON，将减法运算的结果加上24h后送目标。

图5-223为时钟数据加减法运算的例子。

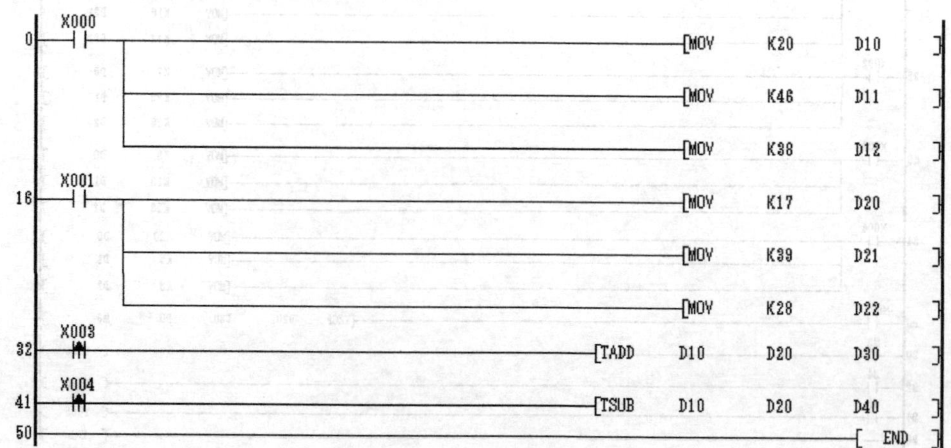

图5-223 时钟数据加减法运算的例子

图中按 X0、X1，得(S1.) =20 时 46 分 38 秒，(S2.) =17 时 39 分 28 秒。按 X3 得两个时间相加数据为 D30 =14，D31 =26，D32 =6，即 14 时 26 分 6 秒。按 X4 得两个时间相减数据为 D40 =3，D41 =7，D42 =10，即 3 时 7 分 10 秒。

5.12.6 时、分、秒转换为秒数据（HTOS）

将时、分、秒数据转换为秒数据的指令只适用于 FX3U、FX3G 机型，其助记符及功能见表 5-103，指令格式如图 5-224 所示。

表 5-103 时、分、秒数据转换为秒数据的指令

助记符	功　能	操作数		程序步数
		源（S.）	目标（D.）	
HTOS（FNC164）	将源的时、分、秒转换为秒送到目标	KnX，KnY，KnM，KnS，T，C，D	KnY，KnM，KnS，T，C，D	HTOS（P），5 步 DHTOS（P），9 步

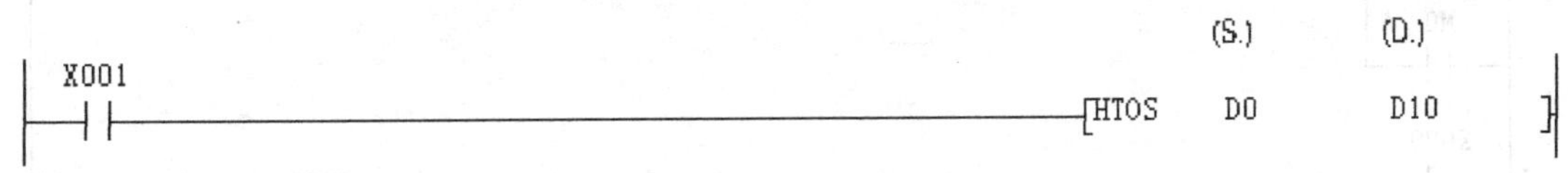

图 5-224 HTOS 指令

说明：

1）HTOS 指令的源数据是以（S.）为首址的三个连续的元件（16 位数据）给定时、分、秒数据，其中（S.）为时，（S.）+1 为分，（S.）+2 为秒。目标（D.）为 32 位数据，记录转换为秒的数据。

2）HTOS 指令的使用例子如图 5-225 所示。

图 5-225 HTOS 指令使用例子

图中，X0 闭合，给定时（D0，12 小时），分（D1，5 分），秒（28 秒）。X1 闭合，将时、方、秒转。换为秒，放在 D10，D10 =43528s。

5.12.7 秒数据转换为时、分、秒数据（STOH）

将秒数据转换为时、分、秒数据的指令只适用于 FX3U、FX3G 机型，其助记符及功能见表 5-104，指令格式如图 5-226 所示。

表 5-104 秒数据转换为时、分、秒数据的指令

助记符	功　能	操作数		程序步数
		源（S.）	目标（D.）	
STOH（FNC165）	将源的秒转换为时、分、秒送到目标	KnX，KnY，KnS，KnM，T，C，D	KnY，KnM，KnS，T，C，D	STOH（P），5 步 DSTOH（P），9 步

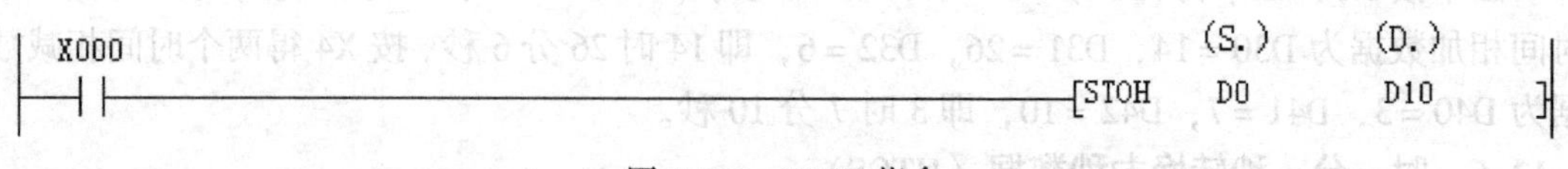

图 5-226　STOH 指令

说明：

1）STOH 指令的源（S.）通常为 32 位秒数据，转换为时、分、秒数据放目标（D.）为首址的三个连续的元件（16 位数据）中，其中（D.）为时（0～32767），（D.）+1 为分（0～59），（S.）+2 为秒（0～59）。

2）STOH 指令的使用例子如图 5-227 所示。

```
0   X000  X001                        (M0)
    M0
4   X000                      [RST     C0]
    C0
8   M0    M8013                   K3600 (C0)
13  M0                  [DSTOH   C0    D0]
23  C0(↑)                     [INC    D10]
28  M8000               [MOV     D1   D11]
                        [MOV     D2   D12]
```

图 5-227　STOH 指令使用例子

图 5-227 中，计数器 C0 对 M8013 每秒计数 1 次，执行 DSTOH 指令，将 C0 的当前数值转换为时、分、秒，其中 D0 存放时、D1 存放分、D2 存放秒，并将时、分、秒传送到 D10，D11，D12。

5.12.8　计时表

计时表指令助记符与功能见表 5-105，格式如图 5-228 所示。

表 5-105　计时表指令

助记符	功　能	操作数			程序步数
		(S.)	(D1.)	(D2.)	
HOUR(FNC169)	对输入接点 ON 状态的时间以小时为单位进行加法运算	K,H,KnX,KnY,KnM,KnS,T,C,D,V,Z	D（断电保持）	Y,M,S	HOUR,7 步 DHOUR,13 步

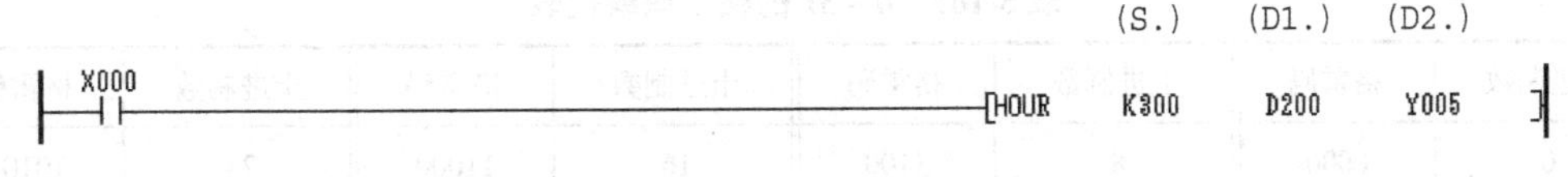

图 5-228 HOUR 指令

说明：

1）HOUR 指令的源与目标的意义为：

(S.)——使目标(D2.)变为 ON 的时间，以小时计；

(D1.)——以小时为单位的时间当前值；

(D1)+1——不满 1 小时的当前值；

(D2.)——报警输出地址，当(D1.)超过(S.)的设定时间时为 ON。

图 5-228 的意义为：当累积统计 X0 为 ON 的时间总和超过（S.）设定时间（小时）时，(D2.) 为 ON，而经历的时间（小时数）存放在（D1.），不满 1 小时（以秒计）存放在 (D1.)+1 中。

2）本指令可以为 16 位指令或 32 位指令，由（S1.）的值大小而定。

3）当（D2.）输出变为 ON 后，仍能继续测量。

4）如当前值到达 16 位或 32 位的最大值时，停止测量；如要继续测量，则要清除 (D1.)~(D1.)+1(16 位时)，或清除(D1.)~(D1.)+3(32 位时)的当前值。

5.13 格雷码转换指令（FNC170~FNC171）

本节介绍用于绝对型旋转编码器的绝对位置检测的格雷码。格雷码多用于液、气体计量。

5.13.1 格雷码转换

格雷码转换指令的助记符与功能见表 5-106，格式如图 5-229 所示。

表 5-106 格雷码转换指令

助记符	功能	操作数		程序步数
		(S.)	(D.)	
GRY(FNC170)	将二进制数据转换为格雷码并传送	K,H,KnX,KnY,KnM,KnS,T,C,D,V,Z	KnY,KnM,KnS,T,C,D,V,Z	GRY,5 步 DGRY(P),9 步

(S.) (D.)

X000 GRY K1234 K3Y000

图 5-229 GRY 指令

说明：

1）格雷码的特点是：相邻两个代码之间仅有一位不同，其余各位均相同。如计数电路按格雷码计数时，会减少出错的可能性。格雷码属于无权码，它有多种代码形式，其中常用的一种是循环码。表 5-107 给出 0~31 的格雷码编码表。

表 5-107　0～31 的格雷码编码表

十进制数	格雷码	十进制数	格雷码	十进制数	格雷码	十进制数	格雷码
0	0000	8	1100	16	11000	24	10100
1	0001	9	1101	17	11001	25	10101
2	0011	10	1111	18	11011	26	10111
3	0010	11	1110	19	11010	27	10110
4	0110	12	1010	20	11110	28	10010
5	0111	13	1011	21	11111	29	10011
6	0101	14	1001	22	11101	30	10001
7	0100	15	1000	23	11100	31	10000

从表可见，不仅相邻两个代码之间仅有一位不同，而且首末两个代码（如 0、15 或 16、31）也仅有一位不同，构成一种循环。

2）执行图 5-229，当 X0 接通，K1234 自动转换为二进制数，再将二进制数变换为格雷码得：

GRY 1234

0	1	1	0	1	0	1	1	1	0	1	1
Y13	Y12	Y11	Y10	Y7	Y6	Y5	Y4	Y3	Y2	Y1	Y0

3）使用 DGRY 指令时，最大可以进行 32 位的格雷码转换。源（S.）的值，仅在以下范围内有效：

对 16 位运算，0～32767；

对 32 位运算，0～2147483647。

5.13.2　格雷码逆转换

格雷码逆转换指令助记符与功能见表 5-108，格式如图 5-230 所示。

表 5-108　格雷码逆转换指令

助记符	功　能	操　作　数		程序步数
		（S.）	（D.）	
GBIN（FNC171）	将格雷码转换为二进制数据并传送	K，H，KnX，KnY，KnM，KnS，T，C，D，V，Z	KnY，KnM，，KnS T，C，D，V，Z	GBIN，5 步 DBIN（P），9 步

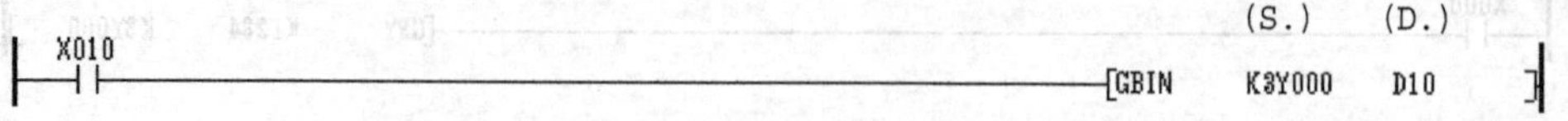

图 5-230　GBIN 指令

说明：

1）GBIN 指令是 GRY 指令的逆转换，其意义是将源（S.）的格雷码转换为二进制数据并传送到目标（D.）。

2）执行图 5-230，当 X10 闭合，将 K3Y0 的格雷码转换为二进制数据并传送到目标

D10，D10 的二进制数为：

$$D10 = (0000010011010010)_{二进制数}$$

3）使用 DBIN 指令时，最大可以进行 32 位的格雷码逆转换。源（S.）的值，仅在以下范围内有效：

对 16 位运算，0 ~ 32767；

对 32 位运算，0 ~ 2147483647。

5.14 触点比较指令（FNC224 ~ FNC246）

触点比较指令包括触点比较运算开始、串联连接、并联连接指令。

5.14.1 连接母线触点比较（LD =，LD >，LD <，LD < >，LD≤，LD≥）

连接母线触点比较指令的助记符与功能如表 5-109 所示，格式如图 5-231 所示。

表 5-109 连接母线触点比较指令

助记符	功能	操作数		程序步数
		（S1.）	（S2.）	
LD =（FNC224）	当(S1.) = (S2.)时，结果为 1，进行后段运算	K,H,KnX,KnY,KnM,KnS,T,C,D,V,Z		LD =，5 步
LD >（FNC225）	当(S1.) > (S2.)时，结果为 1，进行后段运算	K,H,KnX,KnY,KnM,KnS,T,C,D,V,Z		LD >，5 步
LD <（FNC226）	当(S1.) < (S2.)时，结果为 1，进行后段运算	K,H,KnX,KnY,KnM,KnS,T,C,D,V,Z		LD <，5 步
LD < >（FNC228）	当(S1.) < > (S2.)时，结果为 1，进行后段运算	K,H,KnX,KnY,KnM,KnS,T,C,D,V,Z		LD < >，5 步
LD≤（FNC229）	当(S1.)≤(S2.)时，结果为 1，进行后段运算	K,H,KnX,KnY,KnM,KnS,T,C,D,V,Z		LD≤，5 步
LD≥（FNC230）	当(S1.)≥(S2.)时，结果为 1，进行后段运算	K,H,KnX,KnY,KnM,KnS,T,C,D,V,Z		LD≥，5 步

```
0  [=   K200  C10  ]----------------( Y001 )
6  [>   D1    D5   ]----------------( Y002 )
12 [<   K20   C3   ]--| X002 |------( Y005 )
19 [<>  D20   K-30 ]--| X003 |------( Y006 )
26 [<=  C10   D40  ]--|/ X006 |-----( T1  K50 )
35 [>=  D15   D200 ]-+--| T1 |------( Y003 )
   X007              |
---| |---------------+
```

a)

```
0   LD =   K200  C10
5   OUT    Y001
6   LD >   D1    D5
11  OUT    Y002
12  LD <   K20   C3
17  AND    X002
18  OUT    Y005
19  LD < > D20   K-30
24  AND    X003
25  OUT    Y006
26  LD <=  C10   D40
31  ANI    X006
32  OUT    T1    K50
35  LD >=  D15   D200
40  OR     X007
41  AND    T1
42  OUT    Y003
```

b)

图 5-231 连接母线触点比较指令

a）梯形图 b）指令表

说明：

执行图 5-231，有：

1）当 K200 等于 C10 的当前值时，Y1 得电；

2）当 D1 的值大于 D5 的值时，Y2 得电；

3）当 K20 小于 C3 的当前值，且 X2 闭合时，Y5 得电；

4）当 D20 的值不等于 K-30，且 X3 闭合时，Y6 得电；

5）当 C10 的当前值小于或等于 D40，且 X6 断开时，驱动 T1；

6）当 D15 的值大于或等于 D200 的值，或 X7 闭合，而且 T1 的常开闭合时，Y3 得电。

5.14.2 串联连接触点比较（AND =，AND >，AND <，AND < >，AND≤，AND≥）

串联连接触点比较指令的助记符与功能见表 5-110，格式如图 5-232 所示。

表 5-110 串联连接触点比较指令

助记符	功 能	操作数		程序步数
		(S1.)	(S2.)	
AND =（FNC232）	当(S1.) = (S2.)时，结果为 1，进行后段运算	K，H，KnX，KnY，KnM，KnS，T，C，D，V，Z		AND =，5 步
AND >（FNC233）	当(S1.) > (S2.)时，结果为 1，进行后段运算	K，H，KnX，KnY，KnM，KnS，T，C，D，V，Z		AND >，5 步
AND <（FNC234）	当(S1.) < (S2.)时，结果为 1，进行后段运算	K，H，KnX，KnY，KnM，KnS，T，C，D，V，Z		AND <，5 步
AND < >（FNC236）	当(S1.) < > (S2.)时，结果为 1，进行后段运算	K，H，KnX，KnY，KnM，KnS，T，C，D，V，Z		AND < >，5 步
AND≤（FNC237）	当(S1.)≤(S2.)时，结果为 1，进行后段运算	K，H，KnX，KnY，KnM，KnS，T，C，D，V，Z		AND≤，5 步
AND≥（FNC238）	当(S1.)≥(S2.)时，结果为 1，进行后段运算	K，H，KnX，KnY，KnM，KnS，T，C，D，V，Z		AND≥，5 步

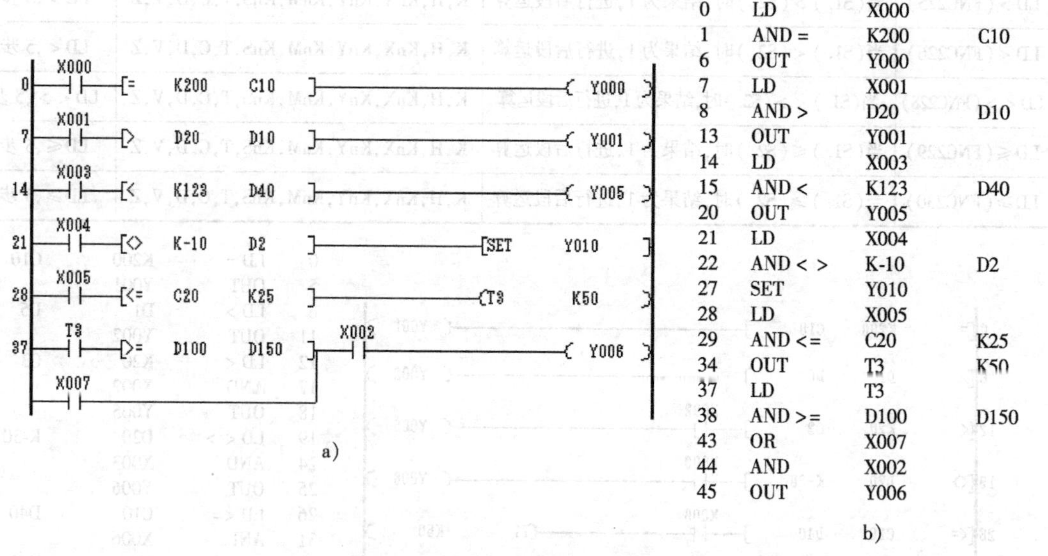

图 5-232 串联连接触点比较指令

a）梯形图 b）指令表

说明：

执行图 5-232 得：

1）当 X0 接通，且 K200 等于 C10 的当前值，则 Y0 得电；

2）当 X1 接通，且 D20 的值大于 D10 的值，则 Y1 得电；

3）当 X3 接通，且 K123 小于 D40 的值，则 Y5 得电；

4）当 X4 接通，且 K-10 不等于 D2 的值，则令 Y10 置 1；

5）当 X5 接通，且 C20 的当前值小于或等于 K25，则驱动 T3；

6）当 T3 的常开接通，且 D100 的值大于或等于 D150 的值，或 X7 接通，且 X2 接通，则 Y6 得电。

5.14.3 并联连接触点比较（OR =，OR >，OR <，OR < >，OR≤，OR≥）

并联连接触点比较指令的助记符与功能见表 5-111，格式如图 5-233 所示。

表 5-111 并联连接触点比较指令

助记符	功 能	操 作 数		程序步数
		(S1.)	(S2.)	
OR =(FNC240)	当(S1.) = (S2.)时，结果为1，进行后段运算	K，H，KnX，KnY，KnM，KnS，T，C，D，V，Z		OR =，5 步
OR >(FNC241)	当(S1.) > (S2.)时，结果为1，进行后段运算	K，H，KnX，KnY，KnM，KnS，T，C，D，V，Z		OR >，5 步
OR <(FNC242)	当(S1.) < (S2.)时，结果为1，进行后段运算	K，H，KnX，KnY，KnM，KnS，T，C，D，V，Z		OR <，5 步
OR < >(FNC244)	当(S1.) < > (S2.)时，结果为1，进行后段运算	K，H，KnX，KnY，KnM，KnS，T，C，D，V，Z		OR < >，5 步
OR≤(FNC245)	当(S1.)≤(S2.)时，结果为1，进行后段运算	K，H，KnX，KnY，KnM，KnS，T，C，D，V，Z		OR≤，5 步
OR≥(FNC246)	当(S1.)≥(S2.)时，结果为1，进行后段运算	K，H，KnX，KnY，KnM，KnS，T，C，D，V，Z		OR≥，5 步

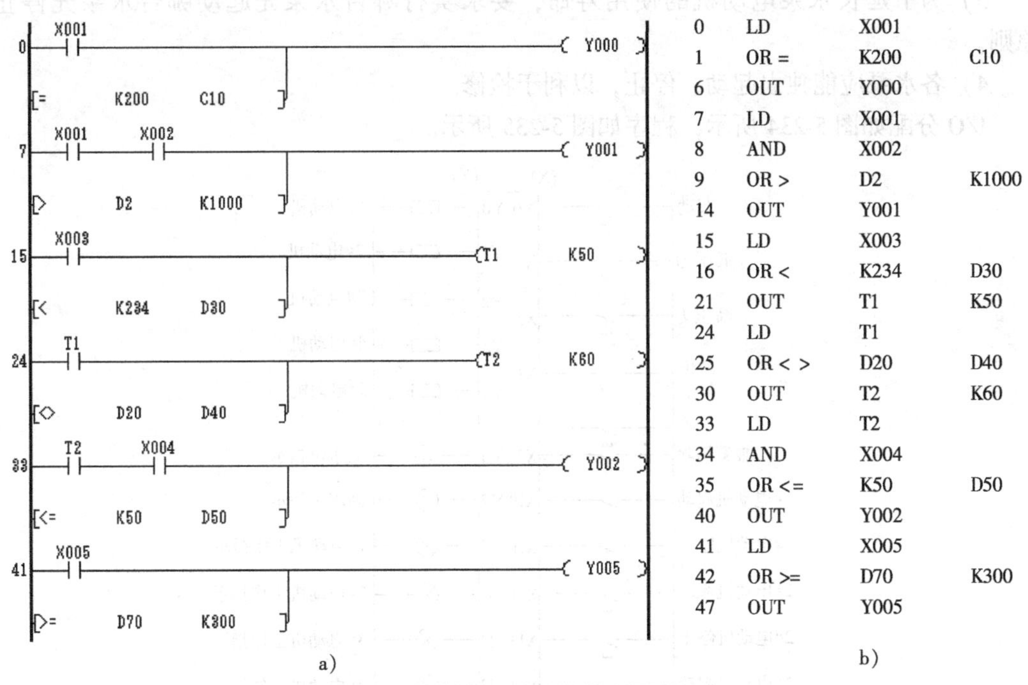

图 5-233 并联连接触点比较指令

a）梯形图 b）指令表

说明：

执行图 5-233 得：

1）当 X0 接通，或 K200 等于 C10 的当前值，则 Y0 得电；

2）当 X1 接通，且 X2 接通，或 D20 的值大于 K1000，则 Y1 得电；

3）当 X3 接通，或 K234 小于 D30 的值，则驱动 T1；

4）当 T1 接通，或 D20 的值不等于 D40 的值，则驱动 T2；

5）当 T2 接通，且 X4 接通，或 K50 小于或等于 D50 的值，则 Y2 得电；

6）当 X5 接通，或 D70 的值大于等于 K300，则 Y5 得电。

5.15 编程实例

例 5-24 模拟恒压供水系统。

某模拟恒压供水系统有 5 台水泵（分别以 Y0、Y1、Y2、Y3、Y4 表示）。为保持管道的压力恒定，按主管道压力与正常压力比较而接通或切断水泵。本题用模拟的方法来表示压力的高低。按 X1 为低压力，按 X2 为高压力。控制要求如下：

1）当主管道压力低于正常压力时，延时 5s，接通水泵 Y0；当压力仍低时，每隔 5s 依次接通 Y1、Y2、Y3、Y4。

2）当主管道压力高于正常压力时，延时 5s，断开水泵 Y0；当压力仍高时，每隔 5s 依次切断 Y1、Y2、Y3、Y4。

3）为了延长水泵电动机的使用寿命，要求实行哪台水泵先起动哪台水泵先停止的原则。

4）各水泵应能独立起动、停止，以利于检修。

I/O 分配如图 5-234 所示，程序如图 5-235 所示。

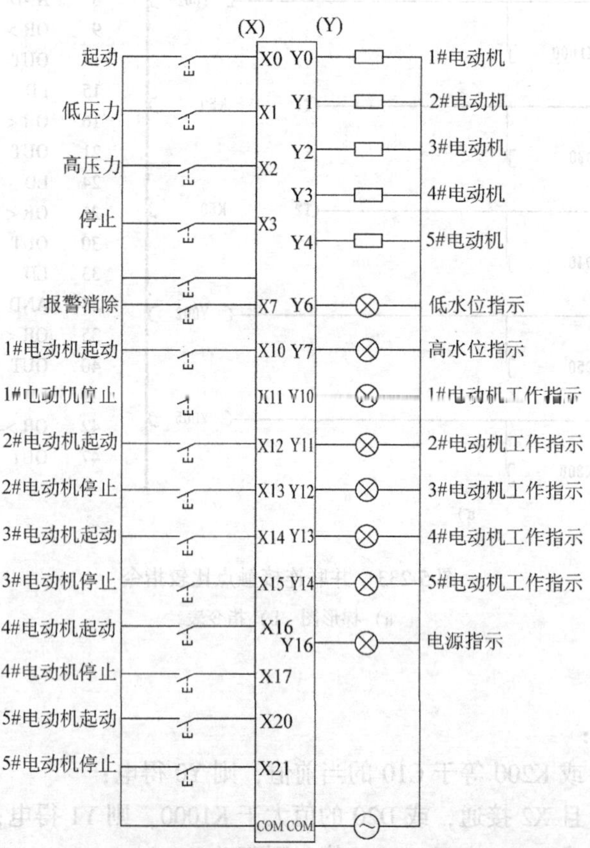

图 5-234 模拟恒压供水程序 I/O 分配图

图 5-234 中 X0 为起动按钮。按 X0，Y0 得电，0 号水泵抽水，使管道有一定压力。为了使 5 台水泵顺次起动，顺次停止，图中使用了调用子程序的方法。当压力低时，调用子程序 P0，每隔 5s 依次接通 Y0、Y1、Y2、Y3、Y4。当压力高时，调用子程序 P1，每隔 5s 依次切断 Y0、Y1、Y2、Y3、Y4。程序中分别用 M40、M41、M42、M43、M44 控制 Y0、Y1、Y2、Y3、Y4。

1）当按 X1（低压力）时，延时 5s，调用子程序 P0。由于初始已令 K1M0 为 0，故 M1 = 0，M0 = 0。第 1 次调用子程序 P0，有 $\overline{M0}\cdot\overline{M1}=1$，令 M40 置 1，驱动 Y0，之后执行 INC 指令，K1M0 加 1，故 M1 = 0，M0 = 1。延时 5s，第 2 次调用子程序 P0，有 $M0\cdot\overline{M1}=1$，令 M41 置 1，驱动 Y1，之后执行 INC 指令，K1M0 加 1，故 M1 = 1，M0 = 0，延时 5s，第 3 次调用子程序 P0，有 $\overline{M0}\cdot M1=1$，令 M42 置 1，驱动 Y2，之后执行 INC 指令，K1M0 加 1，故 M1 = 1，M0 = 1，延时 5s，第 4 次调用子程序 P0，有 $M0\cdot M1=1$，令 M43 置 1，驱动 Y3，之后执行 INC 指令，K1M0 加 1，故 M2 = 1，M1 = 0，M0 = 0，有 $M2\cdot\overline{M1}\cdot\overline{M0}=1$，驱动 Y4，之后执行 INC 指令，K1M0 加 1，有 $M2\cdot\overline{M1}\cdot M0=1$，使 K1M0 = 0，从而完成水泵的依次起动，使主管道压力满足要求。

2）当按 X2（高压力）时，延时 5s，调用子程序 P1。由于初始已令 K1M10 为 0，故 M11 = 0，M10 = 0。第 1 次调用子程序 P1，有 $\overline{M10}\cdot\overline{M11}=1$，令 M40 置 0，切断 Y1，之后执行 INC 指令，K1M10 加 1，故 M11 = 0，M10 = 1，延时 5s，第 2 次调用子程序 P1，令 M41 置 0，切断 Y2。其余情况与压力低时相似。

3）如果依次起动 Y0、Y1、Y2 后已满足要求达高压力，按 X2 将会依次停止 Y0、Y1、Y2，之后如压力降低，按 X1，则下一个起动的水泵是 Y3、Y4、Y0、Y1、Y2；再按 X2，则依次停止的是 Y3、Y4、Y0、Y1、Y2。

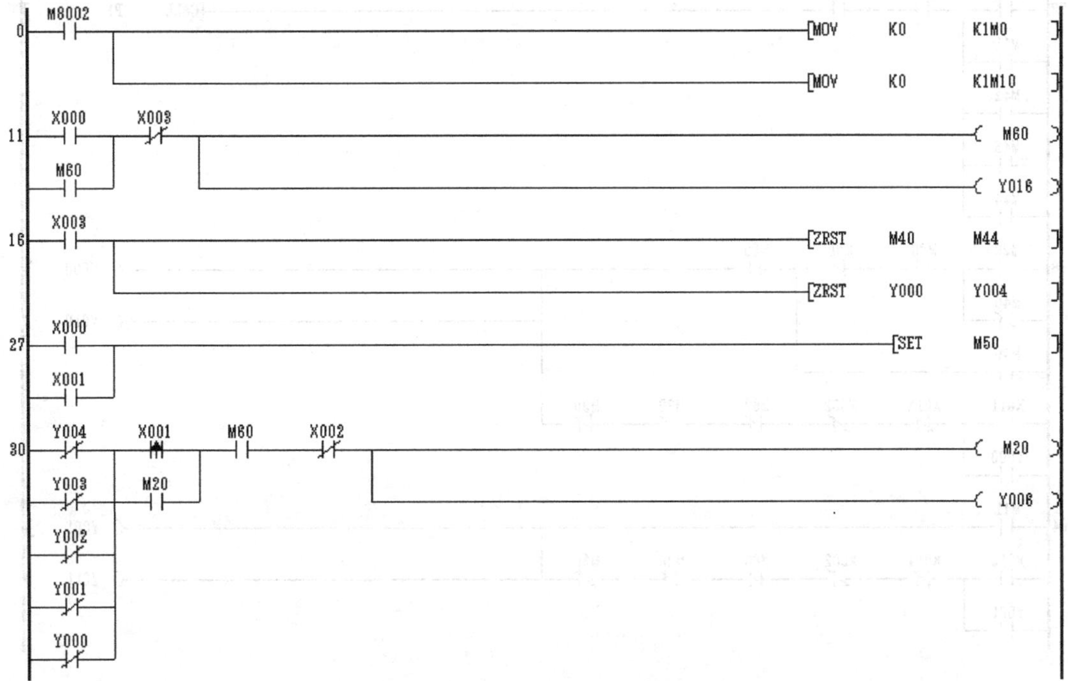

图 5-235 模拟恒压供水系统程序

```
43  Y004 X002 M60 X001 ——( M30 )
    Y003 M30           ——( Y007 )
    Y002
    Y001
    Y000
56  M20 T1             ——(T1 K50
    M30
62  M40 M20 T1         ——[CALL P0 ]
    M41
    M42
    M43
    M44
78  M40 M30 T1         ——[CALL P1 ]
    M41
    M42
    M43
    M44
88  M20 M60 M30 M50    ——( Y000 )
    M40                ——( Y010 )
    M40
    X011 X012 X002 M60 M20 M30
    Y000
104 M41                ——( Y001 )
    X013 X014 X002 M60 M20 M30 ——( Y011 )
    Y001
```

图 5-235　模拟恒压

```
115  M42 ─┤ ├──────────────────────────────────────────────┬──( Y002 )
     X015 ─┤ ├─┬─ X016 ─┤/├─ X002 ─┤/├─ M60 ─┤/├─ M20 ─┤/├─ M30 ─┤/├─┴──( Y012 )
     Y002 ─┤ ├─┘
126  M43 ─┤ ├──────────────────────────────────────────────┬──( Y003 )
     X017 ─┤ ├─┬─ X020 ─┤/├─ X002 ─┤/├─ M60 ─┤/├─ M20 ─┤/├─ M30 ─┤/├─┴──( Y013 )
     Y003 ─┤ ├─┘
137  M44 ─┤ ├──────────────────────────────────────────────┬──( Y004 )
     X021 ─┤ ├─┬─ X022 ─┤/├─ X002 ─┤/├─ M60 ─┤/├─ M20 ─┤/├─ M30 ─┤/├─┴──( Y014 )
     Y004 ─┤ ├─┘
148  M8000 ─┤ ├──────────────────────────────────────────────( M8049 )
151  X001 ─┤ ├─ Y000 ─┤/├─ Y001 ─┤/├─ Y002 ─┤/├─ Y003 ─┤/├─ Y004 ─┤/├──[ANS  T10  K20  S900 ]
164  X002 ─┤ ├─ Y000 ─┤ ├─ Y001 ─┤ ├─ Y002 ─┤ ├─ Y003 ─┤ ├─ Y004 ─┤ ├──[ANS  T11  K20  S901 ]
177  M8048 ─┤ ├──────────────────────────────────────────────( Y015 )
179  X007 ─┤ ├───────────────────────────────────────────────[ ANR ]
181  ────────────────────────────────────────────────────────[ FEND ]
181  ────────────────────────────────────────────────────────[ FEND ]
P0
182  M0 ─┤/├─ M1 ─┤/├────────────────────────────────────────[SET  M40 ]
186  M0 ─┤ ├─ M1 ─┤/├────────────────────────────────────────[SET  M41 ]
189  M0 ─┤/├─ M1 ─┤ ├────────────────────────────────────────[SET  M42 ]
192  M0 ─┤ ├─ M1 ─┤ ├────────────────────────────────────────[SET  M43 ]
195  M2 ─┤ ├─ M1 ─┤/├─ M0 ─┤/├──────────────────────────────[SET  M44 ]
199  M8000 ─┤ ├──────────────────────────────────────────────[INC  K1M0 ]
203  M2 ─┤ ├─ M1 ─┤/├─ M0 ─┤ ├──────────────────────[MOV  K0  K1M0 ]
211  ────────────────────────────────────────────────────────[ SRET ]
P1
212  M10 ─┤/├─ M11 ─┤/├──────────────────────────────────────[RST  M40 ]
216  M10 ─┤ ├─ M11 ─┤/├──────────────────────────────────────[RST  M41 ]
219  M10 ─┤/├─ M11 ─┤ ├──────────────────────────────────────[RST  M42 ]
222  M10 ─┤ ├─ M11 ─┤ ├──────────────────────────────────────[RST  M43 ]
225  M12 ─┤ ├─ M11 ─┤/├─ M10 ─┤/├─┬─────────────────────────[RST  M44 ]
                                   └─────────────────────────[RST  M50 ]
230  M8000 ─┤ ├──────────────────────────────────────────────[INC  K1M10 ]
234  M12 ─┤ ├─ M11 ─┤/├─ M10 ─┤ ├─────────────────────[MOV  K0  K1M10 ]
242  ────────────────────────────────────────────────────────[ SRET ]
243  ────────────────────────────────────────────────────────[ END ]
```

供水系统程序（续）

例 5-25 设计彩灯循环动作程序，要求如下：

(1) 彩灯以 1s 间隔依次亮：Y0→Y1→Y2→Y3→Y4→Y5→全亮 10s→全停 2s，然后循环。

(2) 流水灯 Y10 ~ Y27 共 16 组，依次正循环按 Y10→Y27 顺序，每组灯亮 0. 2s。32s 之后，按反循环 Y10→Y27 顺序，每组灯亮 0. 2s，循环不断。

时序图如图 5-236 所示，图 5-237 为其程序。程序中 X0 为起动按钮，X1 为停止按钮。程序中使用了 SET 、RST、SFTL、ROL、ROR 等指令，使程序大大得以简化。

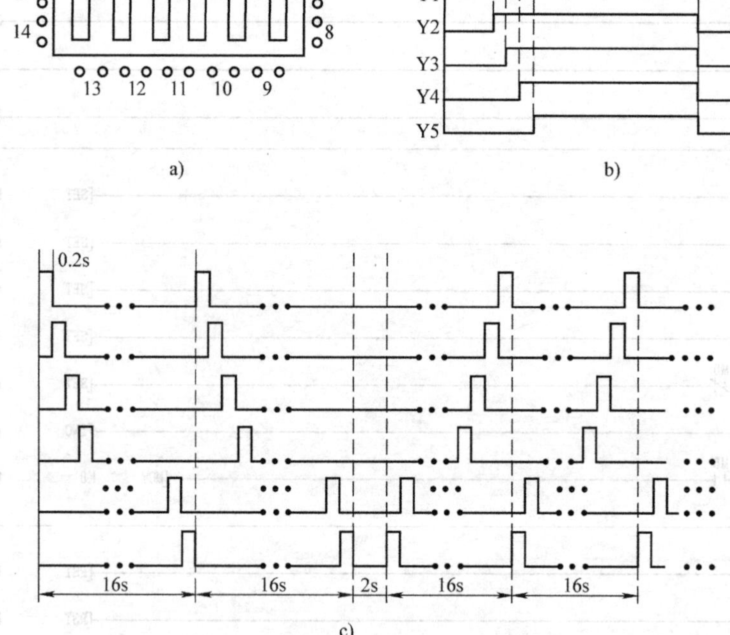

图 5-236 彩灯循环时序图

a) 彩灯面板图 b) 彩灯时序 c) 流水灯时序

例 5-26 试编写数字时间显示器。要求：开始状态为 0，起动以后开始计时；秒用发光二极管显示；分和小时分别用两只七段数码管显示其十位和个位。

为了节省输出点数，在编写中使用了矩阵电路，如图 5-238 所示。

```
0    X000 ─┬─ X001(|/|) ──────────────────────────────────── ( M0 )
     M0  ──┘
4    M0 ─ M10(|/|) ─ M11(|/|) ─ M12(|/|) ─ M12(|/|) ─ M14(|/|) ─ M15(|/|) ─ ( M2 )
12   M0 ─ M8013 ─ C2(|/|) ───────────────────────────────── ( M1 )
16   M1 ─┬───────────────────────────────────────────────── ( C0   K7 )
         ├───────────────────────────────────────────────── ( C1   K16 )
         ├───────────────────────────────────────────────── ( C2   K18 )
         ├───────────────────────────────────────────────── ( C3   K33 )
         └───────────────────────────────────────────────── ( C4   K64 )
32   M8002 ─┬─────────────────────────────────────────────── [ZRST  C0  C2 ]
     X001  ─┼─────────────────────────────────────────────── [ZRST  M10  M15 ]
     C2    ─┘
45   M1(↑) ─ C0(|/|) ─────────────────── [SFTL  M2  M10  K7  K1 ]
57   M10 ─────────────────────────────────────────────────── [SET  Y000 ]
59   M11 ─────────────────────────────────────────────────── [SET  Y001 ]
61   M12 ─────────────────────────────────────────────────── [SET  Y002 ]
63   M13 ─────────────────────────────────────────────────── [SET  Y003 ]
65   M14 ─────────────────────────────────────────────────── [SET  Y004 ]
67   M15 ─────────────────────────────────────────────────── [SET  Y005 ]
69   C1   ─┬──────────────────────────────────────────────── [ZRST  Y000  Y005 ]
     X001 ─┘
76   M0 ─ T6(|/|) ───────────────────────────────────────── ( T6   K2 )
81   M0 ─ Y011(|/|) ─ Y012(|/|) ─ Y013(|/|) ─ Y014(|/|) ─ Y015(|/|) ─ Y016(|/|) ─ Y017(|/|) ─ Y020(|/|) ─ Y021(|/|) ─ Y022(|/|) ─ 0 →
     0 > ─ Y023(|/|) ─ Y024(|/|) ─ Y025(|/|) ─ Y026(|/|) ─ Y027(|/|) ─ ( Y010 )
98   M0 ─ T6(↑) ─ C3(|/|) ──────────────────────────────── [ROL  K4Y010  K1 ]
107  C3 ─ T6(↑) ─ C4(|/|) ──────────────────────────────── [ROR  K4Y010  K1 ]
116  M8002 ─┬─────────────────────────────────────────────── [ZRST  C3  C4 ]
     C4    ─┼─────────────────────────────────────────────── [ZRST  Y010  Y027 ]
     X001  ─┘
129  ──────────────────────────────────────────────────────── [ END ]
```

图 5-237　彩灯循环程序

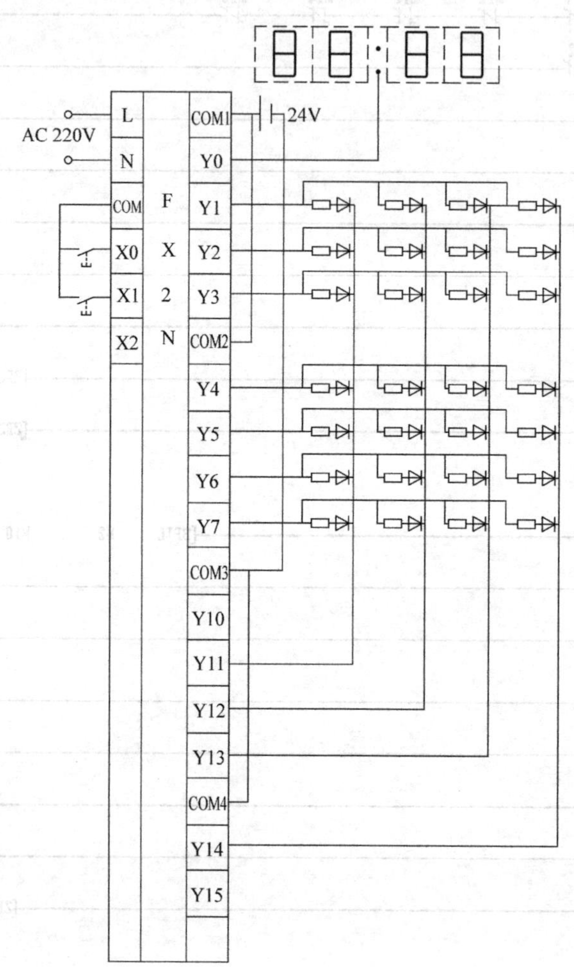

图 5-238　计时程序 I/O 分配图

所编的程序如图 5-239 所示。图中 C0 为秒的计数，C1 为分的个位计数，C2 为分的十位计数，C3 为时的个位计数，C4 为时的十位计数。

第 62 行，使用了 BMOV 指令，将 C1 ~ C4 的值送 D1 ~ D4。第 70 行，使用了 SEGD 指令，将二进制数 D1 ~ D4 转换成七段数码管显示数，分别送 K2M1 ~ K2M31。再用 Y1 ~ Y7 显示七段数码 a ~ f。程序中的 Y14、Y13、Y12、Y11 为分的个位显示、分的十位显示、时的个位显示、时的十位显示的公共端。为了便于程序的起停，使用了 MC、MCR 指令。

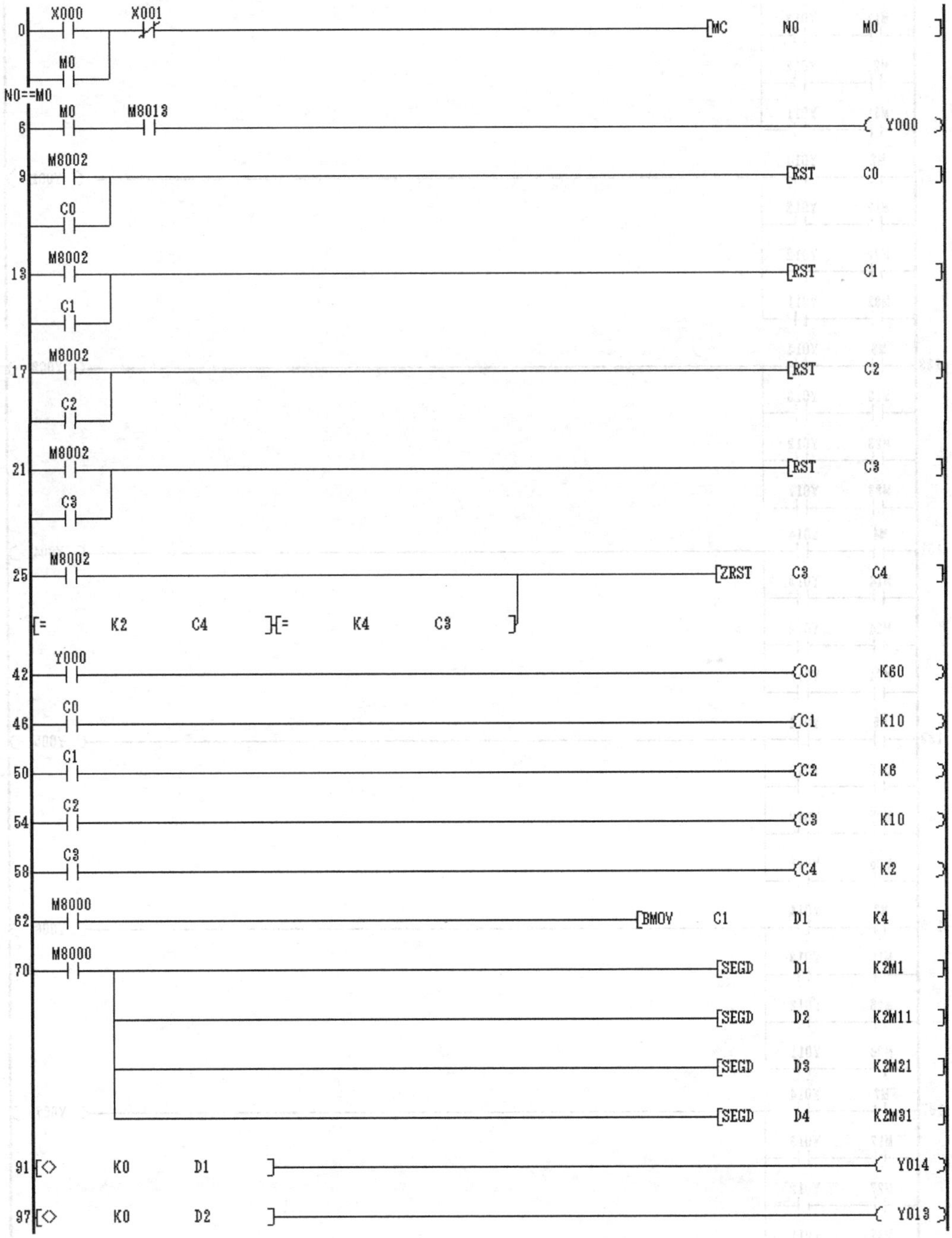

```
 0  X000    X001                                    [MC    N0    M0   ]
    M0
N0==M0
 6  M0      M8013                                              ( Y000 )
 9  M8002                                           [RST   C0         ]
    C0
13  M8002                                           [RST   C1         ]
    C1
17  M8002                                           [RST   C2         ]
    C2
21  M8002                                           [RST   C3         ]
    C3
25  M8002                                           [ZRST  C3    C4   ]
    [=   K2   C4 ][=   K4   C3 ]
42  Y000                                            (C0    K60        )
46  C0                                              (C1    K10        )
50  C1                                              (C2    K6         )
54  C2                                              (C3    K10        )
58  C3                                              (C4    K2         )
62  M8000                               [BMOV  C1   D1     K4         ]
70  M8000                                           [SEGD  D1    K2M1 ]
                                                    [SEGD  D2    K2M11]
                                                    [SEGD  D3    K2M21]
                                                    [SEGD  D4    K2M31]
91  [<>   K0   D1 ]                                            ( Y014 )
97  [<>   K0   D2 ]                                            ( Y013 )
```

图 5-239　数字时间显示器程序

```
103 [<>  K0  D3 ]————————————————( Y012 )
109 [<>  K0  D4 ]————————————————( Y011 )
115 ——| |M1——| |Y014——+—————————( Y001 )
    ——| |M11——| |Y013——+
    ——| |M21——| |Y012——+
    ——| |M31——| |Y011——+
127 ——| |M2——| |Y014——+—————————( Y002 )
    ——| |M12——| |Y013——+
    ——| |M22——| |Y012——+
    ——| |M32——| |Y011——+
139 ——| |M3——| |Y014——+—————————( Y003 )
    ——| |M13——| |Y013——+
    ——| |M23——| |Y012——+
    ——| |M33——| |Y011——+
151 ——| |M4——| |Y014——+—————————( Y004 )
    ——| |M14——| |Y013——+
    ——| |M24——| |Y012——+
    ——| |M34——| |Y011——+
163 ——| |M5——| |Y014——+—————————( Y005 )
    ——| |M15——| |Y013——+
    ——| |M25——| |Y012——+
    ——| |M35——| |Y011——+
175 ——| |M6——| |Y014——+—————————( Y006 )
    ——| |M16——| |Y013——+
    ——| |M26——| |Y012——+
    ——| |M36——| |Y011——+
187 ——| |M7——| |Y014——+—————————( Y007 )
    ——| |M17——| |Y013——+
    ——| |M27——| |Y012——+
    ——| |M37——| |Y011——+
199 ——————————————————————[MCR  N0 ]
201 ——————————————————————[ END ]
```

图 5-239　数字时间显示器程序（续）

习 题 5

5-1 图5-240为闪光频率可变的闪烁电路。读程序，看清灯Y0闪烁的频率是如何变化的。如果要求程序停止，怎么办？

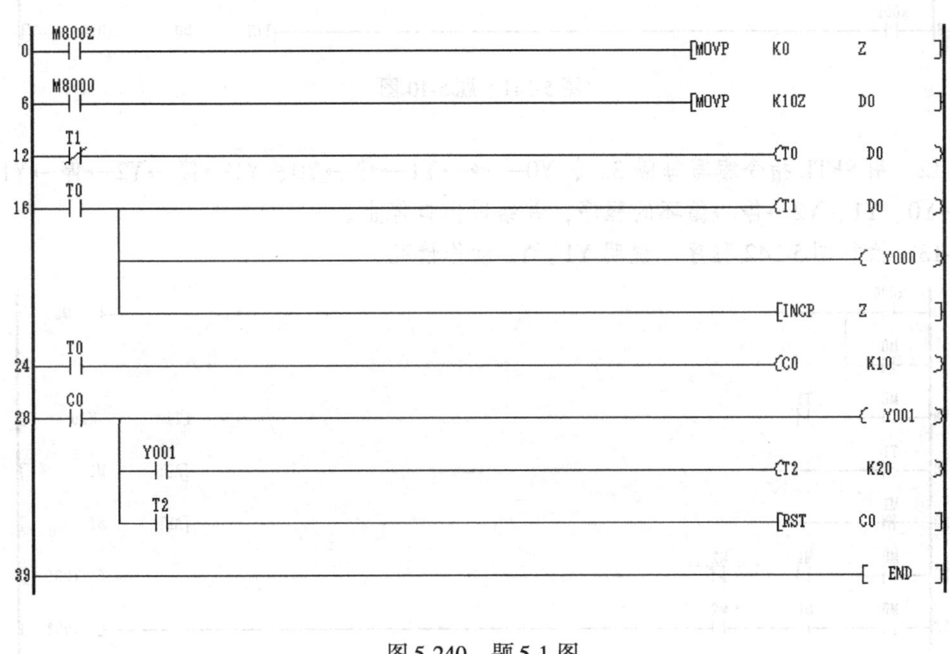

图5-240 题5-1图

5-2 用MOV指令编写Y0、Y1、Y2三个喷水头花样方式喷水程序，喷水花样自行设计。

5-3 用CMP指令设计一个时间控制器。要求用一个定时段定时器，使启动后1min闹铃响，之后隔45min响一次，又隔5min响一次，如此4次结束。

5-4 应用CMP指令设计一个密码锁。密码锁有X0~X10共9个按钮，其中X0~X7为压锁按钮，用K2X0表示，X10为复位键。其中X0~X3为第一个十六进制数，X4~X7为第二个十六进制数。当这两个十六进制数分别为H19与H46，且与K2X0比较为正确时，密码锁Y0延时2s打开；否则报警，报警5s自动停止，或按复位键停止。只有按复位键后，门锁才可重新锁定及进行开锁。

5-5 有16盏灯，用K4Y0表示。用乘法指令编写灯正序每隔2s点亮程序，令Y0=1，Y0×2=2=Y1，Y1×2=4=Y2等。当K4Y0=16时，延时5s，用除法指令编写灯反序每隔2s熄灭程序，16÷2=8，8÷2=4等。

5-6 用ROR、ROL指令编写16盏灯正序每隔2s点亮程序；当全亮后，反序每隔2s熄灭。

5-7 用MOV指令编写6台电动机起动时每隔7s顺序起动；停止时每隔9s反顺序停止的程序，还要求有急停控制。

5-8 用SFTL或SFTR指令重新编写习题4-3及习题4-5程序。

5-9 设计报警电路。当X0与X1同时为ON时报警，当X2与X3同时为ON时报警，当 X4 与 X5 同时为 ON 时报警。

5-10　执行图 5-241 程序，分析 D10 的尾数和指数。

5-11　用解码指令 DECO 编写 5 盏灯每隔 5s 点亮移位、再循环程序。

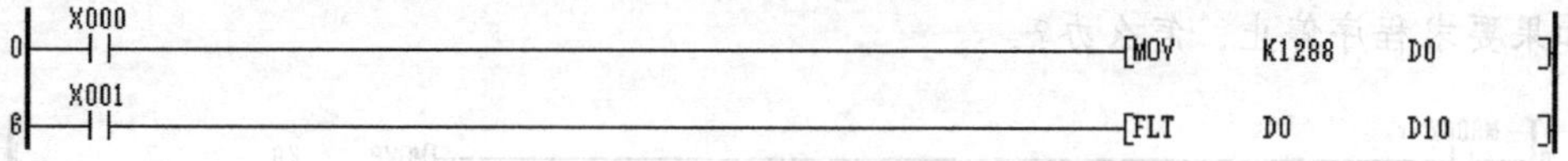

```
   X000
0 ─┤├──────────────────────────[MOV   K1288   D0 ]
   X001
6 ─┤├──────────────────────────[FLT   D0      D10]
```

图 5-241　题 5-10 图

5-12　用 SFTL 指令编写每隔 3s 令 Y0→停→Y1→停→Y0、Y1→停→Y2→停→Y1、Y2→停→Y0、Y1、Y2→停→循环的程序，并给以出口停止。

5-13　执行图 5-242 程序，说明 Y1、Y2 动作情况。

图 5-242　题 5-13 图

5-14　用 ADD 及 SUB 指令编写汽车进入或离开的车辆数。设 X1、X2 为两组光电开关，当车辆进入时，先阻挡 X1，再阻挡 X2。当车辆离开时，先阻挡 X2，再阻挡 X1。

5-15　用 ROL 指令编写 K4Y0 共 16 盏灯每隔 1s 循环左移程序。

5-16　用 MOV、SFTL 指令编程，要求：起动→红灯（Y1）亮 1s→绿灯（Y2）亮 2s→黄灯（Y3）亮 3s→（Y1、Y2）亮 4s→（Y2、Y3）亮 5s→（Y1、Y2、Y3）亮 6s→停 2s→循环。

第6章 三菱PLC网络及其通信

PLC网络包括PLC控制网络和PLC通信网络两类。PLC控制网络是指只传递开关量，且一次传送的数据量较少的网络。例如PLC主站对远程I/O站的控制，这些远程I/O站尽管离PLC较远，但PLC对它的操作就好像是在自己的I/O区一样。PLC通信网络是指可以传递开关量又可以传递模拟量，且一次传送的数据量较大的网络。这类网络有点类似普通微机的区域网，它包括PLC与PLC之间、PLC与现场设备（如触摸屏、变频器等）之间的数据通信。不同厂家、不同型号的PLC都具有自己的网络系统，具有自己的通信接口和通信模块。本章先介绍数据通信的基本概念，再介绍三菱PLC的网络，重点介绍CC-Link现场总线开放网络。其他型号PLC的网络系统请查阅有关的资料。

6.1 数据通信网络的基本概念

6.1.1 数据通信系统的组成

最简单的数据通信系统是由传送设备、传送控制设备、通信介质和通信协议组成的。

1. 传送设备

传送设备含发送器、接收器。对于多台设备之间的传送，有主从之分。主设备（PLC网络称为主站）起控制和处理信息的作用，从设备（PLC网络称为从站）起接收主站的信号、执行主站的控制信息的作用。

2. 通信介质

连接传送设备的数据线，如同轴电缆、双绞线、光纤等，称为通信介质。不同的通信介质，其传送数据的速率、支持的网络以及抗干扰的能力都不同。例如，同轴电缆传送数据的速率比双绞线好，光纤最好。

3. 通信协议

通信协议是数据通信所必须遵守的规则。它是关于通信的各种电气技术、机械技术和软件技术的标准，一般是由国际上公认的标准化组织制定的。适用于区域网的主要通信协议是国际电子电气工程师协会IEEE的IEEE 802通信协议，它包括IEEE 802.1～IEEE 802.11等11个项目。其中IEEE 802.4为令牌总线访问方式、物理层技术规范协议，IEEE 802.5为令牌访问方式、物理层技术规范协议，在PLC网络中影响较大，使用较多。

不同厂家、不同型号PLC的通信协议不同。三菱PLC大多使用MELSEC通信协议（简称MC协议）。MC协议是指A、Q系列PLC可以通过以太网模块、CC-Link网模块或串行通信模块从PLC的CPU读取数据和程序，或将数据和程序写入PLC的CPU中去。使用此协议可以对PLC进行过程控制，或向外部设备发送和接收数据。除此以外，三菱PLC的通信协议还有无顺序协议通信和双向协议通信，其中双向协议通信是指利用双向协议的通信格式和传递控制顺序，在外部设备和PLC的CPU之间可以发送和接收数据。

4. 局域网网络结构

常见的局域网网络结构有星形网络、环形网络和总线型网络三种形式，如图 6-1 所示。

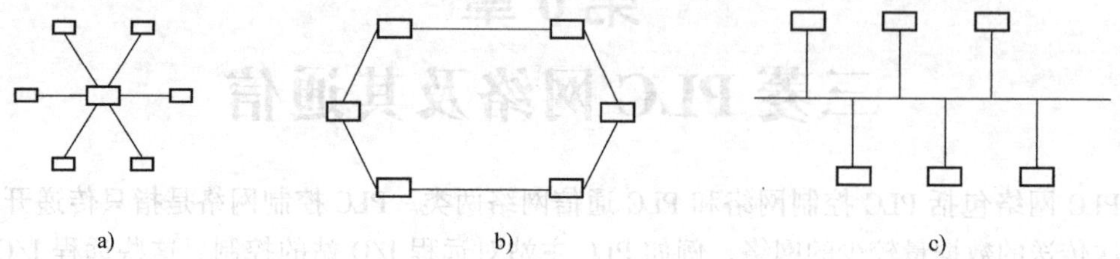

图 6-1　网络的常见结构

a）星形网络　b）环形网络　c）总线型网络

星形网络是以中央站为中心与各站连接的网络。网络中与任一站的通信都必须通过中央站。它一般适用于小系统和不频繁的工作方式。

环形网络是将各站的通信接口或适配器连接成一闭合环形线路的网络。环路上各站都可以请求发送信息，也可以接收信息。数据信息如果被某个站的接口所接收，此信息仍可以继续传送到下一站，一直到发送此信息的环路接口为止。

总线型网络是一种利用总线将所有站连接起来的网络。各站对总线具有共享权和访问权。由于各站共享一个通信线路，因此，如果两个或两个以上的站同时发送信息，就会发生冲突。为了防止这种冲突，出现了令牌总线协议通信方式。令牌是一组二进制数。网络上各站按某种方式排序，令牌依次从一个站传到下一个站，只有得到令牌的站才有权控制和使用网络。总线型网络结构简单，可靠性好，易于扩充和安装，可以用多种速度传递数据，网络响应速度快，是工业控制局域网常用的网络结构。例如，三菱 PLC 的 CC-Link 网络就是一种总线型开放网络结构。

6.1.2　数据通信方式

1. 数据传送方向

通信线路上数据传送的方向可分为单工、半双工、全双工三种，如图 6-2 所示。

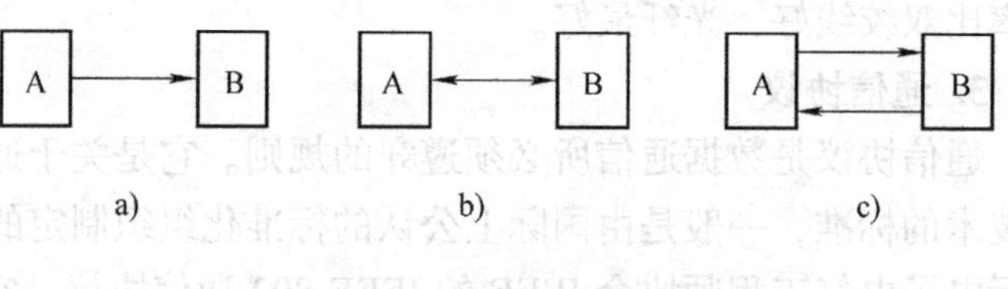

图 6-2　数据传送方向

a）单工　b）半双工　c）全双工

单工传送是指数据传递始终保持一个方向，如图 6-2a 所示。半双工传送是指数据可沿两个方向传递，但某一时刻只允许一个方向的传送，如图 6-2b 所示。图中某一时刻 A 端发送，B 端接收；下一时刻可以 B 端发送，A 端接收。全双工传送方式是指数据可以在同一方向上同时发送和接收，如图 6-2c 所示。图中 A 或 B 都可以一边发送，一边接收。

2. 同步传送和异步传送

数据的同步传送是指将很多字符组成一个信息组（通常称为帧），用同步字符来表示信息组的开始，由定时信号来实现发送的同步。接收端识别此同步字符，接收此信息组。信息组内的各字符不需要各自有起始位和停止位，因此传送的效率较高。

异步传送是指按一种约定的格式将信息一帧一帧地不同时传送的方式。这种约定的传送格式是将传送的数据编码成一串脉冲，有起始位和停止位，如图 6-3 所示。

通常，在异步传送的通信线中，当没有数据传送时，通信线处于逻辑 1 的状态，发送数据时首先发送逻辑 0，这一位即为起始位。之后发送数据编码位，一般是 ASCII 码，7 位或 8 位。数据位发送完之后，要进行奇偶校验。如果未通过校验，则要重发。校验位之后是停止位。停止位可以是 1 位或 2 位。接收设备接收到停止位之后，通信线又恢复到逻辑 1 状态，直到下一个数据串的起始位字符达到为止。PLC 的串行通信就是采用这种异步传送方式。

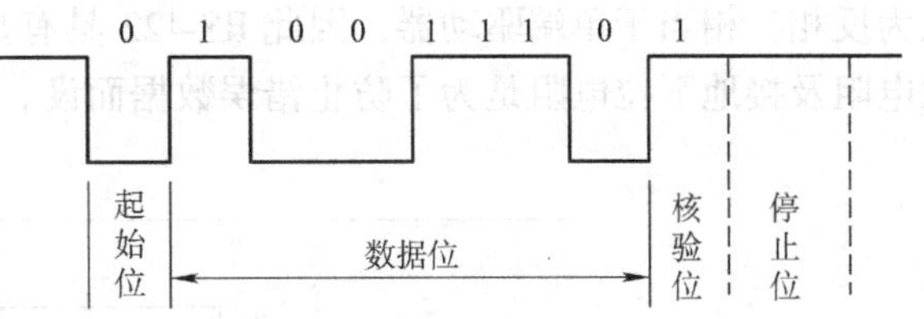

图 6-3　异步传送的字符串

3. 并行通信和串行通信

并行通信是将传送数据的各位同时发送或接收的通信方式。并行通信的速度快，但通信线路复杂。如果一个并行数据有 n 位二进制数，则需要有 n 根传输线。所以，并行通信不适用于长距离通信。

串行通信是一种将传送的数据按位一位一位地发送或接收的通信方式。串行通信只需两根传输线，线路简单，可用于长距离通信。

4. 串行通信接口

个人计算机（PC）与 PLC 之间、PLC 与外部设备之间的串行通信广泛使用 RS-232、RS-422、RS-485 等串行接口。本节简单介绍串行通信接口的概念。

（1）RS-232 接口　RS-232 是 PC 与外部设备通信用得最广泛的串行接口。它是一种以一根信号线相对于接地线的电压来表示逻辑 1 或逻辑 0 的非平衡数据传输方式，如图 6-4 所示。图中 TX 为数据传送端，RX 为数据接收端。

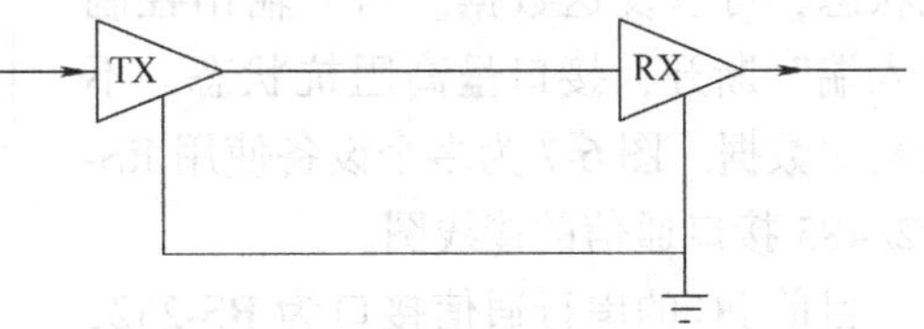

图 6-4　RS-232 接口的连线方式

RS-232 传递数据为全双工方式，其接口一般是 9 针接口，如图 6-5 所示。

针号	信号缩写	信号名称
1	CD	载体检测
2	RD(RXD)	接收数据
3	SD(TXD)	发送数据
4	DTR(ER)	数据端准备
5	SG	信号接地
6	DSR(DR)	数据集准备
7	RS(RTS)	请求发送
8	CS(CTS)	清除发送
9	RI(CI)	调用指示

图 6-5　RS-232 的 9 针接口

（2）RS-422/485 接口　RS-422/485 接口采用平衡驱动差分接收电路，如图 6-6 所示。图中取消信号地线，SDA、SDB 为发送信号端，RDA、RDB 为接收信号端。发送端的两信号互为反相，相当于单端驱动器，因此 RS-422 具有足够好的抗干扰能力。其接收端的电源上拉电阻及接地下拉电阻是为了防止错误数据而设。

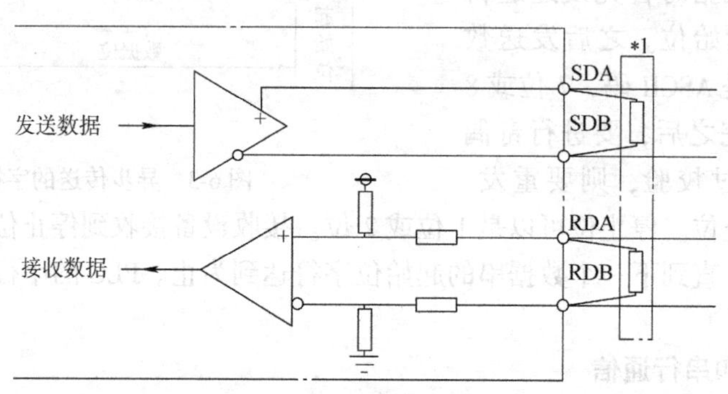

图 6-6　RS-422 接口

如果在 RS-422 的输出端设置一个“输出控制输入端”（或称使能端），则形成 RS-485 接口，如图 6-7 所示。当发送数据的“输出控制输入端”接通，接口呈低阻抗状态，可以发送数据。当“输出控制输入端”断开，接口呈高阻抗状态，不能发送数据。图 6-7 为多个设备使用 RS-422/485 接口通信的接线图。

目前 PC 的串行通信接口为 RS-232；FX 系列 PLC 的串行通信接口是 RS-422；三菱 FR 变频器的串行通信接口是 RS-485；三菱触摸屏串行通信接口有两个，一个是 RS-232；另一个是 RS-485。

串行通信除了使用以上介绍的串行接口外，还可以使用串行通信模块，例如三菱 PLC 的 QJ71C24 串行通信接口模块，具体应用请参阅有关资料。

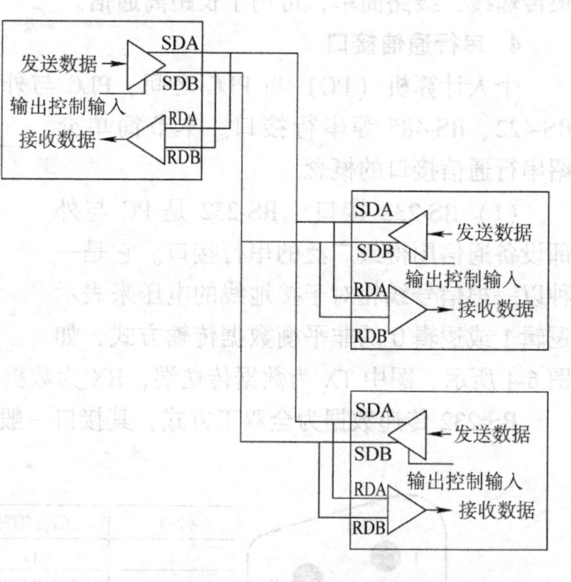

图 6-7　RS-422/485 接口通信接线图

6.2　三菱 PLC 的通信网络

三菱 PLC 提供了三层网络（如图 6-8 所示）：用于信息管理的以太网（Ethernet），用于控制管理的局域网，用于设备管理的开放式现场总线 CC-Link 网。本节简单介绍以太网和局域网，下节重点介绍 CC-Link 网。

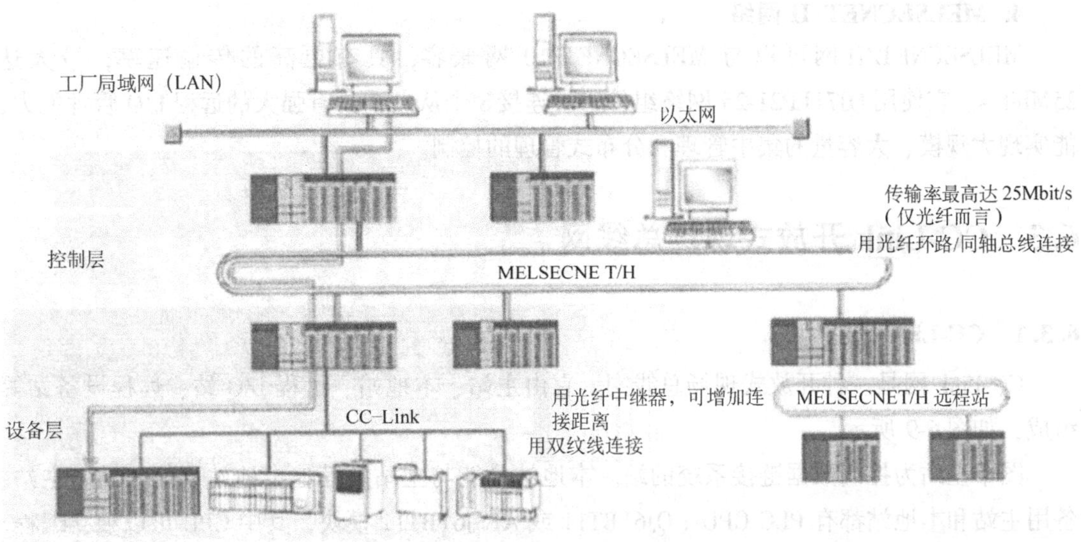

图 6-8　三菱 PLC 的三层网络

6.2.1　以太网

三菱 PLC 的以太网是通过以太网模块（QJ71E-100、QJ71E71）与上位机系统接口模块连接，形成以太管理网。它具有以下主要功能：

1）使用网络互联技术通信协议（TCP/IP），解决异种网络互联问题。

2）使用 MC 通信协议，可以在网内 PLC 之间、PLC 与外部设备之间进行数据传递。

3）可以通过电子邮件传送和接收数据。

6.2.2　局域网

三菱 PLC 的局域网有以下几种：

1. MELSEC-I/O 通信系统

这是一个由 PLC 控制远程 I/O 组件的系统。它不需要附加任何编程知识和网络参数设置，就能控制远程 I/O 组件。远程 I/O 组件含远程输入组件（如型号为 AJ55TB3-4D、AJ55TB3-8D 的组件）和输出组件（如型号为 AJ55TB2-4R、AJ55TB2-8R 的组件）。这些 I/O 点只需用 X、Y 编程，就如同标准的 I/O 组件一样。

2. MELSECNET/10 网络

MELSECNET/10 网是令牌网，它通过网络组件（A1SJ71LP21、A1SJ71LP21GE，令牌环形网；A1SJ71BR11，令牌总线网）将任意的 CPU 组件挂到网络系统中，它的传输速率最大达 10Mbit/s。它可以承担以计算机为支撑的工厂柔性制造系统众多的数据流，有很强的网络监督能力。

3. MELSECNET/II 网络

MELSECNET/II 网的网络组件是 A1SJ71AP21、A1SJ71AP21-S3 等。它是双环网络，其中一个为正向环（或称主环路），另一个为反向环（或称副环路）。如果主环路发生故障，系统自动切换到副环路；如果两个环路都发生故障，则仍然在连接的站之间保持数据通信。它可以执行从一个本地站向主站或从主站向任意本地站的数据通信，可以用通信位软元件和字软元件去改变或监控任意站的 ON/OFF 状态和数据值。

4. MELSECNET/H 网络

MELSECNET/H 网可以与 MELSECNET/10 网兼容，具有更高的传输速率，最大达 25Mbit/s。它使用 QJ71LP21-25 网络组件，可连接 8 个从站，具有强大的远程 I/O 管理能力，能实现大规模、大容量的集中管理和分布式管理的控制。

6.3 CC-Link 开放式现场总线网

6.3.1 CC-Link 网的组成

CC-Link 网是一种开放式现场总线网。它由主站、本地站、远程 I/O 站、远程设备站等组成，如图 6-9 所示。

图中主站为控制数据链接系统的站。本地站是能与主站及其他本地站通信的站。主站、备用主站和本地站都有 PLC CPU + QJ61BT11 或 A1SJ61BT11 模块，其中 CPU 可以独立编程。每个 CC-Link 系统主站只有 1 个，本地站最多可以有 26 个。远程 I/O 站是处理位元件数据的远程站，通常使用 AJ65BTB1-160 或 AJ65BTC-320 模块，它最多可以有 64 个站。远程设备站是能处理位元件和字元件的远程站，例如模拟/数字转换模块 AJ65BT-64AD，它最多可以有 42 个站。智能设备站是可以瞬时传送的站，例如 RC-32C 接口模块 AJ65BT-R2，它最多可以有 26 个站。但一个主站总共可以带 64 个远程 I/O 站、备用主站、远程设备站和智能设备站。

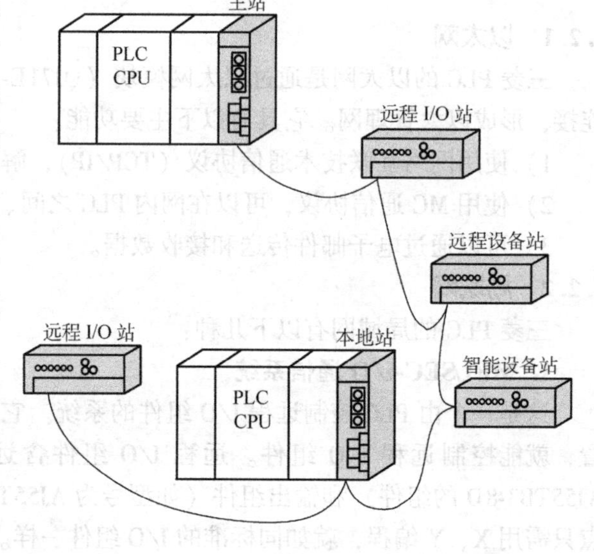

图 6-9 CC-Link 网

CC-Link 网能完成以下的功能：

1）主站与远程 I/O 站的通信；

2）主站与远程设备站的通信；

3）主站与本地站的通信；

4）主站与智能设备站的通信。

CC-Link 网具有强大的网络监督和数据链接功能。当主站的 CPU 或电源故障，系统可以切换到备用主站继续进行数据链接。当某一个站的模块因停电而失效，也不会影响其他站的正常通信。

在创建 CC-Link 网时，可以使用 A 系列 PLC，也可以使用 Q 系列 PLC。但如果使用 CPU 连接模块 QJ61BT11 时，要使用 Q 系列 PLC。因为使用 QJ61BT11 模块时，设置网络参数时不必创建顺序程序，而只须利用编程软件 GPPW 即可（GPPW 的基本用法见第 8 章）。Q 系列 PLC 与 A 系列 PLC 在很多地方都是相似的。表 6-1 列出了常用的 Q 系列 PLC 的一些属性。请读者比较一下。

表 6-1　Q 系列 PLC

项目		型号				
		Q02CPU	Q02HCPU	Q06HCPU	Q12HCPU	Q25HCPU
控制方式		存储程序的反复运算				
输入输出控制方式		刷新方式				
程序语言		顺序控制专用语言				
		继电器符号语言(梯形图),逻辑符号语言(列表) SFC <MELSAP-3>、MELSAP-L				
处理速度(顺控指令)	LD	79ns	34ns			
	MOV(MOV D0 D1)	237ns	102ns			
恒定扫描(保持扫描时间恒定的功能)		0.5~2000ms(可以以 0.5ms 为单位设置)				
程序容量	步数	28k 步	28k 步	60k 步	124k 步	252k 步
	文件数	28(个)	28(个)	60(个)	124(个)	252(个)
输入输出软元件点数		8192 点(X/Y0~1FFF)				
输入输出点数		4096 点(X/Y0~FFF)				
软元件点数	内部继电器[M]	默认 8192 点(M0~8191)				
	锁存继电器[L]	默认 8192 点(L0~8191)				
	链接继电器[B]	默认 8192 点(B0~1FFF)				
	定时器[T]	默认 2048 点(T0~2047)(低速定时器/高速定时器共用) 低速定时器/高速定时器的切换采用指令设置 低速定时器/高速定时器的计测单位采用参数设置 (低速定时器:1~1000ms,1ms 单位,默认 100ms) (高速定时器:0.1~100ms,0.1ms 单位,默认 10ms)				
	累加定时器[ST]	默认 0 点(ST0~2047)(低速定时器/高速定时器共用) 低速定时器/高速定时器的切换采用指令设置 低速定时器/高速定时器的计测单位采用参数设置 (低速定时器:1~1000ms,1ms 单位,默认 100ms) (高速定时器:0.1~100ms,0.1ms 单位,默认 10ms)				
	计数器[C]	普通计数器　默认 1024 点(C0~1023) 中断计数器最大 2128 点(默认 0 点,利用参数进行设置)				
	数据寄存器[D]	默认 12288 点(D0~12287)				
	链接寄存器[W]	默认 8192 点(W0~1FFF)				
	报警器[F]	默认 2048 点(F0~2047)				
	边沿继电器[V]	默认 2048 点(V0~2047)				
	文件寄存器[R]	32768 点	32768 点/65536 点		131072 点	
	链接特殊继电器[SB]	2048 点(SB0~7FF)				
	链接特殊寄存器[SW]	2048 点(SW0~7FF)				
	步进继电器[S]	8192 点(S0~8191)				
	变址寄存器[Z]	16 点(Z0~15)				
	指针[P]	4096 点(P0~4095),利用参数设置文件内指针/通用指针的使用范围				
	中断指针[I]	256 点(I0~255) 利用参数设置系统中断指针 128~131 的固定周期间隔(0.5~1000ms,0.5ms 单位)				
	特殊继电器[SM]	2048 点(SM0~2047)				
	特殊寄存器[SD]	2048 点(SD0~2047)				

6.3.2 QJ61BT11 模块

在以 Q 系列 PLC 构成的 CC-Link 网中，模块 QJ61BT11 是至关重要的。下面简述之。

CPU 连接模块 QJ61BT11 的面板如图 6-10 所示，各部分意义如下：

图中 1 为 LED 显示，其中：

RUN　　ON，为模块正常运行；OFF，为警戒定时器出错；

L RUN　　ON，正在进行数据链接；

MST　　ON，主站运行；

S MST　　ON，备用主站运行；

SD　　ON，正在发送数据；

RD　　ON，正在接收数据；

ERR　　ON，所有站通信错误；

L ERR　　ON，上位机通信错误。

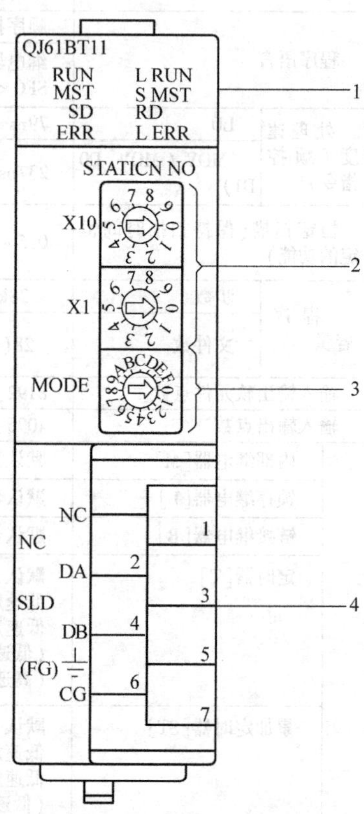

图 6-10　QJ61BT11 的面板

图中 2 为站号设置开关。设置模块站号，0 为主站；本地站为 1 ~64；备用主站为 1 ~64。

图中 3 为传送速率/模式设置开关。

0 ~4，在线。0——传送速率 156kbit/s；1——传送速率 625kbit/s；2——传送速率 2.5Mbit/s；3——传送速率 5Mbit/s；4——传送速率 10Mbit/s。

5 ~9，线路测试。5——传送速率 156kbit/s；6——传送速率 625kbit/s；7——传送速率 2.5Mbit/s；8——传送速率 5Mbit/s；9——传送速率 10Mbit/s。

A ~E，硬件测试。A——传送速率 156kbit/s；B——传送速率 625kbit/s；C——传送速率 2.5Mbit/s；D——传送速率 5Mbit/s；E——传送速率 10Mbit/s。

图中 4 为接线端子排。连接方法如图 6-11 所示。其中 SLD 和 FG 已在模块内连接。

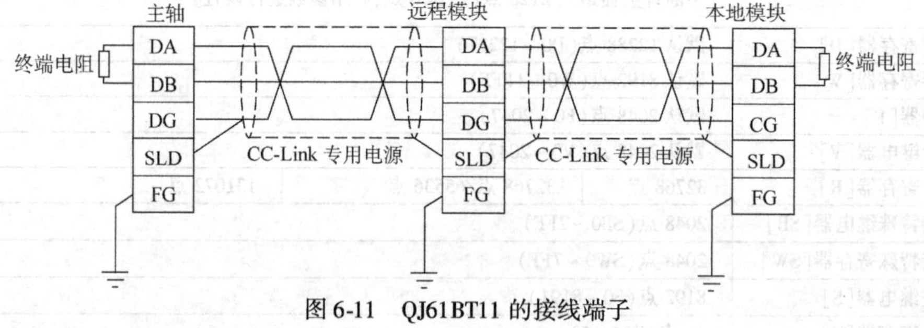

图 6-11　QJ61BT11 的接线端子

6.3.3 构建 CC-Link 网的一般方法

构建 CC-Link 网的一般方法为：

1）配置 CC-Link 网的设备，选择主站/本地站的 CPU 和模块；选择远程 I/O 站模块；选择远程设备站模块。

2）设置主站/本地站的站号和传送速率；设置远程 I/O 站、远程设备站的站号和传送速率。站号的设置是连续的。例如设置主站的站号为 0，下一个远程 I/O 站（占用 4 个站）的站号设为 1，下一个远程设备站（占用两个站）的站号应设为 5，依此类推。同一网络的传送速率应设为相同。

3）设置主站/本地站的网络参数和自动刷新参数。

下面用主站与远程 I/O 站的通信和主站与本地站的通信来说明构建 CC-Link 网的方法。

6.3.4 主站与远程 I/O 站的通信

1. 主站与远程 I/O 站的通信系统

主站与远程 I/O 站的通信系统如图 6-12 所示。图中主站由 Q 系列 CPU + QJ61BT11 模块组成，1 号站为输入模块，2 号站为输出模块，3 号站为输入/输出模块。

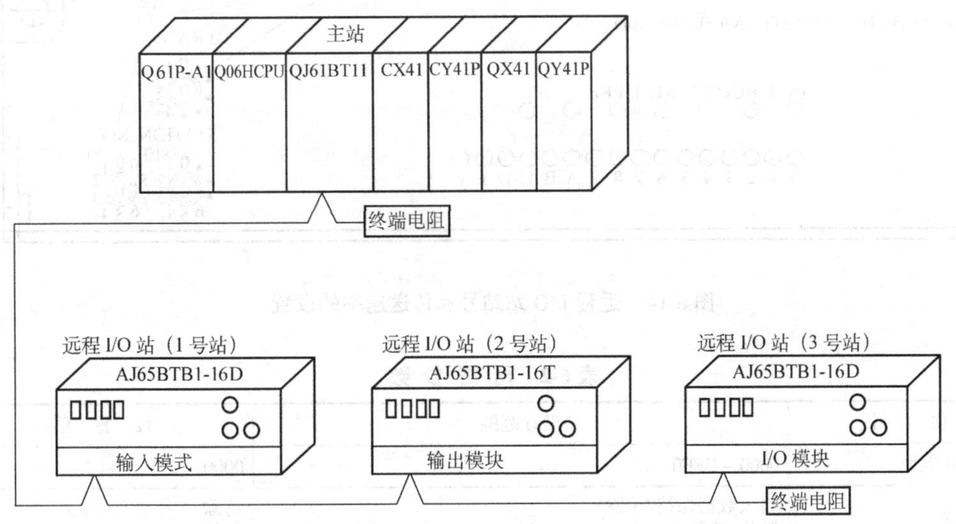

图 6-12 主站与远程 I/O 站的通信系统

2. 设置主站站号与传送速率

主站站号和传送速率都是在QJ61BT11模块上设置的，如图 6-13 所示。

图中主站站号设为 0，传送速率设为 0，即 156kbit/s。

3. 设置远程 I/O 站站号和传送速率

远程 I/O 站站号的设置分别在各模块面板上进行，如图 6-14 所示。三个远程 I/O 站分别设为 1，2，3。传送速率设为 0。

4. 设置主站的网络参数

网络参数共有 17 项，见表 6-2。

表中的起始 I/O 号、类型、模式设置、总链接数必须填写。自动刷新参数 RX、RY、RWw、RWr 要根据程序的编写情况来设置。

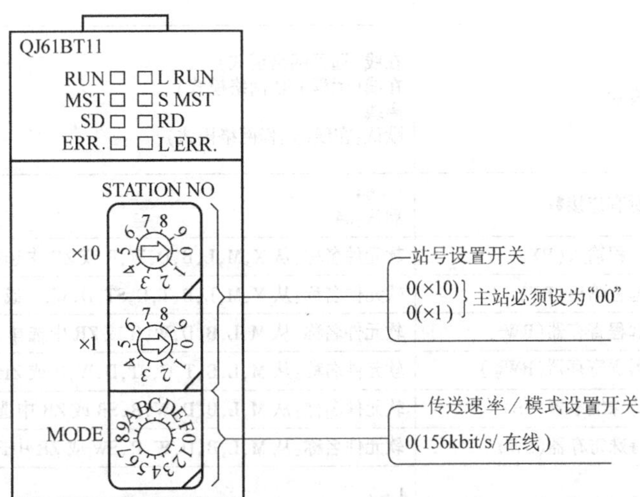

图 6-13 主站站号和传送速率的设置

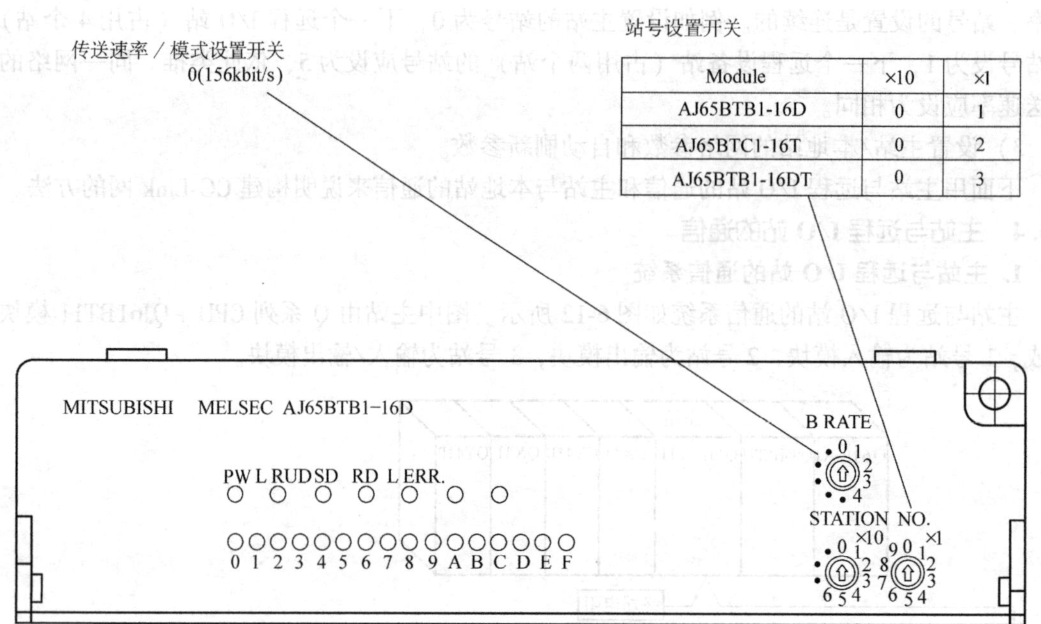

图 6-14 远程 I/O 站站号和传送速率的设置

表 6-2 网 络 参 数

项　目	设置范围	设 置 值
起始 I/O 地址	0000 ~ OFE0	0000
操作设置	输入数据保持/清除 默认:清除	清除 保持
类型	主站 主站(双工功能) 本地站 备用主站 默认:主站	主站 主站(双工功能) 本地站 备用主站
模式	在线(远程网络模式) 在线(远程 I/O 网络模式) 离线 默认:在线(远程网络模式)	在线(远程网络模式) 在线(远程 I/O 网络模式) 离线
所有连接数	1 ~ 64 默认:64	3 个模块
远程输入(RX)	软元件名称:从 X,M,L,B,D,W,R 或 ZR 中选择	
远程输出(RY)	软元件名称:从 Y,M,L,B,T,C,ST,D,W,R 或 ZR 中选择	
远程寄存器(RWr)	软元件名称:从 M,L,B,D,W,R 或 ZR 中选择	
远程寄存器(RW_W)	软元件名称:从 M,L,B,T,C,ST,D,W,R 或 ZR 中选择	
特殊继电器(SB)	软元件名称:从 M,L,B,D,W,R,SB 或 ZR 中选择	
特殊寄存器(SW)	软元件名称:从 M,L,B,D,W,R,SW 或 ZR 中选择	
重试次数＊1	1 ~ 7 默认:3	次数

(续)

项　目	设置范围	设 置 值
自动重连接站数 *1	1~10 默认:1	模块
备用主站号 *1	空白:1~64(空白:未指定备用主站) 默认:空白	
PLC 宕机选择	停止/继续 默认:停止	停止/继续
扫描模式设置	异步/同步 默认:异步	异步/同步
延迟信息设置 *1	0~100(0:未指定) 默认:0	

主站的网络参数设置通常使用 GPPW 软件，方法如下：

打开计算机，启动 GPPW 软件 GX Developer，单击“工程作成”，选择“PLC 系列”QPLC，选择“PLC 类型”Q02，单击“确定”，出现 GPPW 编辑屏幕。单击工程一览表的“参数”，双击“网络参数”，出现网络参数设置对话框，单击“CC-Link”，出现 CC-Link 网络参数设置对话框，设置各参数，如图 6-15 所示。图中设置的网络参数为：

远程输入（RX）的刷新软元件为 X1000；

远程输出（RY）的刷新软元件为 Y1000；

远程读取寄存器（RWr）的刷新软元件为 D1000；

远程写入寄存器（RWw）的刷新软元件为 D2000；

特殊继电器（SB）的刷新软元件为 SB0；

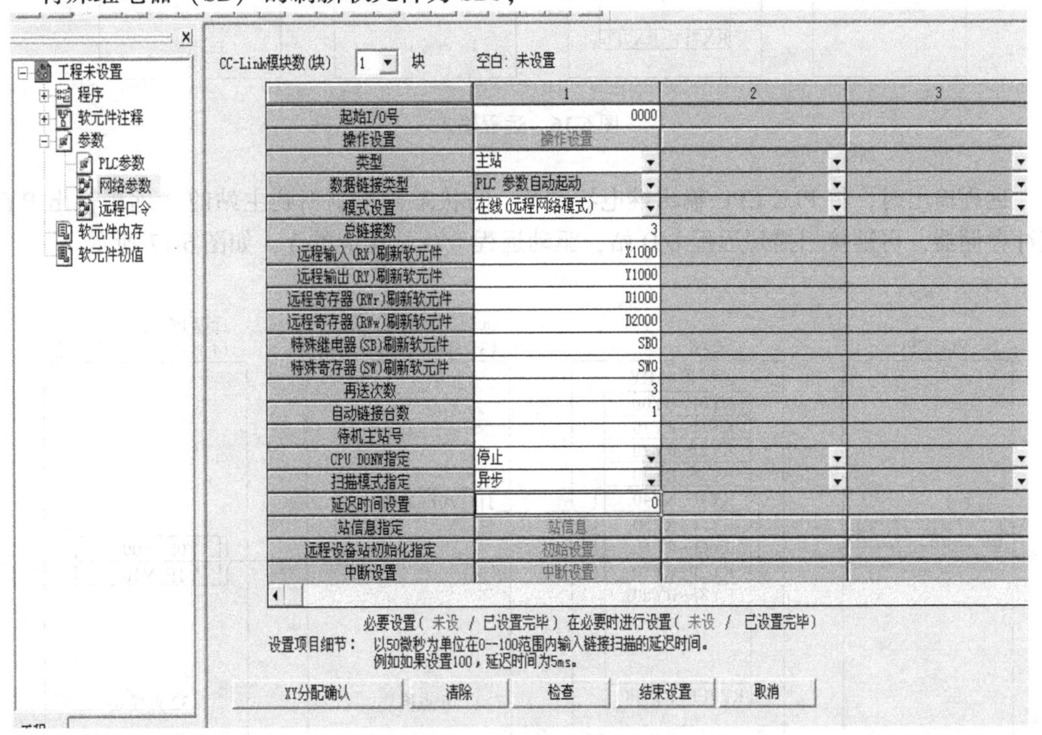

图 6-15　网络参数设置

特殊寄存器（SW）的刷新软元件为SW0。

SB是特殊链接继电器（位元件），SW是特殊链接寄存器（字元件）。它代表模块主站/本地站模块缓冲存储器的信息，用于检查数据链接状态。

为何图6-15中RX、RY、RWw、RWr刷新软元件分别设置为X1000、Y1000、D1000、D2000呢？为此，了解一下CC-Link的通信过程。

CC-Link系统使用了QJ61BT11模块，一打开电源，系统就执行CC-Link启动，完成链接扫描、自动刷新过程。

远程输入时，远程I/O站的输入状态（X），通过链接扫描自动地存入主站的“远程输入RX”缓冲存储器，再将缓冲存储器的内容自动刷新到PLC CPU的输入继电器（X）中去。远程I/O站如果是一个站，有16点输入；如果是两个站，有32点。“远程输入RX”为每个站预留32点，如图6-16所示。

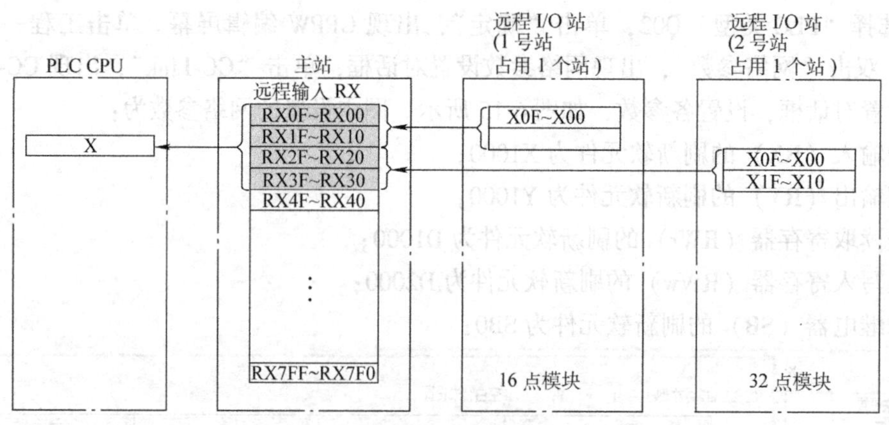

图6-16　远程输入

远程输出时，将PLC CPU输出继电器“Y”的状态自动刷新到主站的“远程输出RY”缓冲存储器，再链接扫描到远程I/O站，驱动远程I/O站相应的Y，如图6-17所示。

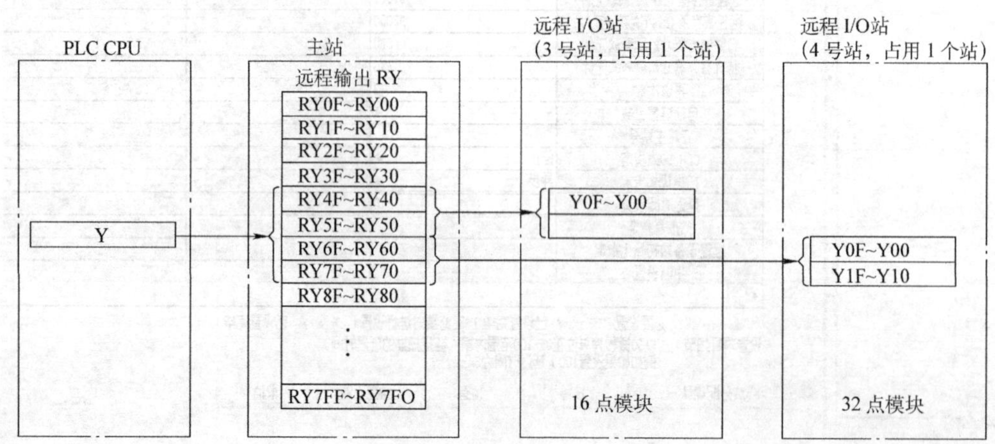

图6-17　远程输出

图 6-12 的远程 I/O 站与主站的链接扫描和自动刷新关系如图 6-18 所示。图中 1 号站的输入 X0F ~ X00 刷新为 PLC CPU 的 X100F ~ X1000。2 号站的输出 Y0F ~ Y00 刷新为 PLC CPU 的 Y102F ~ Y1020。3 号站的输入 X07 ~ X00 刷新为 PLC CPU 的 X1047 ~ X1040。3 号站的输出 Y0F ~ Y08 刷新为 PLC CPU 的 Y104F ~ Y1048。因此，在设置网络参数 RX、RY、RWr、RWw、SB、SW 时，必须设置刷新软元件的首址。各站的刷新软元件号按站号是连续的。

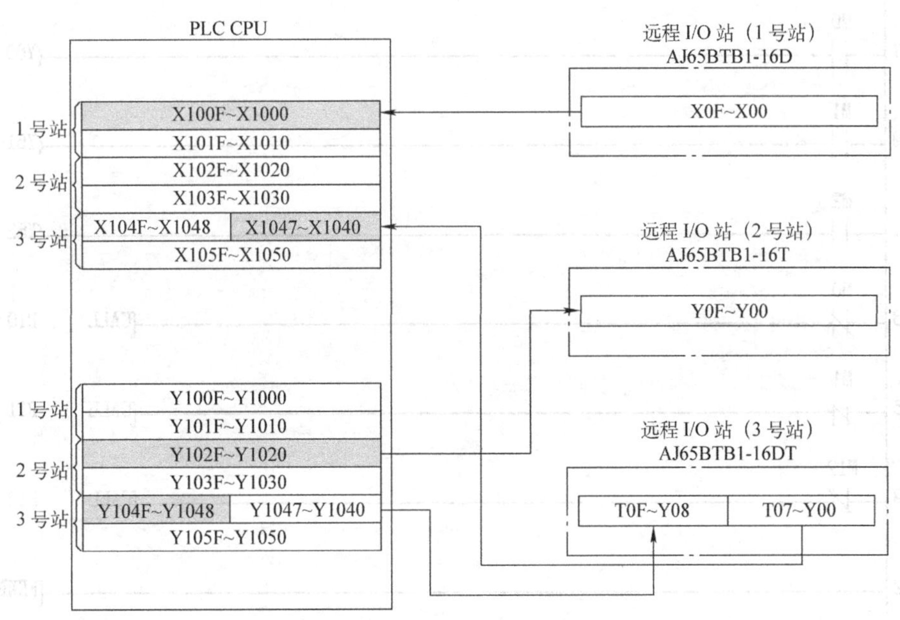

图 6-18　PLC CPU 元件与远程 I/O 站输入输出的关系

5. 编写控制远程 I/O 站的主程序

控制远程 I/O 站的主程序如图 6-19 所示。

程序中第 0 步 X0 是模块出错的信息，X0F 是模块准备好的信息，X1 是上位机数据链接好的信息。特殊链接寄存器 SW80 ~ SW84（或为 H680 ~ H683）（共 64 位）表示每个站数据链接状态，“0”为正常；“1”为发生数据链接错误。现将 SW80（或为 H680）送 K4M0，如 M0 = 1，或 M1 = 1、M2 = 1 则表示 1 号站有错，或 2 号站、3 号站有错，分别令 Y50、Y51 或 Y52 得电；否则，分别跳到 P10、P11 或 P12 执行对各站的控制。

执行第 23 步，1 号站的 X0 接通（经自动刷新即主站的 X1000 接通），主站的 Y40 得电。

执行第 31 步，当主站的 X21 接通，主站的 Y1048 得电，经自动刷新即 3 号站的 Y08 得电。当 3 号站的 X0 接通（经自动刷新即主站的 X1040 接通），主站的 Y41 得电。

由此可见，主站与远程 I/O 站实现了数据通信。

6.3.5　主站与本地站的数据通信

下面用主站（QCPU + QJ61BT11 模块）与一本地站（QCPU + QJ61BT11 模块）（占用 4 个站）构成的系统说明主站与本地站的数据通信。

1. 设置主站和本地站的站号与传送速率

在主站和本地站的 QJ61BT11 模块的“站号设置开关”上设置主站站号为 0，本地站站号为 1（本地站占用 4 个站但只须指定第一个站号）。在主站和本地站的“传送速率/模式设置开关”上均设置为 0（传送速率为 156kbit/s）。

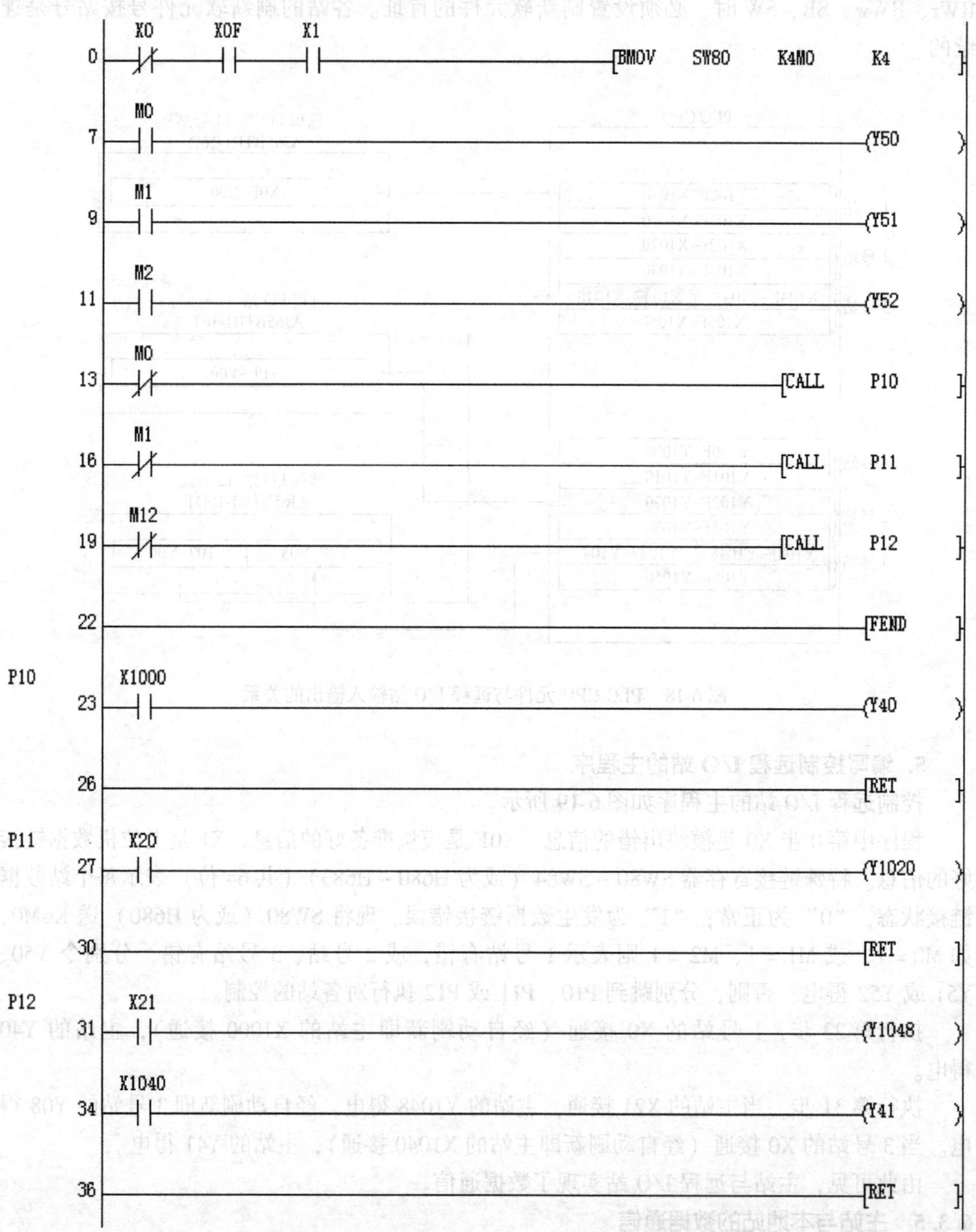

图 6-19　主站与远程 I/O 站通信的主程序

2. 设置主站和本地站的自动刷新参数

由 GPPW 软件得网络参数设置如图 6-20 所示。图中“类型”栏对主站填为“主站”，对本地站填为“本地站”。设置的自动刷新参数如下：

远程输入（RX）的刷新软元件为 X1000；

远程输出（RY）的刷新软元件为 Y1000；

远程读取寄存器（RWr）的刷新软元件为 D1000；

远程写入寄存器（RWw）的刷新软元件为 D2000；

特殊继电器（SB）的刷新软元件为 SB0；

特殊寄存器（SW）的刷新软元件为 SW0。

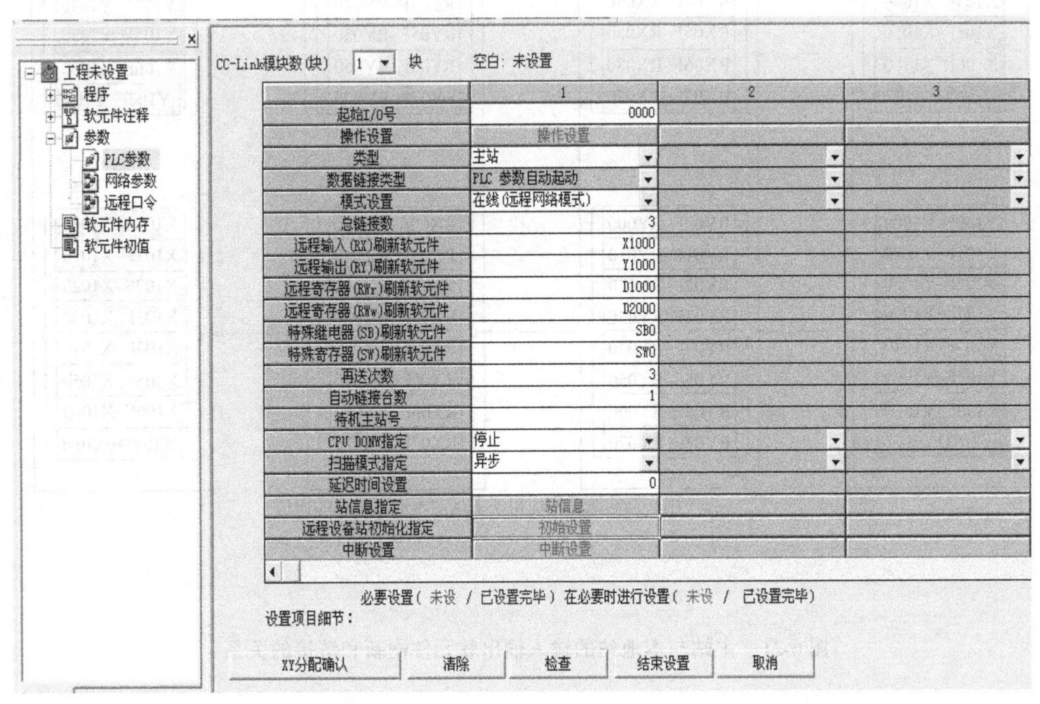

图 6-20 网络参数

3. 主站 PLC CPU 与本地站 PLC CPU 的软元件刷新和链接的关系

主站 PLC CPU 与本地站 PLC CPU 的输入/输出开关软元件刷新和链接的关系如图 6-21 所示。图中阴影部分是实际应用的元件。其刷新和链接过程如下：

1）图中本地站 CPU 的输出（Y）用自动刷新参数设置存储在本地站的“远程输出(RY)”缓冲存储器中，“远程输出（RY)”作为本地站系统中的输出数据。当每次链接扫描时，本地站的“远程输出（RY)”的数据自动存入主站的“远程输入（RX)”缓冲存储器中，以及存入其他本地站“远程输出（RY)”中。主站的“远程输入（RX)”数据自动刷新存储在主站 CPU 的软元件“X”中。“远程输入（RX)”作为本地站系统中的输入数据。

2）主站输出（Y）时，用自动刷新参数设置存储在主站的“远程输出（RY）”缓冲存储器中。当每次链接扫描时，自动存入本地站的“远程输入（RX）”缓冲存储器中，再存入本地站 CPU 的软元件（X）中。

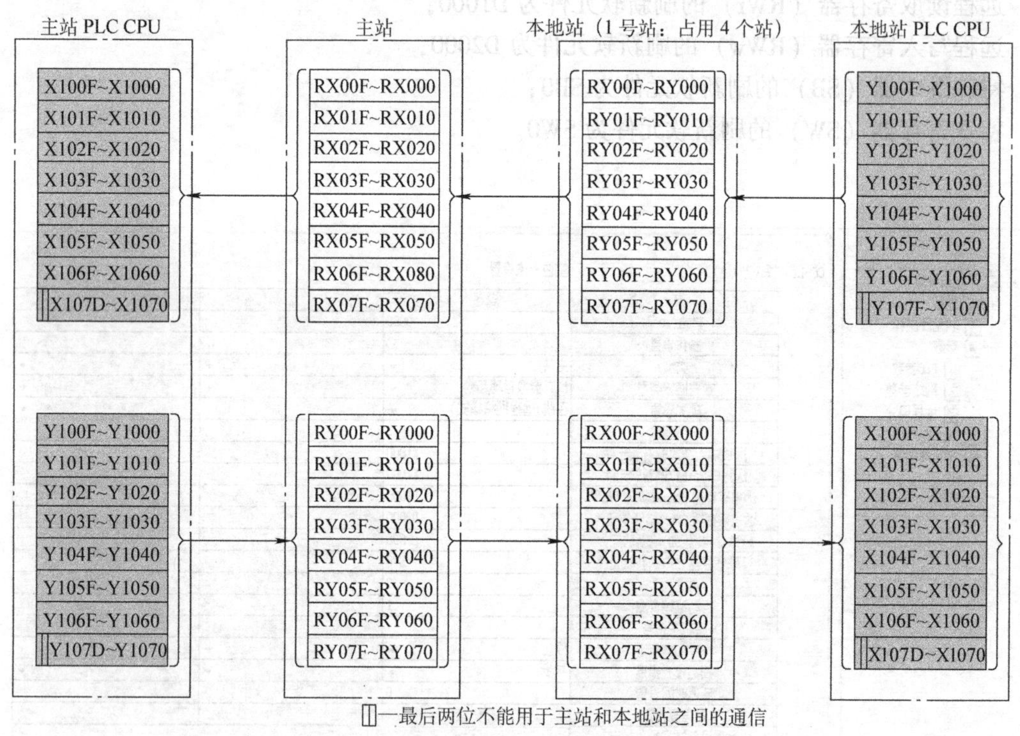

图 6-21　主站与本地站的输入输出软元件刷新和链接的关系

主站 PLC CPU 与本地站 PLC CPU 的数据读取/写入的刷新和链接关系如图 6-22 所示。图中，RWr 为远程读取寄存器；RWw 为远程写入寄存器。

图中的主站与本地站数据读取/写入的刷新和链接关系如下：

1）本地站 PLC CPU 的字数据（D）由自动刷新存储在本地站的“远程写入寄存器（RWw）”缓冲存储器中，此数据是存储在与自己本地站相适应的区域中。当每次链接扫描时，此数据自动存储在主站“远程读取寄存器（RWr）”缓冲存储器中，以及其他本地站的“远程写入寄存器（RWw）”缓冲存储器中。存储在主站 RWr 的数据，经自动刷新存储到主站 CPU 的软元件（D）中。

2）主站 CPU 的软元件（D）输出时，经自动刷新存储到主站的“远程写入寄存器（RWw）”缓冲存储器中，当每次链接扫描时，此数据自动存储在本地站的“远程读取寄存器（RWr）”缓冲存储器中。此数据作为本地站系统的读取数据，再经自动刷新存储到本地站 CPU 的软元件（D）中。

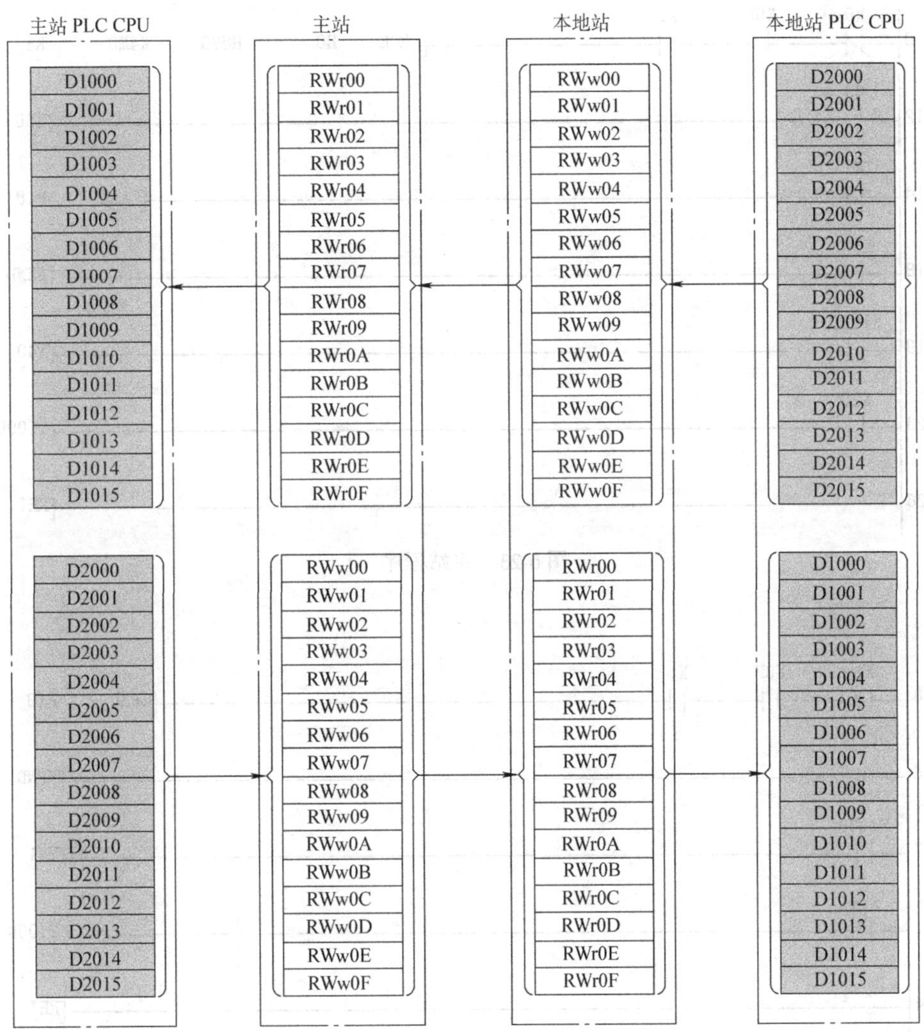

图 6-22　主站与本地站数据读取写入的刷新和链接关系

4. 编写主站和本地站程序

主站程序如图 6-23 所示。

图 6-23 程序第 0 行当模块无出错，模块已准备好，而且上位机数据已链接好，将放在 H0 位置的模块（QJ61RT11）的 H680（即链接特殊寄存器（SW）的 SW80 的内容）读到 K4M0 中，得 M0 = 0，即 1 号本地站正常。调用 P10 子程序。1 号本地站执行数据链接。

本地站程序如图 6-24 所示。

由图 6-23 和图 6-24 可见，当本地站的 X21 接通，自动刷新为 Y1000，再经链接扫描存储在主站的 X1000，驱动主站的 Y40 为 ON。

当主站的 X20 接通，自动刷新为 Y1000，再经链接扫描存储在本地站的 X1000，驱动本地站的 Y41 为 ON。

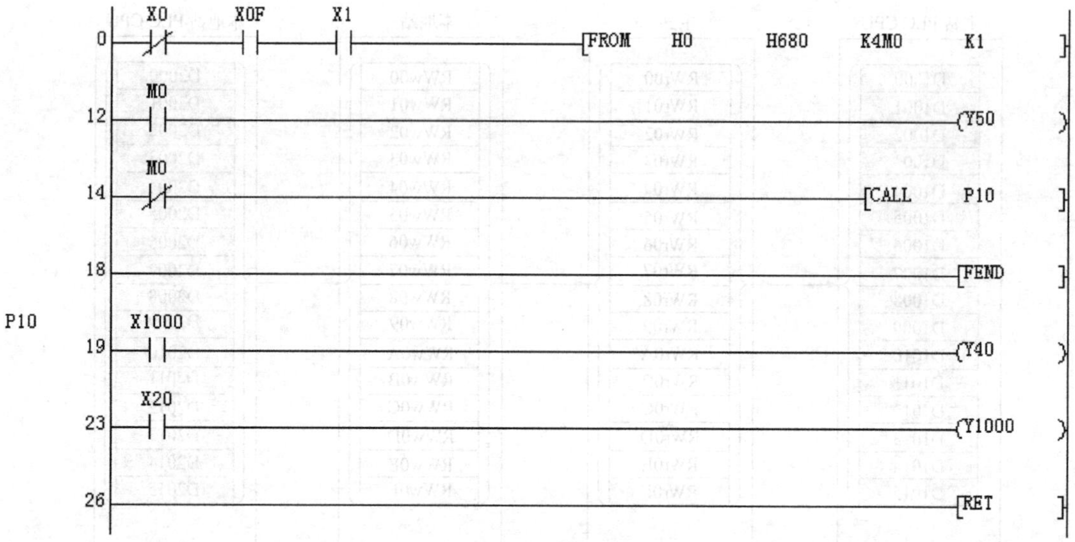

```
0    X0  X0F  X1
  ---|/|---| |---| |-------------[FROM  H0   H680   K4M0   K1 ]
     M0
12 --| |--------------------------------------------(Y50 )
     M0
14 --|/|--------------------------------------------[CALL  P10 ]
18 -------------------------------------------------[FEND ]
P10  X1000
19 --| |--------------------------------------------(Y40 )
     X20
23 --| |--------------------------------------------(Y1000 )
26 -------------------------------------------------[RET ]
```

图 6-23 主站程序

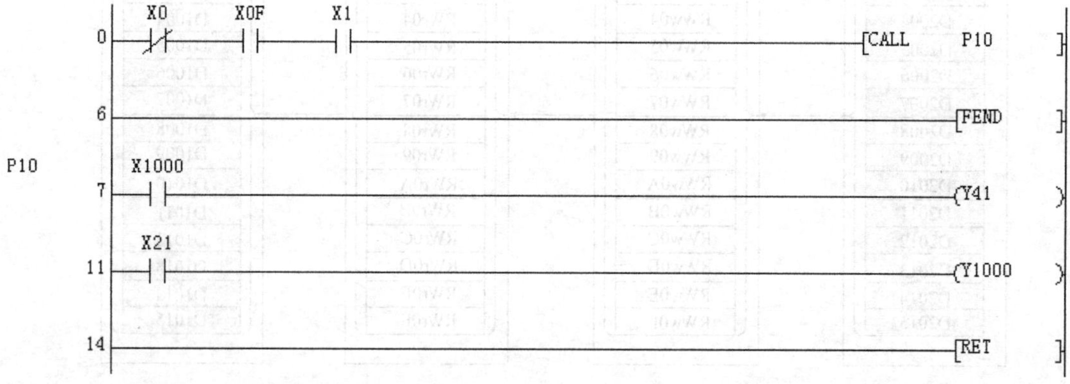

```
0    X0  X0F  X1
  ---|/|---| |---| |-----------------------[CALL  P10 ]
6 -----------------------------------------[FEND ]
P10  X1000
7  --| |-----------------------------------(Y41 )
     X21
11 --| |-----------------------------------(Y1000 )
14 ----------------------------------------[RET ]
```

图 6-24 本地站程序

6.4 Q 主站 CC-Link 网络实例⊖

本节介绍一个以 Q 系列 PLC Q02CPU + QJ61BT 模块为主站，以 5 台 FX2N-48MR PLC + FX2N-32CCL 模块以及 5 台三菱 A540 变频器 + FR-A5NC（变频器 CC-Link 模块）组成的远程设备站的 CC-Link 网络。要求 Q 主站能够通过触摸屏对 PLC 进行输入 Xn、Yn 监控；要求主站能对变频器进行正/反转控制和改变其运行频率。

⊖ 本实例资料由广东三向教学仪器制造有限公司提供。

6.4.1 Q主站CC-Link网络结构

本例网络简图如图6-25所示。

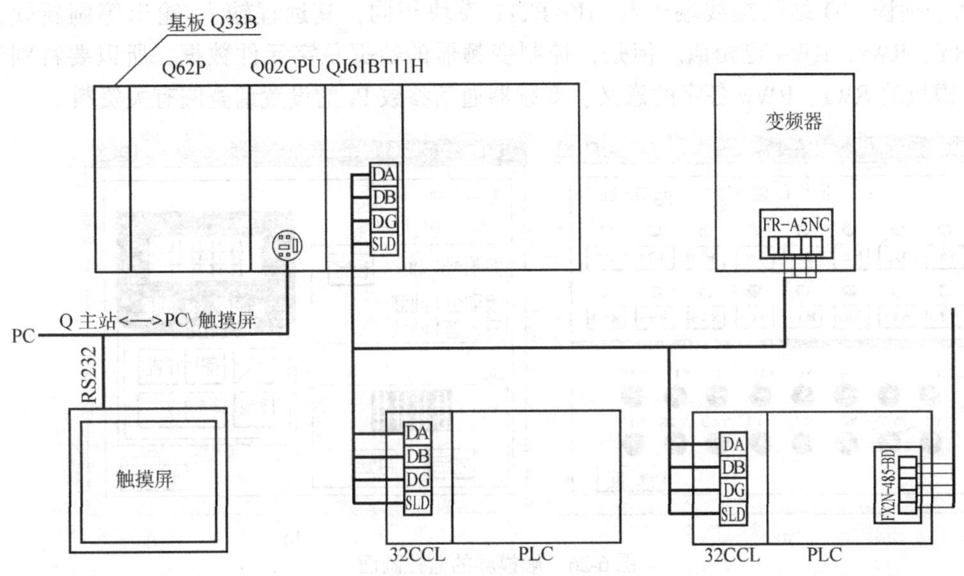

图6-25　Q主站网络简图

1. 触摸屏

触摸屏的型号是FGOT940，它与PLC的通信接口是RS232C串行接口。它的主要作用是对PLC和变频器运行监督和控制（触摸屏的编程和操作请查阅有关资料）。触摸屏软件的参数设定见表6-3。

表6-3　触摸屏软件的参数设定

名称	寄存器	名称	继电器	名称	继电器	名称	继电器
站号	D201	1号站按键	M110	X0按键	M10	电流	M206
参数号	D202	⋮	⋮	⋮	⋮	电压	M207
读取值	D227	10站号按键	M119	X16按键	M25	转速	
写入值	D204	X0指示灯	M40			设定	M205
监控显示	D224	⋮	⋮			加速	M203
频率显示	D225	X16指示灯	M55			减速	M204
		Y0指示灯	M70	REV指示	M212	REV	M202
		⋮	⋮	FWD指示	M211	FWD	M201
		Y16指示灯	M85			STOP	M200

触摸屏的监控画面如图6-26所示。其中，图a为PLC监控；图b为变频器监控。

2. FX2N-32CCL模块

FX2N-32CCL是将FX2N/FXON/FX2NC挂在CC-Link网的模块，在其上可设置站号和传送速率。它与主站、远程I/O站的接线端子与QJ61BT11模块相同，其远程输入/输出等刷新软元件RX、RY、RWr、RWw也相似。

3. FR-ACNC 模块

FR-ACNC 是将 FR 变频器挂在 CC-Link 网的模块，在其上也可设置站号和传送速率。它与主站、远程 I/O 站的接线端子与 QJ61BT11 模块相同，其远程输入/输出等刷新软元件 RX、RY、RWr、RWw 也相似。但是，控制变频器的数据是字元件数据，所以要特别注意 ACNC 模块的 RWr、RWw 各字的意义。变频器通信参数 Pr 的设置请查阅有关资料。

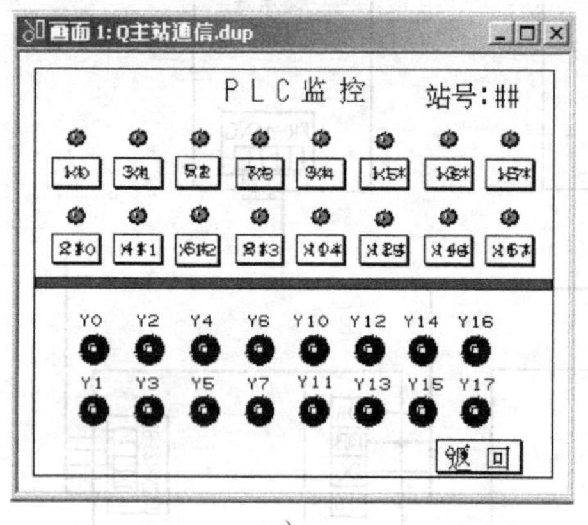

a)

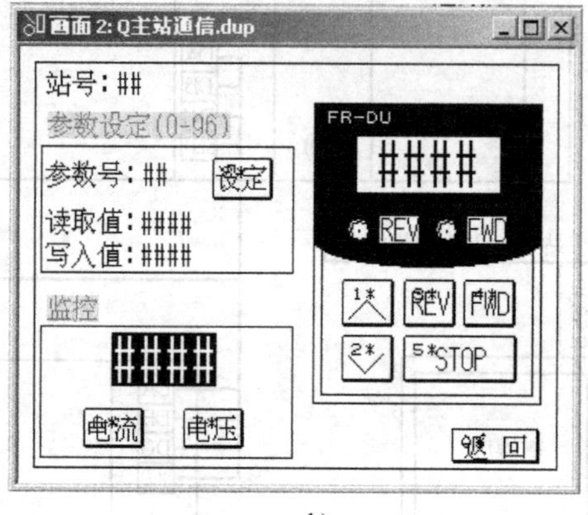

b)

图 6-26　触摸屏的监控画面

a) PLC 监控　b) 变频器监控

6.4.2　参数的设置

1. PLC 参数的设置

为了使网络运行正确，要进行 PLC 的参数设置，如图 6-27 所示。可以设置 PLC 系统；PLC 文件、程序、I/O 分配等。在设置时，可以点“读取 PLC 数据”，则可自动设置。

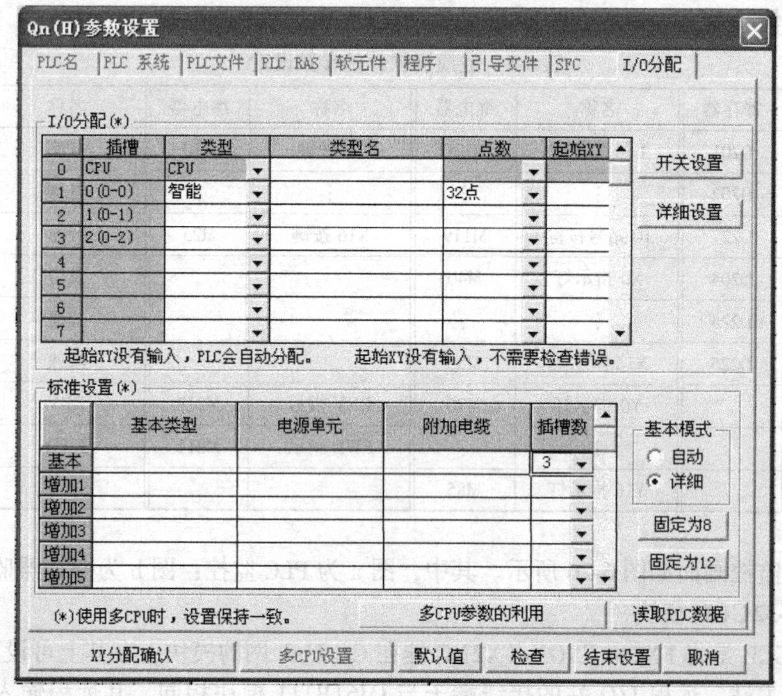

图 6-27　PLC 参数的设置

2. 网络参数设置

网络参数的设置如图 6-28 所示，设置的自动刷新参数如下：

远程输入（RX）的刷新软元件为 D1000；

远程输出（RY）的刷新软元件为 D1020；

远程读取寄存器（RWr）的刷新软元件为 D1040；

远程写入寄存器（RWw）的刷新软元件为 D1080。

远程输入/输出（RX/RY）占用两个字（如 D1001、D1000）。远程读取/写入寄存器（RWr/RWw）占用四个字。

CC-Link模块数(块) 1 块　　空白：未设置

	1	2	3
起始I/O号	0000		
操作设置	操作设置		
类型	主站		
数据链接类型	PLC 参数自动起动		
模式设置	在线(远程网络模式)		
总链接数	10		
远程输入(RX)刷新软元件	D1000		
远程输出(RY)刷新软元件	D1020		
远程寄存器(RWr)刷新软元件	D1040		
远程寄存器(RWw)刷新软元件	D1080		
特殊继电器(SB)刷新软元件			
特殊寄存器(SW)刷新软元件			
再送次数	3		
自动链接台数	1		
待机主站号			
CPU DOWN指定	停止		
扫描模式指定	异步		
延迟时间设置	0		
站信息指定	站信息		
远程设备站初始化指定	初始设置		
中断设置	中断设置		

必要设置（未设 / 已设置完毕）在必要时进行设置（未设 / 已设置完毕）

设置项目细节： 链接着CC-Link的起始I/O号以16点为单位输入。

XY分配确认　清除　检查　结束设置　取消

图 6-28　网络参数的设置

6.4.3　程序

1. 主程序

主程序如图 6-29 所示。

图中第 0 步的 H680，即 SW80，是链接特殊寄存器。执行 FROM 指令，将各站点状态（H680）放入 M100 ~ M115 中，即 M100 ~ M104 均为 0。M100 ~ M104 为 1 ~ 5 号站的工作状态，正常为 0，异常为 1。SM120 ~ SM129 为 1 ~ 10 号站的赋值。M130 为主控。

2. 主站 PLC 程序

主站 PLC 程序如图 6-30 所示。它的作用是设置自动读取/写入各 PLC 站的远程输出/输入 RY/RX 的信息。图中 SM400 为 Q 系列 PLC 的常 ON 指令，M130 为主程序调用 PLC 的条件。

```
     SM400
0 ───┤ ├──────────────────────────────[FROM  H0    H680   K4M100  K1  ]
     SM400    M120
6 ───┤ ├──┬───┤ ├─────────────────────[MOV   K1    D201 ]
          │   M121
          ├───┤ ├─────────────────────[MOV   K2    D201 ]
          │   M122
          ├───┤ ├─────────────────────[MOV   K3    D201 ]
          │   M123
          ├───┤ ├─────────────────────[MOV   K4    D201 ]
          │   M124
          ├───┤ ├─────────────────────[MOV   K5    D201 ]
          │   M125
          ├───┤ ├─────────────────────[MOV   K6    D201 ]
          │   M126
          ├───┤ ├─────────────────────[MOV   K7    D201 ]
          │   M127
          ├───┤ ├─────────────────────[MOV   K8    D201 ]
          │   M128
          ├───┤ ├─────────────────────[MOV   K9    D201 ]
          │   M129
          └───┤ ├─────────────────────[MOV   K10   D201 ]

     M100     M120      SM400     M132
7 ───┤/├──────┤ ├───┬───┤ ├───────┤/├──────────────────(M130 )
     M101     M121  │
  ───┤/├──────┤ ├───┤
     M102     M122  │
  ───┤/├──────┤ ├───┤
     M103     M123  │
  ───┤/├──────┤ ├───┤
     M104     M124  │
  ───┤/├──────┤ ├───┤
     M130           │
  ───┤ ├────────────┘
```

图 6-29　主程序

3. 主站变频器 A540 程序

对变频器进行正/反转控制和改变其运行频率的程序由下列程序组成。图 6-31 为将刷新软元件寄存于 D220 ~ D228 的程序。

```
   SM400   M130
0 ──┤├──────┤├──┬──────────────[-      D201      K1        Z1   ]
                ├──────────────[*      Z1        K2        Z2   ]
                ├──────────────[MOV    K4M10     D230           ]
                ├──────────────[BMOV   D230      D1020Z2   K2   ]
                ├──────────────[BMOV   D1000Z2   D232      K2   ]
                ├──────────────[MOV    D232      K4M40          ]
                ├──────────────[*      Z1        K4        Z3   ]
                ├──────────────[BMOV   D1040Z3   D234      K2   ]
                └──────────────[MOV    D234      K4M70          ]
```

图 6-30　主站 PLC 程序

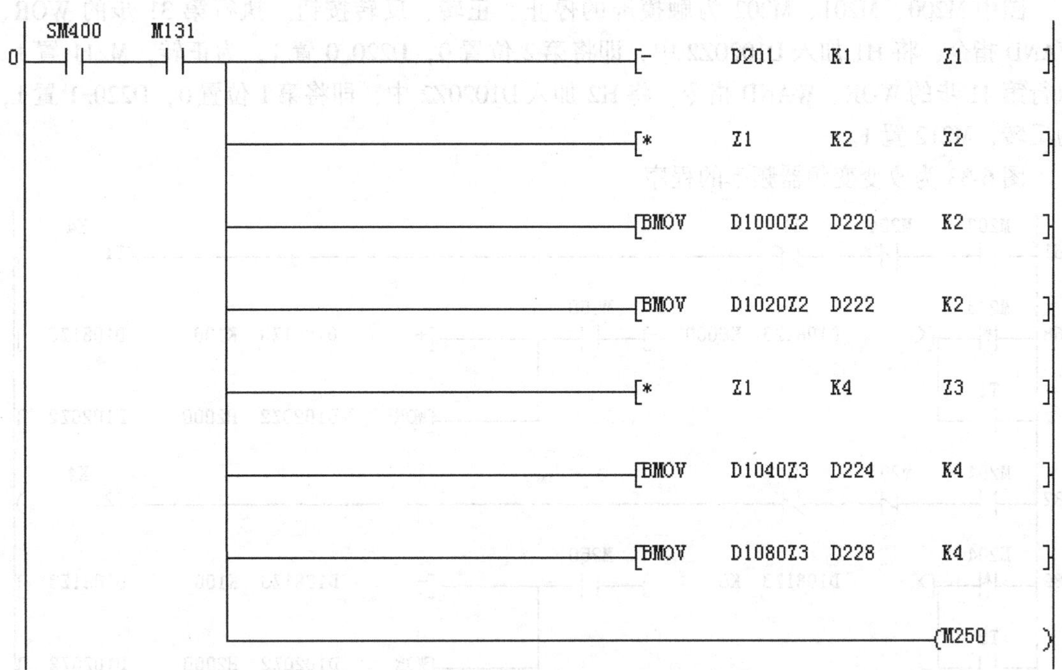

图 6-31　刷新软元件的寄存

图中 M131 为主程序调用 A540 变频器条件；Z1、Z2 为远程输入（RX）、远程输出（RY）的 2 位偏离量，Z3 为远程写入寄存器（RWw）和远程读取寄存器（RWr）的 3 位偏离量。执行 BMOV 指令，分别将 RX、RY、RWr、RWw 寄存于 D221、D220、D223、D222、D227 ~ D224、D231 ~ D228 中。

图 6-32 为变频器正转、反转、停止的请求程序。

```
    M25     M201
31 ─┤ ├─────┤ ├──┬────────────────[WOR    D1020Z2  H1       D1020Z2 ]
                 └────────────────[WAND   D1020Z2  H0FFFD   D1020Z2 ]
    M250    M202
41 ─┤ ├─────┤ ├──┬────────────────[WOR    D1020Z2  H2       D1020Z2 ]
                 └────────────────[WAND   D1020Z2  H0FFFE   D1020Z2 ]
    M250    M200
51 ─┤ ├─────┤ ├───────────────────[WAND   D1020Z2  H0FFFC   D1020Z2 ]
    D220.0
57 ─┤ ├───────────────────────────────────────────(M211            )
    D220.1
59 ─┤ ├───────────────────────────────────────────(M212            )
```

图 6-32　变频器正转、反转、停止的请求

图中 M200、M201、M202 为触摸屏的停止、正转、反转按钮。执行第 31 步的 WOR、WAND 指令，将 H1 加入 D1020Z2 中，即将第 2 位置 0，D220. 0 置 1，为正转，M211 置 1。执行第 41 步的 WOR、WAND 指令，将 H2 加入 D1020Z2 中，即将第 1 位置 0，D220. 1 置 1，为反转，M212 置 1。

图 6-33 为改变变频器频率的程序

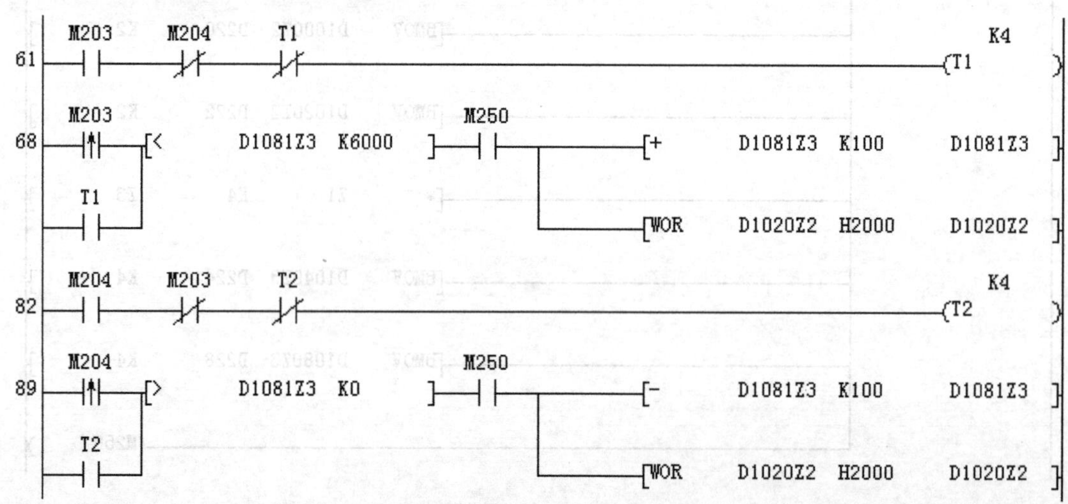

图 6-33　改变变频器频率

图中执行第 68 步的加法“＋”和 WOR 指令，将 H2000 加入 D1020Z2 中，变频器将以 D1081Z3 设定的频率作加速运行。执行第 82 步的减法“－”和 WOR 指令，将 H2000 加入 D1020Z2 中，变频器将以 D1081Z3 设定的频率作减速运行。M203 为触摸屏的加速按钮，M204 为触摸屏的减速按钮。

图 6-34 为参数的读取和写入请求的程序。

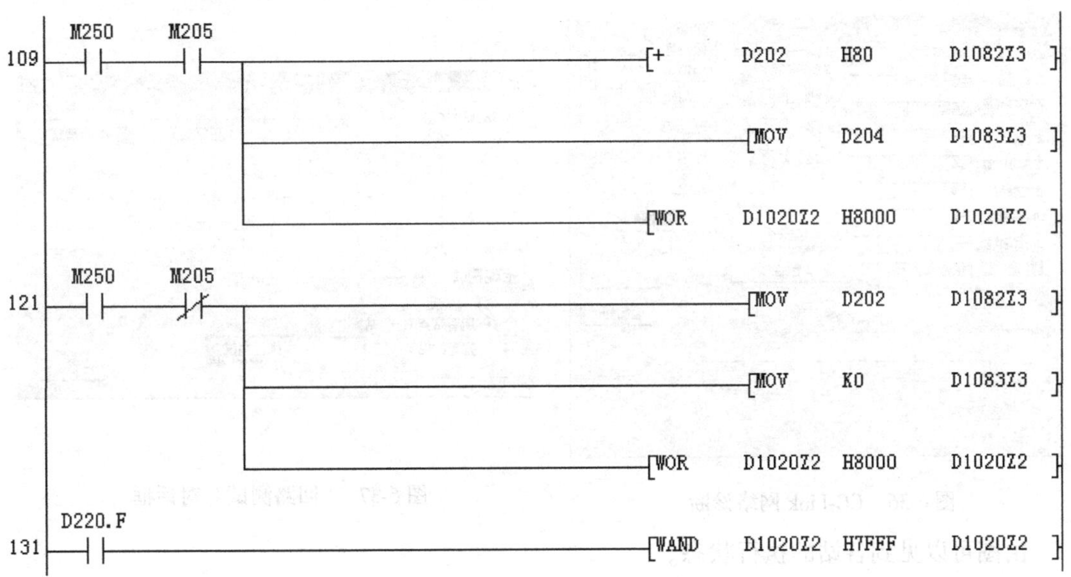

图 6-34　参数的读取和写入请求

读取参数时 D1083Z3 必须为 0。参数从 0H～06CH 共 96 个，将 H8000 写入 D1020Z2，执行参数读取请求。

写入参数时将值写入 D1083Z3，相对应读取参数从 80H～ECH，将 H8000 写入 D1020Z2，执行写入参数请求。

图 6-35 为监控变频器电压的程序。

```
     M250   M207
146 ─┤├─────┤├──┬──────────[MOV   K3       D206   ]
                ├──────────[MOV   D206     D1080Z3]
                └──────────[WOR   D1020Z2  H1000   D1020Z2]
```

图 6-35　变频器电压的监控程序

变频器的电压和电流可以监控。图中 M207 为触摸屏显示变频器电压的按钮。进行变频器电压监控时，执行 MOV 指令将 K3 写入 D1080Z3 中，并执行 WOR 指令将 H1000 与 D1020Z2 进行“或”运算。

6.4.4 CC-Link 的网络诊断

应用 GPPW 软件，可以对 CC-Link 网络进行诊断。方法是：

单击“诊断”菜单中的“CC-Link 诊断”命令，弹出对话框，如图 6-36 所示。

在 CC-Link 诊断对话框中，可以进行多种诊断。例如，单击“回路测试”，则弹出“回路测试”对话框，如图 6-37 所示。

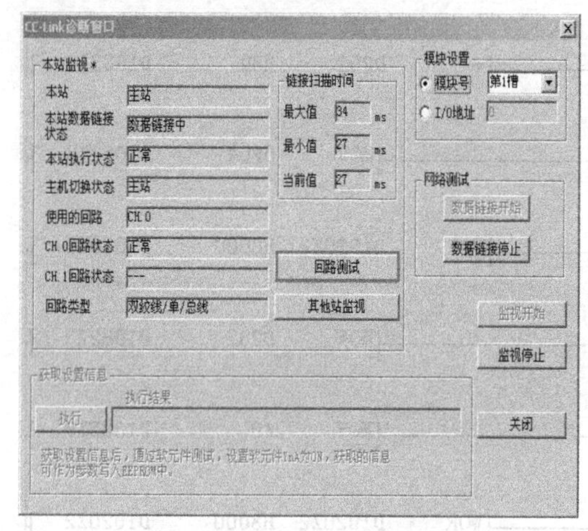

图 6-36　CC-Link 网络诊断

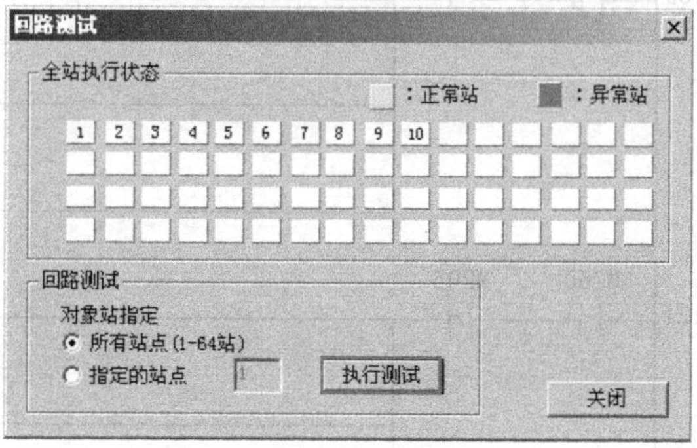

图 6-37　“回路测试”对话框

由图可以见到各站的执行状态。

6.5 远程电话线路网络通信[⊖]

三菱 PLC 全系列编程软件 GX Developer（见第 8 章）V8.62 以上版本能支持以太网、CC-Link、C24、电话线路网络等的传输设置，如图 6-38 所示。通过这些设置，可连接指定的本站、从站等对象，使用比较方便。本节只讨论远程电话线路 PLC 网络通信。

电话线路网络是使用调制解调器接口模块由电话线路以远程访问的方式执行对 PLC 进行监视、测试、程序的写入/读出、修改等功能的网络。调制解调器接口模块有很多种，如 A6TEL 型、Q6TEL 型等。图 6-39 所示的是以 WD-TMF101 调制解调器接口模块构成的电话线路网络。这种模块直接由电话线路供电，适合于对远程 FX 系列 PLC 进行监控。注意，不要使用呼叫等待电话线路，避免使用子母线电话。

在图 6-39 的设备端，将 FX 系列 PLC 用电缆与调制解调器的 RS422 通信接口连接；解调器的 USB 接口可与现场计算机连接，写入 PLC 程序；将用户电话线终端接到解调器的电话线接口上。打开 PLC 电源，则可自动发送解调器初始化指令，PLC 以及调制解调器处于等待发信的待机状态。

在图 6-39 所示的监控端，选用一台自带内置 Moden 和有电话线接口的计算机，安装好 GX Developer 编程软件，用户电话线接于计算机的电话线接口上。开启计算机，右击“我的电脑”，选择“属性”→“硬件”→“设备管理器”→“调制解调器”→“Moden 的属性”→

⊖ 本节资料由广州旺达自动化工程有限公司提供。

“高级”，查看内置 Moden 的端口。开启 GX Developer 编程软件，单击“工具”，单击“电话功能设置/经调制解调器的链接”，选择“线路链接”，如图 6-40 所示。

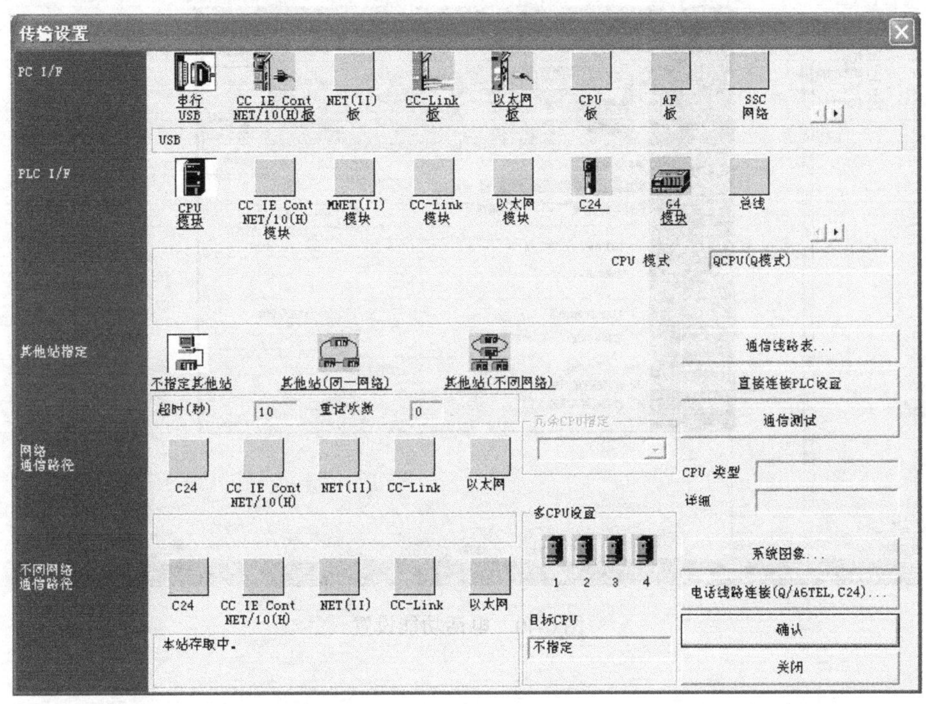

图 6-38　网络的传输设置

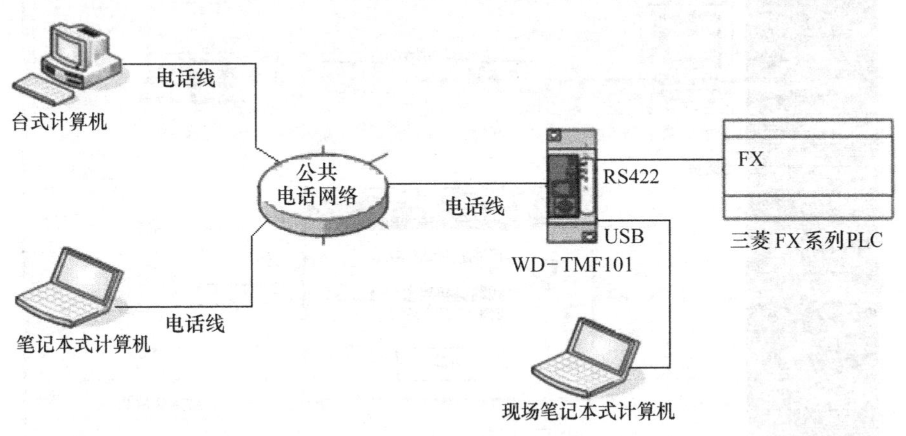

图 6-39　远程电话线路网络通信

在图 6-40 所示的“线路链接”对话框的“电话号码”文本框中，输入电话号码，在“端口”文本框中输入内置 Moden 的端口号，单击“链接”按钮，则网络自动链接，最后出现如图 6-41 所示对话框，单击“确定”按钮，就可以在计算机端接收监控到远程电话线端的 PLC 的运作了。

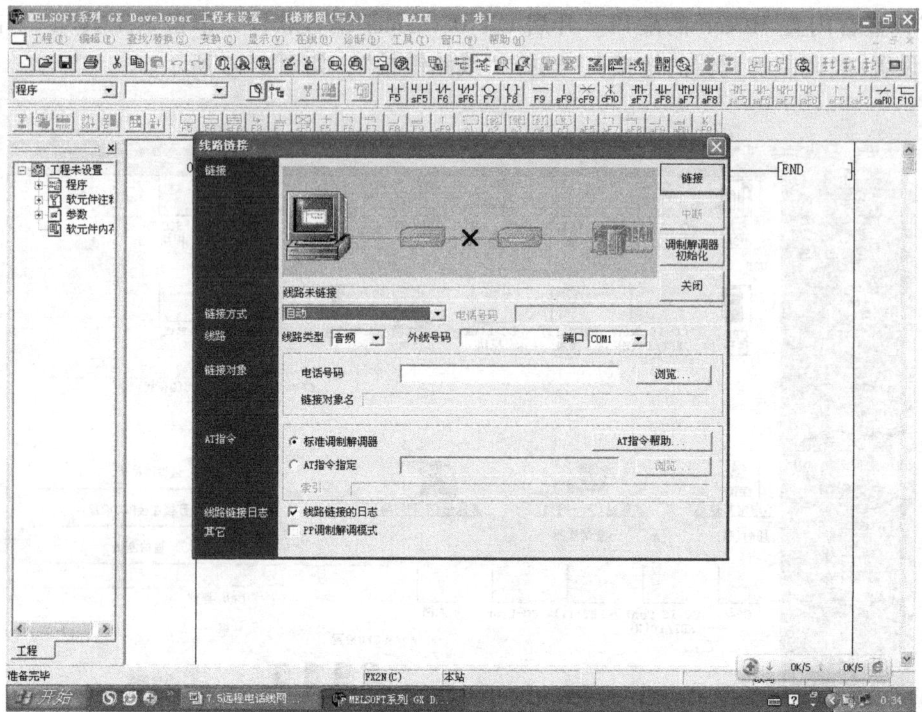

图 6-40　电话功能设置

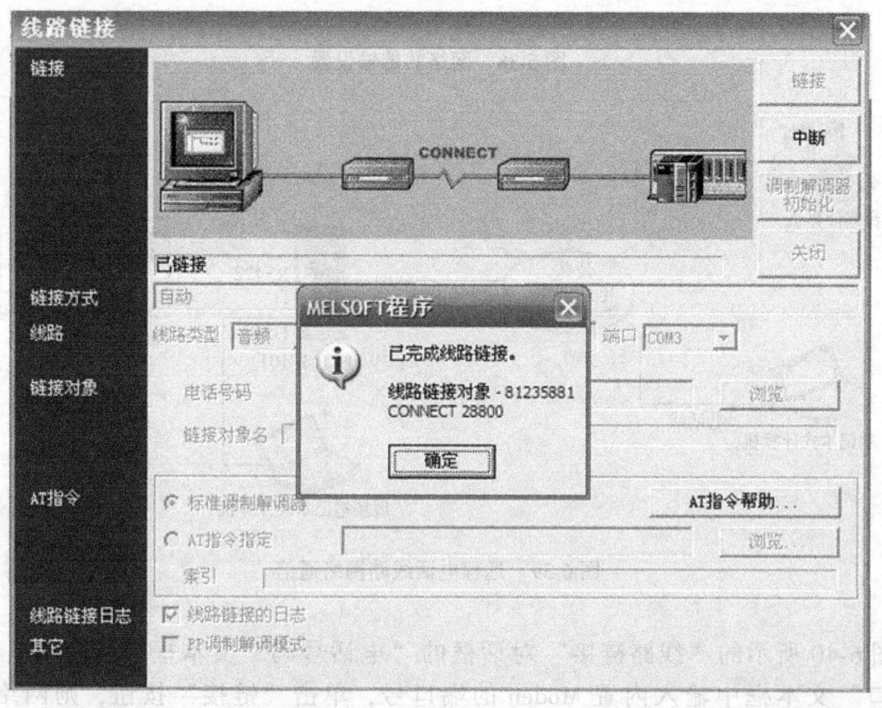

图 6-41　电话线路链接成功

习 题 6

6-1 什么是局域网？它有几种形式？

6-2 什么是单工、半双工、全双工？什么是并行通信、串行通信？它们有什么特点？

6-3 TCP/IP是什么通信协议？

6-4 试述CC-Link网的特点，以及构建CC-Link网的一般方法。

6-5 试解释主站与远程I/O站通信的图6-16～图6-18的意义，正确表述图6-19程序的执行过程。

6-6 试解释主站与本地站数据通信的图6-21、图6-22的意义，正确表述图6-23、图6-24程序的执行过程。

第7章
编程软件 SWOPC-FXGP/WIN-C 的使用

本章介绍三菱 FX 系列 PLC 的编程软件 SWOPC-FXGP/WIN-C 的使用。该软件能对 FX 系列 PLC 的 FX0/FX0S、FX0N、FX1、FX2/FX2C、FX1S、FX1N 和 FX2N/FX2NC 等机型（FX0/FX0S、FX0N、FX1、FX2/FX2C、FX1S、FX1N 等已停产）进行梯形图、指令表和 SFC 编程，并能自由地进行切换。该软件还可以对程序进行编辑、改错、核对，并可将计算机屏幕上的程序写入到 PLC 中，或从 PLC 中读取程序。该软件还可对运行中的程序进行监控、在线修改等。

7.1 软件的使用环境与安装

1. 使用环境

本软件要求计算机配置为具有 Windows XP 等使用环境，有 100MB 以上内存，有硬盘、鼠标、显示器等外部配置。

2. 软件的安装

将软件复制在 U 盘中。

1）打开计算机，启动 Windows，插入 U 盘。

2）双击“我的电脑”，双击 U 盘图标，双击 FXGP 图标，显示出 FXGP 文件。

3）双击 Setup32 图标，出现 SWOPC-FXGP/WIN-C Setup 窗口，并出现“欢迎”对话框。

4）按屏幕指示安装。

5）安装完毕，单击“开始”，从“所有程序”中将 SWOPC-FXGP/WIN-C 图标拉到计算机桌面。

3. 计算机与 PLC 的连接

具有九针串行接口的计算机与 PLC 的连接采用 SC-09 型连接电缆，连接方法如图 7-1 所示。不具有串行接口的计算机（含笔记本式计算机）与 FXPLC 连接时，要使用 FX-USB-AW 电缆，并安装随产品附赠的 CD-ROW 驱动程序。

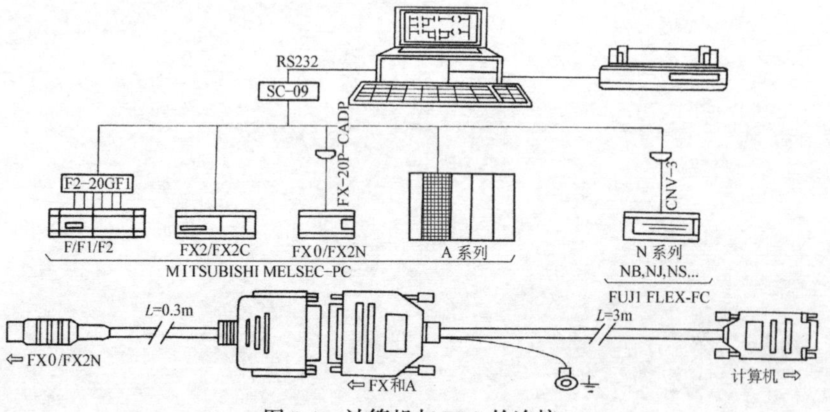

图 7-1　计算机与 PLC 的连接

7.2 编程软件的启动和退出

1. 编程软件的启动

1）开启计算机，双击 SWOPC-FXGP/WIN-C 图标，出现 SWOPC-FXGP/WIN-C 窗口，如图 7-2 所示。

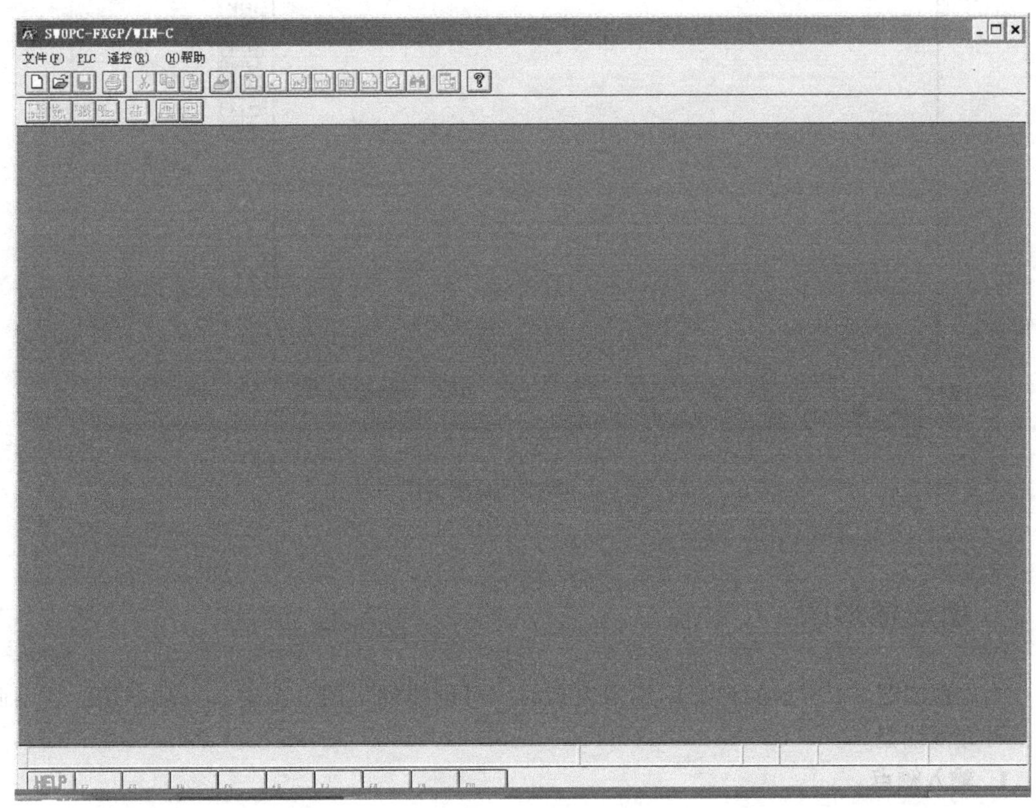

图 7-2 编辑窗口

2）单击“文件”菜单中的“新文件”命令，或单击 🗋 图标，出现“PLC 类型设置”对话框，如图 7-3 所示。

3）选择 PLC 类型，如 FX2N，单击“确认”，按回车键，出现梯形图编辑窗口（如图 7-4 所示），则可以进行梯形图的创建，编写程序。

2. 编辑软件的退出

单击“文件”菜单中的“退出”命令，则可退出 SWOPC-FXGP/WIN-C，回到桌面。

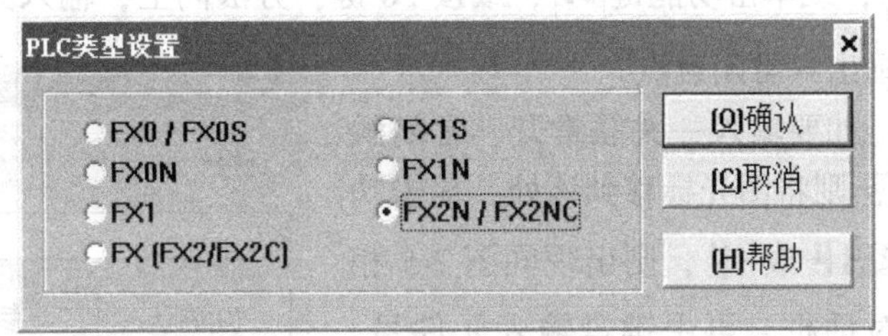

图 7-3 “PLC 类型设置”对话框

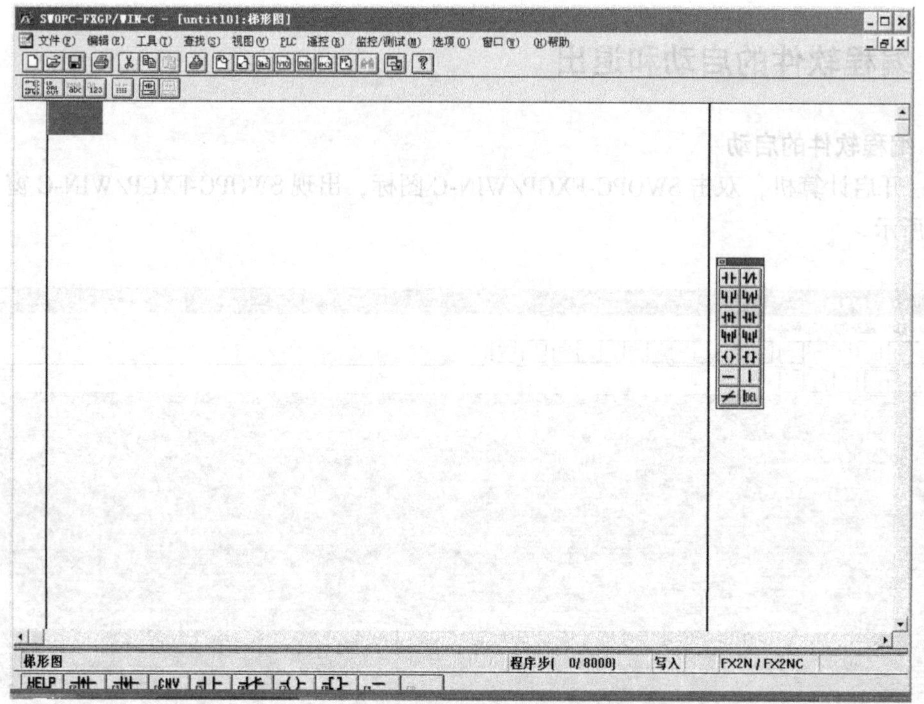

图 7-4 梯形图编辑窗口

7.3 创建梯形图

当出现如图 7-4 所示的梯形图编辑窗口时，可创建梯形图。图中有一功能图，利用此图，可方便编程。

1. 输入触点

输入串联常开、常闭触点时，单击功能图的┤├处，或单击编辑窗口下方的功能键┤├，或按 F5 键，则出现如图 7-5 所示的对话框。单击图中的空白条处，再由键盘输入元件号，如 X0，单击“确认”或按回车键，则在编辑窗口的图光标处画出一常开触点，并在其上方标注元件号，图光标后移一位。当需要在图光标处输入一串联常闭触点时，单击功能图┤/├，或单击功能键┤/├，或按 F6 键，方法同上，输入元件号，单击“确认”，则在图光标处画出一常闭触点。

如要输入一并联常开、常闭触点，则将图光标移到该处，单击功能图┴┤├┴或┴┤/├┴，则出现同图 7-5 相似对话框，再由键盘输入元件号，则在图光标位置处，出现一常开或常闭的并联触点。

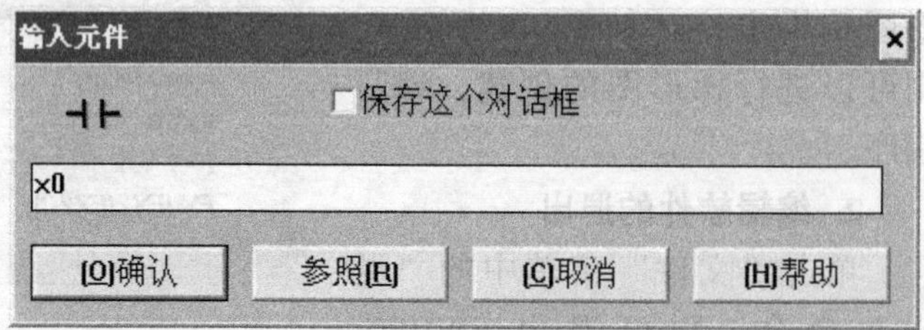

图 7-5 输入触点对话框

2. 输入线圈

1）Y、S、M、T、C 等继电器以“-( )-”作为线圈，输入的方法为：

单击功能图-( )-或单击功能键-( )-，或按 F7 键，则出现如图 7-6 所示的对话框，单击图中空白条处，再由键盘输入线圈元件号，如 Y0，单击“确认”或按回车键，则在编辑窗口的图光标所示行的右方出现 Y0 线圈符号，与右母线相连。例如，输入 T、C 等双操作数的线圈，则在图中空白条处由键盘输入 T0 K100，或输入 C0 K20 等，再点“确认”，或按回车键，即在编辑窗口的图光标所示行的右方出现一定时器 T0 或计数器 C0 的线圈符号（T0 K100）或（C0 K20）。

2）对 MC/MCR、SET/RST、PLS/PLF、RET、END 等，以及应用指令，以“[ ]”作为线圈，输入的方法为：

单击功能图的[ ]处，或单击功能键[ ]，或按 F8 键，则出现如图 7-7 所示的对话框，在图中空白条处单击，由键盘输入线圈元件号，如 RST C0，单击“确认”，或按回车键，则在图光标所示行的右方出现［RST C0］线圈符号，与右母线相连。

应用指令是通过指令的助记符及操作数输入的。输入时在助记符与操作数之间，或操作数与操作数之间均要按空格键，如图 7-8 所示。在图 7-8 中的空白条处输入 ZRST S20 S30，按回车键，则出现［ZRST S20 S30］的线圈。

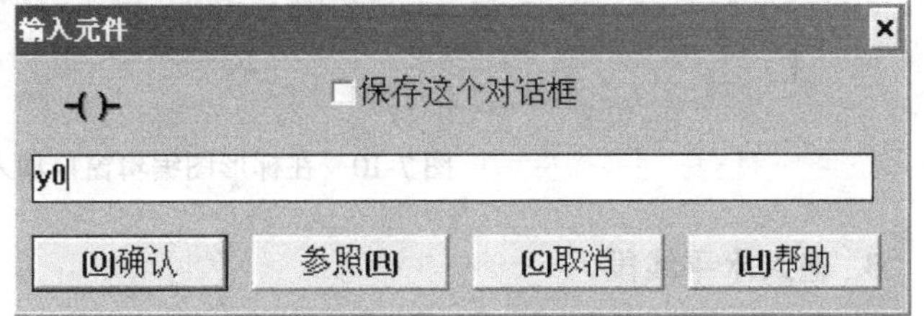

图 7-6　输入线圈对话框

3）梯形图编辑窗口用指令输入触点和线圈。用功能图输入触点和线圈比较慢，为此可以用在梯形图编辑窗口，由键盘输入指令的方法输入触点和线圈，如图 7-9 所示。图中要在图光标位置上输入 X1 常闭触点，则可在键盘上输入 ANI X1，也可输入 LDI X1，按回车键，则在图光标位置处，出现 X1 的常闭触点。

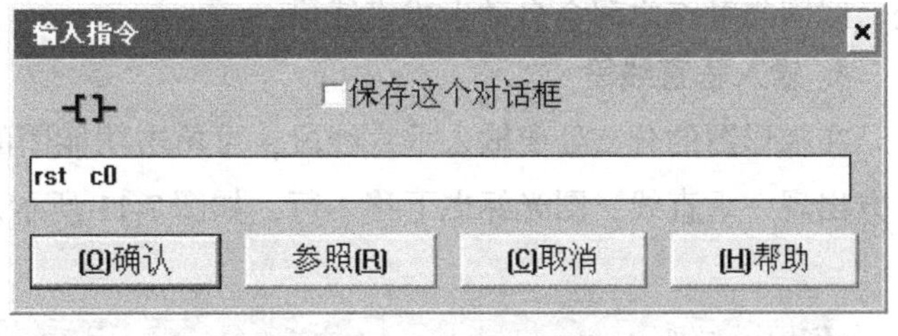

图 7-7　输入线圈对话框

如果要输入 Y、M、S、C、T 等线圈时，输入 OUT 指令及元件号，如 OUT Y0，OUT C1 K50 等，再按回车键，如图 7-10 所示。如果要输入 MC/MCR、SET/RST、PLS/PLF 等以及应用指令时，直接输入指令助记符以及操作数，按回车键。

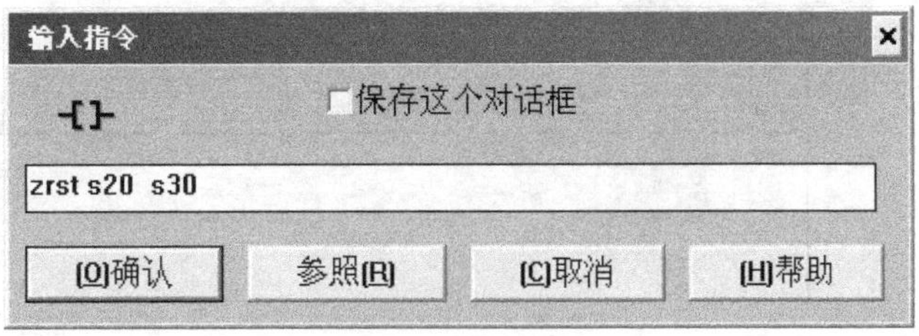

图 7-8　输入应用指令

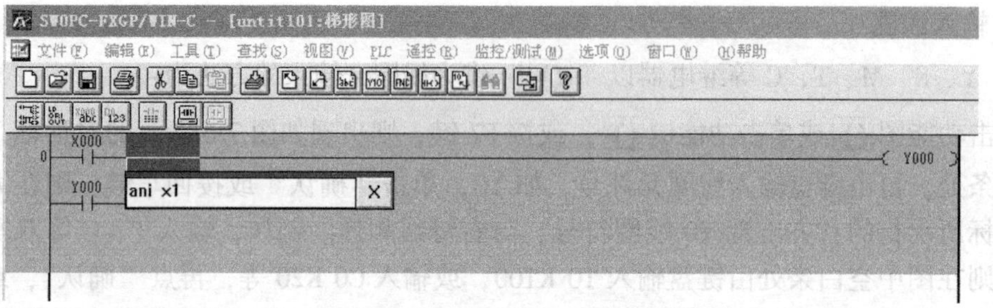

图 7-9　在梯形图编辑窗口输入触点

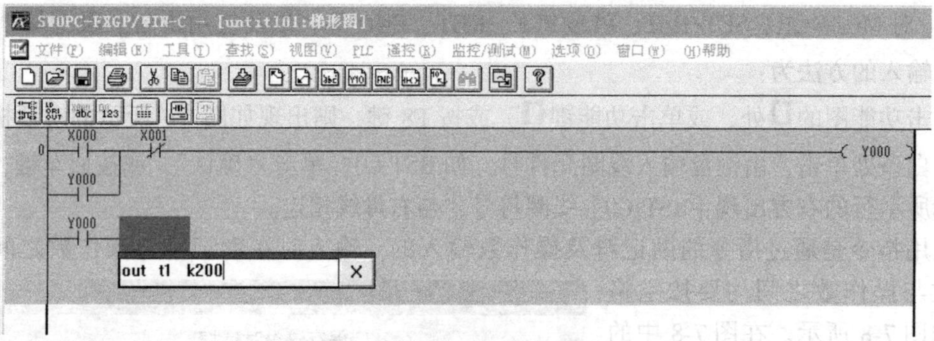

图 7-10　在梯形图编辑窗口输入线圈

3. 输入水平线段

输入水平线段时，单击功能图的— 符号，或按 F9 键，则在图光标处出现一段水平线。

如果输入触点之后紧跟着输入线圈，不必在触点与线圈所在的位置（右母线旁）之间输入多段水平线段，而只需在输入触点之后紧接着输入线圈，则线圈自动出现在紧靠右母线处，线圈与触点之间会自动生成横线段。

4. 输入垂直线段

在梯形图的分支处要输入垂直线段，可单击功能图的| 处，则在当前图光标位置的左下方出现一垂直线，图光标也下移一行，如图 7-11 所示。

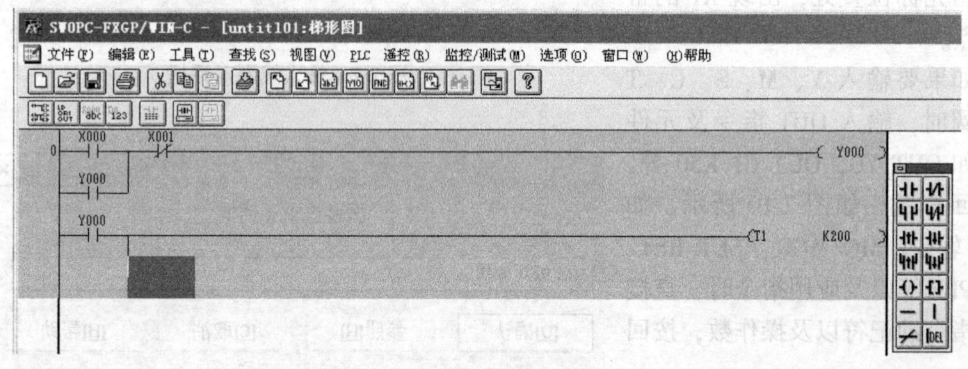

图 7-11　在梯形图编辑窗口输入垂直线段

如果要消除此垂直线段，可将图光标上移到该垂直线段右上方（单击垂直线段右上方)，再单击工具栏 DEL ，则可将该直线段删去。

消除垂直线段，还可以使用“工具”栏的图标按钮。在“工具”栏，单击“连线”命令的 | 删除 ，则梯形图中图光标左下方的垂直线被删除。

5. 输入P、I指针

输入P、I指针时，单击左母线左外侧，则在此位置出现一图光标。然后按P或I键，出现“Label”对话框，如图7-12所示。在输入字符的闪动光标处，输入P、I指针数，则在梯形图的图光标位置处出现P、I指针。

图7-12 P、I指针数的输入

7.4 梯形图的转换和元件的删除与修改

7.4.1 梯形图的转换

使用梯形图编辑窗口创建程序时，梯形图处于暗色状态，如图7-13所示。这时如果关闭梯形图编辑窗口，所创建的程序将被清除。

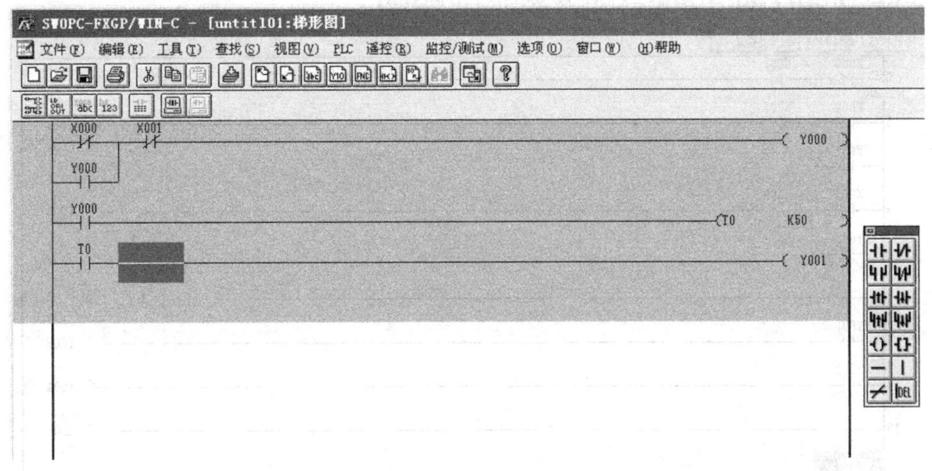

图7-13 未转换的梯形图编辑窗口

梯形图编写之后，或梯形图过长，都应转换。转换的方法有两种：

1）单击屏幕下方的功能键 CNV 。

2）单击工具栏的 [按钮] 。

完成转换后，暗色的梯形图部分变成白色，同时在梯形图的左侧标出程序步序号，如图 7-14 所示。程序转换后，才能进行梯形图/指令表的切换。

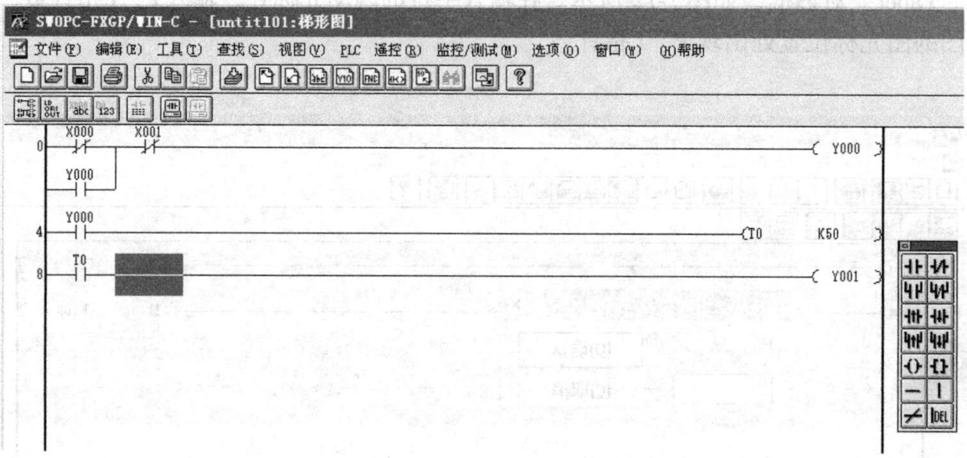

图 7-14 转换后的梯形图编辑窗口

如果程序中含有 MC、MCR 指令，则程序转换以后在左母线处会出现层次以及作用元件字样，如“N0 == M0”，如图 7-15 所示。

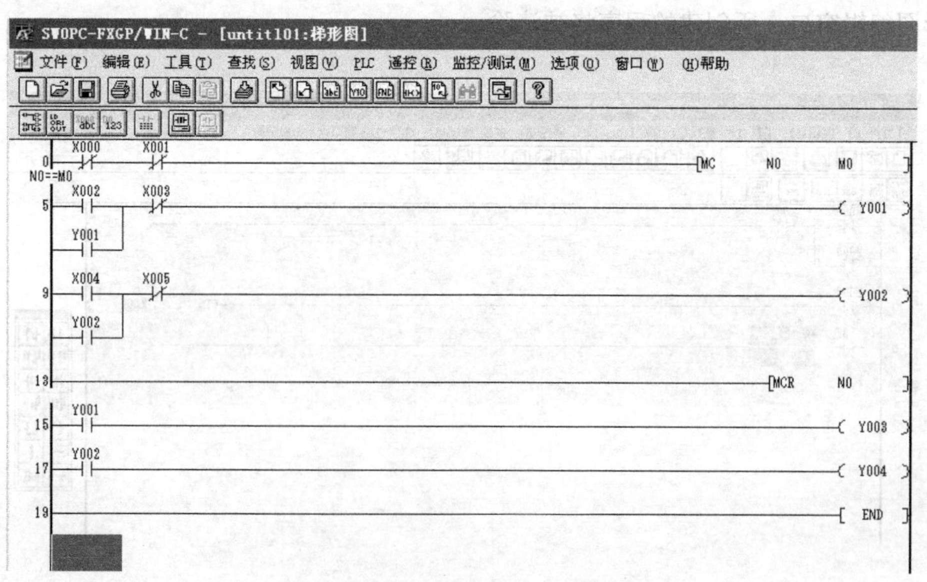

图 7-15 转换后的 MC、MCR 指令

7.4.2 元件的修改和删除

编辑梯形图过程中或程序转换后，都可以对元件进行修改和删除。但转换之后删除或修改，则删除或修改的行会变成暗色，还要执行转换。

1. 元件的修改

单击待修改的元件处，则图光标覆盖了此元件，再按上述输入元件的方法，就可以修改该元件。例如，在图 7-15 中要将 X4 改为 X10，则单击 X4 处，输入 LD X10，按回车键，则 X4 改变为 X10。

2. 元件的删除

要进行触点、线圈、应用指令、横线的删除时，单击该元件处，则图光标覆盖了此元件。再单击“编辑”菜单中的“删除”命令，则此元件被删除。被删除处留下一空隙，必须用元件或横线补上，程序才不致于出错。

3. 行删除

当确认要删除某程序行时，单击该行首个元件处，此处出现图光标。再单击“编辑”菜单中的“行删除”命令，则图光标所在程序行被删除。

4. 行插入

当确认要在某行位置处插入一程序行时，单击该行首个元件处，出现图光标。再单击“编辑”菜单中的“行插入”命令，则在图光标所在行处插入一空白程序行，原来的程序行往下移一行。如在插入行位置输入一新的程序，转换以后，步序号将被重新置定。

7.5 创建指令表

PLC 程序的创建，可以用梯形图方法，也可以用指令表方法。用指令表方法创建程序时，要注意所输入的指令顺序，也就是 PLC 执行程序的顺序，即同一列从上而下，同一行从左到右。如果输入指令的顺序弄错，则程序会出错。

7.5.1 创建指令表程序

启动 SWOPC-FXGP/WIN-C 软件以后，单击“视图”菜单的“指令表”命令，则出现指令表编辑窗口，如图 7-16 所示。图中从 0 步开始，全为 NOP，准备接受指令表输入。输入指令表时，不必输入序号，只须由键盘输入指令助记符以及元件号、参数即可。

1. 输入 LD/LDI、AND/ANI、OR/OKI、OUT 指令

这些指令带一个或两个参数，在指令、元件号以及参数之间，须按空格键。每行指令输入完毕，按回车键。例如：

LD X0 ↵　　　OR Y1 ↵　　　ANI X1 ↵　　　OUT Y0 ↵

输入指令前，指令表编辑屏幕指令 NOP 有一暗色行，当一输入指令，此暗色行立即变成白色矩形条状方框，在此框中键入指令、元件及其地址号、参数，按回车键后，此矩形条状方框消失，在原位置上出现行号、指令元件地址号及参数，而暗色行下移一行，等待下一个指令的输入。

2. 无操作参数指令的输入

这些指令包括 ANB、ORB、MPS、MRD、MPP、INV、NOP、RET、END 等。这些指令无参数，只须由键盘输入指令并按回车键即可。例如：

ANB ↵，MPS ↵，MRD ↵，MPP ↵，RET ↵，END ↵，INV ↵

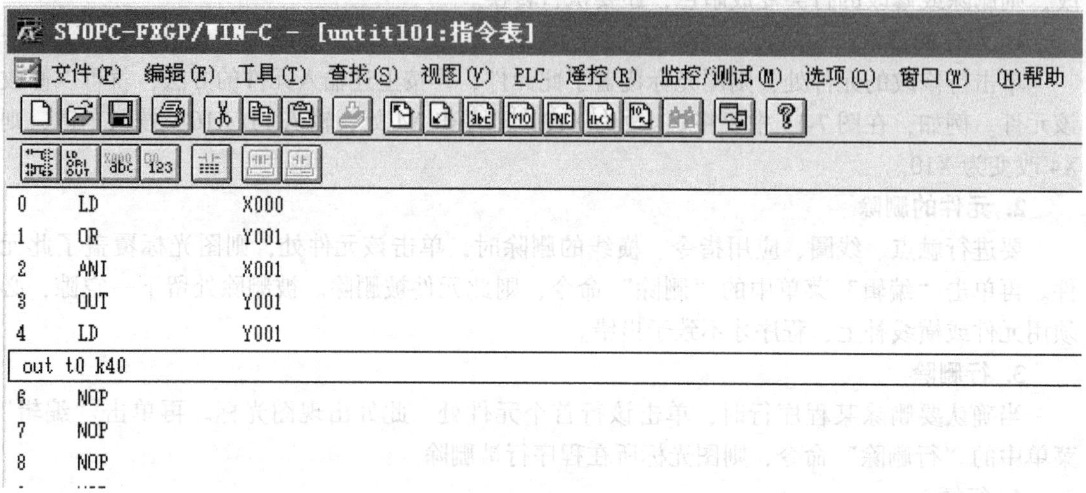

SWOPC-FXGP/WIN-C - [untitl01:指令表]

文件(F) 编辑(E) 工具(T) 查找(S) 视图(V) PLC 遥控(R) 监控/测试(M) 选项(O) 窗口(W) (H)帮助

```
0    LD     X000
1    OR     Y001
2    ANI    X001
3    OUT    Y001
4    LD     Y001
out t0 k40
6    NOP
7    NOP
8    NOP
```

图 7-16　创建指令表

3. 输入 SET/RST、MC/MCR、PLS/PLF

这些指令有一个或两个参数。例如：

SET S20 ↵，RST C0 ↵，PLS M1 ↵，MC N0 M10 ↵，MCR N0 ↵

4. 指针 P、I 的输入

按程序执行的顺序，当要输入 P 或 I 指令时，输入 P、I 及元件号。例如：

P0　↵或 I301 ↵

5. 应用指令的输入

输入应用指令时，直接由键盘输入应用指令助记符、参数即可。在助记符与参数，参数与参数之间要按空格键。例如：

MOV K100 D10 ↵，ZRST M10 M20 ↵，SFTR X0 M0 K16 K4 ↵

7.5.2　指令表与梯形图之间的切换

当指令表输入一完整的程序行后，可进行指令表梯形图的切换。切换的方法是：

单击工具栏的“指令表视图”按钮，则梯形图切换成为指令表；单击工具栏中的“梯形图视图”按钮，则指令表可切换成梯形图，或单击“视图”菜单中的“梯形图”命令，则指令表可切换成梯形图。如果再单击“视图”菜单中的“指令表”命令，则梯形图可切换成为指令表。它们可自由切换。

7.5.3　指令表元件的删除和修改

1. 删除

单击待删除的指令行，则此行变为暗色，再单击“编辑”菜单中的“删除”命令，则暗色所指示的程序行被删除，行号上移且重新排列。

2. 插入

单击待插入的指令行，此行变为暗色丢失。再从键盘中输入指令和参数，按回车键，则在此行位置上便出现所插入的程序行，而原先的程序行号后移。

7.6 步进顺控（SFC）程序的输入

步进顺控（SFC）程序的输入，以在梯形图编辑窗口用指令输入为方便，如图 7-17 所示。由键盘输入 LD M8002 ↵，SET S0 ↵，STL S0 ↵，LD X0 ↵，SET S20 后，输入 STL S20，得图 7-17a；按回车键，得图 7-17b。

其他指令的输入与梯形图输入的方法相同。

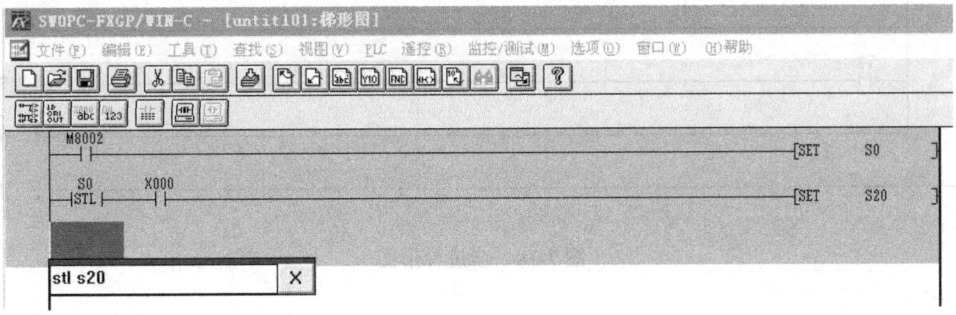

a)

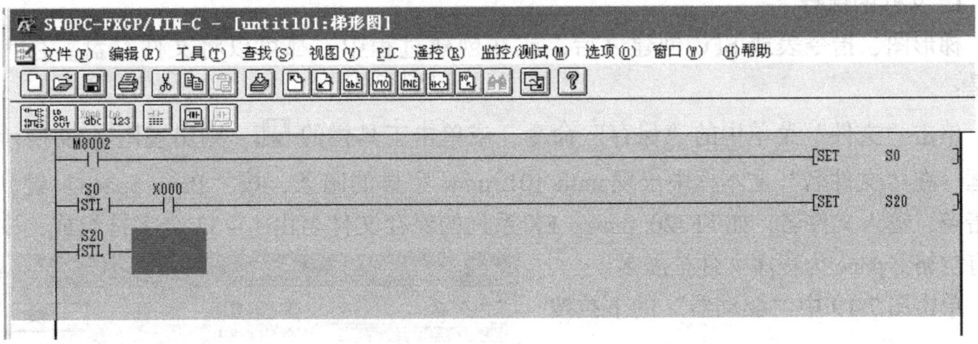

b)

图 7-17 SFC 梯形图的指令输入

输入 SFC 程序时，当输入几行程序之后，一般要转换，避免输入完整的程序后再转换；否则，会因输入错误而无法改正。正确输入并转换后得到一个 FXGP 的步进梯形图，如图 7-18 所示。

```
 0  M8002
    --| |------------------------------------------[SET  S0  ]
 3  S0      X000
    --|STL|---| |----------------------------------[SET  S20 ]
 7  S20
    --|STL|----------------------------------------( Y001 )
           |---------------------------------------(T1   K20 )
12         |  T1
           |--| |----------------------------------[SET  S21 ]
15  S21
    --|STL|----------------------------------------( Y002 )
           |---------------------------------------(T2   K40 )
20         |  T2
           |--| |----------------------------------[SET  S22 ]
23  S22
    --|STL|----------------------------------------( Y003 )
           |---------------------------------------(T3   K50 )
28         |  T3
           |--| |----------------------------------( S0 )
31         |---------------------------------------[ RET ]
32  -----------------------------------------------[ END ]
```

图 7-18　步进梯形图

7.7　文件的保存和打开

1. 文件的保存

梯形图、指令表或 SFC 创建之后，或在创建过程中，都可以将文件存盘。存盘的方法是：

单击“文件”菜单中的“保存”命令，或单击工具栏的 ，则出现图 7-19 所示的对话框。在“文件名”文本框中出现 untit 101. pmw 字样的暗条，按“Back Space”键，消去此暗条，输入文件名，如 FF320. pmw。FX 系列的保存文件名由 1 ~ 32 个字符组成，中间不可有空格。pmw 为程序文件扩展名。

单击图 7-19 中“驱动器”的下拉按钮▼，选择文件存放的磁盘号。之后，单击“确定”，出现“另存为”对话框，如图 7-20 所示。可校对文件名及路径。在“文件题头名”的空白条处，可输入中文或英文的文件题头。之后，单击“确认”，则文件被保存。

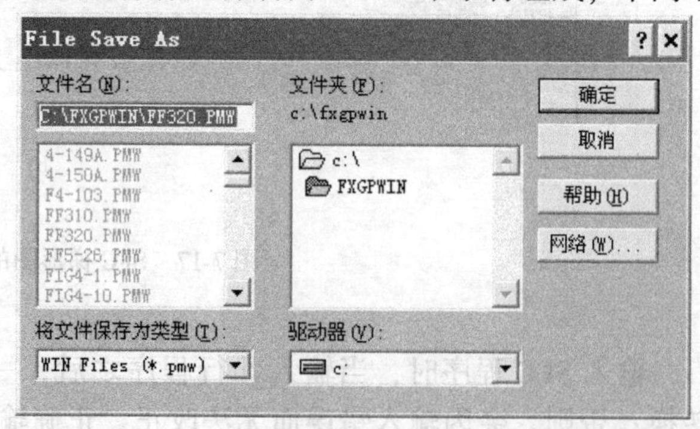

图 7-19　保存文件

如果要将文件存放在另一磁盘上，可单击“文件”菜单中的“另存为”命令，选择驱动器和路径，再单击“确定”。

2. 文件的打开

文件存盘以后，可以随时打开。文件打开之后，可以对文件进行修改、删除、检查，或送到 PLC 中试运行。打开文件的步骤为：

单击“文件”菜单中的“打开”命令，或单击工具栏中的，出现图 7-21 所示的对话框。

选择并确定文件所在的驱动器，从文件窗口中利用滚动条滚动观看文件，选择所需打开的文件，单击，则此文件名变为一暗条，并且在“文件名”文本框中出现此文件名。确认后，单击“确定”，出现“打开”对话框，如图 7-22 所示。

确定无误，单击“确认”，则此文件被打开。

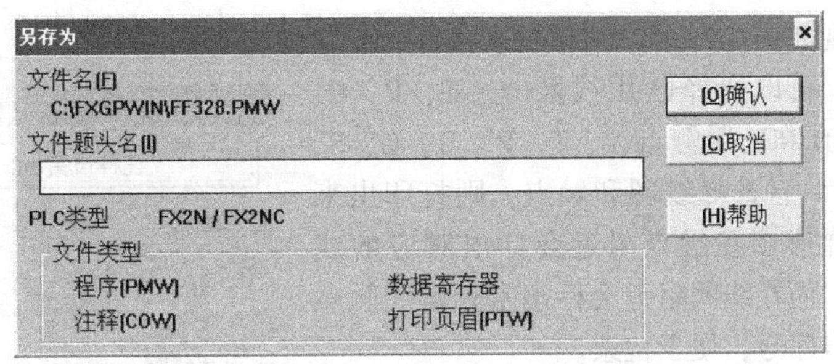

图 7-20 “另存为”对话框

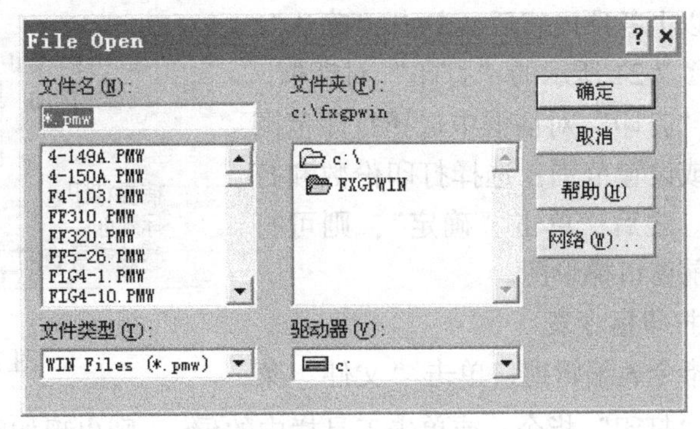

图 7-21 打开文件

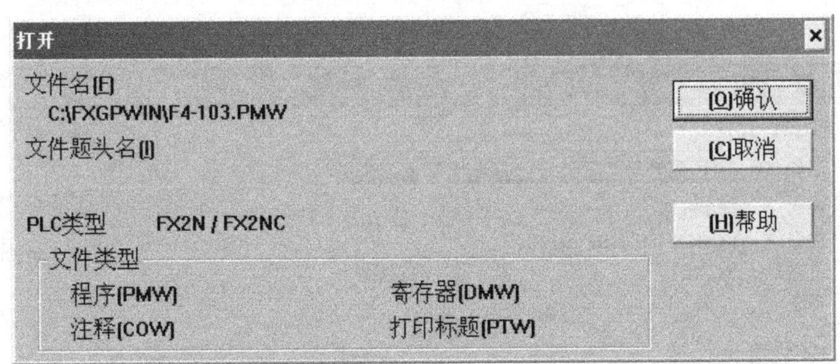

图 7-22 “打开”对话框

7.8 文件打印

打印命令可以将当前编辑窗口的文件打印出来。例如，在梯形图编辑窗口，可以打印梯形图；在指令表编辑窗口可以打印指令表；在 SFC 编辑窗口可以打印 SFC 步进梯形图、流程框图和内置梯形图。

1. 打印梯形图

在梯形图编辑窗口下，单击“文件”菜单中的“打印”命令，或单击工具栏中的 ，出现如图 7-23 所示对话框。

可以选择已用线圈 Y、T、P、C、S、D 和已用触点 Y、T、P、M、C、S、D，一旦选择线圈和触点，则打印出来的梯形图在触点附近会标出对应的线圈，而在线圈附近会标出常开常闭触点的步序号，便于检索。

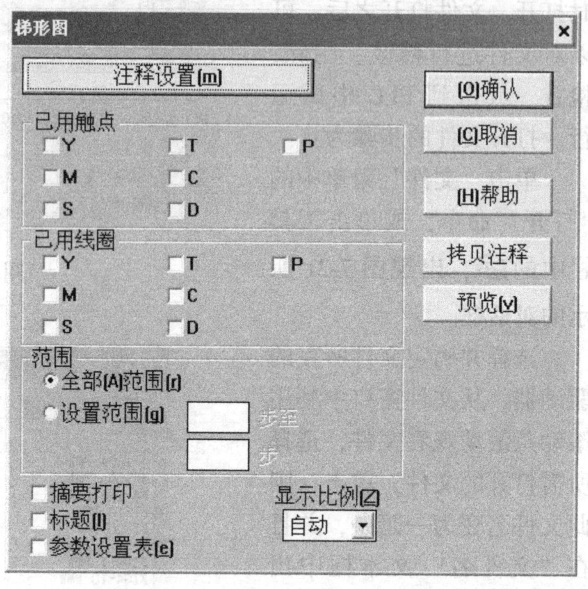

图 7-23　梯形图打印设置

可选择全部范围或设置打印范围，可选择摘要打印，可选择显示比例。当选择好以上各项内容后，单击“确认”，出现如图 7-24 所示的“打印”对话框。

在“打印”对话框中选择打印范围为全部或设置范围；选择打印份数和打印质量。之后，单击“确定”，则可打印出当前窗口梯形图。

2. 打印指令表

在指令表编辑窗口单击“文件”菜单中的“打印”指令，或单击工具栏中的 ，则出现如图 7-25 所示的对话框。

选择打印范围为全部或设置范围，选择显示比例。之后，单击“确认”。出现如图 7-25 所示对话框。选择完各参数之后，单击“确定”，则可将当前窗口的指令表打印出来。

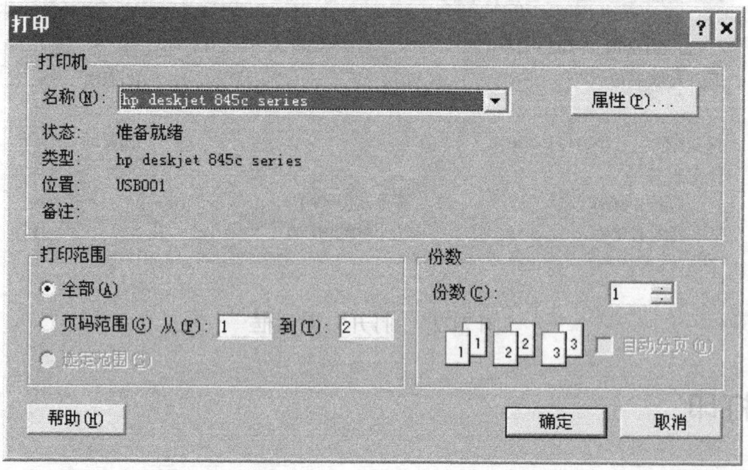

图 7-24　“打印”对话框

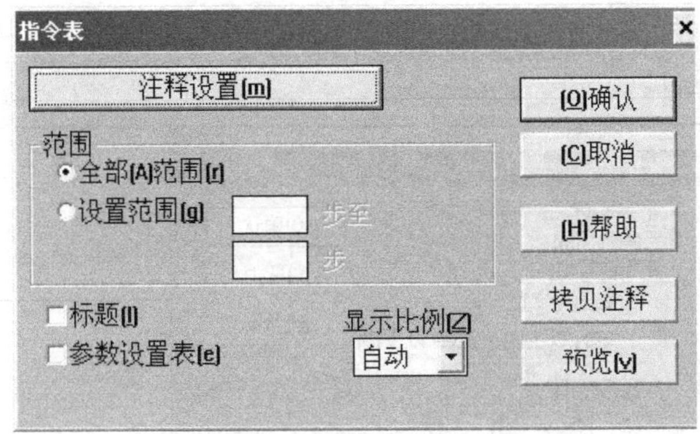

图 7-25　打印指令表设置

3. 打印 SFC 程序

在 SFC 编辑窗口，单击“文件”菜单中的“打印”命令，或单击工具栏的 ，则出现如图 7-26 所示的对话框。选中“打印内置梯形图”复选框，选择打印范围为“全部”或“设置范围”，选择“显示比例”，选中“标题”复选框。之后，单击“确认”。出现如图 7-24 所示的“打印”对话框。选择各项参数之后，单击“确定”，则可打印出 SFC 流程图或内置梯形图。

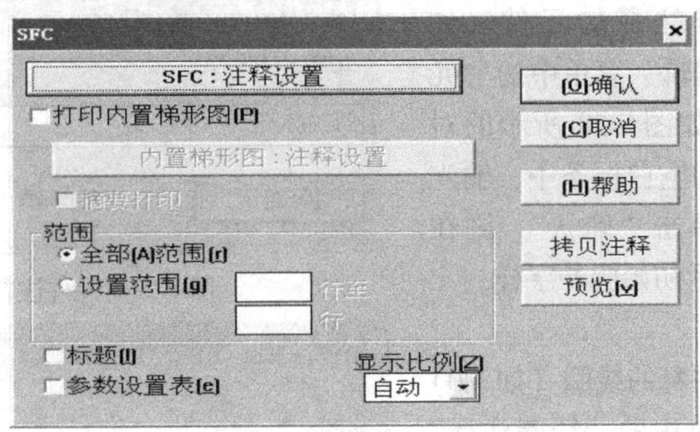

图 7-26　打印 SFC 对话框

7.9　梯形图注释

梯形图编制之后，为了读图和检索方便，常需对线圈或触点进行注释。

1. 显示注释

在梯形图编辑窗口，单击“视图”菜单中的“显示注释”命令，出现“梯形图注释设置”对话框。选中元件号、元件名称、元件注释、线圈注释，选择元件注释的显示范围和线圈注释的显示范围，单击“确定”，则梯形图的图光标的长宽发生变化，行距也发生变化，以便于注释，如图 7-27 所示。

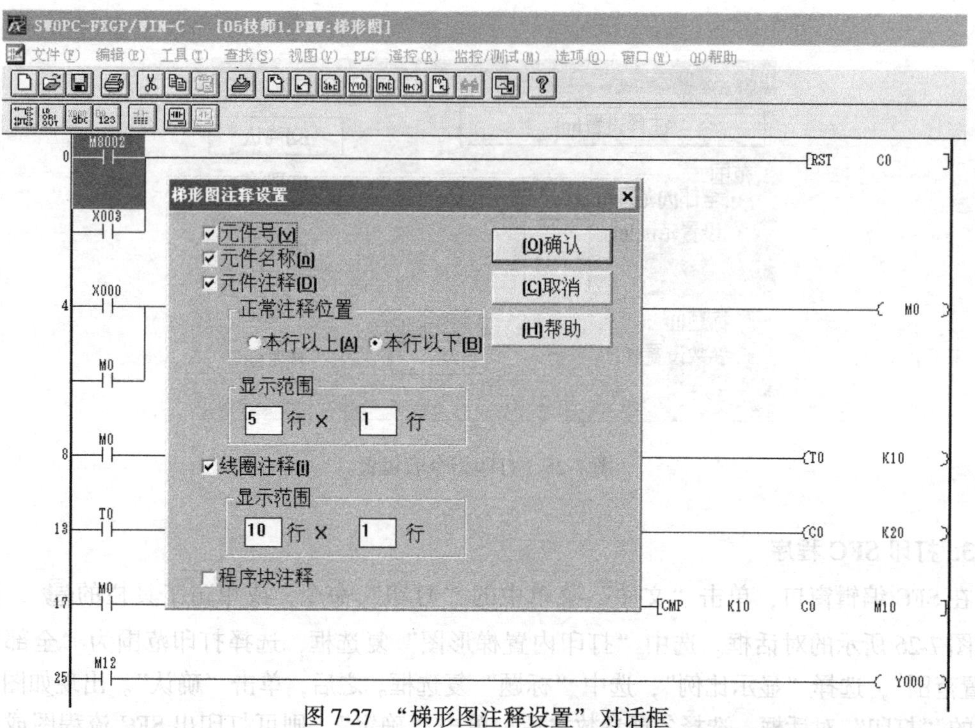

图 7-27 “梯形图注释设置”对话框

2. 元件注释

将图光标移到待注释的元件（如 M8002）上，单击“编辑”菜单中的“元件注释”命令，出现如图 7-28 所示的对话框。在闪动着光标的空白框条中，输入中文“初始脉冲”，单击“确认”，则在元件 M8002 的下方显示初始脉冲字样。

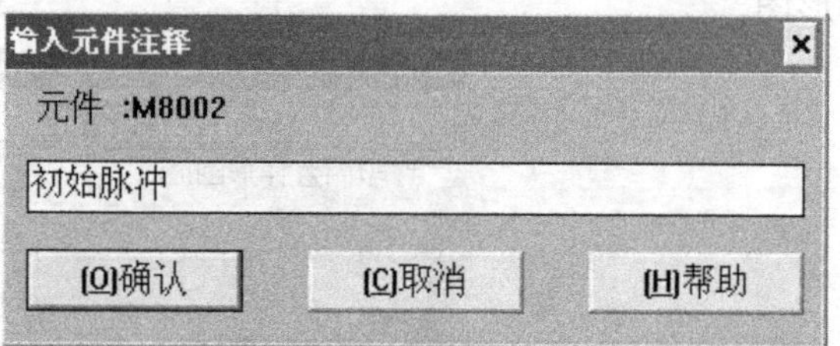

图 7-28 元件注释对话框

3. 线圈注释

将图光标移到待注释的线圈（如 M0）处，单击“编辑”菜单中的“线圈注释”命令，则出现如图 7-29 所示的对话框。图中显示 M0 步数为 1。输入中文“主控”，单击“确认”。

图 7-29 “线圈注释”对话框

4. 程序块注释

将图光标移到待注释的程序行处，单击“编辑”菜单中的“程序块注释”命令，则出现如图 7-30 所示的对话框。图中显示程序块步数为 17。输入中文“比较”，单击“确认”。

5. 注释视图

梯形图注释最方便的方法是使用工具栏的“注释视图”键，单击工具栏的 abc 键，则出现如图 7-31 所示的对话框，输入元件号，单击“确认”，则弹出以 M10 为首址的元件表，可以进行注释。其他元件的注释类推。

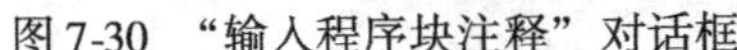

图 7-30 “输入程序块注释”对话框

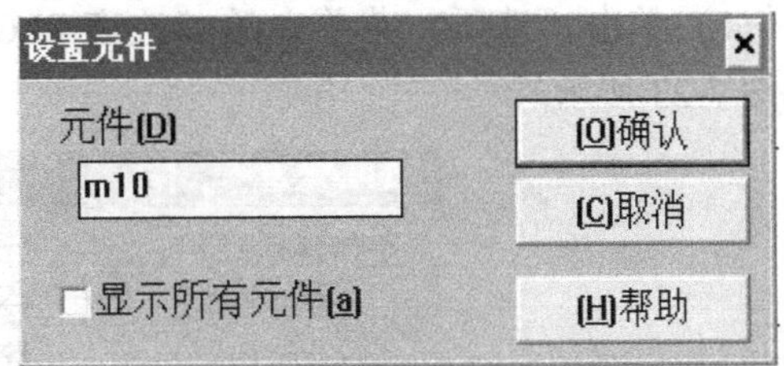

图 7-31 “设置元件”对话框

7.10 连接 PLC 运行与监控

编辑修改程序时，PLC 主机可以不与计算机连接，但传送、运行时，要用 SC-09 电缆将计算机与 PLC 连接起来。

7.10.1 程序的传送

进行程序的传送时，RUN/STOP 开关置 STOP 位置。程序的传送包括读入、写出和核对三部分内容。

1. 读入

读入是将 PLC 存储器存储的程序读入到计算机屏幕，方法如下：

单击“PLC”菜单下“传送”级联菜单中的“读入”命令，出现 PLC 类型设置对话框。选择 PLC 类型，如选 FX2N，单击“确认”，则弹出读出程序对话框，而且显示读入的步数，读入完毕，计算机屏幕上显示 PLC 内存储的程序。

程序的读入，RUN/STOP 开关可以置于 STOP 状态或处于 RUN 状态。

2. 写出

写出是将计算机屏幕的程序写入到 PLC 存储器中去，方法如下：

单击“PLC”菜单下“传送”级联菜单中的“写出”命令，弹出“PC 程序写入”对话框，如图 7-32 所示。可以选择所有范围或选择范围设置，单击“确认”，则弹出写入程序对话框，并显示写入的程序步数。写完之后，自动核对程序。

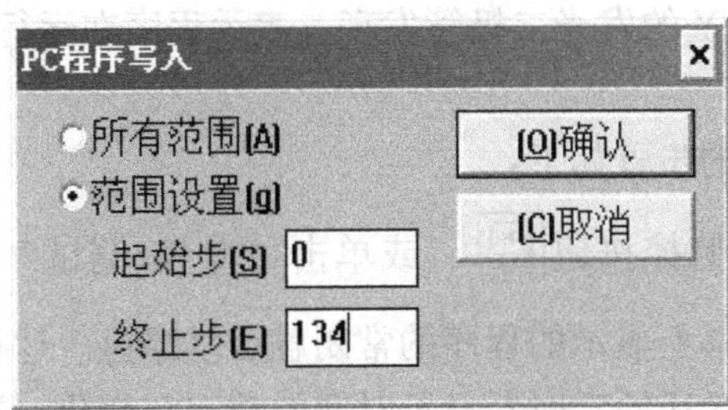

图 7-32 “PC 程序写入”对话框

7.10.2 改变 PLC 的类型

如果输入的 PLC 程序所选择的 PLC 类型与运行的不同，则在传送写出时会弹出“PLC 类型错误，继续程序写入吗?”的询问对话框，单击“是”，会显示“参数不对”的情况。因此，必须改变 PLC 的类型，方法如下：

1）单击“选项”菜单中的“改变 PLC 类型”命令，弹出“改变 PLC 类型”对话框，如图 7-33 所示。

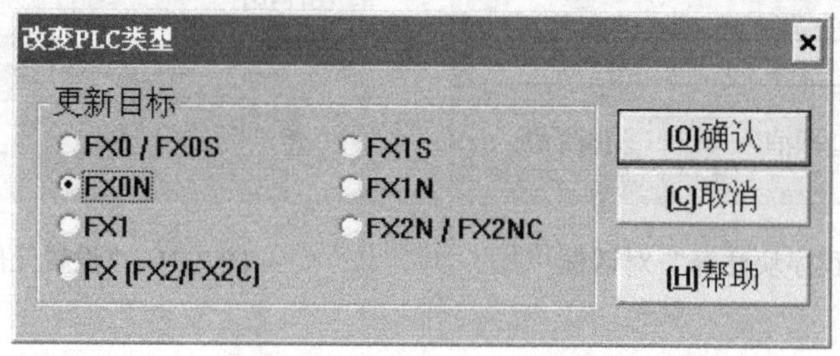

图 7-33　改变 PLC 类型（1）

2）选择 FX2N/FX2NC，单击“确认”，弹出如图 7-34 所示的界面。检查无错误，单击“确认”，则弹出“文件范围设置数据转换到初始值吗?”的询问对话框，单击“是”，就改变了 PLC 类型。

改变PLC类型

用选定的机种代替PLC机种
使所有的数据同选定的机种相匹配，行吗?
（根据更新目标PLC机种的不同，参数的设定可能要进行适当的调整）

(O)确认
(C)取消

	旧的目标			更新目标	
PLC类型	FX0N			FX2N / FX2NC	
存储容量	2K		->	2K	
程序	2000	步		2000	步
文件寄存器	0	程序		0	程序
注释区	0	程序		0	程序

图 7-34　改变 PLC 类型（2）

7.10.3　程序的运行与监控

1. 程序的运行

将 PLC 的 RUN/STOP 开关置 RUN 位置，启动程序，则程序运行。PLC 面板上相应的输入继电器 X 及输出继电器 Y 的发光二极管发亮，表示程序在运行并显示运行的顺序。

2. 程序的监控

在梯形图下监控程序的步骤如下：

单击工具栏中的开始监控按钮，或单击“监控/测试”菜单中的“开始监控”命令，则在计算机梯形图屏幕上显示的程序的常闭触点呈绿色。运行程序时，被激活的线圈以及对应的触点呈绿色，被激活的定时器显示时间的数字在变化，被激活的计数器显示计数次数的数字在变化，程序在执行中，如图 7-35 所示。如要结束监控，单击工具栏中的停止监控按钮，或单击“监控/测试”菜单中的“停止监控”命令。

3. 元件监控

如果程序太长，用“开始监控”的方法来进行程序的监控比较麻烦，可以采用元件监

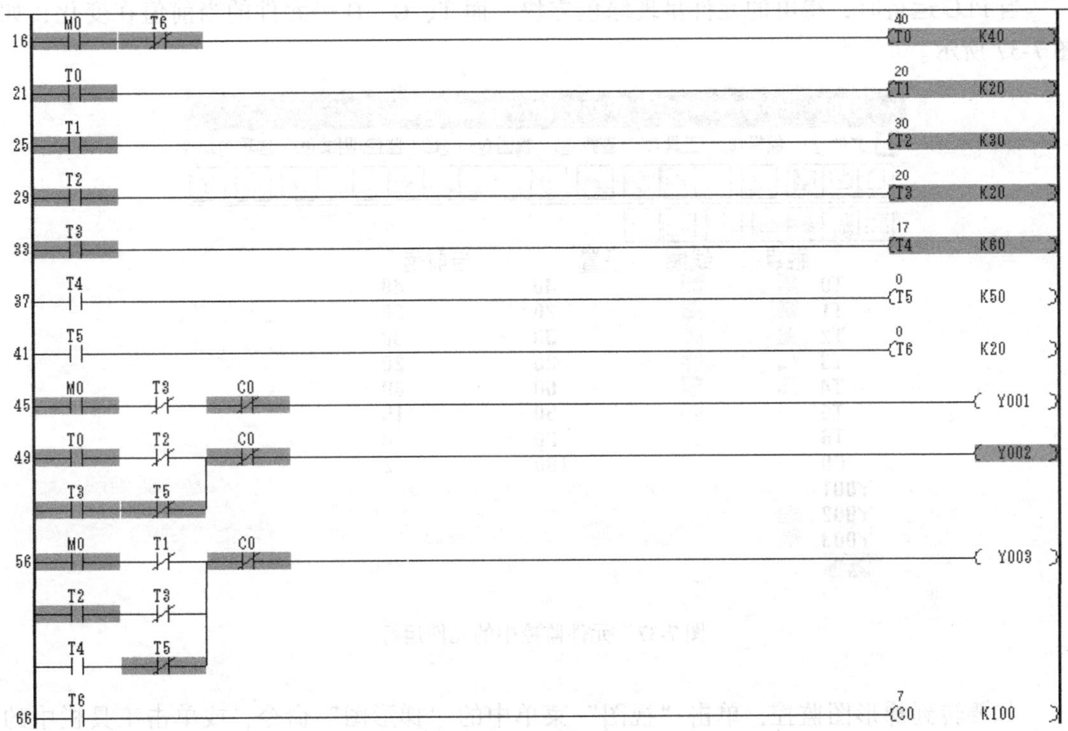

图 7-35　程序开始监控

控的方法。

单击“监控/测试”菜单中的“元件监控”命令，则出现元件监控窗口，之后由键盘输入元件号，如 T，按回车键，则出现“设置元件”对话框，输入 0，“输入”键或按回车键，则在元件监控窗口中出现 T0 以及设置值、当前值等。再输入 T1、Y2 等元件，按回车键，则出现如图 7-36 所示的对话框。

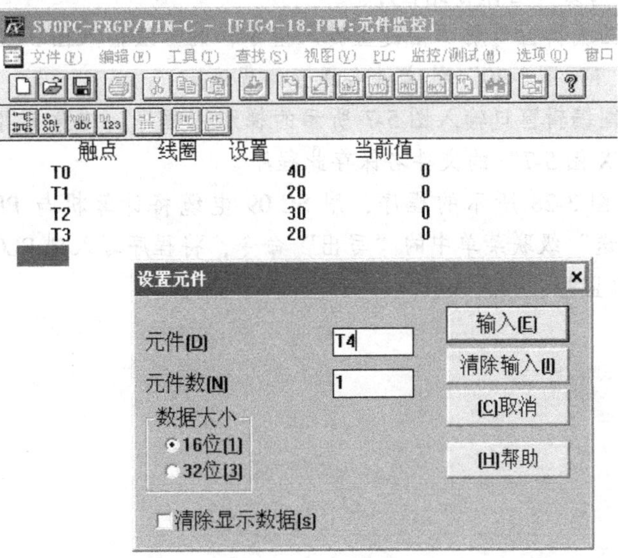

图 7-36　元件监控

当 PLC 运行时，得电的元件呈现绿色方块，而 T、C、D 等元件的当前值在变化，如图 7-37 所示。

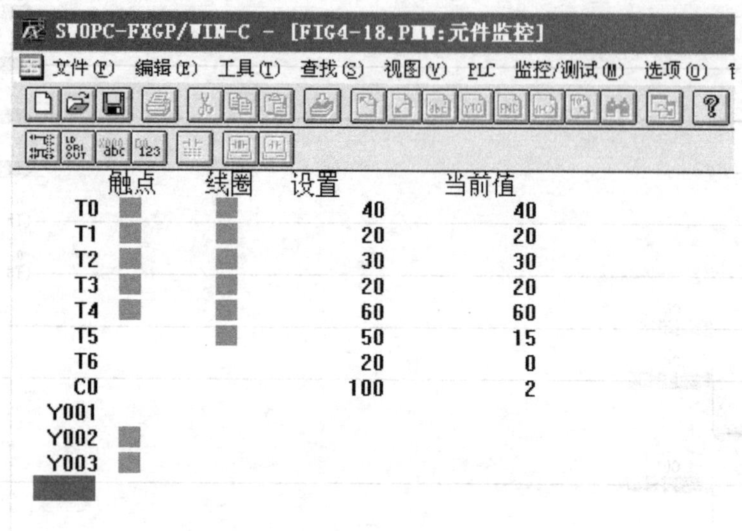

图 7-37　元件监控中的元件运行

如要转到梯形图监控，单击“视图”菜单中的“梯形图”命令，或单击工具栏中的“梯形图视图”按钮 ；如要结束监控，单击“监控/测试”菜单中的“停止监控”命令，或单击工具栏中的“停止监控”按钮 。

习　题　7

7-1　试在梯形图编辑窗口用功能图的方法输入图 3-18 所示的程序。输入完毕，转换，并以“FX 图 3-18”的文件名保存此程序。

7-2　试在梯形图编辑窗口用“由键盘键入指令”的方法输入图 3-20 所示的程序。输入完毕，转换，并以“FX 图 3-20”的文件名保存此程序。

7-3　试在梯形图编辑窗口输入图 5-7 所示的梯形图程序。注意 P 指针的输入，输入完毕，转换，并以“FX 图 5-7”的文件名保存此程序。

7-4　正确输入图 3-28 所示的程序，用 SC-09 电缆将计算机与 PLC 连接起来，单击“PLC”菜单下“传送”级联菜单中的“写出”命令，将程序写入到 PLC 中，运行程序，监控程序，并进行元件监控。

第 8 章
编程软件 GX Developer 的使用

本章介绍编程软件 GX Developer 和 GX Simulator⊖的使用。它们可用于三菱 Q 系列、A 系列和 FX 系列 PLC 的编程、调试、控制、模拟运行。

8.1 软件的启动和关闭

1. 软件的安装

1）安装 GX Developer。双击 GX Developer 图标，双击 EnVMEL 图标，双击 SETUP. EXE，按屏幕提示安装。安装完 EnVMEL 后，退回到 GX Developer 安装界面，双击 SETUP. EXE，按屏幕提示填入姓名、公司名，填入序列号安装。回到 GX Developer 界面，按屏幕提示安装。

2）安装 GX Simulator。双击 GX Simulator 图标，双击 SETUP. EXE，填入姓名、公司名，填入序列号，按屏幕提示安装。注意，安装 GX Simulator 的路径要与安装 GX Developer 的相同。安装完毕，在计算机桌面出现 GX Developer 图标。

2. 软件的启动

双击 GX Developer 图标，出现如图 8-1 所示的编辑窗口。

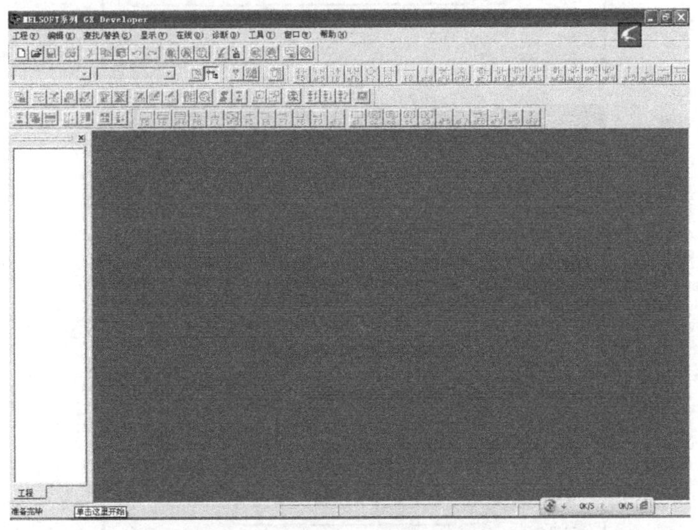

图 8-1　GX Developer 编辑窗口

⊖ GX Developer 和 GX Simulator 的下载可查阅三菱电机自动化（中国）有限公司网址。如要使 FX3U 型 PLC 能模拟调试运行，GX Developer 要 8. 86 版本以上，GX Simulator 要 7. 16 版本以上。

3. 软件的关闭

如果要关闭 GX Developer，单击“工程”菜单中的“GX Developer 关闭”命令，则退出。

8.2　PLC 程序的编写

1. 进入 FX 系列 PLC 编辑窗口

单击 GX Developer 编辑窗口工具栏中的“工程作成”按钮□，则弹出“创建新工程”对话框，如图 8-2a 所示。选择“PLC 系列”为 FXCPU 和“PLC 类型”为 FX2N，如图 8-2b 所示。单击“确定”按钮，出现 FX 系列 PLC 编辑窗口，如图 8-3 所示。在程序编辑区就可以编写 FX 系列 PLC 程序。

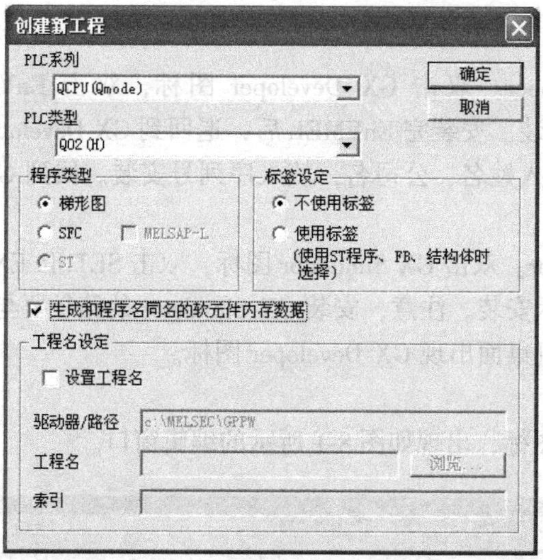

a)

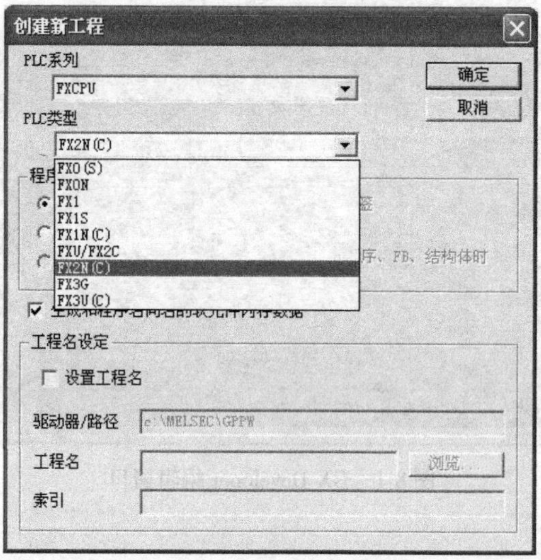

b)

图 8-2　创建新工程

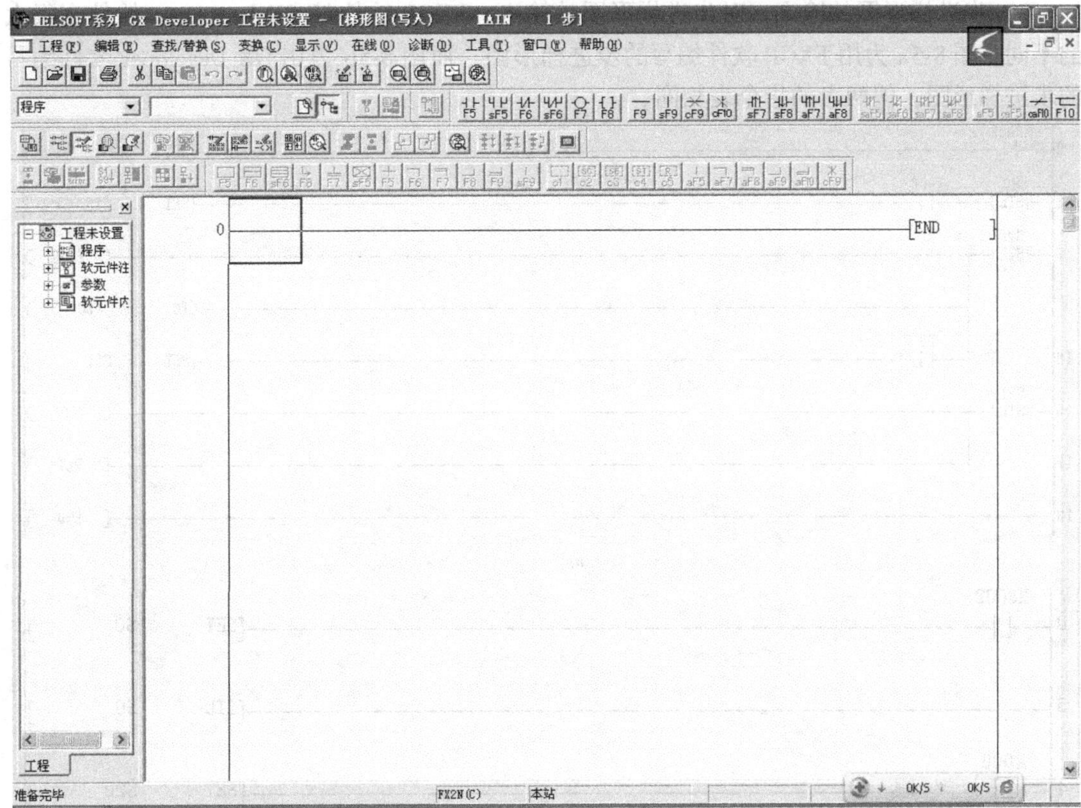

图 8-3　FX 系列 PLC 编辑窗口

2. PLC 程序的编写

在 GX Developer 编辑窗口编写 FX 系列程序时，最好在梯形图编辑窗口用指令的输入方式，其方法与使用 FXGP 软件的编写方法基本相同。不同之处如下：

1）横线和竖线的输入。例如要输入一竖线，单击工具栏中的按钮，则弹出竖线输入对话框，如图 8-4 所示，单击“确定”按钮，即在图光标的左下方出现一竖线，但图光标没有下移一行。输入横线的方法与此相似，单击按钮。如果要删除一竖线，将光标放在该竖线的右上方，单击按钮，就删除了这一竖线。

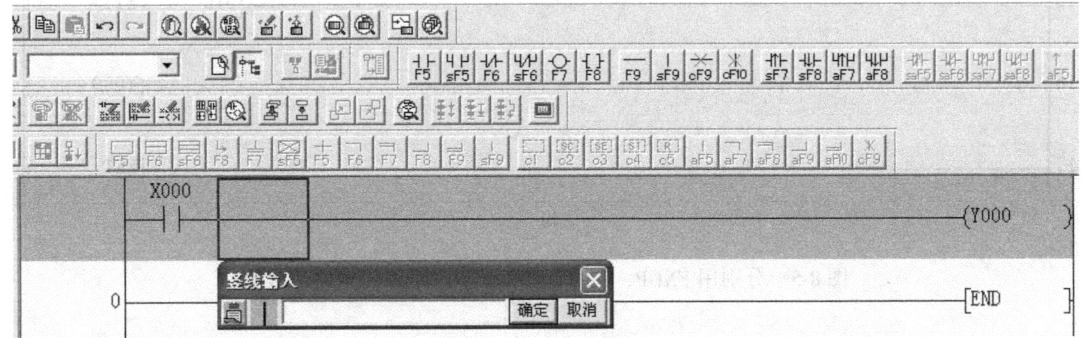

图 8-4　竖线的输入

2）步进梯形图的输入。对步进梯形图的输入，FXGP 软件与 GX Developer 软件有很大的不同。图 8-5a 为用 FXGP 软件编写的步进梯形图，而图 8-5b 为用 GX Developer 软件编写的步进梯形图，但两者的指令表相同。

a)

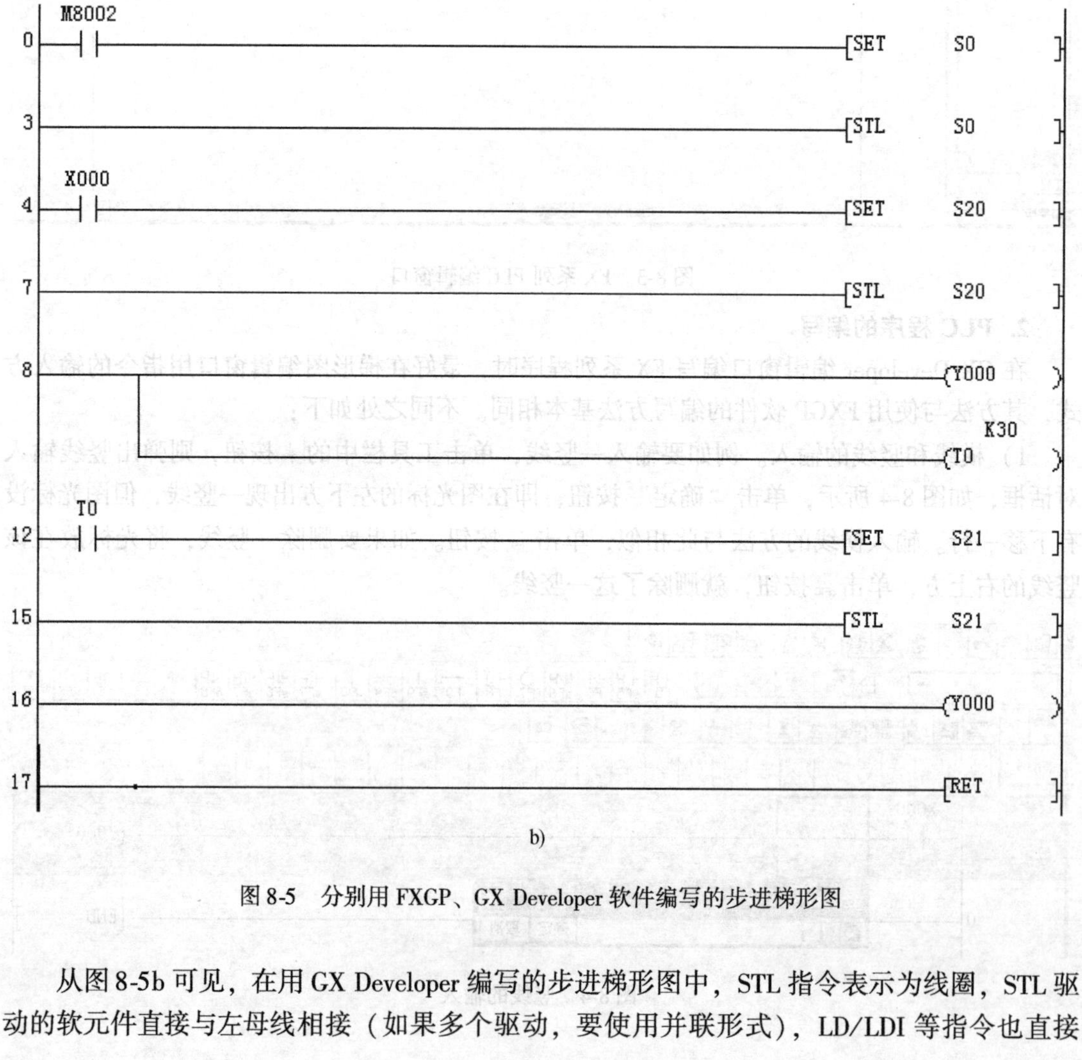

b)

图 8-5　分别用 FXGP、GX Developer 软件编写的步进梯形图

从图 8-5b 可见，在用 GX Developer 编写的步进梯形图中，STL 指令表示为线圈，STL 驱动的软元件直接与左母线相接（如果多个驱动，要使用并联形式），LD/LDI 等指令也直接

与左母线相接。也就是说，每一状态的 STL 后的子母线，在用 GX Developer 编写的步进梯形图中与左母线重合。

3）GX Developer 编辑窗口工具栏中的触点、线圈的用法与 FXGP 的功能图相同。

4）程序编写完成后的转换，单击工具栏中的按钮或按钮。

5）梯形图与指令表的相互切换，单击工具栏的按钮。

3. 保存文件

如要保存程序，单击工具栏中的按钮，或单击“工程”菜单中的“保存工程”或“另存工程为”命令，则弹出“另存工程为”对话框，如图 8-6 所示。之后，选择工程的驱动器（即磁盘号）、路径，填上工程名，单击“保存”按钮。之后又弹出另一对话框，单击“是”铵钮。

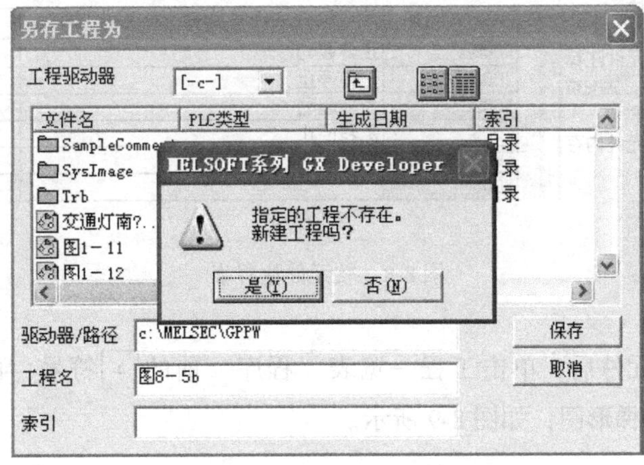

图 8-6 “另存工程为”对话框

4. 打开文件

如要打开程序，单击工具栏中的按钮，或单击“工程”菜单中的“打开工程”命令，则弹出“打开工程”对话框，如图 8-7 所示。之后，选择工程的驱动器（即磁盘号）、路径，单击滚动条，选择所需的程序名，单击该程序名，再单击“打开”，即又弹出另一对话框，询问“是否保存工程”，单击“否”，则打开该工程。

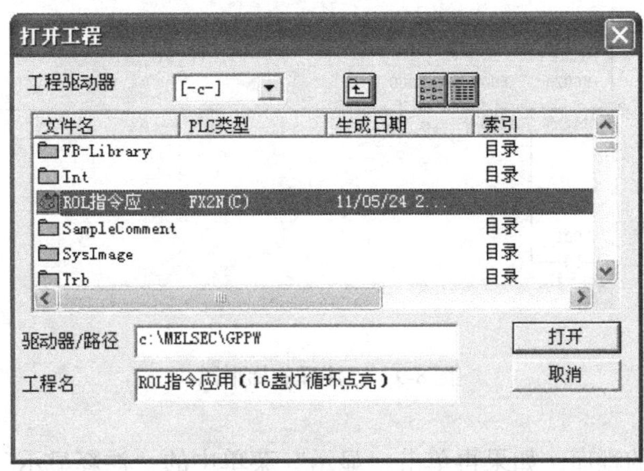

图 8-7 “打开工程”对话框

5. 软元件的注释

软元件的注释方法如下：

1）单击“显示”菜单中的“注释显示”命令，则梯形图软元件下方的行间隔拉开。单击工程一览表“软元件注释”前的[+]符号，再双击“COMMENT”命令，弹出软元件注释表，如图8-8所示。在“软元件名”空白栏输入X0，单击“显示”按钮，则出现以X0为起始的软元件列，在每个元件的注释栏填入注释字符，单击“显示”按钮，则该列的元件注释完毕。如果改变软元件名，如Y0，又可以对另一列软元件注释。

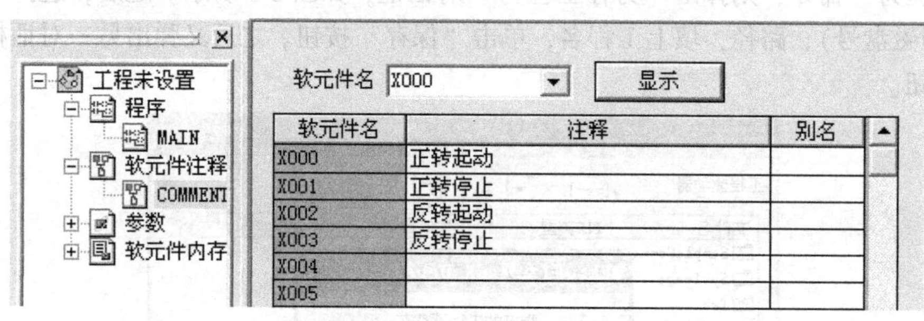

图8-8 软元件注释表

2）注释完各软元件后，单击工程一览表“程序”前的[+]符号，再双击“MAIN”命令，则显示已注释的梯形图，如图8-9所示。

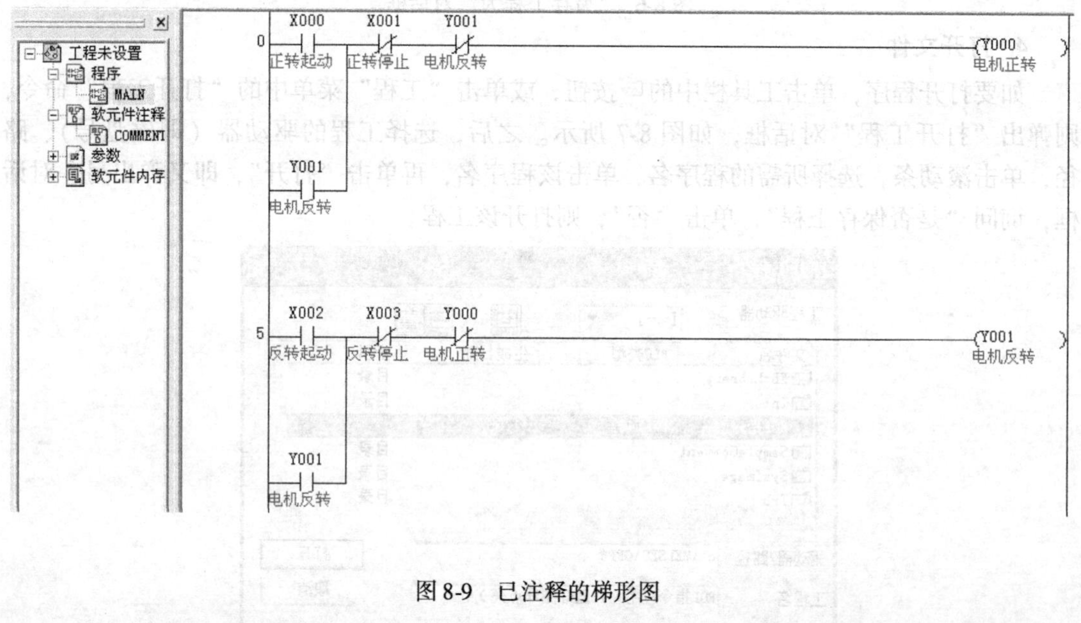

图8-9 已注释的梯形图

3）对于已注释的程序，如果再单击“显示”菜单中的“注释显示”命令，则显示为无注释的程序。

8.3 程序的运行与监控

1. 程序的运行

运行程序的方法为：

1）编写好程序，将计算机与 PLC 连接好。

2）单击“在线”菜单中的“PLC 写入”命令，弹出“PLC 写入”对话框，如图 8-10 所示。选择程序参数，单击“MAIN”，再单击“执行”，则弹出“是否执行 PLC 写入”对话框，单击“是”。之后显示 PLC 写入过程。PLC 写入结束，单击“确定”。最后，单击“PLC 写入”对话框的“关闭”。

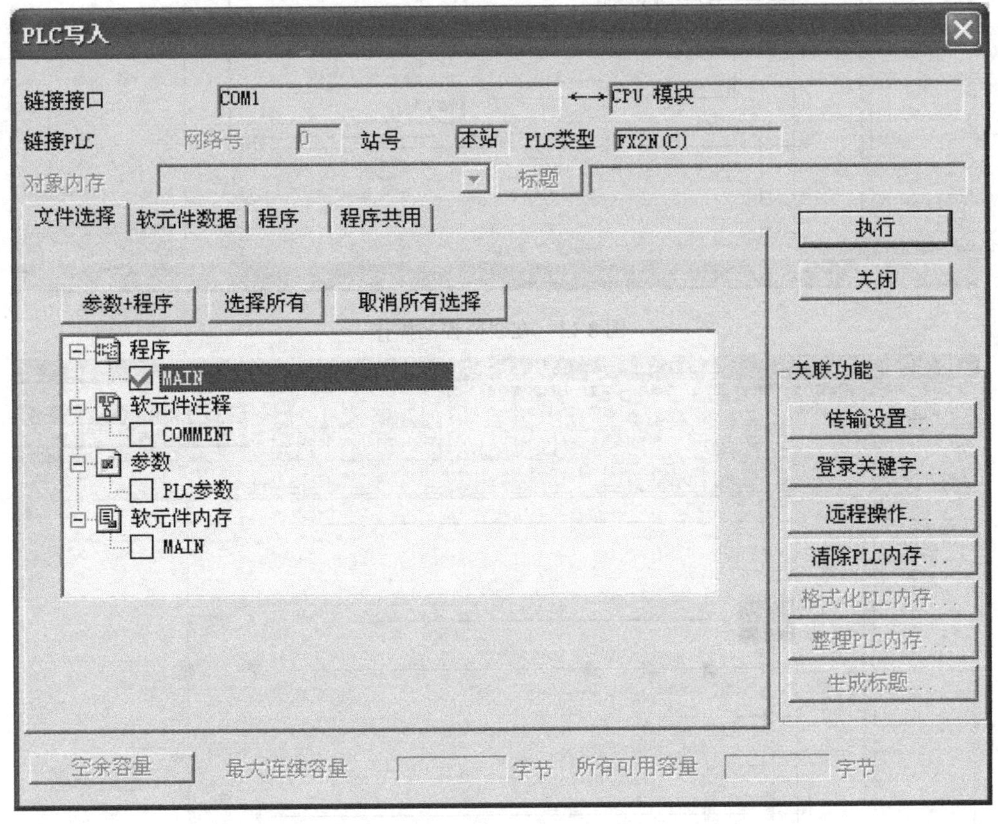

图 8-10 “PLC 写入”对话框

3）将 PLC 的 ON/OFF 开关置 ON，按程序的起动按钮，则程序开始运行。

2. 程序的在线监控

单击“在线”菜单中的“监视”命令，再单击“监视开始（全画面）”命令，如图 8-11 所示，则运行中程序的接通触点呈现蓝色通状，得电的线圈呈现蓝色，计数器、定时器显示其运行的数字，如图 8-12 所示。

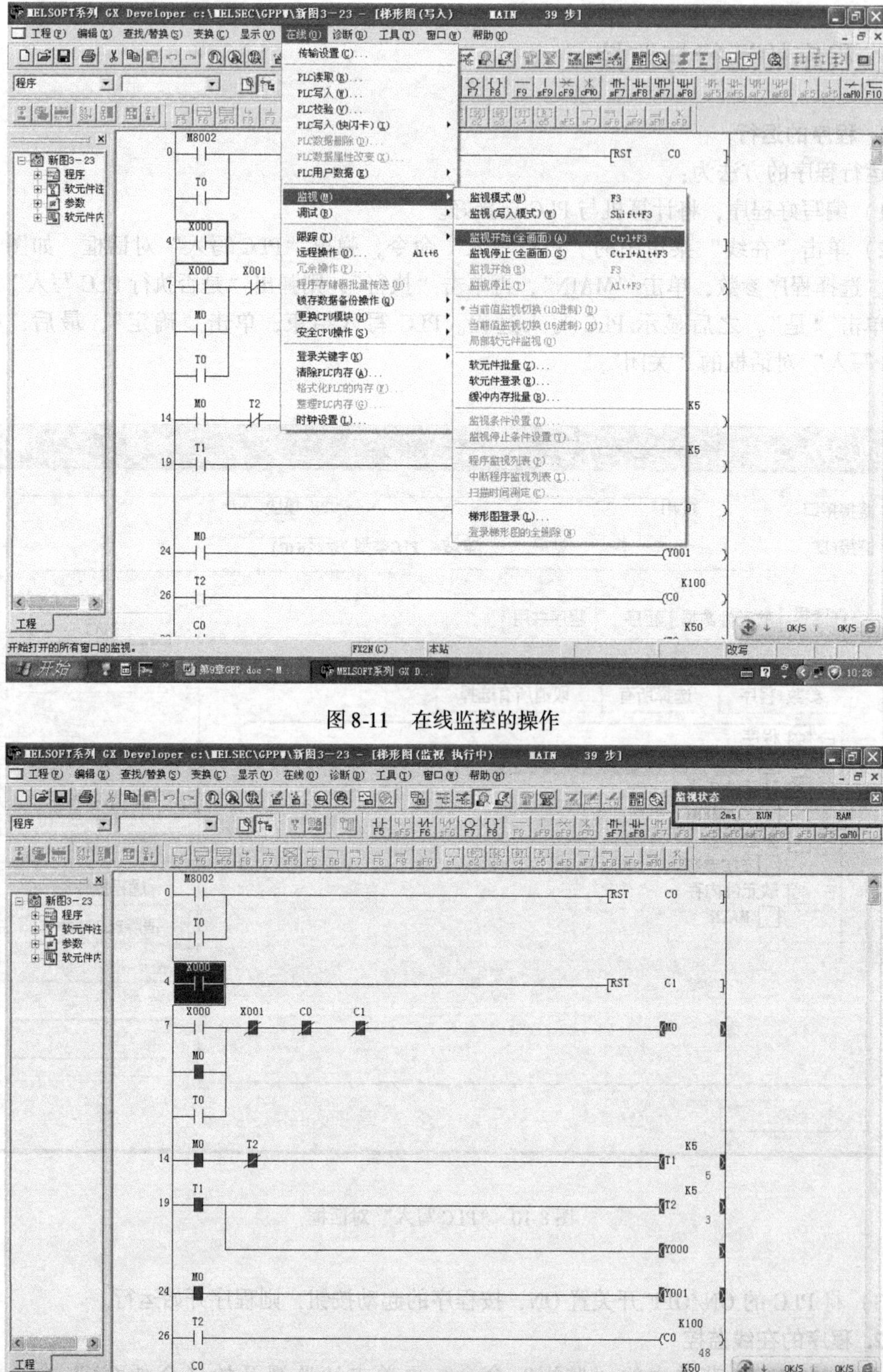

图 8-11　在线监控的操作

图 8-12　在线监控的梯形图

8.4 程序的逻辑测试

GX Developer 软件提供了一个脱线逻辑测试 PLC 运行的方法，它能处理 FX 系列、A 系列、Q 系列的大部分指令。例如 FX 系列，除了应用指令的 FNC03、04、05、07 以及 FNC50 ~ 59、FNC70 ~ 75、FNC77、80、81、FNC84 ~ 88 等不能处理外，其他都能处理。A 系列除了中断指令、FROM、TO、PRC、LRDP、LWTP、RFRP、RTOP 等指令不能处理外，其他大部分都能处理。但是必须指出，逻辑测试的方法只是一种辅助的方法，它不能代替在 PLC 上的调试和试运行。

1. 进入逻辑测试

1）当程序编写完毕，可进行逻辑测试。单击工具栏中的“梯形图形式逻辑测试起动/结束”按钮，弹出“LADDER LOGIC TEST TOOL”对话框，PLC 开始写入。写入结束，梯形图从写入模式变为监视模式，图光标由蓝色方框变为蓝色方块。闭合的触点变为蓝色，字元件显示出其初值。

2）右击图光标所指的某个元件上，弹出逻辑测试命令表，如图 8-13 所示。

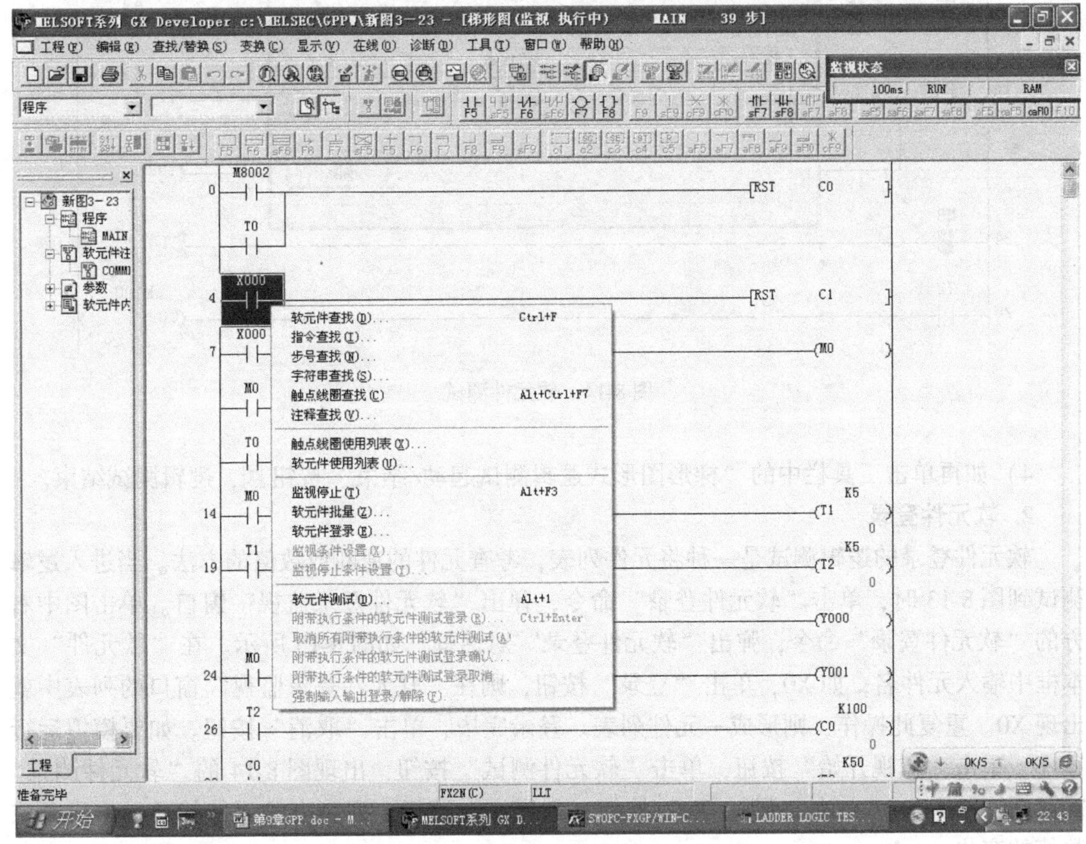

图 8-13　逻辑测试

3）单击“软元件测试”命令，弹出“软元件测试”对话框，在“位软元件”组“软元件”的文本框中输入位元件，如 X0，单击“强制 ON”，则 X0 常开触点闭合，如图 8-14 所示。

如单击“强制 OFF”按钮，则 X0 断开，程序开始模拟运行。若在“字软元件/缓冲存储区”的文本框中输入字元件及其设置值，则可测试程序在输入字软元件后的运行状况。

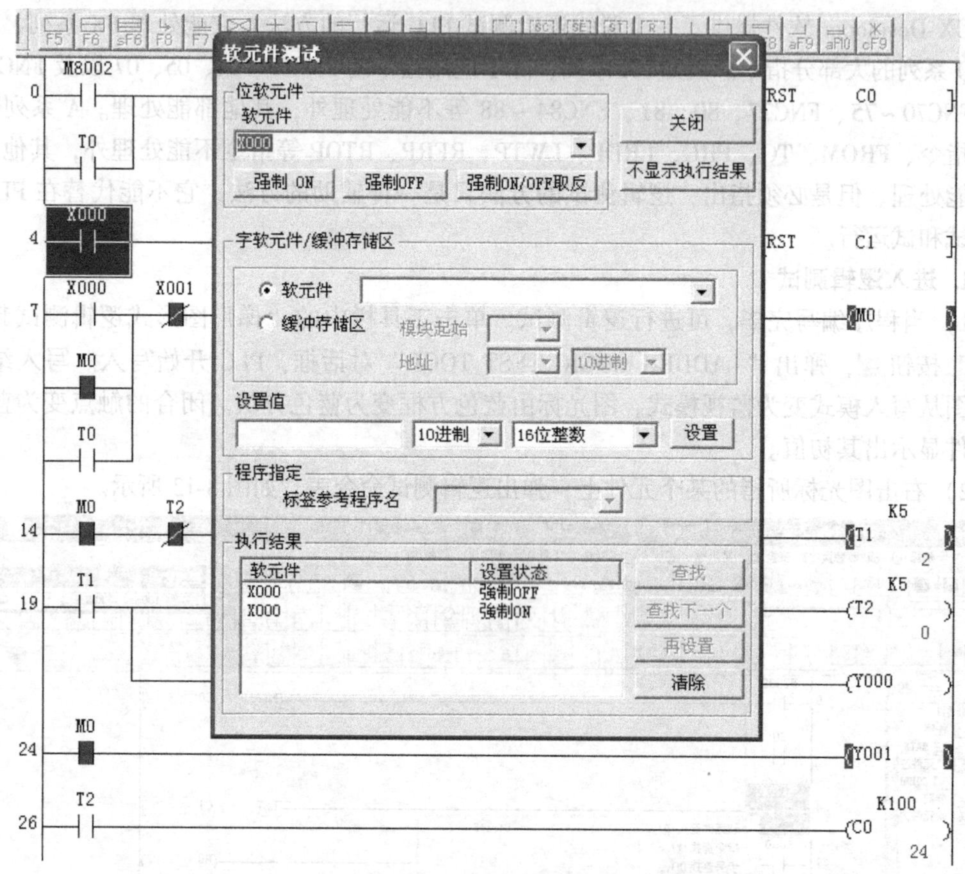

图 8-14　软元件测试

4）如再单击工具栏中的“梯形图形式逻辑测试起动/结束”按钮，逻辑测试结束。

2. 软元件登录

软元件登录的逻辑测试是一种将元件列表，考查元件的通断或数值的方法。当进入逻辑测试到图 8-13 时，单击“软元件登录”命令，弹出“软元件登录监视”窗口。单击图中右方的“软元件登录”命令，弹出“软元件登录”对话框，如图 8-15 所示。在“软元件”文本框中输入元件名，如 X0，单击“登录”按钮，则在“软元件登录监视”窗口的列表中就出现 X0。重复此操作，则形成一元件列表。登录完毕，单击“取消”按钮。如要模拟运行程序，单击“监视开始”按钮，单击“软元件测试”按钮，出现图 8-14 的“软元件测试”对话框，输入 X0，单击“强制 ON”按钮，则程序在运行，列表中的元件就显示出通断或数值的变化。

3. 软元件批量

软元件批量的逻辑测试是一种将元件批量列表，考查一系列元件的通断或数值变化的方法。它特别适用于字软元件的逻辑测试。当进入逻辑测试到图 8-13 时，单击“软元件批量”

命令，弹出“软元件批量监视”窗口，在“软元件”文本框中输入待监视批量元件的首位元件名，单击“监视开始”命令，则出现软元件批量列表，如图 8-16 所示。单击“软元件测试”按钮，弹出“软元件测试”对话框，如同图 8-14 所示。强制元件 ON/OFF，则可看到元件批量列表中元件量值的变化。

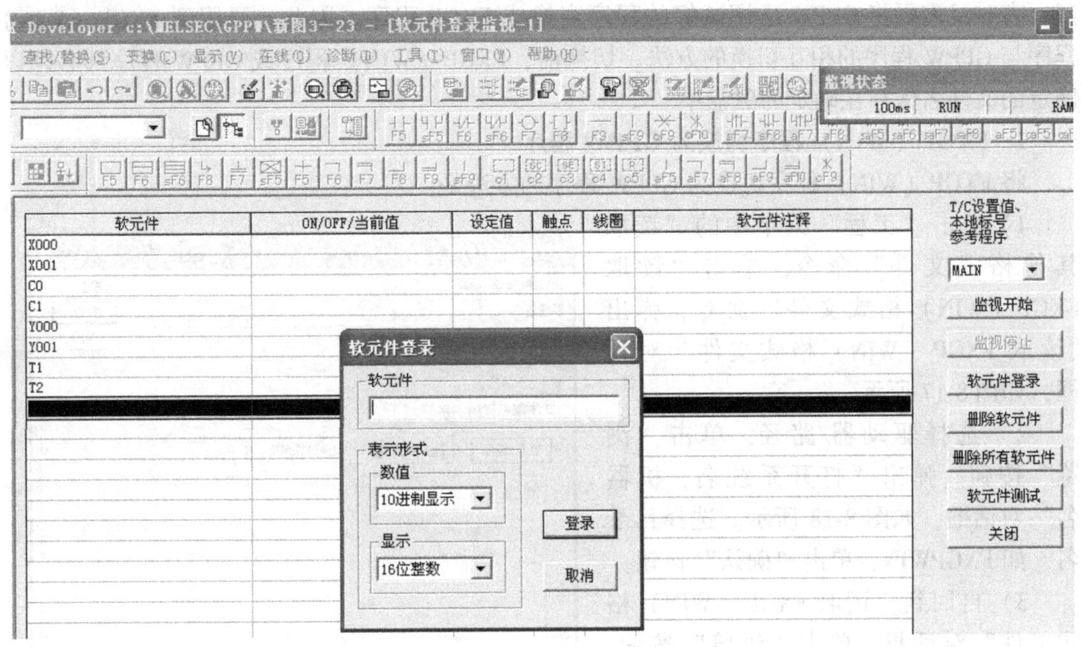

图 8-15　软元件登录

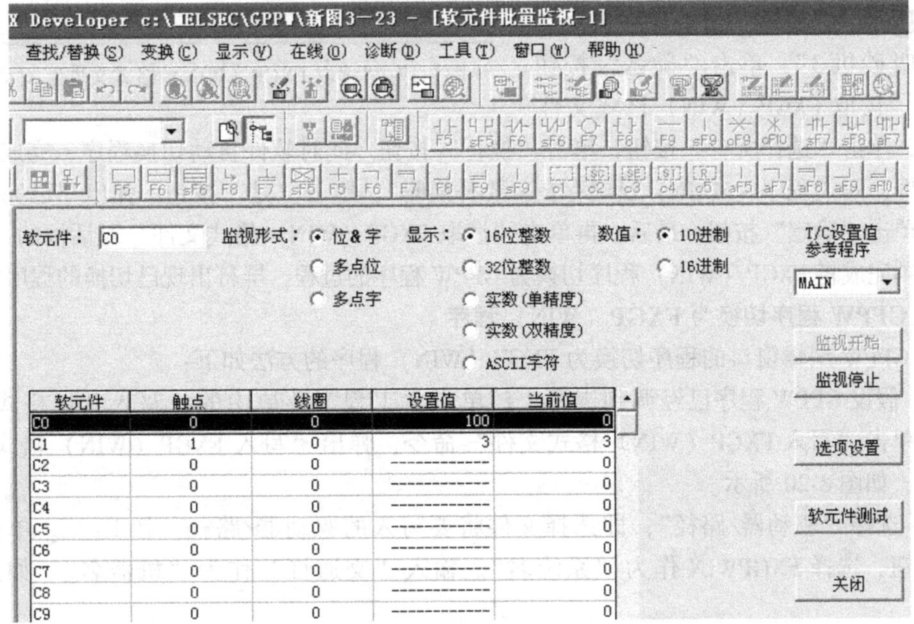

图 8-16　软元件批量

8.5 FXGP（WIN）程序与 GPPW 程序的相互切换

有时要将用 FXGP 编写的程序变换为 GPPW（GX Developer）程序，以便能进行模拟测试；有时又需要将 GPPW 已调试好的程序变换成 FXGP 程序。因此，要用到 FXGP（WIN）程序与 GPPW 程序的相互切换的方法。切换前，FXGP（WIN）程序或 GPPW 程序都必须以确定的文件名保存在确定的磁盘中。

1. FXGP（WIN）程序切换为 GPPW 程序

将 FXGP（WIN）程序切换为 GPPW 程序的方法是：

1）单击“工程”菜单中的“读取其他格式文件”命令，单击“读取 FXGP（WIN）格式文件”命令，弹出“读取 FXGP（WIN）格式文件”对话框，如图 8-17 所示。

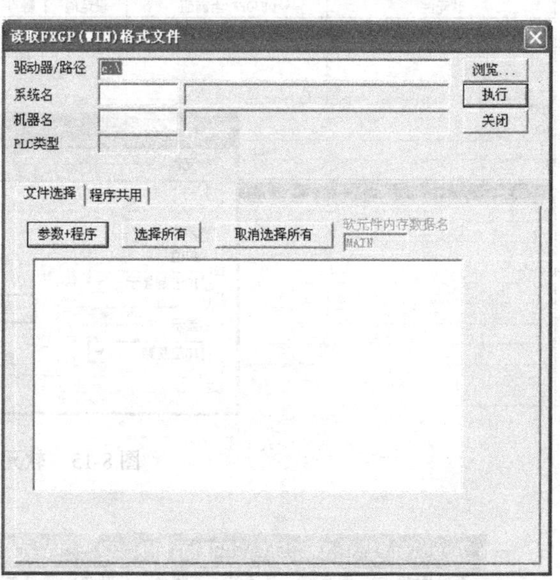

图 8-17 “读取 FXGP（WIN）格式文件”对话框

2）选择驱动器/路径，单击“浏览”按钮。弹出“打开系统名，机器名”对话框，如图 8-18 所示。选择目录名，如 FXGPWIN，单击“确认”按钮。

3）再回到“读取 FXGP（WIN）格式文件”对话框，单击“浏览”按钮，又弹出“打开系统名，机器名”对话框，出现了所选择的 FXGPWIN 的目录，如图 8-19所示。在图中，选中某一目录名，例如“吸砂机 3”，单击“确认”按钮。又回到“读取 FXGP（WIN）格式文件”对话框，单击“选择所有”按钮，单击“执行”按钮。此时软件自动切换程序，完成后出现一对话框，问“程序（MAIN）已经存在，要替换吗”，单击“是”按钮。弹出“已完成”对话框，单击“确定”按钮。最后，再单击“读取 FXGP（WIN）格式文件”对话框的“关闭”按钮。则完成将 FXGP（WIN）程序切换为 GPPW 程序的过程，屏幕出现已切换的程序。

2. GPPW 程序切换为 FXGP（WIN）程序

将 GPPW 编辑窗口的程序切换为 FXGP（WIN）程序的方法如下：

1）假设 GPPW 程序已经调到屏幕上。单击“工程”菜单中的“写入其他格式文件”命令，单击“写入 FXGP（WIN）格式文件”命令，弹出“写入 FXGP（WIN）格式文件”对话框，如图 8-20 所示。

2）选择“驱动器/路径”，即选择文件将要写入的驱动器/路径，如 E：\ 。单击“浏览”按钮，选择 FXGPWIN 作为“系统名”。输入“交通灯”作为“机器名”，如图 8-21 所示。

3）选中“文件选择”中的“选择所有”，单击“执行”按钮，则自动显示写入的过程。写入结束，弹出一对话框，显示“已完成”，单击“关闭”按钮。

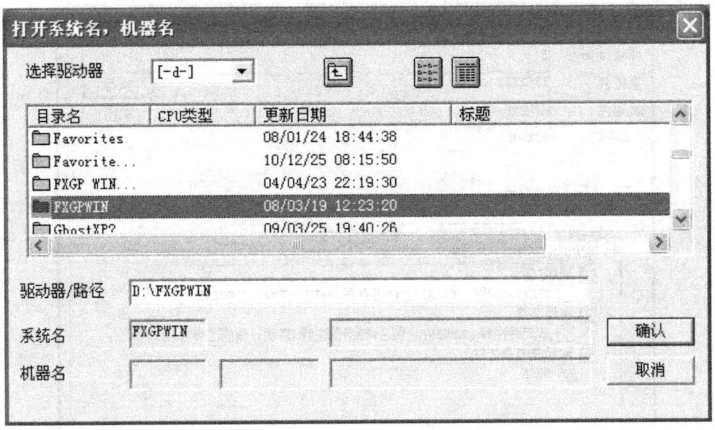

图 8-18　打开系统名，机器名（1）

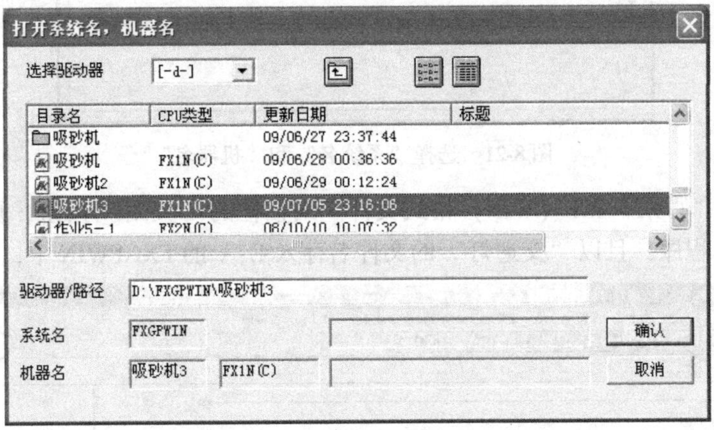

图 8-19　打开系统名，机器名（2）

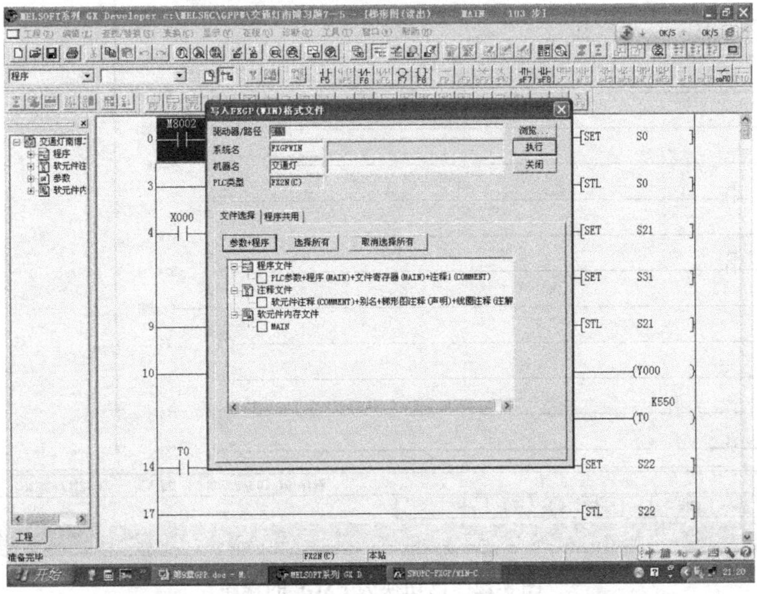

图 8-20　“写入 FXGP（WIN）格式文件”对话框

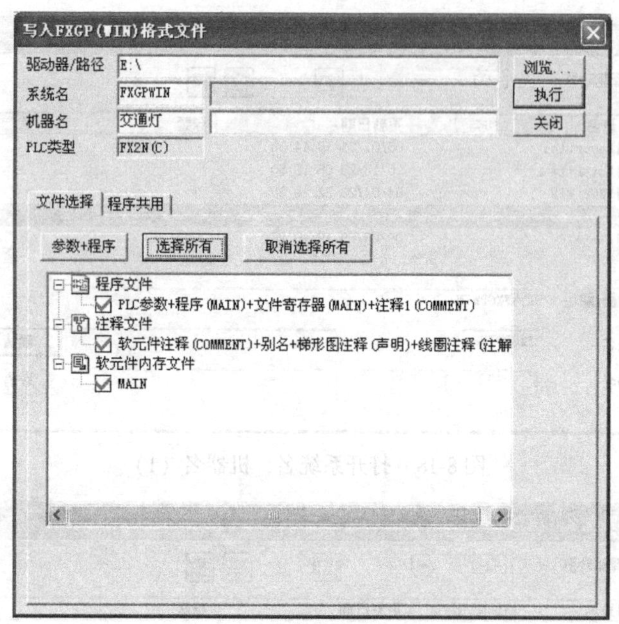

图 8-21　选择“系统名”和“机器名”

4）再单击“写入 FXGP（WIN）格式文件”对话框的“关闭”按钮，则 GPPW 程序已经切换为 FXGP 程序，且以“交通灯”的文件名存入 E：\ 的 FXGPWIN 中，如图 8-22 所示。

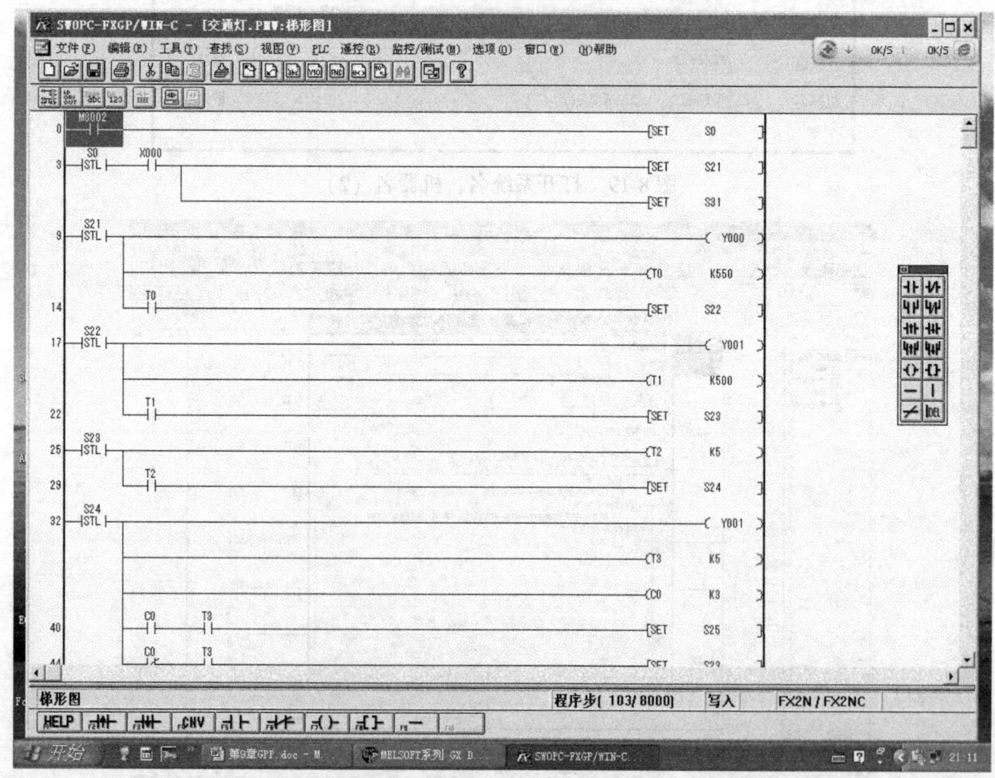

图 8-22　已切换为 FXGP 的程序

习 题 8

8-1 按8.1节所述方法安装GX Developer和GX Simulator两个软件。

8-2 在GX Developer的编辑窗口输入如图3-13的程序，并以“GPPW图3-13”的文件名保存此程序。

8-3 在GX Developer的编辑窗口输入如图4-7的程序，并以“GPPW图4-7”的文件名保存此程序。

8-4 用SC-09电缆将计算机与PLC连接起来，分别打开“GPPW图3-13”、“GPPW图4-7”的程序，按8.3节所述方法运行程序，对程序进行在线监控。

8-5 按8.2节所述方法对“GPPW图3-13”“GPPW图4-7”进行软元件注释，软注释后保存。

8-6 按8.5节所述将FXGP编写的程序变换为GPPW程序的方法将已保存在FXGP-WIN/C软件中的“FX图3-13”“FX图4-13”“FX图5-5”的程序由FXGP（WIN）格式文件切换为GPPW格式文件，并分别保存。

8-7 按8.4节所述“程序的逻辑测试”的方法对“GPPW图3-13”“GPPW图4-7”“GPPW图5-5”进行逻辑测试。

8-8 按8.4节所述的方法分别对“GPPW图3-13”“GPPW图4-7”“GPPW图5-5”进行“软元件登录”“软元件批量”逻辑测试。

附 录

附录 A FX 系列 PLC 应用指令一览表

分类	FNC No.	指令符号	功能	FX1S	FX1N	FX2N	FX3U	FX3G
程序流向	00	CJ	条件跳转	○	○	○	○	○
	01	CALL	调用子程序	○	○	○	○	○
	02	SRET	子程序返回	○	○	○	○	○
	03	IRET	中断返回	○	○	○	○	○
	04	EI	允许中断	○	○	○	○	○
	05	DI	禁止中断	○	○	○	○	○
	06	FEND	主程序结束	○	○	○	○	○
	07	WDT	警戒时钟	○	○	○	○	○
	08	FOR	循环范围的开始	○	○	○	○	○
	09	NEXT	循环范围的结束	○	○	○	○	○
传送比较	10	CMP	比较	○	○	○	○	○
	11	ZCP	区间比较	○	○	○	○	○
	12	MOV	传送	○	○	○	○	○
	13	SMOV	BCD 码传送和移位	—	—	○	○	○
	14	CML	取反传送	—	—	○	○	○
	15	BMOV	成批传送(n 点→n 点)	○	○	○	○	○
	16	FMOV	多点传送(1 点→n 点)	—	—	○	○	○
	17	XCH	数据交换(D1)←→(D2)	—	—	○	○	—
	18	BCD	BCD 变换 BIN(S)→BCD(D)	○	○	○	○	○
	19	BIN	BIN 变换 BCD (S)→BIN(D)	○	○	○	○	○
四则逻辑运算	20	ADD	BIN 加法(S1)+(S1)→(D)	○	○	○	○	○
	21	SUB	BIN 减法(S1)-(S1)→(D)	○	○	○	○	○
	22	MUL	BIN 乘法(S1)×(S1)→(D)	○	○	○	○	○
	23	DIV	BIN 除法(S1)÷(S1)→(D)	○	○	○	○	○
	24	INC	BIN 加 1	○	○	○	○	○
	25	DEC	BIN 减 1	○	○	○	○	○
	26	WAND	逻辑与	○	○	○	○	○
	27	WOR	逻辑或	○	○	○	○	○
	28	WXOR	逻辑异或	○	○	○	○	○
	29	NEG	补码	—	—	○	○	—

（续）

分类	FNC No.	指令符号	功能	FX1S	FX1N	FX2N	FX3U	FX3G
循环移位	30	ROR	循环右移(n 位)	—	—	○	○	○
	31	ROL	循环左移(n 位)	—	—	○	○	○
	32	RCR	带进位循环右移(n 位)	—	—	○	○	—
	33	RCL	带进位循环左移(n 位)	—	—	○	○	—
	34	SFTR	位右移	○	○	○	○	○
	35	SFTL	位左移	○	○	○	○	○
	36	WSFR	字右移	—	—	○	○	○
	37	WSFL	字左移	—	—	○	○	○
	38	SFWR	FIFO 写入	○	○	○	○	○
	39	SFRD	FIFO 读出	○	○	○	○	○
数据处理	40	ZRST	成批复位	○	○	○	○	○
	41	DECO	解码	○	○	○	○	○
	42	ENCO	编码	○	○	○	○	○
	43	SUM	ON 位数总和	—	—	○	○	○
	44	BON	ON 位数判别	—	—	○	○	○
	45	MEAN	平均值计算	—	—	○	○	○
	46	ANS	信号报警器置位	—	—	○	○	○
	47	ANR	信号报警器复位	—	—	○	○	○
	48	SQR	BIN 开方运算	—	—	○	○	○
	49	FLT	BIN 整数→二进制浮点数转换	—	—	○	○	○
高速处理	50	REF	输入输出刷新	○	○	○	○	○
	51	REFF	输入刷新(带滤波器设定)	—	—	○	○	—
	52	MTR	矩阵输入	○	○	○	○	○
	53	HSCS	比较置位(高速计数器用)	○	○	○	○	○
	54	HSCR	比较复位(高速计数器用)	○	○	○	○	○
	55	HSZ	区间比较(高速计数器用)	—	—	○	○	○
	56	SPD	脉冲密度	○	○	○	○	○
	57	PLSY	脉冲输出	○	○	○	○	○
	58	PWM	脉宽调制	○	○	○	○	○
	59	PLSR	带加减速的脉冲输出	○	○	○	○	○
方便指令	60	IST	初始化状态	○	○	○	○	○
	61	SER	数据检索	—	—	○	○	○
	62	ABSD	凸轮顺序绝对方式	○	○	○	○	○
	63	INCO	凸轮顺序相对方式	○	○	○	○	○
	64	TTMR	示教定时器	—	—	○	○	—
	65	STMR	特殊定时器	—	—	○	○	—
	66	ALT	交替输出	○	○	○	○	○
	67	RAMP	斜坡信号	○	○	○	○	○
	68	ROTC	旋转工作台控制	—	—	○	○	—
	69	SORT	数据排列	—	—	○	○	—

（续）

分类	FNC No.	指令符号	功能	FX1S	FX1N	FX2N	FX3U	FX3G
外部设备I/O	70	TKY	数字键输入	—	—	○	○	—
	71	HKY	十六进制数字键输入	—	—	○	○	—
	72	DSW	数字开关	○	○	○	○	○
	73	SEGD	7段解码器	—	—	○	○	—
	74	SEGL	7段时分显示	○	○	○	○	○
	75	ARWS	箭头开关	—	—	○	○	—
	76	ASC	ASCII数据输入	—	—	○	○	—
	77	PR	ASCII码打印	—	—	○	○	—
	78	FROM	BFM读出	—	○	○	○	○
	79	TO	BFM写入	—	○	○	○	○
外部设备（选件设备）	80	RS	串行数据传送	○	○	○	○	○
	81	PRUN	八进制位传送	○	○	○	○	○
	82	ASCI	HEX→ASCII的转换	○	○	○	○	○
	83	HEX	ASCII→HEX的转换	○	○	○	○	○
	84	CCD	校验码	○	○	○	○	○
	85	VRRD	电位器读出	○	○	○	—	—
	86	VRSC	电位器刻度	○	○	○	—	—
	87	RS2	串行数据传送2	—	—	—	○	○
	88	PID	PID运算	○	○	○	○	○
浮点数运算	110	ECMP	二进制浮点数比较	—	—	○	○	—
	111	EZCP	二进制浮点数区间比较	—	—	○	○	—
	112	EMOV	二进制浮点数数据传送	—	—	—	○	—
	116	ESTR	二进制浮点数→字符串的转换	—	—	—	○	—
	117	EVAL	字符串→二进制浮点数的转换	—	—	—	○	—
	118	EBCD	二进制浮点数→十进制浮点数转换	—	—	○	○	—
	119	EBIN	十进制浮点数→二进制浮点数转换	—	—	○	○	—
	120	EADD	二进制浮点数加法运算	—	—	○	○	—
	121	ESUB	二进制浮点数减法运算	—	—	○	○	—
	122	EMUL	二进制浮点数乘法运算	—	—	○	○	—
	123	EDIV	二进制浮点数除法运算	—	—	○	○	—
	124	EXP	二进制浮点数指数运算	—	—	—	○	—
	125	LOGE	二进制浮点数自然对数运算	—	—	—	○	—
	126	LOG10	二进制浮点数常用对数运算	—	—	—	○	—
	127	ESQR	二进制浮点数开方运算	—	—	○	○	—
	128	ENEG	二进制浮点数符号翻转	—	—	—	○	—
	129	INT	二进制浮点数→BIN整数的转换	—	—	○	○	—
	130	SIN	二进制浮点数SIN运算	—	—	○	○	—
	131	COS	二进制浮点数COS运算	—	—	○	○	—
	132	TAN	二进制浮点数TAN运算	—	—	○	○	—

（续）

分类	FNC No.	指令符号	功能	FX1S	FX1N	FX2N	FX3U	FX3G
浮点数运算	133	ASIB	二进制浮点数 SIN^{-1} 运算	—	—	—	○	—
	134	ACOS	二进制浮点数 COS^{-1} 运算	—	—	—	○	—
	135	ATIN	二进制浮点数 TAN^{-1} 运算	—	—	—	○	—
	136	RAD	二进制浮点数角度→弧度的转换	—	—	—	○	—
	137	DEG	二进制浮点数弧度→角度的转换	—	—	—	○	—
	147	SWAP	高低字节互换	—	—	○	○	—
定位	155	ABS	读出 ABS 当前值	○	○	—	○	—
	156	ZRN	原点回归	○	○	—	○	—
	157	PLSV	可变速脉冲输出	○	○	—	○	—
	158	DRVI	相对地定位	○	○	—	○	—
	159	DRVA	绝对定位	○	○	—	○	—
时钟运算	160	TCMP	时钟数据比较	○	○	○	○	○
	161	TZCP	时钟数据区间比较	○	○	○	○	○
	162	TADD	时钟数据加法运算	○	○	○	○	○
	163	ASUB	时钟数据减法运算	○	○	○	○	○
	164	HTOS	时、分、秒数据的秒转换	—	—	—	○	—
	165	STOH	秒数据的时、分、秒转换	—	—	—	○	—
	166	TRD	读出时钟数据	○	○	○	○	○
	167	TWR	写入时钟数据	○	○	○	○	○
	169	HOUR	计时表	○	○	○	○	○
	170	GRY	格雷码的转换	—	—	○	○	○
	171	GBIN	格雷码的逆转换	—	—	○	○	○
	176	RD3A	模拟量模块的读出	—	○	—	○	○
	177	WR3A	模拟量模块的写入	—	○	—	○	○
触点比较指令	224	LD =	触点比较 LD,(S1) = (S2)接通	○	○	○	○	○
	225	LD >	触点比较 LD,(S1) > (S2)接通	○	○	○	○	○
	226	LD <	触点比较 LD,(S1) < (S2)接通	○	○	○	○	○
	228	LD < >	触点比较 LD,(S1) ≠ (S2)接通	○	○	○	○	○
	229	LD < =	触点比较 LD,(S1) ≤ (S2)接通	○	○	○	○	○
	230	LD > =	触点比较 LD,(S1) ≥ (S2)接通	○	○	○	○	○
	232	AND =	触点比较 AND,(S1) = (S2)接通	○	○	○	○	○
	233	AND >	触点比较 AND,(S1) > (S2)接通	○	○	○	○	○
	234	AND <	触点比较 AND,(S1) < (S2)接通	○	○	○	○	○
	236	AND < >	触点比较 AND,(S1) ≠ (S2)接通	○	○	○	○	○
	237	AND < =	触点比较 AND,(S1) ≤ (S2)接通	○	○	○	○	○
	238	AND > =	触点比较 AND,(S1) ≥ (S2)接通	○	○	○	○	○
	240	OR =	触点比较 OR,(S1) = (S2)接通	○	○	○	○	○
	241	OR >	触点比较 OR,(S1) > (S2)接通	○	○	○	○	○
	242	OR <	触点比较 OR,(S1) < (S2)接通	○	○	○	○	○
	244	OR < >	触点比较 OR,(S1) ≠ (S2)接通	○	○	○	○	○
	245	OR < =	触点比较 OR,(S1) ≤ (S2)接通	○	○	○	○	○
	246	OR > =	触点比较 OR,(S1) ≥ (S2)接通	○	○	○	○	○

（续）

分类	FNC No.	指令符号	功能	FX1S	FX1N	FX2N	FX3U	FX3G
外部设备通信（变频器）	270	IVCK	变频器的运转监视	—	—	—	○	—
	271	IVDR	变频器的运行控制	—	—	—	○	—
	272	IVRD	变频器的参数	—	—	—	○	—
	273	IVWR	写入变频器的参数	—	—	—	○	—
	274	IVBWR	成批写入变频器的参数	—	—	—	○	—

注：“○”表示具有此指令；“—”表示没有此指令。

附录 B　FX2N PLC 特殊辅助继电器功能

PX2N 可编程序控制器的特殊元件种类及其功能如以下各表所述。表中［M］和［D］这样带有［］的元件，未使用的元件、以及未写入下表的未定义元件都不许在程序上运行或写入。

PC 状态

编号	名称	备注	编号	名称	备注
[M]8000	RUN 监控　a 接点	RUN 时为 ON	D 8000	监视定时器	初始值 200ms
[M]8001	RUN 监控　b 接点	RUN 时为 OFF	[D]8001	PC 型号和版本	*5
[M]8002	初始脉冲　a 接点	RUN 后 1 操作为 ON	[D]8002	存储器容量	*6
[M]8003	初始脉冲　b 接点	RUN 后 1 操作为 OFF	[D]8003	存储器种类	*7
[M]8004	出错	M8060-M8067 检测 * S	[D]8004	出错特 M 地址	M8060-M8067
[M]8005	电池电压降低	锂电池电压下降	[D]8005	电池电压	0.1V 单位
[M]8006	电池电压降低锁存	保持降低信号	[D]8006	电池电压降低检测	3.0V （0.1V 单位）
[M]8007	瞬停检测		[D]8007	瞬停次数	电源关闭清除
[M]8008	停电检测		D 8008	停电检测时间	4-2 项
[M]8009	DC24V 降低	检测 24V 电源异常	[D]8009	下降单元编号	降低的起始输出编号

时钟

编号	名称	备注	编号	名称	备注
[M]8010			[D]8010	扫描当前值	0.1ms 单位包括常数扫描等待时间
[M]8011	10ms 时钟	10ms 周期振荡	[D]8011	最小扫描时间	
[M]8012	100ms 时钟	100ms 周期振荡	[D]8012	最大扫描时间	
[M]8013	1s 时钟	1s 周期振荡	D 8013	秒 0~59 预置值或当前值	
[M]8014	1min 时钟	1min 周期振荡	D 8014	分 0~59 预置值或当前值	
M 8015	计时停止或预置		D 8015	时 0~23 预置值或当前值	
M 8016	时间显示停止		D 8016	日 1~31 预置值或当前值	
M 8017	±30s 修正		D 8017	月 1~12 预置值或当前值	
[M]8018	内装 RTC 检测	常时 ON	D 8018	公历 4 位预置值或当前值	
M 8019	内装 RTC 出错		D 8019	星期 0(日) ~6(六)预置值或当前值	

标记

编号	名称	备注
[M]8020	零标记	应用命令运算标记
[M]8021	借位标记	
M 8022	进位标记	
[M]8023		
M 8024	RMOV 方向指定	
M 8025	HSC 方式(FNC53～55)	
M 8026	RAMP 方式(FNC67)	
M 8027	PR 方式(FNC77)	
M 8028	执行 FROM/TO 命令时允许中断	
[M]8029	执行指令结束标记	应用命令用

编号	名称	备注
[D]8020	调整输入滤波器	初始值 10ms
[D]8021		
[D]8022		
[D]8023		
[D]8024		
[D]8025		
[D]8026		
[D]8027		
[D]8028	Z0(Z)寄存器内存	寻址寄存器 Z 的内容
[D]8029	V0(Z)寄存器内存	寻址寄存器 V 的内容

PC 方式

编号	名称	备注
M 8030	电池关灯指令	关闭面板灯 *4
M 8031	非保存存储清除	清除元件的 ON/OFF 和当前值 *4
M 8032	保存存储清除	
M 8033	存储保存停止	图像存储保持
M 8034	全输出禁止	外部输出均为 OFF *4
M 8035	强制 RUN 方式	8-1 项 *1
M 8036	强制 RUN 指令	
M 8037	强制 STOP 指令	
[M]8038		
M 8039	恒定扫描方式	定周期运作

编号	名称	备注
[D]8030		
[D]8031		
[D]8032		
[D]8033		
[D]8034		
[D]8035		
[D]8036		
[D]8037		
[D]8038		
D 8039	常数扫描时间	初始值 0(1ms 单位)

步进梯形图

编号	名称	备注
M 8040	禁止转移	状态间禁止转移
M 8041	开始转移 *1	FNC60(IST)命令用
M 8042	启动脉冲	
M 8043	复原完了 *1	
M 8044	原点条件 *1	
M 8045	禁止全输出复位	
[M]8046	STL 状态工作 *4	S0～899 工作检测
M 8047	STL 监视有效 *4	D8040～8047 有效
[M]8048	报警工作 *4	S900～999 工作检测
M 8049	报警有效 *4	D8049 有效

编号	名称	备注
[D]8040	ON 状态号 1 *4	M8047 为 ON 时，将在 S0～S999 中工作的最小号存入 D8040，到以下 8 点都被存储
[D]8041	ON 状态号 2 *4	
[D]8042	ON 状态号 3 *4	
[D]8043	ON 状态号 4 *4	
[D]8044	ON 状态号 5 *4	
[D]8045	ON 状态号 6 *4	
[D]8046	ON 状态号 7 *4	
[D]8047	ON 状态号 8 *4	
[D]8048		
[D]8049	ON 状态最小号 *4	S900～999 最小ON号

中断禁止

编号	名称	备注
M 8050	100□禁止	输入中断禁止
M 8051	110□禁止	
M 8052	120□禁止	
M 8053	130□禁止	
M 8054	140□禁止	
M 8055	150□禁止	
M 8056	160□禁止	定时中断禁止
M 8057	170□禁止	
M 8058	180□禁止	
M 8059	1010 ~1060 全禁止	计数中断禁止

编号	名称	备注
[D]8050	未使用	
[D]8051		
[D]8052		
[D]8053		
[D]8054		
[D]8055		
[D]8056		
[D]8057		
[D]8058		
[D]8059		

出错检测

编号	名称	备注
[M]8060	I/O 配置出错	可编程序控制器 RUN 继续
[M]8061	PC 硬件出错	可编程序控制器停止
[M]8062	PC/PP 通信出错	可编程序控制器 RUN 继续
[M]8063	并行连接	可编程序控制器 RUN 继续 * 2
[M]8064	参数出错	可编程序控制器停止
[M]8065	语法出错	可编程序控制器停止
[M]8066	电路出错	可编程序控制器停止
[M]8067	运算出错	可编程序控制器 RUN 继续
M 8068	运算出错锁存	M8067 保持
M 8069	I/O 总线检查	总线检查开始

编号	名称	备注
[D]8060	出错的 I/O 起始号	
[D]8061	PC 硬件出错代码	存储出错代码，参考下面的出错代码
[D]8062	PC/PP 通信出错代码	
[D]8063	连接通信出错代码	
[D]8064	参数出错代码	
[D]8065	语法出错代码	
[D]8066	电路出错代码	
[D]8067	运算出错代码 * 2	
D 8068	运算出错产生的步	步编号保持
[D]8069	M8065-7 出错产生步号	* 2

并行连接功能

编号	名称	备注
M 8070	并行连接主站说明	主站时为 ON * 2
M 8071	并行连接主站说明	从站时为 ON * 2
[M]8072	并行连接运转中为 ON	运行中为 ON
[M]8073	主站/从站设置不良	M8070. 8071 设定不良

编号	名称	备注
[D]8070	并行连接出错判定时间	初始值 500ms
[D]8071		
[D]8072		
[D]8073		

*1:RUN→STOP 时清除

*2:STOP→RUN 时清除

*5: 24　　100

↑　　↑

FX2N　版本 1.00

*6:0002 = 2k 步　　0004 = 4k 步

0008 = 8k 步　　(16k 步)

D8102 加在以上项目,0016 = 16k 步

*3:电池后备

*4:END 指令结束时处理

*7:00H = FX - RAM8

01H = FX - EPROM - 8

02H = FX - EEPROM - 4. 8. 16(保护为 OFF)

0AH = FX - EEPROM - 4. 8. 16(保护为 ON)

10H = 可编程控制的内置 RAM

*8:M8062 除外

采样跟踪

编号	名称	备注
[M]8074		
M 8075	准备开始指令	采样跟踪功能
M 8076	执行开始指令	
[M]8077	执行中监测	
[M]8078	执行结束监测	
[M]8079	跟踪512次以上	

编号	名称	备注
[D]8090	位元件号 No.10	采样跟踪功能用
[D]8091	位元件号 No.11	
[D]8092	位元件号 No.12	
[D]8093	位元件号 No.13	
[D]8094	位元件号 No.14	
[D]8095	位元件号 No.15	
[D]8096	字元件号 No.0	
[D]8097	字元件号 No.1	
[D]8098	字元件号 No.2	

编号	名称	备注
[D]8074	采样剩余次数	采样跟踪功能 详细请见编程手册
D 8075	采样次数设定(1~512)	
D 8076	采样周期	
D 8077	指定触发器	
D 8078	触发器条件元件号	
[D]8079	取样数据指针	
D 8080	位元件号 No.0	
D 8081	位元件号 No.1	
D 8082	位元件号 No.2	
D 8083	位元件号 No.3	
D 8084	位元件号 No.4	
D 8085	位元件号 No.5	
D 8086	位元件号 No.6	
D 8087	位元件号 No.7	
D 8088	位元件号 No.8	
D 8089	位元件号 No.9	

存储容量

编号	名称	备注
[D]8102	存储容量	

0002 = 2k 步　004 = 4k 步

0008 = 8k 步　0016 = 16k 步

输出更换

编号	名称	备注
[M]8109	输出更换错误生成	

编号	名称	备注
[D]8109	输出更换错误生成	0,10,20,…被存储

高速环形计数器

编号	名称	备注
[M]8099	高速环形计数器工作	允许计数器工作

编号	名称	备注
D 8099	0.1ms 环形计数器	0~32767 增序

特殊功能

编号	名称	备注
[M]8120		
[M]8121	RS232C 发送待机中 * 2	RS232 通信用
M8122	RS232C 发送标记 * 2	
M8123	RS232C 发送完标记 * 2	
[M]8124	RS232C 载波接收	
[M]8125		
[M]8126	全信号	RS485 通信用
[M]8127	请求手动信号	
M8128	请求出错标记	
M8129	请求字/位切换	

编号	名称	备注
D8120	通信格式 * 3	详细请见各通信适配器使用手册
D8121	设定局编号 * 3	
[D]8122	发送数据余数 * 2	
[D]8123	接收数据数 * 2	
D8124	标题(STX)	
D8125	终结字符(ETX)	
[D]8126		
D8127	指定请求用起始号	
D8128	请求数据数的指定	
D8129	判定时间输出时间	

高速列表

编号	名称	备注
M8130	HSZ 表比较方式	
[M]8131	同上执行完标记	
M8132	HSZ PLSY 速度图形	
[M]8133	同上 执行完标记	

编号	名称		备注
[D]8130	HSZ 列表计数器		
[D]8131	HSZ PLSY 列表计数器		
[D]8132	速度图形频率	下位	详细请见编程手册
[D]8133	HSZ,PLSY	空	
[D]8134	速度图形目标	下位	
[D]8135	脉冲数 HSZ,PLSY	上位	
[D]8136	输出脉冲数	下位	
[D]8137	PLSY,PLSR	上位	
[D]8138			
[D]8139			

编号	名称		备注
[D]8140	输出给 PLSY、PLSR	下位	详细请见编程手册
[D]8141	Y000 的脉冲数	上位	
[D]8142	输出给 PLSY、PLSR	下位	
[D]8143	Y001 的脉冲数	上位	

扩展功能

编号	名称	备注
M8160	XCH 的 SWAP 功能	同一元件内交换
M8161	8 位单位切换	16/8 位切换 *8
M8162	高速并串连接方式	
[M]8163		
[M]8164		
[M]8165		写入十六进制数据
[M]8166	HKY 的 HEX 处理	停止 BCD 切换
M8167	SMOV 的 HEX 处理	
M8168		
[M]8169		

*8 适用于 ASC、RS、ASC、HEX、CCD

脉冲捕捉

编号	名称	备注
M8170	输入 X000 脉冲捕捉	详细请见编程手册 *2
M8171	输入 X001 脉冲捕捉	
M8172	输入 X002 脉冲捕捉	
M8173	输入 X003 脉冲捕捉	
M8174	输入 X004 脉冲捕捉	
M8175	输入 X005 脉冲捕捉	
[M]8176		
[M]8177		
[M]8178		
[M]8179		

寻址寄存器当前值

编号	名称	备注
[D]8180		寻址寄存器当前值
[D]8181		
[D]8182	Z1 寄存器的数据	
[D]8183	V1 寄存器的数据	
[D]8184	Z2 寄存器的数据	
[D]8185	V2 寄存器的数据	
[D]8186	Z3 寄存器的数据	
[D]8187	V3 寄存器的数据	
[D]8188	Z4 寄存器的数据	
[D]8189	V4 寄存器的数据	

编号	名称	备注
D8190	ZS 寄存器的数据	寻址寄存器当前值
D8191	V5 寄存器的数据	
[D]8792	Z6 寄存器的数据	
[D]8193	V6 寄存器的数据	
[D]8194	Z7 寄存器的数据	
[D]8195	V7 寄存器的数据	
[D]8196		
[D]8197		
[D]8198		
[D]8199		

内部增降序计数器

编号	名称	备注
M8200	驱动 M8□□□时 C□□□降序计数 M8□□□在不驱动时 C□□□增序计数 (□□□为 200 ~ 234)	详细请见编程手册
M8201		
:		
:		
:		
:		
:		
:		
M8233		
M8234		

高速计数器

编号	名称	备注
M8235	M8□□□被驱动时,1 相高速计数器 C□□□为降序方式,不驱动时为增序方式。 (□□□为 235 ~ 245)	详细请见编程手册
M8236		
M8237		
M8238		
M8239		
M8240		
M8241		
M8242		
M8243		
M8244		

编号	名称	备注
[M]8246	根据 1 相 2 输入计数器□□□的增、降序 M8□□□为 ON/OFF (□□□为 246 ~ 250)	详细请见各通信适配器使用手册
[M]8247		
[M]8248		
[M]8249		
[M]8250		
[M]8251	由于 2 相计数器□□□的增、降序 M8□□□为 ON/OFF (□□□为 251 ~ 255)	
[M]8252		
[M]8253		
[M]8254		
[M]8255		

参 考 文 献

[1] 史国生. 电气控制与可编程控制器技术 [M]. 北京：化学工业出版社，2004.
[2] 廖常初. PLC 编程及应用 [M]. 北京：机械工业出版社，2003.
[3] 胡学林. 可编程控制器教程（实训篇）[M]. 北京：电子工业出版社，2004.
[4] 邱公伟. 可编程控制器网络通信及应用 [M]. 北京：清华大学出版社，2000.
[5] 陈 宇. 可编程控制器基础及编程技巧 [M]. 广州：华南理工大学出版社，2000.
[6] 郭宗仁. 可编程序控制器及其通信网络技术 [M]. 北京：人民邮电出版社，1999.
[7] 三菱电动自动化公司. FX1S，FX1N，FX2N，FX2NC 编程手册. 日本，2008.
[8] 三菱电机自动化公司. FX3G，FX3U，FX3UC 系列微型可编程控制器编程手册. 日本，2009.